Carl Vogt

Physiologie des Geschmacks

physiologische Anleitung zum Studium der Tafelgenüsse

Carl Vogt

Physiologie des Geschmacks

physiologische Anleitung zum Studium der Tafelgenüsse

ISBN/EAN: 9783957701114

Auflage: 1

Erscheinungsjahr: 2014

Erscheinungsort: Dresden, Deutschland

© saxoniabuch, 2014, www.saxoniabuch.de

Bei diesem Buch handelt es sich um den Nachdruck eines vergriffenen Buches. Hieraus resultierende Qualitätseinbussen sind unvermeidlich. Wir bitten, diese zu entschuldigen.

PHYSIOLOGIE
DES
GESCHMACKS
ODER
PHYSIOLOGISCHE ANLEITUNG
ZUM
STUDIUM DER TAFELGENÜSSE.

Den Pariser Gastronomen

gewidmet

von

Einem Professor,
Mitglied vieler gelehrten Gesellschaften.

Von

Brillat-Savarin.

Uebersetzt und mit Anmerkungen versehen

von

Carl Vogt.

Sage mir, was Du isst und ich sage Dir, wer Du bist.

Dritte Auflage.

Braunschweig,
Druck und Verlag von Friedrich Vieweg und Sohn.
1867.

An
Herrn Eduard Vieweg.

Lieber Freund!

Zehn Jahre sind fast verflossen, seit wir an einem rauhen Novembertage in Genf beisammen sassen und von gemeinschaftlichen Plänen, herauszugebenden Werken und Welthändeln jeder Art uns unterhielten. Die Stunden verstrichen, fast ohne dass wir es bemerkten, und wir waren so sehr in unsern Gegenstand vertieft, dass der Abend schon weit in die Nacht vorgerückt war, als eine augenblickliche Pause eintrat. Ich fühlte einigen Hunger, und als ich Ihnen ins Gesicht sah, bemerkte ich darin eine schmerzliche Veränderung, eine Senkung der Mundwinkel, eine Erschlaffung der Augen, ein unterdrücktes Gähnen. „Wie spät ist es denn," fragten Sie, nach der Uhr greifend. „Ich glaube, ich habe Hunger!" „Ich wollte Ihnen dieselbe Bemerkung machen," erwiederte ich, „und Ihnen vorschlagen, einen Imbiss zu nehmen." Sie griffen nach dem Klingelzuge, ich hielt Sie zurück. „Nicht hier!" sagte ich. „Was wird man uns in diesem Hôtel ersten Ranges geben? Ein Stück kaltes Roastbeef, das schon um halb Eins für Einheimische und Deutsche, um fünf Uhr für Franzosen und Engländer aufgetragen wurde, oder ein Stück bleichsüchtig patriotischen Kalbsbratens, dessen Fäden wir uns nachher aus den Zähnen heraustochern müssen! Kommen Sie mit mir und verlassen Sie sich auf meine Localkenntniss."

VI

Wir traten in ein kleines Restaurant auf der Insel, wo man kaum noch so späte Gäste erwartete. Aber im Augenblicke loderte in einem sogenannten preussischen Kamine (man nennt sie so, weil sie in Preussen gänzlich unbekannt sind) ein flackerndes Feuer, das uns so wohlthuend schien, dass Sie schworen, Sie müssten in Ihrem Rauchzimmer ein solches haben. Leider habe ich noch nicht persönlich untersuchen können, ob Sie diesen Schwur erfüllt haben.

Die alte Köchin erschien selbst. Sie liebte die Mitglieder einer kleinen Gesellschaft, zu der auch ich gehörte, der sogenannten „Rôdeuse", die regelmässig am Freitag Abend sich bei ihr versammelte und unter dem Vorsitze Fazy's, des Vielverkannten, ein classisches Abendessen einnahm, gewürzt mit attischem Salz und lebhaften Discussionen über die Revolution im Allgemeinen und die von Genf im Besonderen. Das Reglement dieser Gesellschaft bestand aus einem Artikel: „Keiner darf die Meinung des Andern haben!" und man hätte wahrlich glauben sollen, sie sei nur aus Deutschen zusammengesetzt, so unverbrüchlich wurde dieser Artikel gehalten.

„Wir haben nicht viel," sagte Andriette. „Die Fische sind ausgegangen, aber es gibt noch vortreffliche Hammelcoteletten aus der Normandie, die auf dem Roste gebraten, schnell fertig sein können, vielleicht auch eine Schnepfe und weisse Trüffeln aus Piemont, aus denen Sie sich einen Salat à la Rossini machen können." „Wenn Sie uns eine Flasche von unserm St. Julien dazu geben wollen," antwortete ich, „so würde Brillat-Savarin selbst gegen unser Souper nichts einzuwenden haben."

Ein kleiner Tisch wurde für uns frisch gedeckt; der krystallhelle Rothwein perlte im Glase, die Coteletten mit hart gerösteter Rinde, blutend und saftig-weich im Innern, strömten ihren kräftigen Duft aus, und wurden so ausgezeichnet befunden, dass wir den Verlust der Schnepfe nicht beklagten, die unterdessen einem andern Spätgaste zur Beute geworden war. Dann erschienen die weissen Trüffeln, kunstgerecht fein gehobelt, deren zarter, ein wenig an Knoblauch erinnernder Duft das Zimmer erfüllte. Die halb grüne Citrone, welche dabei lag, musste ihren Saft bis auf den letzten Tropfen liefern *) und den Essig ersetzen, das feinste grüne Oel aus der Provence seinen Fruchtgeschmack hergeben, und so wurde jener berühmte Salat hergestellt, den Rossini zum ersten Male beim Fürsten von Talleyrand auftischte, und durch welchen der Schwan von Pesaro sich im Reiche des Geschmackes einen ebenso grünen Lorbeerkranz eroberte, wie durch seinen Wilhelm Tell im Reiche der Töne.

Ein Stück Kräuterkäse aus unserm Nachbarlande Gex und ein trefflicher Calville-Apfel beendeten ein frugales Mahl, dem Ihrer Versicherung zufolge selbst mit Nectar und Ambrosia gesättigte Götter nicht zu widerstehen vermocht hätten.

Wir unterhielten uns dabei von der Autorität, nach deren Grundsätzen das leichte Souper angeordnet war. Vor Kurzem erst hatte ich das classische Buch von Brillat-Savarin wiederholt durchgelesen, mehr wohl zur Uebung der Sprache, in der ich in Genf vortragen musste, als um seinen Inhalt kennen zu lernen, der mir ausserhalb des Kreises meiner Studien zu liegen schien. Aber je mehr ich las, je mehr fühlte ich mich angezogen. Dieser Ton leiser Ironie, die sich hinter schalkhafter Gutmüthigkeit verbirgt, diese feinen Wendungen, die nirgends verletzen und überall das Richtige treffen, diese Freude am Leben, am Genusse, welche durch die pflichtgetreue Arbeit und die ernste Leistung erhöht und getragen wird, diese Mässigung in allem Guten und Schönen, welche den Excess des Genusses verabscheut und den Gleichmuth einer heitern Lebensansicht in alle Verhältnisse überträgt, und dabei die reizende Anmuth der Sprache, die

---

*) Will man aus einer Citrone allen Saft haben, so muss man der Längsachse nach Stücken abschneiden, indem so die den sauren Saft enthaltenden Zellen quer durchschnitten werden. Scheibenschnitte, wie man sie gewöhnlich macht, lassen den grössten Theil der Saftzellen unverletzt.

mit dem feinsten Gefühl die richtigen Ausdrücke wählt — wenn Hoffmann, der bekannte französische Feinschmecker und Literat, das Buch ein Göttliches nennt, so hat er wahrlich nicht Unrecht!

Wir sahen uns zehn Jahre später, gegen Ende des verflossenen Sommers in reizender Landschaft, an dem wunderbaren Luganersee, in bester Gesellschaft, deren hohe wissenschaftliche Stellung der freundschaftlichen Geselligkeit keinen Eintrag that*). „Ich habe manche Schlacht mitgeschlagen," sagten Sie zu mir nach der ersten Begrüssung, „ich habe Diners bei meinem Freunde P. S. und Anderen mitgemacht, deren Küchenzettel als Muster culinarischer Wissenschaft

---

*) Wo liesse es sich besser leben, als an den Ufern dieses See's, über den alle Herrlichkeiten der Natur ergossen scheinen? Wenn des Tages Hitze im Abnehmen ist, fährt man in schaukelndem Kahne über die spiegelnde Fläche hinüber zu den kühlen Kellern, welche in die Porphyrfelsen gehauen sind, und labt sich am schäumenden Vino d'Asti spumante, oder am schwarzen Landweine, den die Küper selbst herbeibringen und in Gläsern, Tassen, Schüsseln kredenzen. Aus den geöffneten Kellern hervor strömt die eisig kalte Luft, der kühle Labetrank — trefflicher Käse und würziges weisses Brot geben die nöthige Grundlage. Auf Stühlen, Holzblöcken, Fässchen sitzt die Gesellschaft umher oder lagert auf dem Rasen — dort tönt vielleicht irgend ein Instrument oder nur eine frische Stimme, von Schnalzen und Händeklatschen begleitet und das junge Volk dreht sich in leichtem Tanze. Die tiefen Lichter der untergehenden Sonne gleiten über die spiegelnde Fläche — der Riesenschatten des Salvatore reckt sich mehr und mehr nach Osten — die heimkehrenden Kähne tragen glückliche Menschen — Liebig, Wöhler, Siebold, Filippi, Clausius, Wiedemann und wie sie alle heissen mögen, ja, unter ihnen ein Königl. Preuss. Staatsanwalt, haben die Last des Wissens von sich geworfen, den Tiegel und das Mikroskop, auch der Anklage für Augenblicke vergessen und unter fröhlichen Scherzen und Gesängen der liebenswürdigen Frauen und Töchter der Naturforscher landen die Kähne am Hôtel du Parc, dessen fast hundertjähriger Besitzer Ciani gerade vorüber reitet, noch fest und stramm auf dem edlen Rosse sitzend, das ihn zu seinem reizend gelegenen Landhause trägt, wo Vela's herrliche Statue trauert.

in den Zeitungen veröffentlicht zu werden verdienten, aber nichts kommt dem Souper gleich, das wir damals in dem kleinen Restaurant mit einander genossen! Den Brillat-Savarin habe ich seitdem gelesen und den müssen Sie mir übersetzen! Denn das ist ein Buch voll praktischer Lebensweisheit, das Denjenigen nicht vorenthalten werden darf, welche der französischen Sprache nicht ganz mächtig sind."

„Aber gerade darin," antwortete ich, „liegt die Schwierigkeit! Denn unter allen französischen Büchern, die ich kenne, ist dieses das französischste, das die ganze Leichtigkeit des Geistes unserer Nachbarn mit der Bestimmtheit der Sprache und der diplomatischen Genauigkeit der Ausdrücke verbindet, welche so schwer im Deutschen wiederzugeben sind. Ich bezweifle, eine solche Aufgabe lösen zu können; ich empfinde die ganze Feinheit der sprachlichen Wendungen, aber dabei zugleich auch die ganze Eigenthümlichkeit der Sprache, der ich angehöre, und erkläre mich deshalb unfähig, dem Leser der Uebersetzung auch nur annähernd den Genuss zu verschaffen, welchen das Original gewährt."

„Redensarten," riefen Sie, „versuchen Sie es nur einmal!" und die ganze Gesellschaft der Naturforscher stimmte ein.

Hier ist der Versuch.

Genf, am Todestage Brillat-Savarin's, 2. Februar 1864.

C. Vogt.

Biographische Notiz über den Verfasser.

Anthelm Brillat-Savarin wurde am 1. April 1755 in Belley, einer kleinen Stadt am Fusse des Jura, die heute zum Departement de l'Ain gehört, früher aber Hauptstadt des Bugey war, geboren. Seine Eltern gehörten einer Familie an, die seit langer Zeit in dem Staatsdienste ziemlich bedeutende Aemter innegehabt und namentlich dem Richterstande sich gewidmet hatte. Es war also ganz natürlich, dass der junge Anthelm sich ebenfalls dieser Laufbahn widmete, die ihm, wie es scheint, nicht durch allzu schwieriges Fachstudium erschwert wurde, indem er nebenbei nicht nur Zeit behielt, sich mit der classischen Literatur, sowie derjenigen seiner eigenen Muttersprache aufs Gründlichste vertraut zu machen, sondern auch Physik und Chemie zu betreiben, mit Leidenschaft zu jagen und zu fischen, und sich in der Musik zu einem nicht gewöhnlichen Grade von Fertigkeit auszubilden, die ihm später vortrefflich zu Statten kommen sollte, als die politischen Wirren seines Vaterlandes ihn über das Meer trieben.

Nach vollendeten Universitätsstudien bei der Rechtsfacultät in Dijon finden wir ihn bald als Civilrichter der Vogtei von Belley, in welcher Stellung ihn die Revolution traf. Sein gefälliges einnehmendes Wesen, seine Leutseligkeit und Rechtlichkeit, sowie ohne Zweifel auch die Stellung, welche seine Familie von jeher eingenommen hatte, liessen seine Landsleute ihre Augen auf den jungen Mann werfen, so dass er zuerst zu den Generalständen und dann zur gesetzgebenden Versammlung als Volksvertreter seines Bezirks gesandt wurde.

Die Rolle, welche der junge Mann bei diesen Versammlungen spielte, war im Ganzen höchst unbedeutend. Die Neuerungen kamen ihm ungelegen, sie waren seiner innersten Natur und seinen Familientraditionen zuwider; der Deputirte des Bezirks von Belley gehörte zu jenen conservativen Naturen, die jeder Aenderung widerstreben, aus dem einzigen Grunde, weil sie eine Aenderung ist, die sich aber ebenso inbrünstig an dieselbe klammern, sobald sie einmal von Anderen durchgeführt worden ist*). Brillat-Savarin bekämpfte die Abschaffung der Todesstrafe und die Einführung der Jury, nahm an den eigentlichen politischen Debatten keinen Antheil, stimmte aber stets mit den Königlichen, und befand sich hierin, man muss es sagen, in vollkommenem Einklange mit der Mehrheit seiner Wähler, die gleiche Gesinnung hegten, und ihn zum Präsidenten des Civilgerichtshofes des Ain-Departements ernannten, als er nach Erfüllung seines Mandates nach Hause kehrte.

Der Verfassung von 1791 zufolge sollte jedes Departement in dem neu errichteten Cassationshofe zu Paris einen Vertreter haben. Brillat-Savarin wurde von seinem Departemente auf diesen Ehrenposten berufen, der ihn wieder in die Nähe des Centrums der Revolution brachte. Er liess sich auf die Politik nicht ein, sondern vergrub sich in seinen Acten, gehörte aber zu den Gemässigten und wurde deshalb in Folge des 10. August 1792 abgesetzt und nach Hause geschickt. Seine Mitbürger protestirten gegen diese Unbill und erwählten ihn zum Maire von Belley. Seine Verwaltung führte ihn bald in Conflicte mit den revolutionären Elementen, wodurch seine Stellung untergraben und sogar sein

---

*) Es erinnert mich dies an einen meiner früheren Collegen in Giessen, der mich bei einem Besuche vom Parlamente in Frankfurt her fragte: „Was soll denn nun gemacht werden?" „Hoffentlich die Republik," antwortete ich. „Dann bleibe ich nicht hier; dann wandere ich aus," erwiederte er lebhaft. „Und wohin wollen Sie denn auswandern?" fragte ich. „Nach Nordamerika! Nach den Vereinigten Staaten!" „Aber dort finden Sie ja erst recht die Republik," warf ich ein. „Ganz wohl," seufzte er, tiefaufathmend. „Aber dort ist sie schon gemacht und hier soll sie erst gemacht werden. Da mag ich nicht dabei sein!" C. V.

Leben gefährdet wurde. Er wurde des Föderalismus angeklagt, vor das Revolutionstribunal citirt, und konnte sich nur mit grosser Mühe mittelst eines Geleitscheines retten, den ihm die Frau des Conventcommissairs Prot, durch seine musikalischen Leistungen bestochen, ausgewirkt hatte. Der Verfasser hat selbst in launiger Weise unter den Verschiedenheiten (No. XI.) diesen Abschnitt seines Lebens erzählt.

Brillat-Savarin trieb sich erst eine Zeitlang in der Schweiz herum, wo er Bekannte und Verwandte hatte, flüchtete aber später, als die republikanischen Armeen vordrangen, durch Deutschland nach Nordamerika, wo er in verschiedenen Städten, zuletzt aber in New-York, sich mit französischen Stunden und durch Geigenspiel im Orchester seinen Lebensunterhalt erwarb, dem Unglücke eine heitere Miene entgegensetzte und auf bessere Zeiten hoffte. Noch im späteren Alter war ihm dieser Aufenthalt in New-York eine Quelle der angenehmsten Erinnerungen und der spasshaftesten Erzählungen, von denen er auch einige seinem Buche einverleibt hat.

Nach der Schreckenszeit kehrte Brillat-Savarin in sein Vaterland zurück und landete im September 1796 im Havre. Aber Frankreich war verändert und auch ihn hatte die Revolution mit rauher Hand geschüttelt. Er war auf die Liste der Emigranten gesetzt, seine Güter waren verkauft und verschleudert worden. Vergebens strengte er sich an, wenn nicht Alles, so doch nur einen Theil wieder zu erhalten, vergebens gab er sich die grösste Mühe, einen Weinberg in ausgezeichneter Lage zurückzugewinnen, an dessen Product er mit ganzer Seele hing, und dessen Verlust er sein ganzes Leben hindurch so tief beklagte, dass er sogar die Gegend nicht wieder besuchen wolte, wo er gelegen war.

Das Directorium suchte ihn auf andere Weise zu entschädigen. Er wurde Secretair des Generalstabs der französischen Armeen in Deutschland und, nachdem er einige Zeit dem Hauptquartier, besonders in Baden, gefolgt war,

Regierungscommissair beim Gerichte der Seine und Oise in Versailles.

Der Staatsstreich des 18. Brumaire beendete auch diese Stellung und berief ihn an den Cassationshof in Paris, dessen Mitglied er durch die ganze napoleonische Zeit und den grössten Theil der Restauration hindurch blieb.

Die politischen Umwälzungen, welche Frankreich erfuhr, gingen an seiner Stellung spurlos vorüber; sie hatten, wie einer seiner Biographen bemerkt, niemals die Macht, seine Verdauung zu stören; man kannte ihn als unbestechlichen Richter, als pflichtgetreuen Arbeiter, als gebildeten Kenner der Rechtswissenschaft und Literatur, als angenehmen Gesellschafter und ergebenen Freund, und diese Eigenschaften genügten, um ihm weder politische Glaubensbekenntnisse, noch thätige Mithandlung in der Politik abzuverlangen.

Am 21. Januar 1826 wurde in der Kirche von St. Denis, wie alljährlich am Hinrichtungstage Ludwig's XVI., ein feierliches Todtenamt gehalten. Brillat-Savarin hatte bis dahin niemals demselben beigewohnt. Der Präsident des Cassationshofes, Herr de Sèze, fügte zu dem officiellen Einladungsschreiben die Worte bei: „Ihre Anwesenheit, lieber College, wird uns um so angenehmer sein, als sie zum ersten Male stattfinden wird." Brillat-Savarin folgte ungern, erkältete sich stark, indem er schon unwohl stundenlang mit blossem Kopfe in den feuchten Gewölben der Kirche ausharren musste, kam krank zurück, und starb, allgemein beklagt, am 2. Februar an einer Lungenentzündung, die der einundsiebzigjährige Greis nicht zu überstehen vermochte. Dieselbe Ceremonie kostete noch zwei anderen Mitgliedern des Cassationshofes das Leben, dem Rath Robert de Vincent und dem General-Advocaten Marchangy, den Beranger's Lieder, wenn auch nicht zu seinem Vortheile, unsterblich gemacht haben.

Brillat-Savarin war sehr gross, stark und knochig gebaut, so dass man ihn häufig den „Tambourmajor des Cassationshofes" nannte. Haltung und Kleidung waren niemals modisch und die schweren Bundschuhe, der steife Hemdkragen, der ihm die Ohren sägte, seine weiten Hosen und der **altväterisch** geschnittene Rock gaben ihm ein bäuerisches Ansehen, hinter welchem, mit Ausnahme der vertrauten Freunde, Niemand den feinen Geist gesucht hätte, der ihn auszeichnete. Der grossen Menge war er unbekannt. Er erschien fast nur in den Salons des Präsidenten de Sèze und seiner schönen Cousine, Madame Récamier, bei welcher sich freilich Alles versammelte, was Paris Ausgezeichnetes an Einheimischen und Fremden aufzuweisen hatte. Einige juristische Abhandlungen, über das Duell und über die Gerichtsverwaltung waren nur den Fachgenossen bekannt geworden, sein Hauptwerk: „die **Physiologie des Geschmackes**", erschien erst kurz vor seinem Tode unter dem Schleier der Anonymität, und als dieser zerrissen war, hatte ein ärgerlicher Unfall den Verfasser den Lebenden entrückt.

Sein Werk, das viele Auflagen in Frankreich erlebt hat, gilt dort allgemein als classisch nach Form und Inhalt.

C. V.

Aphorismen des Professors.

Jn seinem Buche zur Einleitung und der Wissenschaft zu ewiger Grundlage zu dienen.

---

1. Die Welt ist Nichts ohne das Leben und Alles, was ebt, nährt sich.
2. Die Thiere fressen, der Mensch isst; der gebildete Mensch allein isst mit Bewusstsein.
3. Das Schicksal der Nationen hängt von der Art ihrer Ernährung ab.
4. Sage mir, was Du isst, und ich sage Dir, was Du bist.
5. Indem der Schöpfer dem Menschen die Verpflichtung auferlegt, zu essen, um zu leben, ladet er ihn durch den Appetit ein und belohnt ihn durch den Genuss.
6. Die Feinschmeckerei ist eine Aeusserung unserer Urtheilsfähigkeit, wodurch wir den angenehm schmeckenden Dingen vor denjenigen, welche diese Eigenschaft nicht besitzen, den Vorzug geben.
7. Das Vergnügen der Tafel gehört jedem Alter, allen Ständen, allen Ländern und allen Tagen an; es verträgt sich mit allen anderen Vergnügungen und bleibt bis ans Ende, um uns über den Verlust der übrigen zu trösten.
8. Die Tafel ist der einzige Ort, wo man sich nicht während der ersten Stunde langweilt.
9. Die Entdeckung eines neuen Gerichtes ist für das Glück der Menschheit wichtiger, als die Entdeckung eines neuen Gestirnes.
10. Die Fresser und Säufer wissen nicht, was essen und trinken heisst.

11. Die Ordnung der Speisen geht vom Schweren zum Leichten.

12. Die Ordnung der Getränke geht vom Leichten zum Schweren.

13. Ketzerei ist es, zu behaupten, man dürfe den Wein nicht ändern. Die Zunge sättigt sich und nach dem dritten Glase ist der Geschmack für den besten Wein abgestumpft.

14. Ein Dessert ohne Käse ist ein Mädchen ohne Augen.

15. Der Koch kann gebildet werden; der Bratkünstler wird geboren.

16. Pünktlichkeit ist die unerlässlichste Eigenschaft eines Kochs; auch den Gästen soll sie heilig sein.

17. Einen ausbleibenden Gast lange erwarten, heisst die schon anwesenden Gäste beleidigen.

18. Wer seine Freunde empfängt, ohne selbst für das ihnen bereitete Mahl Sorge zu tragen, verdient nicht, Freunde zu haben.

19. Die Hausfrau soll sich stets versichern, dass der Kaffee vortrefflich, und der Hausherr, dass die Weine von bester Qualität seien.

20. Jemanden einladen, heisst für sein Glück sorgen wollen, so lange er unter unserm Dache weilt.

Gespräch
zwischen dem Verfasser und seinem Freunde.

(Nach den ersten Begrüssungen.)

Der Freund: Meine Frau und ich haben heute Morgen in unsrer Weisheit beschlossen, dass Sie sobald als möglich Ihre „Betrachtungen" drucken lassen sollen.

Der Verfasser: Gott will, was die Frau will; das ist der ganze Pariser Catechismus in sechs Worten. Aber ich gehöre nicht zur Gemeinde, und ein Junggeselle wie ich .....

Der Freund: Lieber Gott! Die Junggesellen sind eben so gut Sclaven, wie wir Andern, freilich oft zu unserm grossen Nachtheil; aber das Cölibat kann Sie nicht retten, denn meine Frau behauptet, sie habe das Recht, zu befehlen, weil Sie bei ihr auf dem Lande die ersten Seiten geschrieben haben.

Der Verfasser: Lieber Doctor, Du kennst meine Ehrerbietigkeit gegen die Frauen; Du hast mehr als einmal meine Unterwürfigkeit gegen ihre Befehle belobt, Du gehörst sogar zu denen, welche behaupten, ich würde ein vortrefflicher Ehemann geworden sein   und doch lasse ich nicht drucken ....

Der Freund: Warum nicht?

Der Verfasser: Weil mein Stand mich zu ernsten Studien verpflichtet, und ich fürchten muss, dass Diejenigen, welche mein Buch nur dem Titel nach kennen, glauben könnten, ich beschäftige mich nur mit Alfanzereien.

Der Freund: Lächerliche Furcht! Sechsunddreissig Jahre öffentlichen Staatsdienstes zeugen für Ihren guten Ruf. Uebrigens glauben wir Beide, meine Frau und ich, dass alle Welt Ihr Buch wird lesen wollen.

XVIII Gespräch.

Der Verfasser: Wirklich?

Der Freund: Die Gelehrten werden es lesen, um dasjenige, was Sie nur angedeutet haben, zu errathen und kennen zu lernen.

Der Verfasser: Das wäre wohl möglich.

Der Freund: Die Frauen werden es lesen, weil sie wohl sehen werden, dass .....

Der Verfasser: Lieber Freund! Ich bin alt, ich bin in Weisheit versunken: *miserere mei!* (Erbarme Dich meiner!)

Der Freund: Die Feinschmecker werden es lesen, weil Sie ihnen endlich gerecht werden und ihnen den gebührenden Rang in der Gesellschaft anweisen.

Der Verfasser: Diesmal hast Du Recht, es ist unbegreiflich, wie sie so lange verkannt werden konnten, die lieben Jungen! Ich habe für sie das Herz eines Vaters; — sie sind so liebenswürdig, ihre Augen glänzen so hell!

Der Freund: Haben Sie nicht oft gesagt, dass Ihr Werk in unseren Bücherschränken fehlt?

Der Verfasser: Ich hab's gesagt und es ist wahr; ich will mich hängen lassen, wenn's nicht wahr ist.

Der Freund: Sie sind also vollständig überzeugt. Gleich kommen Sie mit mir zum ....

Der Verfasser: Behüte. Das Schriftstellerhandwerk hat seine Rosen, aber auch seine Dornen! Diese letzteren überlasse ich meinen Erben!

Der Freund: Aber Sie enterben Ihre Freunde, Ihre Bekannten, Ihre Zeitgenossen. Werden Sie dazu den Muth haben?

Der Verfasser: Meine Erben! meine Erben! Ich habe gehört, dass die seligen Geister sich durch die Lobpreisungen der Lebenden geschmeichelt fühlen. Ich will mir also diese Seligkeit für das Jenseits versparen.

Der Freund: Sind Sie aber auch sicher, dass die Lobpreisungen jenseits Ihnen zukommen werden? Sind Sie der genauen Pflichterfüllung Ihrer Erben versichert?

Gespräch.

Der Verfasser: Aber ich habe keinen Grund, anzunehmen, dass sie eine Pflicht vernachlässigen werden, zu deren Gunsten ich sie von vielen anderen Verpflichtungen entbinden will.

Der Freund: Werden und können sie für Ihr Werk diese Liebe eines Vaters, diese Aufmerksamkeit eines Verfassers haben, ohne welche jede Schrift sich in etwas linkischer Weise präsentirt?

Der Verfasser: Ich werde mein Manuscript corrigiren, abschreiben und gänzlich vervollständigen. Es braucht dann bloss noch gedruckt zu werden.

Der Freund: Und die Zufälle? Ach! Manch werthvolles Werk ist auf diese Weise verloren gegangen, unter anderen das von Lécat über den Zustand der Seele während des Schlafes, woran er sein ganzes Leben gearbeitet hatte.

Der Verfasser: Das war ohne Zweifel ein grosser Verlust, aber ich bin weit entfernt, gleiches Bedauern ansprechen zu wollen.

Der Freund: Glauben Sie mir, Ihre Erben werden genug zu thun haben mit der Kirche, dem Gerichte, den Aerzten und mit sich selbst, und wenn nicht der gute Wille, so wird ihnen die Zeit fehlen, sich mit all den Dingen zu befassen, welche der Veröffentlichung eines jeden, auch des kleinsten Bändchens vorausgehen, sich gesellen und folgen müssen!

Der Verfasser: Aber der Titel, der Gegenstand, die Spötter?

Der Freund: Beim Worte „Gastronomie" spitzt Alles die Ohren; der Gegenstand ist in der Mode und die Spötter essen ebenso gern etwas Gutes, als die ernsten Leute. Das mag Sie beruhigen; indessen ist es Ihnen auch nicht unbekannt, dass die würdigsten Herren zuweilen leichtfertige Werke geschrieben haben, wie z. B. der Präsident von Montesquieu*).

---

*) Herr von Montucla, Verfasser einer vortrefflichen Geschichte

XX Gespräch.

Der Verfasser (mit Lebhaftigkeit): Das ist wahrhaftig wahr, er hat den Tempel von Gnidos geschrieben, und ich behaupte, dass es viel nützlicher ist, Betrachtungen anzustellen über das, was das Bedürfniss, das Vergnügen und die Beschäftigung eines jeden Tages ist, als uns die Thaten und Reden von einem Paar Rotznasen mitzutheilen, deren eine vor 2000 Jahren in den Gebüschen Griechenlands die andere verfolgte, die obenein gar keine Lust hatte, zu fliehen.

Der Freund: Sie ergeben sich also?

Der Verfasser: Ich? durchaus nicht. Ich habe nur ein Bischen das Ohr des Schriftsteller gezeigt, und das erinnert mich an eine Scene aus einem englischen Lustspiele, die mich sehr ergötzt hat. Das Stück heisst, wenn ich nicht irre: „Die natürliche Tochter." Urtheile selbst*).

Es treten in dem Stücke Quäker auf, und Du weisst, dass die Angehörigen dieser Secte alle Welt dutzen, sich einfach kleiden, keine Kriegsdienste leisten, nicht schwören, sehr überlegt handeln und namentlich niemals zornig werden dürfen.

Der Held des Stückes ist ein junger Quäker, der in braunem Rocke, grossem, runden Hute und glattgestrichenen Haaren auf der Bühne erscheint, was Alles ihn nicht hindert sehr verliebt zu sein.

Sein Rival, ein Geck, obenein ermuthigt durch dieses Aeussere und die der Secte zugeschriebenen Eigenschaften, bekrittelt, bespöttelt und beleidigt ihn, so dass der junge Mann nach und nach warm wird, endlich in Wuth geräth,

---

der Mathematik, hatte ein Wörterbuch der Geographie für Feinschmecker verfasst. Er zeigte mir Bruchstücke davon während meines Aufenthaltes in Versailles. Man versichert, dass Herr Berryat-Saint-Prix, ein ausgezeichneter Professor des Civilprocesses, einen Roman in mehren Bänden geschrieben habe.

*) Der Leser wird bemerken, dass ich meinen Freund dutze, ohne dass er es erwiedert. Ich verhalte mich dem Alter nach zu ihm, wie ein Vater zu seinem Sohne, und es würde ihn tief schmerzen, wollte ich meine Anrede ändern.

und den Flegel, der ihn herausfordert, fürchterlich durchprügelt.

Nach dieser Abstrafung nimmt er plötzlich seine frühere Haltung an, sammelt sich und sagt mit betrübtem Tone: „Ach, ich glaube, das Fleisch hat über den Geist gesiegt."

Ich mache es ebenso und nach einer sehr verzeihlichen Bewegung komme ich auf meine frühere Meinung zurück.

Der Freund: Das ist nicht mehr möglich! Sie haben nach Ihrem eigenen Geständniss das Ohr gezeigt. Ich halte Sie daran fest und führe Sie zum Buchhändler. Ueberdies kennen Viele Ihr Geheimniss.

Der Verfasser: Wag' es nicht, denn ich werde in dem Buche von Dir reden und ich werde Dinge sagen .....

Der Freund: Was können Sie von mir sagen? Sie können mich nicht einschüchtern.

Der Verfasser: Ich werde nicht sagen, dass unsere gemeinschaftliche Vaterstadt*) sich rühmt, Deine Geburtsstätte zu sein; dass Du mit vierundzwanzig Jahren schon ein Handbuch herausgabst, das unterdessen classisch geblieben ist; dass ein verdienter Ruf Dir Vertrauen erwirbt, dass Dein Aeusseres die Kranken einnimmt, Deine Geschicklichkeit sie verwundert, Dein Mitgefühl sie tröstet. Alle Welt weiss das, aber ich werde ganz Paris, (mich aufrichtend) ganz Frankreich, (mich aufblähend) der ganzen Welt den einzigen Fehler enthüllen, den ich an Dir kenne!

Der Freund (mit ernsthaftem Tone): Und welchen Fehler, wenn's gefällig?

Der Verfasser: Einen Gewohnheitsfehler, von dem alle meine Ermahnungen Dich nicht heilen konnten.

Der Freund (erschreckt): Nun so sagen Sie ihn, Sie spannen mich auf die Folter.

---

*) Belley, Hauptstadt des Bugey (im Jura), ein liebliches Land mit hohen Bergen, Hügeln, Flüssen, hellen Bächen, Wasserfällen, Abgründen, ein wahrer englischer Park von hundert Quadratstunden, wo vor der Revolution der dritte Stand verfassungsgemäss das Veto gegenüber den beiden andern Ständen hatte.

XXII   Biographie.

Der Verfasser: Du issest zu schnell!*)
Hier nimmt der Freund seinen Hut und geht lächelnd fort, überzeugt, dass er einem Bekehrten gepredigt hat.

Biographie.

Der Doctor, den ich in das vorgehende Gespräch eingeführt habe, ist nicht ein phantastisches Wesen, wie die Chloris und Daphnes früherer Zeiten, sondern ein lebender Doctor mit Haut und Haar, und diejenigen, welche mich kennen, werden bald den Doctor Richerand erkannt haben.

Indem ich mich mit ihm beschäftigte, dachte ich auch an diejenigen, welche ihm vorausgingen, und ich habe mit Stolz wahrgenommen, dass der Kreis von Belley im Departement des Ain, mein eigenes Vaterland, schon seit längerer Zeit der Welthauptstadt eine Reihe ausgezeichneter Aerzte gegeben hat. Ich habe also der Versuchung nicht widerstehen können, diesen Männern in einer kurzen Note ein bescheidenes Denkmal zu setzen.

Die Doctoren Genin und Civoet waren zu den Zeiten der Regentschaft Aerzte erster Classe und liessen später ihrer Vaterstadt ihr ehrenvoll erworbenes Vermögen zu Gute kommen. Der Erste war ganz Hippokratiker und curirte nach den strengen Regeln der Kunst. Der Zweite, der viel schöne Damen zu behandeln hatte, war weit nachsichtiger und sanfter. *Res novas molientem*, hätte Tacitus von ihm gesagt.

---

*) Geschichtliche Thatsache. Der Freund in diesem Zwiegespräche ist Dr. Richerand.

Biographie.

Der Doctor La Chapelle zeichnete sich um 1750 in der gefährlichen Laufbahn eines Militärarztes aus. Er hat einige gute Werke geschrieben und die Behandlung der Lungenentzündungen mit frischer Butter eingeführt, eine Methode, die wie durch Zauberei heilt, wenn sie in den ersten 36 Stunden der Krankheit angewandt wird.

Der Doctor Dubois war um das Jahr 1760 herum äusserst glücklich in der Behandlung der Vapeurs, der damaligen Modekrankheit, die eben so häufig war, als die Nervenkrankheiten, die heut zu Tage grassiren. Der Zulauf, den er hatte, war um so merkwürdiger, als er durchaus kein hübscher Mann war.

Unglücklicherweise gelangte er zu früh zu einem unabhängigen Vermögen, wo er sich denn damit begnügte, in die Arme der Faulheit zu sinken, liebenswürdiger Tischgenosse und äusserst unterhaltender Erzähler zu sein. Er hatte einen starken Körperbau und wurde trotz der Essen oder vielmehr durch die Essen der alten und neuen Zeit mehr als 80 Jahre alt.

Der Doctor Coste, aus Chatillon gebürtig, kam gegen das Ende der Herrschaft Ludwig's XV. nach Paris. Er hatte einen Empfehlungsbrief von Voltaire an den Herzog von Choiseul, dessen Wohlwollen er bei dem ersten Besuche zu gewinnen das Glück hatte.

Von diesem grossen Herrn und von seiner Schwester, der Herzogin von Grammont, unterstützt, kam der junge Coste bald obenauf und nach wenig Jahren zählte ihn Paris zu den hoffnungsvollsten Aerzten.

Dieselbe Gunst, die ihm emporgeholfen hatte, entriss ihn dieser ruhigen und fruchtbaren Laufbahn, um ihn an die Spitze des Gesundheitsdienstes der Armee zu stellen, welche Frankreich nach Amerika den Vereinigten Staaten, die für ihre Unabhängigkeit kämpften, zu Hülfe schickte.

Der Doctor Coste kam nach Erfüllung seiner Aufgabe nach Frankreich zurück. Er glitt unbemerkt durch die schlechten Zeiten von 1793, und wurde später Bürgermeister von Versailles, wo man sich noch seiner thätigen, sanften und väterlichen Verwaltung erinnert.

Das Directorium berief ihn wieder in die Verwaltung des Gesundheitsdienstes der Armee. Bonaparte ernannte ihn zu einem der drei Generalinspectoren dieses Dienstes, und der Doctor war beständig der Freund, Beschützer und Vater der jungen Leute, welche sich diesem Dienste widmeten. Endlich wurde er Oberarzt des Invalidenhôtels und bekleidete diesen Posten bis zu seinem Tode.

So lange Dienste konnten unter der Herrschaft der Bourbonen nicht unbelohnt bleiben, und Ludwig XVIII. erfüllte nur eine Pflicht der Gerechtigkeit, indem er Herrn Coste den Michaels-Orden gab.

Doctor Coste starb vor einigen Jahren und hinterliess ein geachtetes Andenken, ein nur philosophisches Vermögen und eine einzige Tochter, Gattin des Herrn von Lalot, der sich in der Deputirtenkammer durch eine tiefe und lebhafte Beredtsamkeit auszeichnete, was ihn indessen nicht verhinderte, mit vollen Segeln zu Grunde zu gehen.

Doctor Coste erzählte mir eines Tages, als wir bei Herrn Favre, Pfarrer von St. Laurent, unserm Landsmann, gespeist hatten, einen lebhaften Streit, den er an demselben Tage mit dem damaligen Director der Kriegsverwaltung, dem Grafen von Cessac, gehabt habe, und zwar wegen einiger Ersparungen, welche dieser vorgeschlagen hatte, um sich bei Napoleon beliebt zu machen.

Diese Ersparungen bestanden darin, dass man den kranken Soldaten die Hälfte ihrer Ration Brotwasser streichen, und die von den Wunden abgenommene Charpie waschen sollte, um sie noch mehrmals zu gebrauchen. Der Doctor hatte gewaltig gegen diese Maassregeln protestirt, die er abscheulich nannte, und er war noch so voll von seinem Gegenstande, dass er bei der Erzählung eben so sehr in Zorn gerieth, als wenn der Gegenstand seines Eifers gegenwärtig gewesen wäre.

Ich habe nicht erfahren können, ob der Graf wirklich bekehrt worden sei und seinen Ersparungsplan in der Mappe behalten habe; — so viel aber weiss ich, dass die Soldaten immer hinlänglich zu trinken bekamen und dass man die gebrauchte Charpie nach wie vor wegwarf.

Der Doctor Bordier, aus der Umgegend von Ambérieux gebürtig, kam um 1780 nach Paris; seine Behandlung war sanft, seine Methode abwartend, seine Diagnose sicher.

Er wurde zum Professor an der medicinischen Facultät ernannt. Sein Styl war einfach, seine Vorlesungen väterlich und belehrend. Die Ehrenbezeugungen kamen ihm entgegen, obgleich er sie nicht suchte. Er wurde Arzt der Kaiserin Marie Louise. Aber er genoss diesen Platz nicht lange; — das Kaiserthum brach zusammen, und der Doctor wurde durch ein Beinübel weggerafft, gegen das er sein ganzes Leben hindurch gekämpft hatte.

Der Doctor Bordier war von ruhiger Gemüthsart, wohlthuendem Charakter und verlässlicher Gesellschaft.

Gegen das Ende des 18. Jahrhunderts trat Dr. Bichat auf. .... Bichat, dessen Schriften den Stempel des Genies tragen, der sein Leben für den Fortschritt der Wissenschaft hingab, der den kühnen Flug der Begeisterung mit der Geduld beschränkter Geister vereinigte, und der, obgleich er schon mit dreissig Jahren starb, dennoch die öffentlichen Ehren verdiente, womit sein Andenken gefeiert wurde.

Doctor Montègre brachte später in die Klinik einen philosophischen Geist. Er redigirte mit vieler Kenntniss die Gesundheitszeitung, und starb vierzig Jahre alt auf den Inseln, wohin er gegangen war, um das gelbe Fieber und den Vomito negro zu studiren.

Gegenwärtig ist Dr. Richerand der bedeutendste Operatour; seine Grundlinien der Physiologie sind in alle Sprachen übersetzt worden. Er wurde früh Professor an der Facultät und geniesst das allerhöchste Zutrauen. Man kann keine tröstendere Sprache, keine sanftere Hand und kein schnelleres Messer besitzen.

Der Doctor Récamier, Professor an derselben Facultät, sitzt zur Seite seines Landsmannes......

So ist die Gegenwart gesichert und die Zukunft vorbereitet. Unter den Flügeln dieser mächtigen Professoren erheben sich junge Leute aus demselben Lande, die so ehrenvollen Vorbildern zu folgen scheinen.

Die Doctoren Janin und Manjot prakticiren in Paris. Dr. Manjot beschäftigt sich hauptsächlich mit Kinderkrankheiten. Seine Eingebungen sind glücklich und er wird bald etwas darüber veröffentlichen.

Ich hoffe, dass jeder woblgeborene Leser diese Abschweifung einem Greise verzeihen wird, dem ein Aufenthalt von 35 Jahren in Paris weder seinen Geburtsort, noch seine Landsleute vergessen liess. Es kostet mich schon genug, so viele Aerzte stillschweigend zu übergehen, deren Andenken in dem Lande, wo sie geboren wurden, noch immer verehrt wird, und die, wenn sie auch nicht auf dem grossen Welttheater glänzten, dennoch weder weniger Wissenschaft, noch weniger Verdienst besassen.

Vorrede des Verfassers.

Ich habe nicht übermässig arbeiten müssen, um dieses Buch der Nachsicht des geehrten Publicums zu unterbreiten; — ich habe nur seit langer Zeit gesammelte Notizen in Ordnung gebracht, und mir so eine angenehme Beschäftigung verschafft, die ich auf mein Alter verspart hatte.

Indem ich das Tafelvergnügen in allen seinen Beziehungen betrachtete, sah ich bald, dass man etwas Besseres thun könne, als Kochbücher zu schreiben, und dass man noch Vieles über die wesentlichen und zusammenhängenden Functionen sagen könne, welche in so unmittelbarer Weise auf die Gesundheit, auf das Glück und selbst auf die Geschäfte ihren Einfluss üben.

Sobald ich diesen Grundgedanken einmal erfasst hatte, kam alles Andere von selbst; ich schaute um mich, zeichnete Bemerkungen auf, und häufig rettete mich inmitten rauschender Feste das Vergnügen der Beobachtung vor der Langeweile der Theilhaberschaft.

Um die Aufgabe, die ich mir gesetzt, zu lösen, musste ich Physiker, Chemiker, Physiologe und selbst ein wenig Sprachgelehrter sein. Aber alle diese Studien hatte ich ohnedem schon gemacht, ehe ich nur im Mindesten daran dachte, Schriftsteller werden zu wollen. Mich trieben eine löbliche Wissbegierde, die Furcht, hinter meiner Zeit zurückzubleiben, und der Wunsch, ohne Nachtheil mit Gelehrten mich unterhalten zu können, deren Gesellschaft ich immer liebte*).

Ich bin vor Allem Arzt aus Liebhaberei. Es ist bei mir eine wahre Sucht, und ich zähle unter meine schönsten Tage denjenigen, wo ich einst mit den Professoren der Facultät durch ihre Thüre zur Disputation des Doctor Cloquet eintrat, und zu meinem unendlichen Vergnügen ein lebhaftes Gemurmel der Neugierde in dem Saale hörte, indem jeder Student seinen Nachbar fragte, wer doch der mächtige, fremde Protector sein möge, der die Versammlung mit seiner Anwesenheit beehrte.

Doch gibt es noch einen andern Tag, dessen Andenken mir, glaube ich, ebenso theuer ist, jener Tag, wo ich dem Verwaltungsrath der Ermuthigungsgesellschaft für die nationale Industrie meinen Irrorator vorlegte, ein Instrument von meiner Erfindung, das nichts Anderes ist, als eine Druckpumpe, die zur Räucherung der Zimmer eingerichtet ist.

Ich hatte in der Tasche meine geladene Maschine mitgebracht, ich drehte den Hahn, dem pfeifend ein wohlriechender Dampf entströmte, welcher sich bis

---

*) „Speisen Sie nächsten Donnerstag mit mir," sagte eines Tages Herr Greffulhe zu mir, „mit Gelehrten oder mit Literaten — Sie haben die Wahl." „Meine Wahl ist getroffen," antwortete ich, „wir speisen zweimal." Das geschah denn auch, und das Mahl, das den Literaten gegeben wurde, war unvergleichlich viel feiner und besser. (Siehe die 12. Betrachtung.)

zur Zimmerdecke erhob und dann in Tropfen auf die Personen und die Papiere niederfiel.

Mit unaussprechlichem Vergnügen sah ich die gelehrtesten Köpfe der Hauptstadt sich vor meinem Irrorator beugen, und mit unbändiger Freude bemerkte ich, dass die am meisten Durchnässten die Glücklichsten waren.

Wenn ich an die ernsthaften Betrachtungen denke, in welche der Umfang meines Gegenstandes mich zuweilen hineinzieht, so fürchte ich, hier und da langweilig geworden zu sein, denn auch ich habe manchmal über den Werken Anderer gegähnt.

Ich habe Alles gethan, was in meiner Macht stand, um solchem Vorwurfe zu entgehen; ich habe die Gegenstände, die langweilig werden konnten, nur leicht berührt; ich habe Anekdoten erzählt, die ich meist selbst erlebte; ich habe eine Unzahl ausserordentlicher und seltsamer Fälle bei Seite gelassen, welche eine gesunde Kritik verwerfen musste; ich strebte, die Aufmerksamkeit zu wecken, indem ich gewisse Kenntnisse, welche die Gelehrten für sich allein in Anspruch zu nehmen schienen, populär zu machen suchte. Wenn nun trotz so vieler Anstrengungen die Leser meine Wissenschaft schwer verdaulich finden sollten, so werde ich doch ruhig schlafen, fest überzeugt, dass die Mehrheit in Anerkennung der guten Absicht mir Ablass ertheilen wird.

Man könnte mir vorwerfen, dass ich manchmal meine Feder ein wenig gehen lasse, und bei meinen Erzählungen geschwätzig werde. Ist's mein Fehler, wenn ich alt bin? Ist's mein Fehler, wenn ich bin wie Odysseus, der

„Mancher Völker Städte gesehen und Sitten gekannt hat?"

Bin ich zu tadeln, wenn ich etwas Weniges von meinem Leben erzähle? Endlich muss mir der Leser auch das noch zu Gute halten, dass ich ihm dadurch das Studium meiner politischen Memoiren erspare, die er eben so gut wie viele andere würde lesen müssen, da ich seit sechsunddreissig Jahren vom ersten Range aus Menschen und Ereignisse an mir vorüberziehen sehe.

Namentlich zähle man mich nicht unter die Zusammenstoppler; gewiss hätte meine Feder geruht, wenn ich so tief gesunken wäre, wobei ich mich nicht weniger glücklich befunden hätte.

Ich habe mir gesagt wie Juvenal:

Semper ego auditor tantum? nunquamne reponam?
(Stets nur Hörer soll ich Euch sein? Und nimmer
erwiedern?)

und meine Bekannten werden leicht erkennen, dass ich eben so gewöhnt an das Geräusch der Gesellschaft, wie an das Schweigen des Studierzimmers, von beiden Lagen gleichmässig Nutzen gezogen habe.

Endlich habe ich auch viel zu meinem persönlichen Genügen gethan. Ich habe mehre meiner Freunde genannt, die sich dessen schwerlich erwarteten; ich habe einige liebenswürdige Erinnerungen festgehalten, die mir zu entfliehen drohten, andere aufgefrischt; kurz, ich habe, wie man zu sagen pflegt, meinen Kaffee nach Tische getrunken.

Vielleicht ruft ein einziger Leser, der sich unter den Angezogenen befindet: „Was brauchte ich zu wissen, ob .... Was fällt ihm ein, zu sagen, dass u. s. w. Aber ich bin auch sicher, dass die Andern ihm

Schweigen auferlegen werden, und dass eine achtunggebietende Mehrheit die Ergüsse eines löblichen Gefühles mit Wohlwollen aufnehmen wird.

Ich muss noch etwas über meinen Styl sagen, denn der Styl ist der Mann, sagt Buffon.

Ich verlange keine Nachsicht, die man doch niemals Denjenigen gewährt, welche sie nöthig haben. Es handelt sich um eine einfache Erläuterung.

Ich müsste wunderschön schreiben, denn Voltaire, Rousseau, Fénélon, Buffon und später Cochin und d'Aguesseau waren meine Lieblingsschriftsteller und ich kenne sie auswendig.

Vielleicht aber haben es die Götter anders gewollt, und wenn dies der Fall ist, so dürfte Folgendes die Ursache sein.

Ich kenne mehr oder weniger gut fünf lebende Sprachen und besitze deshalb ein ungeheures Repertorium von Wörtern aller Farben.

Habe ich einen Ausdruck nöthig, den ich nicht in dem französischen Sprachkasten finde, so greife ich in den nächsten Kasten. Der Leser mag mich dann übersetzen oder errathen, das ist seine Sache.

Ich könnte wohl anders handeln, aber eine gewisse unbesiegbare Systemsucht hält mich davon ab.

Ich bin fest überzeugt, dass die französische Sprache, deren ich mich bediene, vergleichsweise sehr arm ist. Was bleibt zu thun übrig? Leihen oder stehlen?

Ich thue das Eine und das Andere, weil die Anlehen nicht zurückerstattet zu werden brauchen, und der Wortdiebstahl noch nicht vom Gesetze bestraft wird. Die gestrengen Kritiker werden wohl nach Bossuet,

Fénélon, Racine, Boileau, Pascal und anderen Classikern aus der Zeit Ludwig's des Vierzehnten schreien. Es scheint mir, als höre ich schon den entsetzlichen Scandal, den sie machen werden. Hierauf erwiedere ich bedachtsam, dass ich weit entfernt bin, das Verdienst jener Schriftsteller des grossen Zeitalters der classischen Literatur, der genannten sowohl wie der ungenannten, herabzusetzen; aber was folgt daraus? Nur das, dass sie unvergleichlich mehr mit einem bessern Instrumente geleistet haben würden, da sie schon mit einem undankbaren so Vieles leisteten. Man darf glauben, dass Tartini noch viel besser gegeigt haben würde, wäre sein Bogen so lang gewesen als derjenige von Baillot.

Ich gehöre also zu den Neuerern und selbst zu den Romantikern; diese Letztern entdecken verborgene Schätze, die Andern sind wie Schifffahrer, welche aus der Ferne die nöthigen Waaren holen.

Die Völker des Nordens und namentlich die Engländer haben in dieser Beziehung einen unendlichen Vortheil vor uns; ihr Geist wird niemals durch den Ausdruck gehemmt; er schafft oder entlehnt. Deshalb geben uns auch alle unsere Uebersetzer, wenn es sich um Gegenstände handelt, die Tiefe und Energie verlangen, nur blasse und farblose Nachbilder.

Ich hörte einst in der Akademie eine sehr nette Rede über die Gefahr der Neuerungen, und über die Nothwendigkeit, sich mit unserer Sprache zu begnügen, so wie die Schriftsteller des guten Zeitalters sie festgestellt hätten.

Als Chemiker destillirte ich diese Rede in der Retorte und der Bodensatz hiess: Wir haben Alles so gut gemacht, dass wir es unmöglich besser, noch anders machen können.

Nun habe ich lange genug gelebt, um zu wissen, dass jede Generation dasselbe sagt, und jede folgende darüber spottet.

Wie sollten auch die Worte nicht ändern, wenn Sitten und Ideen beständige Aenderungen erleiden? Wenn wir auch dasselbe thun, wie unsere Voreltern, so thun wir es doch nicht auf die nämliche Weise, und in einigen wenigen französischen Büchern könnte man ganze Seiten finden, die sich weder ins Lateinische noch ins Griechische übersetzen liessen.

Alle Sprachen haben ihre Geburt, ihre Höhe und ihre Abnahme. Alle diejenigen Sprachen, welche von Sesostris bis zu Philipp August gesprochen wurden, existiren nur noch in Denkmälern. Die französische Sprache wird dasselbe Schicksal haben, und im Jahre 2825 wird man mich mit Hülfe eines Wörterbuchs lesen, wenn man mich überhaupt noch liest.

Ich hatte einst eine lebhafte Discussion über diesen Gegenstand mit dem liebenswürdigen Andrieux, Mitglied der französischen Akademie, wo wir Beide unser schwerstes Geschütz aufführten.

Ich marschirte in Schlachtordnung auf, griff lebhaft an, und hätte meinen Gegner zweifellos gefangen genommen, wenn er nicht einen eiligen Rückzug angetreten hätte, den ich nicht verhinderte, da ich mich glücklicherweise für ihn erinnerte, dass er einen gewissen Buchstaben in dem neuen biographischen Lexikon zu bearbeiten hat.

Ich schliesse mit einer wichtigen Bemerkung, die ich deshalb bis zuletzt aufsparte.

Wenn ich von mir im Singularis schreibe und spreche, so unterhalte ich mich mit dem Leser; er darf untersuchen, discutiren, zweifeln, ja sogar lachen. Wenn ich mich aber mit dem fürchterlichen „Wir" bewaffne, dann bin ich Professor, dann muss Jeder schweigen.

I amg Sir Oracle,
And when I open my lips, let no dog bark.
Ich bin Herr Orakel,
Thu' ich den Mund auf, rühr' sich keine Maus.

(Shakespeare, Kaufmann von Venedig, Act 1. Scene 1.)

Inhaltsverzeichniss.

	Seite
Erste Betrachtung: Von den Sinnen.	1
Zahl der Sinne	—
Thätigkeit der Sinne	2
Vervollkommnung der Sinne	4
Macht des Geschmackes	7
Zwecke der Sinnesthätigkeit	—
Zweite Betrachtung: Vom Geschmacke.	9
Definition des Geschmackes	—
Mechanik des Geschmackssinnes	11
Geschmacksempfindung	13
Von den Geschmäcken	14
Einfluss des Geruches auf den Geschmack	15
Analyse der Geschmacksempfindung	17
Rangordnung der verschiedenen Geschmacksempfindungen	20
Genüsse, welche der Geschmack verursacht	21
Ueberlegenheit des Menschen	22
Methode des Verfassers	26
Dritte Betrachtung: Von der Feinschmeckerei.	28
Ursprung der Wissenschaft	—
Ursprung der Feinschmeckerei	29
Definition der Gastronomie	30
Verschiedene Gegenstände, mit welchen die Feinschmeckerei (Gastronomie) sich beschäftigt	31
Nutzen der gastronomischen Kenntnisse	32
Einfluss der Feinschmeckerei auf die Geschäfte	33
Gastronomische Akademie	34
Vierte Betrachtung: Vom Appetit	35
Definition des Appetites	—
Anekdote	36
Grosse Appetite	39
Fünfte Betrachtung: Von den Nahrungsmitteln im Allgemeinen	42
Erster Abschnitt. Definition	42
Analytische Arbeiten	—

Inhaltsverzeichniss.

	Seite
Osmazom	44
Grundstoffe der Nahrung	46
Pflanzenreich	47
Unterschied der Fastenspeisen	50
Eigene Beobachtungen	51
Sechste Betrachtung	53
Zweiter Abschnitt. Besonderheit	—
§. 1. Suppentopf, Suppe u. s. w.	—
§. 2. Vom Suppenfleische	55
§. 3. Geflügel	56
§. 4. Vom Truthahn	58
Die Truthahn-Esser	59
Oekonomischer Einfluss des Truthahnes	60
Glücksfall des Professors	61
§. 5. Vom Wildpret	66
§. 6. Von den Fischen	70
Anekdote	71
Muria. — Garum	72
Philosophische Reflexionen	75
§. 7. Von den Trüffeln	76
Von der erotischen Eigenschaft der Trüffel	77
Sind die Trüffeln unverdaulich?	81
§. 8. Vom Zucker	83
Vom einheimischen Zucker	84
Verschiedene Benutzung des Zuckers	86
§. 9. Ursprung des Kaffees	89
Verschiedene Arten, Kaffee zuzubereiten	91
Wirkungen des Kaffees	—
§. 10. Von der Chocolade, ihr Ursprung	94
Eigenschaften der Chocolade	97
Schwierigkeiten der Zubereitung einer guten Chocolade	99
Officielle Zubereitungsart der Chocolade	102
Siebente Betrachtung: Theorie des Backens	103
Anrede	104
§. 1. Chemie	105
§. 2. Anwendung	106
Achte Betrachtung: Vom Durste	108
Verschiedene Arten des Durstes	109
Ursachen des Durstes	112
Beispiel	113
Neunte Betrachtung: Von den Getränken	115
Wasser	116
Specielle Wirkung der Getränke	—
Geistige Getränke	117
Zehnte Betrachtung: Ueber das Ende der Welt	119
Elfte Betrachtung: Von der Feinschmeckerei	121
Definition	122

Inhaltsverzeichniss.

	Seite
Vortheile der Feinschmeckerei	123
Fortsetzung	124
Macht der Feinschmeckerei	—
Federzeichnung einer hübschen Feinschmeckerin	126
Anekdote	127
Feinschmeckerei der Frauen	—
Wirkung der Feinschmeckerei auf die Geselligkeit	128
Einfluss der Feinschmeckerei auf das Glück im Ehestande	129
Zwölfte Betrachtung: Die Feinschmecker	131
Nicht Jeder, der es sein möchte, ist deshalb Feinschmecker	—
Napoleon	—
Feinschmecker aus Vorausbestimmung	132
Sinnliche Vorausbestimmung	—
Feinschmecker von Standeswegen	135
Die Finanzleute	136
Die Aerzte	137
Rüge	138
Die Literaten	140
Die Betbrüder	141
Die Ritter und die Abbé's	143
Langes Leben der Feinschmecker	—
Dreizehnte Betrachtung: Gastronomische Probirschüsseln	145
Gastronomische Probirschüsseln. Erste Reihe	148
— — Zweite Reihe. Dritte Reihe	149
Allgemeine Bemerkung	150
Vierzehnte Betrachtung: Vom Tafelvergnügen	151
Ursprung des Tafelvergnügens	152
Unterschied zwischen dem Essvergnügen und dem Tafelvergnügen	153
Wirkungen	154
Industrielle Nebendinge	155
Achtzehntes und neunzehntes Jahrhundert	156
Skizze	158
Fünfzehnte Betrachtung: Von den Jagdmahlen	164
Die Damen	166
Sechzehnte Betrachtung: Von der Verdauung	169
Einfuhr	—
Magenverdauung	171
Einfluss der Verdauung	174
Siebzehnte Betrachtung: Von der Ruhe	178
Zeit der Ruhe	180
Achtzehnte Betrachtung: Vom Schlafe	181
Definition	182
Neunzehnte Betrachtung: Von den Träumen	184
Anzustellende Untersuchung	185
Natur der Träume	186
System des Doctor Gall	187
Erste Beobachtung	—

Inhaltsverzeichniss.

	Seite
Zweite Beobachtung.	188
Resultat.	190
Einfluss des Alters	
Erscheinungen der Träume	191
Erste Beobachtung	—
Zweite Beobachtung	
Dritte Beobachtung.	192
Zwanzigste Betrachtung: Vom Einfluss der Ernährungsweise auf die Ruhe, den Schlaf und die Träume	195
Einfluss der Ernährungsweise auf die Arbeit	—
Von den Träumen	197
Fortsetzung.	198
Resultat	199
Einundzwanzigste Betrachtung: Von der Fettleibigkeit.	201
Ursachen der Fettleibigkeit.	205
Fortsetzung.	206
Fortsetzung	207
Anekdote	208
Ueble Folgen der Fettleibigkeit	209
Beispiele von Fettleibigkeit.	210
Zweiundzwanzigste Betrachtung: Vorbeugende oder heilende Behandlung der Fettleibigkeit.	213
Allgemeines.	214
Fortsetzung der Diät	218
Gefahr der Säuren.	219
Gürtel gegen die Fettleibigkeit	222
Von der Chinarinde.	223
Dreiundzwanzigste Betrachtung: Von der Magerkeit.	225
Definition.	—
Arten der Magerkeit.	—
Wirkungen der Magerkeit	—
Natürliche Vorbestimmung	226
Mästende Diät.	227
Vierundzwanzigste Betrachtung: Vom Fasten	230
Definition.	—
Ursprung des Fastens	
Wie man fastete.	231
Ursprung des Nachlasses	234
Fünfundzwanzigste Betrachtung: Von der Erschöpfung.	237
Behandlung	—
Vom Professor bewerkstelligte Heilung.	238
Sechsundzwanzigste Betrachtung: Vom Tode.	241
Siebenundzwanzigste Betrachtung: Philosophische Geschichte der Küche	244
Ordnung der Ernährung.	245
Entdeckung des Feuers	246
Kochen.	247

Inhaltsverzeichniss.

	Seite
Festmahle der Orientalen und der Griechen	249
Festmahle der Römer	252
Auferstehung des Lukullus	255
Lectisternium et Incubitarium	257
Dichtkunst	259
Einbruch der Barbaren	—
Zeiten Ludwig's XIV. und Ludwig's XV.	264
Ludwig XVI.	267
Verbesserungen hinsichtlich der Kunst	268
Letzte Verbesserung	270
Achtundzwanzigste Betrachtung: Von den Speisewirthen	271
Erste Gründung	272
Vortheile der Speisewirthschaften	273
Untersuchung eines Salons	274
Nachtheile	276
Wetteifer	—
Speisewirthschaften zu festem Preise	277
Beauvillers	279
Der Feinschmecker in der Speisewirthschaft	280
Neunundzwanzigste Betrachtung: Die classische Feinschmeckerei	282
Geschichte des Herrn von Borose	—
Zug einer reichen Erbin	293
Dreissigste Betrachtung: Strauss	294
Gastronomische Mythologie	—

Physiologie des Geschmackes.
Zweiter Theil.

Uebergang	301
Verschiedenes	303
I. Der Eierkuchen des Pfarrers	—
Zubereitung des Thunfisch-Eierkuchens	307
Theoretische Bemerkungen für die Zubereitung	308
II. Eier mit Bratensauce	309
III. Nationaler Sieg	310
IV. Die Abwaschungen	316
V. Mystification des Professors und Niederlage eines Generals	318
VI. Der Aal	321
VII. Die Spargel	323
VIII. Die Falle	325
IX. Der Steinbutt	329
X. Verschiedene Stärkungsmittel, vom Professor erfunden	334
Für die in der 30. Betracht. angegebenen Fälle	—
XI. Ein Huhn aus der Bresse	338
XII. Der Fasan	340
XIII. Gastronomische Gewerbe der Emigrirten	343

Inhaltsverzeichniss.

	Seite
XIV. Andere Erinnerungen aus der Emigration	347
Der Weber	—
Der Hungrige	349
Der silberne Löwe	350
Aufenthalt in Amerika	—
Schlacht	—
XV. Das Bündel Spargeln	354
XVI. Von der Fondue	356
Recept der Fondue	357
XVII. Täuschung	358
XVIII. Wunderbare Wirkungen eines classischen Mittagessens	359
XIX. Wirkungen und Gefahren der gebrannten Wasser	360
XX. Die Ritter und die Abbé's	361
XXI. Miscellaneen	364
XXII. Ein Tag bei den Bernhardinern	365
XXIII. Glück auf der Reise	371
XXIV. Poesie	377
Lied des Demokares beim Feste des Denias	379
Die Kneipe	380
An Magnard	382
Die Wahl der Wissenschaften	383
Impromptu	384
Der Todeskampf	385
XXV. Henrion de Pansey	—
Vers unter das Bildniss des Hrn. Henr. de Pansey	386
XXVI. Andeutung	387
XXVII. Die Entbehrungen (Historische Elegie)	389
Adresse an die Feinschmecker beider Welten	391

Anhang.

1. Das Fleischextract	394
2. Die künstliche Milch	400
3. Suppe für Kranke	406
4. Verbesserung des Roggenbrotes	408
5. Ueber Kaffeebereitung	411
Lehmann's Verbesserung des Mehls aus ausgewachsenem Getreide	421

Erste Betrachtung.

Von den Sinnen.

Die Sinne sind diejenigen Organe, durch welche der Mensch sich mit der Aussenwelt in Beziehung setzt.

Zahl der Sinne.

1. Man muss wenigstens sechs Sinne annehmen:

Das Gesicht, welches den Raum umfasst und uns mittelst des Lichtes die Existenz und die Farben der Körper erkennen lässt, die uns umgeben;

das Gehör, welches mittelst der Luft die Schwingungen der schallenden oder tönenden Körper aufnimmt;

der Geruch, mittelst dessen wir die Gerüche der riechenden Körper wahrnehmen;

der Geschmack, mittelst dessen wir alle essbaren oder schmackhaften Körper beurtheilen;

das Gefühl, das die Oberfläche und Dichtigkeit der Körper zum Gegenstande hat;

endlich der Geschlechtssinn oder die physische Liebe, welcher die Geschlechter einander nähert und dessen Zweck die Erhaltung der Art ist.

Es ist auffallend, dass bis zu Buffon's Zeiten dieser so wichtige Sinn verkannt und mit dem Gefühl verwechselt oder vielmehr vereinigt wurde.

Und doch hat die Empfindung, deren Sitz er ist, nichts mit dem Tastgefühl überein; der Apparat, der ihm dient, ist ebenso vollständig als der Mund oder die Augen, und das Merkwürdigste daran ist, dass, obgleich jedes Geschlecht Alles besitzt, was zur Hervorbringung der Empfindung nöthig ist, dennoch beide Geschlechter sich vereinigen müssen, um den Zweck zu erfüllen, welchen die Natur sich vorsetzt. Wenn aber der Geschmack, der die Erhaltung des Individuums zum Zwecke hat, unzweifelhaft ein Sinn ist, so müssen auch die Organe, welche der Erhaltung der Art dienen, als Sinnesorgane betrachtet werden.

Gönnen wir also dem Geschlechtssinne den Platz, der ihm gebührt und überlassen wir es unsern Neffen, ihm seinen Rang anzuweisen*).

Thätigkeit der Sinne.

2. Wenn wir uns durch die Einbildungskraft in die ersten Augenblicke des menschlichen Geschlechtes zurückversetzen dürfen, so können wir glauben, dass die ersten Sinnesempfindungen unmittelbar waren, d. h. dass man ohne Schärfe sah, undeutlich hörte, ohne Wahl roch, ohne zu kosten ass und mit Brutalität genoss.

Da aber alle diese Empfindungen die Seele, jenes specielle Attribut der Menschengattung, jene stetige Ursache der Vervollkommnung zum Mittelpunkte hatten, so wurden

---

*) Die neuere Physiologie hat sich mit diesen Ansichten Brillat-Savarin's durchaus nicht einverstanden erklären können. Das Gefühl, oder besser der Hautsinn, ist nicht nur an einzelnen Stellen der Körperoberfläche verschieden ausgebildet, sondern fasst auch verschiedene Empfindungen in sich, die man ebenso, wie das Wollustgefühl, verschiedenen Sinnen zuschreiben müsste, wie z. B. dem Drucksinn, dem Wärmesinn. Der empfindende Apparat, der in den Nervenwärzchen der Haut liegt, ist an den Geschlechtstheilen nicht anders gebaut, als in der übrigen Haut und gerade in dem specifischen Bau des empfindenden Apparates liegt ja, wie uns die mikroskopische Anatomie lehrt, auch die besondere Unterscheidung eines Sinnesorganes. C. V.

sie dort reflectirt, verglichen und beurtheilt und da bald alle Sinne sich gegenseitig unterstützten, zum Nutzen und zur Wohlfahrt des sinnlichen Ichs oder, was das Nämliche ist, des Individuums ausgebildet.

So verbesserte das Gefühl die Fehler des Gesichtes; der Ton wurde mittelst der Sprache der Dolmetsch der Gedanken; der Geschmack wurde vom Gesicht und Geruch unterstützt; das Gehör verglich die Töne und beurtheilte die Entfernung; und der Geschlechtssinn bemeisterte sich aller übrigen Sinnesorgane.

Der Strom der Zeiten rollte über die Menschengattung dahin und brachte stets neue Verbesserungen, deren stets wirksame, aber häufig verkannte Ursache in den Bedürfnissen unserer Sinne liegt, welche stetig und abwechselnd angenehm beschäftigt sein wollen.

So erzeugte das Gesicht die Malerei, die Bildhauerkunst und die Schauspiele aller Art;

das Gehör die Melodie, die Harmonie, den Tanz und die Musik mit allen ihren Zweigen und Mitteln zur Ausführung;

der Geruch die Auffindung, Cultur und Anwendung der Gerüche;

der Geschmack die Erzeugung, Wahl und Zubereitung aller Nahrungsmittel;

das Gefühl alle Künste, Handwerke und Industrien;

der Geschlechtssinn Alles, was die Vereinigung der Geschlechter vorbereiten oder verschönern kann, und namentlich seit Franz I. die romantische Liebe, die Coquetterie und die Mode, ganz besonders aber die Coquetterie, die in Frankreich geboren wurde, nur dort einen Namen hat und in der Hauptstadt der Welt gelehrt wird, wo die Blüthe aller Nationen täglich darin Unterricht nimmt.

So seltsam dieser Satz auch scheinen mag, so lässt er sich doch leicht beweisen; denn in keiner alten Sprache könnte man sich mit Klarheit über diese drei grossen Hebel der heutigen Gesellschaft aussprechen.

Ich hatte über diesen Gegenstand einen nicht reizlosen Dialog verfasst, habe ihn aber unterdrückt, um meinen Lesern das Vergnügen zu lassen, selbst einen solchen nach ihrer Art anzufertigen. Man kann während eines ganzen Abends über diesen Gegenstand sehr wichtig und selbst sehr gelehrt sprechen.

Wir sagten oben, dass der Geschlechtssinn alle übrigen Sinnesorgane überwältigt habe. Er hat nicht minder mächtig auf die Wissenschaften eingewirkt, und bei genauerer Betrachtung wird man leicht finden, dass die feinsten und sinnreichsten Dinge der Wissenschaften dem Verlangen, der Hoffnung oder der Erkenntlichkeit für die Vereinigung beider Geschlechter zu danken sind.

So läuft denn die Entstehungsgeschichte, selbst der abstractesten Wissenschaften, in der That darauf hinaus, dass sie das unmittelbare Resultat der beständigen Anstrengungen sind, welche wir machten, um unsere Sinne zu befriedigen*).

Vervollkommnung der Sinne.

3. Unsere geliebten Sinne sind durchaus nicht vollkommen. Ich werde mich nicht bemühen, diesen Satz zu beweisen, ich mache nur darauf aufmerksam, dass das Gesicht, dieser ätherische Sinn, und das Gefühl, das am andern Ende der Stufenleiter steht, nach und nach ausserordentlich vervollkommnet wurden.

Mittelst der Brille entgeht das Auge gewissermaassen der greisenhaften Abschwächung, welche die meisten übrigen Organe niederdrückt.

Das Fernrohr hat uns Gestirne entdecken lassen, welche früher allen Mitteln der Messung unzugänglich waren. Es dringt in Entfernungen, wo ungeheuer grosse leuchtende

---

*) Und man wüthet gegen die heutigen Materialisten, die nicht mehr behauptet haben! C. V.

Körper nur noch wie fast unmerkliche Nebelflecken erscheinen.

Das Mikroskop hat uns die innere Structur der Körper kennen gelehrt; es zeigt uns Pflanzen, deren Existenz wir nicht einmal vermutheten; wir sehen Thiere, hunderttausendmal kleiner als die kleinsten mit blossem Auge sichtbaren; diese Thierchen bewegen, ernähren und vermehren sich, was auf Organe schliessen lässt, deren Kleinheit selbst unsere Einbildungskraft nicht erreichen kann.

Andererseits hat die Mechanik unsere Kräfte vervielfältigt. Was der Mensch sich vornimmt, führt er auch aus, und er bewegt Lasten, die seiner Schwäche unzugänglich schienen.

Mittelst der Waffen und des Hebels hat der Mensch die ganze Natur unterjocht und sie seinen Vergnügungen, seinen Bedürfnissen und Launen unterworfen. Ein schwacher Zweifüssler ist der Herr der Schöpfung geworden.

Das Gesicht und das Gefühl könnten mit ihrer so vergrösserten Machtvollkommenheit einer weit höheren Gattung angehören, als der Mensch ist. Die Menschheit wäre gewiss eine ganz andere, wenn die übrigen Sinne in gleicher Weise vervollkommnet worden wären.

Man muss indessen bemerken, dass die Civilisation für das Gefühl als Empfindung fast noch nichts gethan hat, während die Muskelkraft so ungemein erhöht wurde; doch darf man Alles hoffen, wenn man sich erinnert, dass das Menschengeschlecht noch sehr jung ist und dass die Sinne nur nach einer langen Reihe von Jahrhunderten ihren Wirkungskreis vergrössern können.

So hat man erst seit etwa 400 Jahren die Harmonie, jene himmlische Wissenschaft entdeckt, die sich zu den Tönen verhält wie die Malerei zu den Farben *).

---

*) Man hat das Gegentheil behauptet, aber ohne Begründung. Hätten die Alten die Harmonie gekannt, so fände man in ihren Schriften etwas Genaueres darüber, als ein paar dunkle Sätze, die jede Art von Erklärung erlauben. Ausserdem kann man in den

Ohne Zweifel begleiteten die Alten ihre Gesänge mit Instrumenten im Einklang; aber darauf beschränkten sich auch ihre Kenntnisse, sie konnten weder die Töne zerlegen, noch ihr Verhältniss zu einander regeln.

Erst seit dem funfzehnten Jahrhundert hat man die Stufenleiter der Töne festgestellt und den Gang der Accorde geregelt, mittelst welcher man den Gesang unterstützte und den Ausdruck der Gefühle verstärkte.

Diese so späte und doch so natürliche Entdeckung hat das Gehör verdoppelt und darin zwei gewissermaassen unabhängige Eigenschaften nachgewiesen, von denen die eine die Töne aufnimmt, die andere ihren Zusammenklang beurtheilt.

Die deutschen Gelehrten behaupten, dass die für Harmonie Empfänglichen einen Sinn mehr als andere Leute besitzen.

Die Menschen, für welche die Musik nur ein unbestimmtes Gewirr von Tönen ist, singen alle falsch und man muss annehmen, dass ihr Ohr so gebaut ist, dass es nur kurze Schwingungen ohne Wellen aufnimmt, oder dass ihre beiden Ohren nicht gleich gestimmt sind und die verschiedene Länge und Empfänglichkeit der einzelnen Theile der Gehörorgane Ursache ist, weshalb sie dem Gehirn nur unbestimmte und verworrene Empfindungen mittheilen, etwa wie zwei Instrumente, welche weder in derselben Tonart, noch in demselben Tacte verschiedene Melodien spielen.

Die letzten Jahrhunderte haben auch den Kreis der Geschmacksempfindung wesentlich erweitert. Die Entdeckung des Zuckers und seiner verschiedenen Zubereitungen, die weingeistigen Getränke, das Eis, die Vanille, der Thee, der Kaffee haben uns bisher unbekannte Geschmacksempfindungen zugeführt.

---

uns überkommenen Denkmalen die Entstehung und den Fortschritt der Harmonie durchaus nicht verfolgen. Wir verdanken sie den Arabern, welche die Orgel erfanden, die gleichzeitig mehrere Töne erzeugt und so die Harmonie schuf.

Vielleicht kommt die Tastempfindung auch noch an die Reihe, und wer weiss, welche Quellen neuer Genüsse ein glücklicher Zufall uns hier entdecken lassen kann. Es ist dies um so wahrscheinlicher, als das Tastgefühl sich über den ganzen Körper erstreckt und also überall erregt werden kann.

Macht des Geschmackes.

4. Wir haben gesehen, dass die physische Liebe alle Wissenschaften überwältigt hat. Sie handelte hierbei mit jener Tyrannei, welche sie stets charakterisirt.

Der Geschmack, diese klügere und maassvollere Function, die deshalb nicht weniger thätig ist, hat sich mit einer gewissen Langsamkeit, welche den Erfolg sichert, zu demselben Resultate emporgerungen.

Wir werden an einem anderen Orte diesen Gegenstand weiter verfolgen; wir wollen hier nur einstweilen bemerken, dass der Gast bei einem reichen Mahle in einem mit Spiegeln*), Gemälden, Skulpturen und Blumen geschmückten, mit duftenden Wohlgerüchen durchräucherten Saale in Gesellschaft schöner Frauen und bei den Tönen einer lieblichen Musik keine grosse Anstrengung seiner Denkkraft zu machen braucht, um zu finden, dass alle menschlichen Wissenschaften in Bewegung gesetzt worden sind, um die Genüsse des Geschmackes zu erhöhen und gebührend einzurahmen.

Zwecke der Sinnesthätigkeit.

5. Fassen wir nun in einem allgemeinen Ueberblick das Gesammtsystem unserer Sinne zusammen, so sehen wir, dass der Schöpfer zwei Ziele hatte, von welchen das eine die nothwendige Folge des anderen ist: die Erhaltung des Individuums und die Fortdauer der Art.

---

*) Spiegel gehören unserer Ansicht nach nicht in einen Speisesaal. Warum soll man das Bild so mancher unschönen Esser vervielfältigen? C. V.

Dies ist die Bestimmung des Menschen als Sinneswesen. Auf diesen Doppelzweck beziehen sich alle seine Handlungen.

Das Auge sieht die Gegenstände der Aussenwelt, enthüllt die Wunder, die den Menschen umgeben, und belehrt ihn, dass er einem grossen Ganzen angehört.

Das Ohr empfindet die Töne nicht nur als angenehme Eindrücke, sondern auch als Anzeichen der Bewegung der Körper, welche gefährlich werden können.

Das Gefühl wacht und benachrichtigt durch den Schmerz von jeder unmittelbaren Verletzung.

Die Hand, dieser treue Diener, bereitet nicht nur den Rückzug vor und sichert die Schritte, sondern ergreift auch vorzugsweise diejenigen Gegenstände, die der Instinct uns als fähig kennen lehrt, den Verlust zu ersetzen, welchen die Erhaltung des Lebens herbeiführt.

Der Geruch untersucht diese Gegenstände, denn die schädlichen Substanzen haben fast alle einen üblen Geruch.

Der Geschmack entscheidet sich nun, die Zähne werden in Thätigkeit gesetzt, die Zunge arbeitet mit dem Gaumen und bald beginnt der Magen die Verdauung.

In diesem Zustande fühlt man eine gewisse Schwäche, die Gegenstände entfärben sich, der Körper sinkt zusammen, die Augen werden geschlossen, Alles verschwindet, die Sinne sind in absoluter Ruhe.

Bei seinem Erwachen sieht der Mensch, dass sich nichts um ihn her verändert hat, aber ein geheimes Feuer glimmt in seinem Busen, ein neues Organ hat sich entwickelt, er fühlt das Bedürfniss, seine Existenz zu theilen.

Dieses thätige, unruhige, herrische Bedürfniss ist beiden Geschlechtern gemeinsam, es nähert und vereinigt sie, und erst wenn der Keim eines neuen Lebens befruchtet ist, können die Individuen in Frieden schlafen, sie haben die heiligste Pflicht erfüllt, indem sie die Fortdauer der Art sicherten*).

---

*) Herr v. Buffon hat mit aller Kraft der erhabensten Beredsamkeit uns die ersten Augenblicke des Daseins Eva's gemalt.

Dies ist der allgemeine physiologische Ueberblick, welchen ich meinen Lesern geben musste, um sie zur speciellen Untersuchung des Geschmacksorganes hinüberzuleiten.

Zweite Betrachtung.

Vom Geschmacke.

Definition des Geschmackes.

6. Der Geschmack ist derjenige Sinn, welcher uns mittelst einer eigenthümlichen Empfindung, die in dem Organe erregt wird, zu den schmeckenden Körpern in Beziehung setzt.

Der Geschmack, welcher durch Appetit, Hunger und Durst erregt wird, bildet die Grundlage vielfältiger Operationen, durch welche das Individuum wächst, sich entwickelt, sich ernährt und alle durch die Ausscheidungen verursachten Verluste ersetzt.

Die organischen Körper nähren sich nicht auf die nämliche Weise; der Schöpfer, gleich erfinderisch in seinen Methoden und sicher in seinen Wirkungen, verlieh ihnen verschiedene Mittel der Erhaltung.

Die auf der untersten Stufe der lebenden Wesen stehenden Pflanzen nähren sich durch Wurzeln, welche mittelst einer eigenthümlichen Mechanik im Boden die verschiedenen Substanzen wählen, die zu ihrem Wachsthum und ihrer Erhaltung dienen können.

Wir wollten bei der Behandlung eines ähnlichen Gegenstandes nur eine einfache Umrisszeichnung geben; die Leser werden schon das Bild mit Farben auszuführen wissen.

Man findet auf etwas höherer Stufe unter den Thieren Wesen, die keiner Ortsbewegung fähig sind; — in einer Umgebung geboren, die ihre Existenz erleichtert, besitzen sie besondere Organe, welche aus dieser Umgebung Alles aufnehmen, was nöthig ist, um sie während ihrer Lebensdauer zu erhalten. Diese suchen nicht ihre Nahrung, die Nahrung sucht sie.

Die Thiere, welche sich frei bewegen und unter denen der Mensch ohne Zweifel das vollkommenste ist, nähren sich auf andere Weise. Ein besonderer Instinct belehrt sie über die Nothwendigkeit der Nahrung. Sie suchen, bemächtigen sich der Gegenstände, welchen sie die Fähigkeit, ihr Bedürfniss zu befriedigen, zutrauen; sie essen, frischen ihre Kräfte auf und durchlaufen auf diese Weise die ihnen zugewiesene Bahn des Lebens.

Man kann den Geschmack aus drei verschiedenen Gesichtspunkten betrachten.

Im physischen Menschen ist es das Organ, mittelst dessen die schmeckenden Gegenstände geprüft werden.

Vom moralischen Gesichtspunkte aus ist es die Empfindung, welche das von einem schmeckenden Körper gereizte Organ im Centralnervensysteme erregt und vom materiellen Gesichtspunkte aus ist der Geschmack die specielle Eigenschaft, welche ein Körper besitzt, das Organ zu reizen und die Empfindung zu erzeugen.

Der Geschmack scheint einen doppelten Nutzen zu haben. 1. Durch das Vergnügen ladet er uns ein, die steten Verluste zu ersetzen, welche wir durch die Lebensthätigkeit erleiden. 2. Er hilft uns bei der Wahl unserer Nahrungsmittel aus denjenigen Gegenständen, welche die Natur uns bietet.

Bei dieser Auswahl wird, wie wir später sehen werden, der Geschmack wesentlich vom Geruche unterstützt; denn man kann behaupten, dass im Allgemeinen die nährenden Substanzen weder dem Geschmacke noch dem Geruche zuwider sind.

Mechanik des Geschmackssinnes.

7. Es hält nicht leicht, den Sitz des Geschmackssinnes genau zu bestimmen; der Bau des Organes ist verwickelter, als man glaubt.

Ganz gewiss spielt die Zunge die erste Rolle in dem Mechanismus des Geschmackes. Da sie eine ziemlich freie Beweglichkeit besitzt, so rührt, wendet, drückt und verschluckt sie die Nahrungsmittel.

Ausserdem durchfeuchtet sie sich mittelst ihrer zahlreichen Wärzchen mit den löslichen und schmeckbaren Theilen der Körper, mit welchen sie in Berührung kommt. Aber das genügt nicht. Mehrere benachbarte Theile, wie die Wangen, der Gaumen und ganz besonders die Nasenhöhle, deren Antheil die Physiologen nicht gehörig hervorgehoben haben, vervollständigen die Empfindung.

Die Wangen liefern den Speichel, der zum Kauen und zur Bildung des Bissens so nöthig ist; sie und der Gaumen sind gewiss mit einem Theil Geschmacksempfindung ausgerüstet; ich bin sogar nicht sicher, ob nicht in gewissen Fällen das Zahnfleisch ein wenig Antheil nimmt. Ganz gewiss aber wäre ohne den Geruch, der im Rachen empfunden wird, der Geschmack nur höchst unklar und unvollkommen.

Menschen, die ohne Zunge geboren wurden oder welchen sie abgeschnitten wurde, besitzen noch einige Geschmacksempfindung. Fälle der ersteren Art finden sich in allen Büchern; der zweite Fall wurde mir durch einen armen Teufel bestätigt, welchem man in Algier die Zunge zur Strafe abgeschnitten hatte, weil er mit einigen Mitsklaven einen Fluchtversuch gemacht hatte. Ich traf diesen Mann in Amsterdam, wo er seinen Unterhalt als Packträger verdiente und da er einige Bildung genossen hatte, so konnte man sich schriftlich mit ihm verständigen.

Nachdem ich durch die Untersuchung bestätigt hatte, dass ihm der ganze Vordertheil der Zunge bis zum Bändchen abgeschnitten war, fragte ich ihn, ob er noch einige Geschmacksempfindung beim Essen habe und ob dieser edle Sinn nach der grausamen Operation, die er überstanden, noch vorhanden sei.

Er antwortete mir, dass das Schlucken, welches ihm einigermaassen schwer wurde, ihn am meisten ermüde, dass er wie vorher geschmacklose und angenehme Dinge sehr wohl unterscheide; dass aber stark saure oder bittere Speisen ihm unerträgliche Schmerzen machten.

Er sagte mir weiter, dass das Abschneiden der Zunge eine in Afrika sehr gebräuchliche Strafe sei, die man besonders bei Leitern von Verschwörungen in Anwendung bringe, und dass man zu ihrer Vollstreckung ganz besondere Instrumente besitze. Gern hätte ich mir diese beschreiben lassen, allein er zeigte einen so schmerzhaften Widerwillen dagegen, dass ich nicht weiter in ihn drang.

Ich dachte über das Gehörte nach, und indem ich mich in jene dunklen Zeiten der Unwissenheit zurückversetzte, wo man Gesetze machte, denen zufolge den Gotteslästerern die Zunge durchbohrt oder abgeschnitten wurde, glaubte ich schliessen zu dürfen, dass dieselben arabischen Ursprungs und von den zurückkehrenden Kreuzfahrern ins Land gebracht seien.

Die Geschmacksempfindung wird, wie wir oben sahen, besonders durch die Zungenwärzchen vermittelt. Nun lehrt uns die Anatomie, dass nicht alle Zungen gleich viele Wärzchen besitzen, die Einen haben dreimal mehr als die Andern. Daraus erklärt sich denn wieder der Umstand, warum von zwei Essern an demselben Tische der eine die lieblichsten Empfindungen hat, während der andere aussieht, als ob er zum Essen gezwungen würde. Die Zunge des Letzteren ist schlecht ausgebildet; das Reich des Geschmackes hat, wie dasjenige des Gesichtes, seine Tauben und Blinden*).

---

*) Die physiologischen Versuche der Neuzeit haben uns belehrt, dass allerdings die Zungenwurzel, zu welcher ein besonderer Sin-

Geschmacksempfindung.

8. Man hat fünf oder sechs Ansichten über die Art, wie die Geschmacksempfindung erzeugt wird, ich habe die meinige, hier ist sie:

Die Geschmacksempfindung ist eine chemische Operation auf nassem Wege, wie wir früher zu sagen pflegten, d. h. die schmackhaften Theilchen müssen in irgend einer Flüssigkeit gelöst sein, um von den Nervenschlingen und Wärzchen, welche das Innere des Geschmacksorganes auskleiden, aufgenommen werden zu können.

Dies System, mag es nun neu sein oder nicht, stützt sich auf physische und fast handgreifliche Beweise.

Das reine Wasser erregt keine Geschmacksempfindung, weil es keinen schmeckbaren Körper enthält. Man löse ein Körnchen Salz oder ein Tröpfchen Essig darin auf und die Empfindung wird stattfinden.

Alle anderen Getränke dagegen erregen eine Empfindung, weil sie nur Lösungen sind, die mit schmeckbaren Theilen mehr oder minder gesättigt wurden.

Wenn man auch den Mund mit feinen Theilchen eines unlöslichen Körpers anfüllte, so würde doch die Zunge nur Tast-, aber keine Geschmacksempfindung haben.

Was die festen, schmackhaften Körper betrifft, so müssen diese von den Zähnen vertheilt und von dem Speichel und

---

nesnerv, der Zungenschlundkopfnerv (*Nervus glossopharyngeus*) sich begibt, vorzugsweise schmeckt, dass aber auch andere Theile der Zunge und besonders die Ränder schmecken, weniger die mittlere Gegend der vorderen Zungenhälfte, gar nicht die Unterseite und die Wangen. Dagegen scheinen die Gaumenbögen und der hintere Theil der Rachenhöhle allerdings Geschmacksempfindungen zu vermitteln. Zu den Geschmacksempfindungen der vorderen Zungenhälfte scheint der Zungenast des fünften Nervenpaares (*Nervus trigeminus*), der wesentlich Empfindungsnerv der Zunge ist, ebenfalls das Seinige beizutragen. O. V.

den übrigen Mundflüssigkeiten durchfeuchtet werden, bevor die Zunge durch Pressung gegen den Gaumen einen Saft herausdrücken kann, der hinlänglich Geschmack besitzt, um von den Geschmackswärzchen empfunden zu werden; diese stellen dann dem so zermahlenen Körper den nöthigen Laufpass aus, ohne welchen er nicht in den Magen aufgenommen wird.

Dieses System, welches ohne Zweifel noch grösserer Erweiterungen fähig ist, löst ohne Zwang die hauptsächlichsten Fragen, welche aufgeworfen werden können.

Fragt man, was man unter schmeckbaren Körpern verstehe, so erhält man die Antwort, dass hierher alle löslichen Körper gehören, welche vom Geschmacksorgane aufgenommen werden können.

Und fragt man, wie der schmeckbare Körper wirkt, so erhält man zur Antwort, dass er jedesmal wirkt, wenn er soweit aufgelöst ist, dass er in die Organe eindringen kann, welche die Empfindung aufnehmen und vermitteln sollen.

Mit einem Worte: nur die löslichen oder schon gelösten Körper sind schmeckbar.

Von den Geschmäcken.

9. Die Geschmäcke sind unzählig; denn jeder lösliche Körper besitzt einen besonderen Geschmack, der keinem andern ganz ähnlich ist.

Die Geschmäcke verändern sich ausserdem auch durch einfache, doppelte oder vielfache Verschmelzung. Deshalb ist es auch unmöglich sie aufzuzählen, von dem Anziehendsten bis zu dem Unleidlichsten, von der Erdbeere bis zur Coloquinte; jeder Versuch dieser Art ist missglückt.

Man darf sich hierüber nicht wundern, denn wenn es unendliche Reihen einfacher Geschmäcke gibt, welche durch ihre gegenseitige Verbindung in jeder Zahl und jeder Menge sich ändern können, so brauchte man eine neue Sprache, um alle diese Wirkungen auszudrücken, Berge von Folianten, um sie zu definiren, und unbekannte Zahlenzeichen, um sie zu ordnen.

Da nun bis jetzt der Fall noch nicht vorgekommen ist, wo man einen Geschmack mit mathematischer Bestimmtheit hätte definiren müssen, so hat man sich an eine kleine Zahl allgemeiner Ausdrücke gehalten, wie: süss, bitter, sauer, salzig und ähnliche der Art, welche zuletzt in zwei Kategorien sich auflösen, angenehme und unangenehme, und die auch vollkommen genügen, um sich verständlich zu machen und um einigermaassen die Geschmackseigenthümlichkeit des Körpers zu bezeichnen, mit dem man sich beschäftigt.

Unsere Nachkommen werden mehr über diese Gegenstände wissen, denn die Chemie wird ihnen ohne Zweifel die Ursachen oder die Grundelemente der Geschmäcke enthüllen.

Einfluss des Geruches auf den Geschmack.

10. Die Reihenfolge, welche ich mir vorgeschrieben habe, führt mich nun dahin, den Geruch in seine Rechte einzusetzen und die grossen Dienste anzuerkennen, welche er uns in der Beurtheilung der Geschmäcke leistet; denn bei keinem der Schriftsteller, welche mir unter die Hände fielen, finde ich einen, der ihm volle Gerechtigkeit hätte widerfahren lassen.

Ich meinerseits bin vollständig überzeugt, dass ohne Theilnahme des Geruches keine vollständige Geschmacksempfindung stattfinden kann, ja ich möchte sogar glauben, dass Geruch und Geschmack nur einen einzigen Sinn bilden, für welchen der Mund die Küche und die Nase das Kamin bildet, oder um mich schärfer auszudrücken, von welchen der eine zur Schmeckung der fühlbaren Körper, der andere zu derjenigen der Gase bestimmt ist.

Dieses System kann sehr gut vertheidigt werden, da ich aber durchaus keine Secte bilden will, so stelle ich es nur auf, um meine Leser zum Nachdenken anzuregen und ihnen zu beweisen, dass ich mich mit dem Gegenstande, den ich behandle, sehr vertraut gemacht habe. Jetzt vervollständige ich meine Demonstration der Wichtigkeit des Geruches, wenn auch nicht als constituirendes Element, so doch als nothwendige Beihülfe des Geschmacks.

Jeder schmeckbare Körper hat auch nothwendig Geruch und gehört demnach dem Gebiete beider Sinne gleichmässig an.

Man isst nichts, ohne vorher mit Ueberlegung daran zu riechen, und bei unbekannten Nahrungsmitteln wird stets die Nase als Aussenposten vorgeschoben, der „Wer da" rufen muss.

Verhindert man den Geruch, so lähmt man den Geschmack. Man kann dies durch drei Versuche beweisen, welche Jedermann mit demselben Erfolge wiederholen kann.

Erster Versuch: Der Geschmack ist gänzlich abgestumpft, wenn man einen heftigen Schnupfen hat; man kann dem Verschluckten keinen Geschmack abgewinnen und doch befindet sich die Zunge in ihrem natürlichen Zustande.

Zweiter Versuch: Wenn man sich beim Essen die Nase zuhält, so hat man nur eine dunkle und unvollkommene Geschmacksempfindung; die ekelhaftesten Arzneimittel passiren auf diese Weise fast unbemerkt.

Dritter Versuch: Man beobachtet die gleiche Wirkung, wenn man im Augenblicke des Hinabschluckens die Zunge an den Gaumen gedrückt erhält, statt sie an ihren Platz zurückzubringen. Man verhindert auf diese Weise den Durchzug der Luft, die Geruchsempfindung ist aufgehoben, und die Geschmacksempfindung gestört.

Alle diese Wirkungen beruhen auf der nämlichen Ursache, auf dem Mangel der Mitwirkung des Geruches; der schmeckbare Körper wird nur nach seinem Safte, nicht nach dem riechenden Gase beurtheilt, das ihm entströmt*). —

---

*) Die Mithülfe verschiedener anderer Sinne zu der Erzeugung

Analyse der Geschmacksempfindung.

11. Nachdem ich so die Grundlagen festgestellt, halte ich dafür, dass der Geschmack drei verschiedene Arten von Empfindungen erzeugt: die unmittelbare, die vollkommene und die reflectirte Geschmacksempfindung.

Die unmittelbare Geschmacksempfindung ist der erste Eindruck, der durch die Thätigkeit der Mundorgane entsteht, so lange der schmeckbare Körper sich noch auf der Vorderzunge befindet.

Die vollkommene Geschmacksempfindung setzt sich aus dem ersten Eindruck und der folgenden Empfindung zusammen, welche entsteht, sobald das Nahrungsmittel in die Rachenhöhle gelangt ist und dem ganzen Organe seinen Geschmack und Geruch mitgetheilt hat.

Die reflectirte Geschmacksempfindung endlich ist das Urtheil, welches die Seele über die ihr vermittelten Empfindungen der Organe fällt.

---

einer vollendeten Geschmacksempfindung ist unverkennbar und nicht nur auf den Geruch allein beschränkt.

Das Gesicht nimmt Antheil daran; im Dunkeln schmecken wir schlecht; im Zwielichte täuschen wir uns leicht; helle, doch nicht blendende Erleuchtung ist deshalb das erste Erforderniss eines wohleingerichteten Esszimmers. Selbst der geübteste Weinkenner, der die einzelnen Jahrgänge einer bekannten Lage mit Sicherheit herausschmeckt, täuscht sich leicht, wenn er im Dunkeln weissen Wein von rothem unterscheiden soll.

Die Mitwirkung des Geruches ist so bedeutend, dass wir Gerüche mit Geschmäcken verwechseln und den Irrthum erst dann unterscheiden können, wenn die Nase verstopft ist. Wir schmecken die meisten flüchtigen Stoffe und ätherischen Oele in Wahrheit nicht — wir schmecken sie nur als Gerüche. Der Vanille wird Jedermann einen herrlichen Geschmack, dem Knoblauch einen niederträchtigen zuerkennen — bei zugehaltener Nase schmeckt aber ein Vanilleeis nicht anders als einfach mit Rahm zusammengerührtes Eis und hat der Knoblauch keinen Geschmack, sondern beisst nur auf der Zunge.   C. V.

Sehen wir zu, um unser System zu prüfen, was bei einem essenden und trinkenden Menschen geschieht.

Wenn man z. B. einen Pfirsich isst, so wird man durch den Geruch, der ihm entströmt, angenehm berührt. Man steckt ihn in den Mund und empfindet ein Gefühl säuerlicher Frische, welches einladet fortzufahren; dann, in dem Augenblicke des Hinabschluckens, wenn der Bissen unter den Nasenhöhlen durchgeht, offenbart sich der Geruch und vervollständigt so die Empfindung, welche ein Pfirsich hervorrufen soll. Aber erst, wenn man ihn hinabgeschluckt hat, beurtheilt man das Empfundene und sagt sich selbst; vortrefflich!

Ganz so beim Trinken. So lange der Wein noch im Munde ist, hat man eine angenehme, aber keine vollkommene Empfindung; erst im Augenblicke, wo man ihn hinabgeschluckt hat, kann man wirklich die eigenthümliche Blume einer jeden Weingattung entdecken, schmecken und beurtheilen, und es braucht einen kleinen Zwischenraum, bevor der Feinschmecker sagen kann: Er ist gut, mittelmässig oder schlecht; Teufel, es ist Chambertin! Gütiger Himmel, es ist Grüneberger!

Man sieht daraus, dass es vollkommen den Grundsätzen der Wissenschaft wie einer wohlverstandenen Praxis entspricht, wenn die wahren Kenner ihren Wein schlürfen: denn beim Halten nach einem jeden Schlückchen empfinden sie ebensoviel Vergnügen, als wenn sie das Glas in einem Zuge geleert hätten.

Dasselbe findet, nur noch weit energischer, statt, wenn der Geschmack unangenehm berührt werden soll.

Man beobachte einen Kranken, welchem der Arzt ein ungeheures Glas einer schwarzen Medicin verordnet hat, wie man sie noch unter Ludwig dem Vierzehnten schlucken musste.

Der Geruch, ein treuer Eckart, warnt ihn vor dem ekelhaften Geschmack des verrätherischen Trankes; seine Augen starren wie bei einer herannahenden Gefahr; der Ekel bleicht seine Lippen und sein Magen hebt sich. Man ermahnt ihn, er bewaffnet sich mit Muth, gurgelt sich mit Branntwein, hält sich die Nase zu und trinkt.

So lange das verpestete Getränk noch den Mund anfüllt und das Organ bespült, ist die Empfindung verworren und lässt sich ertragen, aber beim letzten Schluck entwickelt sich der Nachgeschmack, die ekelhaften Gerüche wirken und die Züge des Patienten drücken einen Abscheu aus, welchen die Todesfurcht allein überwinden kann.

Handelt es sich im Gegentheile um einen geschmacklosen Trank, um ein Glas Wasser z. B., so hat man weder Geschmack noch Nachgeschmack, man empfindet nichts und denkt nichts, man hat getrunken, das ist Alles *).

---

*) Die hier gegebene Analyse der Geschmacksempfindung wird durch die neuere Physiologie bedeutend erweitert.

Die Geschmacksempfindungen auf der Vorderzunge, welche der Verfasser als unmittelbare bezeichnet, sind meistens keine solche, sondern Tastempfindungen.

Die Zungenspitze ist das feinste Tastorgan des menschlichen Körpers und es werden hier Unterschiede der Tasteindrücke empfunden, die nirgends anders fühlbar sind, und eben weil sie nur auf der Zungenspitze empfunden werden können, mit den nachfolgenden Geschmacksempfindungen zusammengeworfen und verwechselt werden. Es ist unmöglich, mit geschlossenen Augen bei herausgestreckter Zungenspitze und Betupfung derselben mit Salz- oder Zuckerlösung den Geschmack beider zu unterscheiden, obgleich beide eine etwas verschiedene Empfindung erzeugen; prickelnder Geschmack, wie von Champagner, mehliger und pappiger, wie ihn besonders die bayerische und schwäbische Küche in ihren verschiedenen Mehlspeisen so ausgebildet bringen, herber Geschmack, wie jene mit Gerbstoffen überladenen Weine des Nordens haben, sandiger Geschmack, wie ihn der Pumpernickel auf der Vorderzunge zeigt, sind nur Tastempfindungen, die aber eine ausserordentliche Mannigfaltigkeit zeigen können und zur Erzeugung der ganzen, vollen Empfindung wesentlich beitragen.

Die vollkommene Geschmacksempfindung des Verfassers ist höchst zusammengesetzt.

Rangordnung der verschiedenen Geschmacksempfindungen.

12. Der Geschmack hat keine so reiche Mitgift wie das Gehör; dieses kann verschiedene Töne zu gleicher Zeit hören und vergleichen; jener dagegen ist einfach in seiner Thätigkeit und kann nicht zwei Geschmäcke zu gleicher Zeit empfinden.

Aber der Geschmack kann verdoppelt und selbst durch eine gewisse Reihenfolge vervielfältigt werden, denn man kann bei demselben Schlucke nach und nach ein zweites und drittes Gefühl empfinden, die man durch die Worte Nachgeschmack und Blume bezeichnen kann, ganz so wie ein

---

Es vereinigen sich in ihr die Tastempfindungen, die eigentlichen Geschmacksempfindungen, der Geruch und die Nachgeschmäcke.

Zur Entwicklung der vollständigen Geschmacksempfindung gehört ohne Zweifel Mitwirkung der Bewegung. Deshalb das Gurgeln, Schlürfen, Umdrehen und alle jene oft sehr complicirten Muskelbewegungen, welche wir beim eigentlichen Kosten ausführen.

Mit der Geschmacksempfindung mischt sich die Geruchsempfindung und stellt mit ihr erst, wie der Verfasser sehr richtig ausgeführt hat, die volle Empfindung dar.

Ein grosser Theil der Nachgeschmäcke beruht gewiss nur auf dieser Geruchsempfindung, die erst in voller Stärke wirkt, wenn der Bissen den Gaumen passirt hat und vor den hinteren Nasenöffnungen vorbeigleitet.

Manche Nachgeschmäcke scheinen darauf zu beruhen, dass die vier Hauptkategorien der Geschmäcke in folgender Zeitfolge zum Bewusstsein kommen: salzig, süss, sauer, bitter — weshalb gemischte Substanzen z. B. einen salzigen oder süssen Vorgeschmack und einen bitteren Nachgeschmack haben können.

Endlich dürften andere Nachgeschmäcke darauf beruhen, dass die schmeckenden Substanzen im hinteren Gaumen und im Rachen eine andere Empfindung erzeugen, als auf der Zungenwurzel, über welche sie zuerst gleiten.

Die reflektirte Geschmacksempfindung endlich gehört gar nicht dem Organe, sondern nur dem Centralorgane des Gehirnes zu.

C. V.

Geschmacksgenuss.

geübtes Ohr beim Anschlagen eines Hauptones noch eine oder mehrere Reihen von Nebentönen hört, deren Zahl noch nicht genau bekannt ist.

Die schnellen und aufmerksamen Esser unterscheiden die Eindrücke des zweiten Grades nicht; diese letzteren gehören ausschliesslich einem kleinen Kreise Auserwählter an, welche mittelst dieser Eindrücke die verschiedenen Substanzen, die ihrer Untersuchung unterworfen werden, nach der Reihenfolge ihrer Vortrefflichkeit classificiren können.

Diese flüchtigen Nuancen klingen noch lange in dem Geschmacksorgane nach; ohne es zu merken, nehmen die Professoren dabei eine geeignete Stellung an und mit vorgestrecktem Halse, die Nase im Winde, verkünden sie ihr Urtheil.

Genüsse, welche der Geschmack verursacht.

13. Werfen wir nun einen philosophischen Blick auf das Vergnügen oder auf den Schmerz, welchen der Geschmack verursachen kann.

Zuerst finden wir die Anwendung jener unglücklicherweise allgemeinen Wahrheit, dass der Mensch gegenüber dem Schmerz weit stärker organisirt ist, als gegenüber der Freude*).

In der That können wir durch die Einflössung herber, scharfer oder sehr bitterer Substanzen äusserst schmerzhafte und unerträgliche Empfindungen haben. Man behauptet sogar, dass die Blausäure nur deshalb so schnell tödtet, weil sie einen so lebhaften Schmerz erzeugt, dass die Lebenskräfte ihn nicht auszuhalten vermögen.

Die angenehmen Empfindungen durchlaufen im Gegen-

---

*) Wenn Einer soll können tragen
Eine Last von lauter guten Tagen,
So muss er mit sehr starkem Gebein
Von der Natur versehen sein.
     Kortüm-Jobsiade.

theile nur eine geringe Stufenfolge, und wenn es einen bedeutenden Unterschied gibt zwischen dem Geschmacklosen und dem Schmackhaften, so ist der Raum zwischen dem Guten und dem Vortrefflichen nicht sehr gross. Folgendes Beispiel möge dies erläutern.

Erster Grad: trockenes, zähes Rindfleisch;
Zweiter Grad: Kalbsbraten;
Dritter Grad: ein wohlgebratener Fasan.

Nichtsdestoweniger ist der Geschmack, so wie die Natur ihn uns verlieh, dennoch derjenige von allen unseren Sinnen, welcher uns die meisten Genüsse verschafft:

1. weil das Essvergnügen das einzige ist, das, mit Mässigkeit geübt, keine Müdigkeit hinterlässt;
2. weil es jeder Zeit, jedem Alter und jedem Stande gemäss ist;
3. weil es nothwendig wenigstens einmal täglich wiederkehrt und während dieser Zeit auch zwei- oder dreimal ohne Nachtheil genossen werden kann;
4. weil es mit allen anderen Vergnügungen verbunden werden und uns selbst über deren Mangel trösten kann;
5. weil die Eindrücke, welche der Geschmack empfängt, ebenso dauerhaft, als von unserem Willen abhängig sind;
6. weil wir beim Essen ein ganz besonderes, unbeschreibliches Wohlbehagen empfinden, welches aus dem instinctmässigen Bewusstsein entspringt, dass wir durch das Essen selbst unsern Verlust ersetzen und unsere Lebensdauer verlängern.

Ich werde dies weiter ausführen in dem Capitel, in welchem ich speciell von dem Vergnügen der Tafel handle, so wie die heutige Civilisation es ausgebildet hat.

Ueberlegenheit des Menschen.

14. Wir sind in dem süssen Glauben aufgewachsen, dass von allen gehenden, schwimmenden, kriechenden oder

fliegenden Geschöpfen der Mensch dasjenige ist, welches den vollkommensten Geschmack besitzt.

Dieser Glaube wird ernstlich bedroht.

Dr. Gall behauptet, gestützt auf Gott weiss welche Untersuchungen, dass es Thiere gibt, deren Geschmackorgan besser entwickelt und somit vollkommener ist als dasjenige des Menschen.

Diese Lehre schmeckt nach Ketzerei.

Der Mensch, von Gottes Gnaden König der Natur, zu dessen Nutzen die Welt bedeckt und bevölkert wurde, muss nothwendigerweise auch ein Organ besitzen, das ihn mit allem Schmackhaften, was nur irgend bei seinen Unterthanen gefunden werden kann, in Beziehung setzt.

Die Zunge der Thiere geht nicht über das Bereich ihrer Intelligenz hinaus. Bei den Fischen ist sie nur ein beweglicher Knochen; bei den Vögeln meist ein häutiger Knorpel; bei den Säugethieren ist sie häufig mit Schuppen und Zotten besetzt und kann keine Windungsbewegungen ausführen.

Durch die Zartheit ihres Baues und der verschiedenen Membranen, welche sich in ihrer Umgebung finden, zeigt die Zunge des Menschen im Gegentheile die Wichtigkeit der Operationen, denen sie vorsteht.

Ich habe an ihr ausserdem wenigstens drei Bewegungen entdeckt, welche die Thiere nicht besitzen, und die ich die Spication (von *spica*, die Aehre), die Rotation und die Verrition (von *verro*, ich kehre) nenne. Bei der ersten Bewegung drängt sich die Zunge wie ein Aehrenkolben (*spica*) durch die geschlossenen Lippen; bei der zweiten bewegt sich die Zunge radförmig (*rota*) in dem Raume zwischen den Wangen und dem Gaumen, bei der dritten krümmt sich die Zunge nach oben und unten und kehrt die Theile zusammen, welche in dem halbkreisförmigen Canale zwischen den Lippen und dem Zahnfleische bleiben *).

---

*) Die Beweglichkeit der Zunge kann nur über ihre Ausbildung

Die Thiere sind in ihren Genüssen beschränkt — die einen fressen nur Pflanzen, die anderen nur Fleisch; andere nähren sich ausschliesslich von Körnern; keins kennt die zusammengesetzten Geschmäcke.

Der Mensch im Gegentheil ist Allesesser*). Alles Essbare ist seinem weiten Appetit unterworfen, nothwendig muss also seine Schmeckfähigkeit dem allgemeinen Gebrauche entsprechen, den er davon machen soll. In der That hat das Geschmacksorgan des Menschen eine ausserordentliche Vollkommenheit, und um uns davon zu überzeugen, wollen wir es bei seiner Arbeit betrachten.

Sobald ein essbarer Körper in den Mund eingeführt worden ist, bleibt er mit Säften und Gasen unwiederbringlich confiscirt.

Die Lippen widersetzen sich seiner Rückkehr, die Zähne packen und zermalmen ihn, der Speichel durchfeuchtet ihn, die Zunge mengt und dreht ihn, eine Zugbewegung schiebt ihn in den Rachen, die Zunge hebt sich um ihn hinabgleiten zu lassen, das Riechorgan empfindet ihn beim Durchgang und nun stürzt er in den Magen, wo er weitere Veränderungen erleidet. Während dieses ganzen Vorganges ist nicht ein Stückchen, ein Tröpfchen oder ein Atom der Schmeckkraft entgangen.

Eben dieser Vollkommenheit wegen gehört auch die Feinschmeckerei allein dem Menschen an.

Die Feinschmeckerei ist sogar ansteckend und wir theilen sie leicht den Thieren mit, welche wir zähmen und die in unserer Gesellschaft leben, wie z. B. die Elephanten, Hunde, Katzen und selbst die Papageien.

---

als Greiforgan, nicht als Geschmacksorgan entscheiden. Solcher Bewegungen, wie sie die Zunge einer Giraffe oder eines Ameisenbären z. B. ausführen kann, wird die menschliche Zunge nie fähig sein.   C. V.

*) Schweine sind auch Allesfresser von Natur und viele Hausthiere werden es durch Erziehung.   C. V.

Manche Thiere haben zwar eine weit grössere Zunge, einen entwickelteren Gaumen, einen weiteren Schlund; allein nur deshalb, weil die Zunge als Muskel grössere Gewichte bewältigen, der Gaumen sie pressen, der Schlund grössere Portionen verschlingen muss. Man kann aus diesen Einzelheiten nicht den Schluss ziehen, dass der Sinn des Geschmackes vollkommen sei.

Da ausserdem der Geschmack nur durch die Natur der Empfindung bestimmt ist, die er dem Bewusstsein mittheilt, so kann die thierische Empfindung gewiss nicht der menschlichen verglichen werden. Diese letztere ist weit deutlicher und schärfer und setzt deshalb auch nothwendig eine höhere Begabung des mittheilenden Organes voraus.

Was kann man überhaupt von einem Sinne mehr verlangen, der solcher Ausbildung fähig ist, dass die römischen Feinschmecker einzig durch den Geschmack die zwischen den Tiberbrücken gefangenen Fische von denen zu unterscheiden wussten, welche weiter unten im Strome gefangen wurden? Kennen wir nicht heutzutage Leute, welche an dem besonderen Geschmacke das Bein zu unterscheiden wissen, auf welchem das Feldhuhn im Schlafe ruhte?*). Sind wir nicht von Feinschmeckern umgeben, welche den Breitengrad, unter dem ein Wein wuchs, ebenso sicher anzugeben wissen, als ein Schüler von Biot oder Arago eine Finsterniss voraussagt?

Was folgt daraus? Dass man dem Kaiser geben soll, was des Kaisers ist, dass man den Menschen zum grossen Feinschmecker der Natur ausrufen muss und sich nicht ver-

---

*) „Schade, Excellenz," sagte Talleyrand eines Tages zu Cambacères beim Verspeisen eines Rebhuhnes, „Schade! Es wäre vortrefflich, wenn es nicht in schlechter Gesellschaft gebraten worden wäre!" Genaue Nachforschung in der Küche liessen allerdings entdecken, dass der Koch zu gleicher Zeit für die Dienerschaft einen Schafschlegel an den Spiess gesteckt hatte.   C. V.

wundern darf, wenn der gute Doctor es zuweilen macht wie Homer. Zuweilen schläft der gute Gall!

Methode des Verfassers.

15. Wir haben den Geschmack bis jetzt nur aus dem Gesichtspunkte seines physischen Baues betrachtet, und mit Ausnahme einiger anatomischer Einzelheiten, die nur Wenige vermissen werden, sind wir auf der Höhe der Wissenschaft geblieben. Hier aber endet unsere Aufgabe noch nicht, denn der Ersatzsinn leitet seine Wichtigkeit und seinen Ruhm hauptsächlich aus seiner moralischen Geschichte ab.

Wir haben also nach analytischer Ordnung die Theorien und Thatsachen aneinandergereiht, welche diese Geschichte zusammensetzen und zwar in solcher Weise, dass man sich unterrichten kann, ohne zu ermüden.

Wir werden demnach in den folgenden Capiteln zeigen, wie die Empfindungen durch unaufhörliche Wiederholung und Uebung das Organ vervollkommnet und das Gebiet seines Einflusses erweitert haben. Wie dann ferner das Essbedürfniss, das anfangs nur ein Instinct war, allmälig eine einflussreiche Leidenschaft wurde, welche eine entschiedene Herrschaft über die Gesellschaft sich errungen hat.

Wir werden erzählen, wie alle Wissenschaften, die sich mit der Zusammensetzung der Körper beschäftigten, in übereinstimmender Weise die schmeckbaren Körper besonders behandelt haben, und wie die Reisenden demselben Ziele zustrebten, indem sie unseren Versuchen Körper zuführten, in deren natürlicher Bestimmung keineswegs ein Zusammentreffen zu liegen schien.

Wir werden der Chemie von dem Augenblicke an folgen, wo sie in unsere unterirdischen Laboratorien drang und unsere Küche erleuchtete, Grundsätze aufstellte, Methoden schuf und Ursachen entdeckte, die bis dahin unbekannt geblieben waren.

Dann werden wir sehen, wie durch die vereinigten

Kräfte der Zeit und der Erfahrung eine neue Wissenschaft erschien, welche nährt, erfrischt, erhält, überzeugt und tröstet und die, nicht zufrieden die Laufbahn des Individuums aus vollen Händen mit Blumen zu bestreuen, auch noch mächtig zur Wohlfahrt der Staaten beiträgt.

Wenn mitunter zwischen diesen ernsten Betrachtungen eine reizende Anekdote, eine liebenswürdige Erinnerung oder ein Begegniss eines bewegten Lebens uns vor die Feder kommt, so werden wir es mittheilen, um der Aufmerksamkeit der Leser, mit denen wir uns gern unterhalten wollen, einen Ruhepunkt zu gönnen. Sind unsere Leser Männer, so sind sie gewiss ebenso nachsichtig als einsichtig; sind es aber Frauen, so müssen sie nothwendig reizend sein.

Hier liess der Professor, erfüllt von seinem Gegenstande, die Hand sinken und erhob sich in höhere Regionen.

Er segelte den Strom der Zeiten hinauf und überraschte die Wissenschaften, welche die Begnügung des Geschmackes zum Ziele haben, in ihrer Wiege; er verfolgte ihre Fortschritte durch die Nacht der Zeiten, und als er inne wurde, dass die ersten Jahrhunderte durch die Genüsse, welche sie uns bereiten, stets weniger bevorzugt waren, als die folgenden, so ergriff er seine Leier und sang nach dorischer Weise die geschichtliche Melopee, die man am Ende des Bandes im Capitel „Vermischtes" finden wird.

Dritte Betrachtung.

Von der Feinschmeckerei.

Ursprung der Wissenschaft.

16. Die Wissenschaften sind nicht wie Minerva, welche vollständig bewaffnet dem Haupte Jupiters entsprang. Sie sind die Töchter der Zeit und bilden sich langsam, zuerst durch die Sammlung der Methoden, welche die Erfahrung angibt, und später durch die Entdeckung der Principien, die aus der Combination der Methoden sich folgern lassen.

Die Greise, welche man ihrer Erfahrung wegen zum Bett der Kranken berief und die aus Mitleiden die Wunden verbanden, waren die ersten Aerzte.

Die ägyptischen Schäfer, welche die Beobachtung machten, dass einzelne Sterne nach einer gewissen Umlaufszeit wieder zu demselben Punkte des Himmels zurückkehrten, waren die ersten Astronomen.

Der Erste, der durch Zeichen jenes einfache Verhältniss $2 \times 2 = 4$ ausdrückte, erfand die Mathematik, jene mächtige Wissenschaft, welche wirklich den Menschen auf den Thron der Welt erhob.

Im Laufe der letzten 60 Jahre sind mehrere neue Wissenschaften entdeckt worden, unter anderen die Stereotomie, die beschreibende Geometrie und die Chemie der Gase.

Alle diese Wissenschaften werden bei fortgesetzter Beschreibung durch unendliche Generationen um so gewissere Fortschritte machen, als die Buchdruckerkunst sie vor der Gefahr eines Rückschrittes sichert. Wer kann z. B. vorauswissen, ob die Chemie der Gase nicht dazu kommen kann, die bis jetzt so widerspänstigen Elemente zu bewältigen, sie in bis jetzt noch unversuchten Verhältnissen zu mischen und zu verbinden, und auf diese Weise Substanzen und Wirkungen zu erzeugen, welche die Grenzen unserer Macht noch unendlich weit hinausrücken würden?

Ursprung der Feinschmeckerei.

17. Die Feinschmeckerei entstand zu ihrer Zeit und alle ihre Schwestern gingen ihr entgegen, um ihr Platz zu machen.

Was konnte man auch dieser Wissenschaft verweigern, die uns von der Wiege bis zum Grabe erhält, welche die Genüsse der Liebe und das Zutrauen der Freundschaft erhöht, die den Hass entwaffnet, die Geschäfte erleichtert und die auf unserer kurzen Lebensbahn uns den einzigen Genuss verschafft, der ohne nachfolgende Ermüdung uns nach allen anderen Genüssen erquickt?

So lange freilich die Zubereitung nur bezahlten Dienern überlassen war, so lange das Geheimniss auf die unteren Räume beschränkt blieb und die Köche allein den Gegenstand beherrschten, so lange man nur Kochbücher schrieb, blieben die Resultate aller dieser Arbeiten nur die Producte einer Kunst.

Endlich, vielleicht zu spät, nahten sich die Männer der Wissenschaft, sie untersuchten, analysirten, classificirten die Nahrungsmittel und reducirten sie auf ihre einfachen Elemente.

Sie ergründeten die Geheimnisse der Ernährung und indem sie die todte Substanz in ihren Umwandlungen verfolgten, sahen sie, wie dieselbe Leben bekam.

Sie beobachteten die Ernährungsweise in ihrer vorübergehenden oder bleibenden Wirkung während einiger Tage und Wochen oder während ihres ganzen Lebens.

Sie ermittelten ihren Einfluss selbst bis auf das Denkvermögen, sei es, dass die Seele von den Sinnen Eindrücke erhält, sei es, dass sie ohne Hülfe dieser Organe empfindet, und aus allen diesen Arbeiten leiteten sie eine erhabene

Theorie ab, die den ganzen Menschen und den ganzen belebungsfähigen Theil der Schöpfung umfasst.

Während dieses in den Studirzimmern der Gelehrten stattfand, sagte man in den Salons ganz laut, dass die Wissenschaft, welche die Menschen nährt, wenigstens ebensoviel werth sei als diejenige, die ihn zu tödten lehrt. Die Dichter besangen die Vergnügungen der Tafel und die Bücher, welche von einer guten Küche handelten, gewannen an Tiefe der Ansichten und an Allgemeinheit ihre Grundsätze.

Alle diese Umstände gingen der Erscheinung der Gastronomie voraus.

Definition der Gastronomie.

18. Die Gastronomie ist die wissenschaftliche Kenntniss Alles dessen, was zum Menschen, insoweit derselbe sich ernährt, in Beziehung steht.

Ihr Zweck ist, über die Erhaltung der Menschen zu wachen und ihnen die möglichst beste Nahrung zu verschaffen.

Sie erreicht diesen Zweck, indem sie nach festgesetzten Grundsätzen diejenigen leitet, welche die Dinge aufsuchen, liefern oder zubereiten, die in Nahrungsmittel verwandelt werden können.

In Wahrheit setzt also diese Wissenschaft alle Ackerbauer, Weinbauer, Fischer, Jäger, sowie die zahlreichen Köche in Bewegung, welches auch das Amt oder der Stand sei, unter welchem sie ihre Beziehung zu der Bereitung der Nahrungsmittel verbergen.

Die Gastronomie hat Beziehungen:

Zur Naturgeschichte — durch die Classification der Nahrungsstoffe;

zur Physik — durch die Untersuchung ihrer Eigenschaften;

zur Chemie — durch die verschiedenen Analysen und Zersetzungen, welchen sie unterworfen werden;

zur Küche — durch die Kunst, die Speisen zu bereiten und sie dem Geschmack angenehm zu machen;

zum Handel — durch die Aufsuchung der Mittel, möglichst wohlfeil die Gegenstände ihres Verbrauchs zu kaufen und möglichst vortheilhaft das Verkäufliche zu veräussern;

zur Staatswirthschaft — durch die Einnahmequellen, welche sie dem Staat verschafft und durch die Tauschmittel, welche sie den Völkern in die Hand gibt.

Die Gastronomie beherrscht das ganze Leben, denn die Thränen des Neugeborenen verlangen die Brust seiner Amme und der Sterbende schlürft noch hoffnungsvoll den letzten Trank, den er, ach! nicht mehr verdauen soll.

Sie beschäftigt sich auch mit allen Ständen der Gesellschaft, und wie sie die Feste der Könige bei ihren Versammlungen leitet, so hat sie auch die Zahl der Minuten berechnet, welche nöthig sind, ein Ei zu sieden.

Gegenstand der Gastronomie ist alles Essbare; ihr nächster Zweck die Erhaltung des Einzelwesens und ihre Mittel zur Ausführung sind der Ackerbau, der erzeugt, der Handel, der tauscht, die Industrie, die vorbereitet, und die Erfahrung, welche die Art und Weise erfindet, wie Alles zum besten Nutzen verwendet werden kann.

Verschiedene Gegenstände, mit welchen die Feinschmeckerei (Gastronomie) sich beschäftigt.

19. Die Feinschmeckerei betrachtet den Geschmack in seinem Genusse wie in seinem Schmerze, sie hat die stufenweise Erregung entdeckt, deren er fähig ist, seine Thätigkeit geregelt und die Grenzen bestimmt, die der Mensch, der sich selbst achtet, niemals überschreiten soll.

Sie betrachtet auch die Wirkung der Nahrungsmittel auf den Geist des Menschen, auf seine Phantasie, seinen Witz, sein Urtheil, seinen Muth und seine Anschauungen, mag er nun wachen oder schlafen, handeln oder ruhen.

Die Feinschmeckerei bestimmt die Essfähigkeit jedes Nahrungsstoffes, denn alle können nicht unter denselben Umständen genossen werden.

Man geniesst die einen bevor sie ihre vollständige Entwickelung erreicht haben, wie die Kappern, die Spargeln, die Spanferkel, die Tauben und andere Thiere, die man im Kindesalter verzehrt; andere im Augenblicke, wo sie ihre grösste Vollkommenheit erreicht haben, wie die Melonen, die meisten Früchte, das Schaf, den Ochsen und alle erwachsenen Thiere; andere im Augenblicke, wo ihre Zersetzung beginnt, wie die Mispel, die Schnepfe und vor allen Dingen den Fasan; andere, nachdem ihnen die Kunst ihre schädlichen Eigenschaften entzogen hat, wie die Kartoffel und den Manioc.

Die Feinschmeckerei classificirt auch diese Substanzen nach ihren verschiedenen Eigenschaften; sie gibt diejenigen an, welche gesellt werden können, diejenigen, welche nach dem verschiedenen Grade ihrer Nahrhaftigkeit die Grundlage unserer Mahlzeiten oder nur eine Beigabe bilden müssen. Endlich lehrt sie diejenigen Substanzen kennen, welche ohne nöthig zu sein, doch eine angenehme Zerstreuung bieten und die Unterhaltung der Gäste begleiten müssen.

Ferner beschäftigt sie sich mit nicht geringerem Interesse mit den Getränken, die uns je nach Zeit, Ort und Klima bestimmt sind; sie lehrt sie zubereiten, sie erhalten und namentlich in so berechneter Reihenfolge anbieten, dass der Genuss stets zunimmt bis zu dem Höhenpunkte, wo das Vergnügen aufhört und der Missbrauch beginnt.

Die Feinschmeckerei berücksichtigt Menschen und Dinge, um alles Kennenswerthe von einem Lande zum andern zu bringen, so dass ein kunstreich geordnetes Mahl gleichsam ein Abriss der ganzen Welt ist, wo jedes Land in vortheilhaftester Weise repräsentirt wird.

Nutzen der gastronomischen Kenntnisse.

20. Die gastronomischen Kenntnisse sind allen Menschen nöthig, insofern alle die Summe des Vergnügens, das ihnen bestimmt ist, zu vermehren streben; ihre Nützlichkeit nimmt zu im Verhältniss zum Range, den man in der Ge-

sellschaft behauptet, und sie sind unumgänglich für diejenigen Reichen, welche viele Gäste bei sich empfangen, mögen sie nun ihrer Stellung wegen nothwendig repräsentiren müssen, oder ihrer Neigung folgen, oder der Mode gehorchen.

Diese haben noch den besondern Vortheil, dass bei der Haltung ihres Tisches ein persönliches Element hinzukommt, denn sie können bis zu einem gewissen Punkte die Männer ihres Zutrauens überwachen und bei vielen Gelegenheiten ihnen nützliche Winke geben.

Der Fürst von Soubise hatte eines Tages die Absicht, ein Fest zu geben; es sollte mit einem Abendessen enden und er verlangte den Speisezettel.

Sein Oberkoch kommt morgens mit einem langen Zettel voll Aufzeichnungen und der erste Artikel, welchen der Prinz sieht, heisst: fünfzig Schinken. „Warum nicht gar, Bertrand!" ruft er, „ich glaube, du faselst! fünfzig Schinken! willst du denn mein ganzes Regiment bewirthen?" — „Durchaus nicht, mein Fürst; es kommt nur einer auf die Tafel! — aber ich brauche die anderen für meine Spaniolette, meine Blonden, meine Garnirungen, meine...." — „Bertrand, Sie betrügen mich, ich streiche den Artikel." — „Gnädiger Herr," antwortete der Künstler, kaum fähig seinen Zorn zu bemeistern, „Sie kennen unsere Hülfsmittel nicht! Sie haben nur zu befehlen und ich bringe Ihnen diese fünfzig Schinken, an die Sie sich stossen, in einem Glasfläschchen, das nicht grösser sein soll als der Daumen."

Was konnte der Fürst zu einer so positiven Behauptung sagen? Er lächelte, neigte das Haupt und genehmigte den Artikel.

Einfluss der Feinschmeckerei auf die Geschäfte.

21. Bei den Naturvölkern werden alle wichtigen Geschäfte bekanntlich nur überm Essen verhandelt; bei Festmahlen beschliessen die Wilden über Krieg und Frieden und unsere Bauern machen alle ihre Geschäfte in der Kneipe ab.

Diese Beobachtung ist denen nicht entgangen, welche

häufig die grössten Interessen zu behandeln haben; sie fanden, dass der satte Mensch nicht der gleiche Mensch sei wie der hungrige*), dass die Tafel ein gewisses Band zwischen dem Wirth und dem Bewirtheten webt; dass das Essen die Gäste für gewisse Einflüsse zugänglicher, für gewisse Eindrücke empfänglicher machte. So entstand die politische Gastronomie. Mahlzeiten sind ein Regierungsmittel geworden; das Loos der Völker wird oft bei einem Festessen geworfen. Das ist weder paradox noch neu, sondern nur eine einfache Beobachtung der Thatsachen. Man öffne die Geschichtsschreiber von Herodot bis auf unsere Tage und man wird finden, dass alle grossen Begebenheiten, selbst Verschwörungen nicht ausgenommen, bei Tische ausgedacht, vorbereitet und beschlossen wurden.

Gastronomische Akademie.

22. Dies ist, einem flüchtigen Ueberblicke zu Folge, das Gebiet der Gastronomie, ein Gebiet reich an Erfolgen jeder Art, das durch die Arbeiten und Entdeckungen der Gelehrten, die es bebauen werden, nur vergrössert werden kann; denn innerhalb weniger Jahre wird die Gastronomie ohne Zweifel ihre Akademiker, ihre Vorlesungen, ihre Professoren und Preisvertheilungen haben.

Zuerst wird ein reicher und eifriger Gastronome periodische Versammlungen zu sich berufen, wo die gelehrtesten Theoretiker sich mit den Künstlern vereinigen werden, um die verschiedenen Zweige der Nahrungswissenschaft zu ergründen und zu besprechen.

Dann wird (denn dies ist die Geschichte aller Akademien) die Regierung sich mit der Sache befassen, reglementiren,

---

*) „Ein satter Mensch, ein schöner Mensch," pflegte mein Onkel Forstrath zu sagen, wenn er uns von dem Tische der geizigen Tante, die uns nicht genug zu essen gab, in das allen Darmstädtern bekannte Bessunger Forsthaus führte, wo Sauerkraut und „Heesschen" sehr bald die gewünschte Wirkung auf unsere Schönheit ausübten.   C. V.

protegiren, einrichten und so die Gelegenheit beim Schopfe ergreifen, um dem Volke eine Entschädigung zu bieten für alle Waisen, welche die Kanone gemacht hat, für alle Ariadnen, denen der Generalmarsch Thränen entlockte.

Glücklich der Minister, der seinen Namen durch ein so nöthiges Institut verherrlicht! Durch alle Zeiten hindurch wird dieser Name neben Noah, Bachus, Triptolemus und anderen Wohlthätern der Menschheit genannt werden; unter den Ministern wird er sein, was Heinrich IV. unter den Königen, und sein Lob wird in Aller Munde sein, wenn auch kein Reglement es vorschreibt.

Vierte Betrachtung.
Vom Appetit.

Definition des Appetites.

23. Bewegung und Leben verursachen im lebenden Körper einen täglichen Substanzverlust. Der menschliche Körper, diese so complicirte Maschine, wäre bald ausser Dienst, wenn die Vorsehung nicht eine Feder hineingesetzt hätte, welche ihn im Augenblicke benachrichtigt, wo die Kräfte nicht mehr mit den Bedürfnissen im Gleichgewichte sind.

Der Appetit ist dieser Warner. Man versteht darunter die erste Empfindung des Bedürfnisses nach Nahrung.

Der Appetit kündet sich durch etwas Mattigkeit im Magen und ein leises Gefühl der Müdigkeit an.

Zugleich beschäftigt sich die Seele mit ihren Bedürfnissen angepassten Gegenständen; das Gedächtniss erinnert sich an Dinge, welche dem Geschmack schmeichelten; die Phantasie glaubt sie zu sehen; es ist ein traumähnlicher Zustand. Dieser Zustand hat seine Reize; wir haben Tausende von Genossen in der Freude ihres Herzens ausrufen hören: Welch' Vergnügen einen guten Appetit zu haben, wenn man gewiss ist, ein vortreffliches Mahl zu bekommen!*)

Unterdessen regt sich der ganze Verdauungsapparat: der Magen wird wehleidig; die Magensäfte scharf; die inneren Gase wandern mit Geräusch; der Mund füllt sich mit Speichel; alle Verdauungskräfte stehen auf Wacht, wie Soldaten, die nur des Befehls zum Einhauen harren. Noch einige Augenblicke und man bekommt krampfhafte Bewegungen; man gähnt, leidet — man hat Hunger.

Man kann alle Nuancen dieser verschiedenen Zustände in Gesellschaften beobachten, die das Essen erwarten.

Sie sind so naturgemäss, dass die ausgezeichnetste Höflichkeit ihre Symptome nicht verbergen kann; — ich habe daraus den Grundsatz abgeleitet: **Genauigkeit ist die unerlässlichste Eigenschaft eines Kochs.**

Anekdote.

24. Ich unterstütze diesen wichtigen Grundsatz durch die Einzelheiten einer Beobachtung, die ich in einer Versammlung machte, wo ich zugegen war:

.Quorum pars magna fui
(Woran ich grossen Antheil hatte)

und wo das Vergnügen zu beobachten mich vor den Beklemmungen des Elends rettete.

Ich war eines Tages bei einem hohen Beamten eingeladen. Die Einladung lautete auf 5½ Uhr und zur bezeichneten Stunde war Jedermann zugegen. Man wusste, dass der Gastgeber auf genaues Einhalten der Stunde hielt und zuweilen die Säumigen ausschalt.

---

*) „Wenn ich nur einmal wieder Appetit haben könnte!" hörten wir noch kürzlich einen Freund aus der Tiefe seines Herzens aufseufzen, nachdem er während einer Woche die volle Gastfreundschaft seiner seit Jahren nicht gesehenen Vaterstadt genossen hatte.
C. V.

Bei meinem Eintritte überraschte mich die Bestürzung, welche sich auf den Gesichtern der Anwesenden malte; man zischelte sich in die Ohren und guckte durch die Fenster in den Hof; einige Gesichter waren völlig erstarrt. Es musste etwas Ausserordentliches begegnet sein.

Ich näherte mich demjenigen der Gäste, dem ich am meisten zutraute, meine Neugierde befriedigen zu können und fragte ihn, was es denn Neues gäbe. „Ach Gott!" erwiederte er mir im Tone tiefster Betrübniss, „der gnädige Herr ist in den Staatsrath berufen worden; er fährt eben ab; wer weiss wann er wiederkommt?" — „Weiter nichts?" antwortete ich mit sorgloser Miene, obgleich es mir anders um's Herz war. In einer Viertelstunde ist das abgethan; man wird über irgend Etwas Auskunft nöthig gehabt haben; man weiss, dass heute hier ein officielles Diner ist; man hat keinen Grund uns fasten zu lassen." So sprach ich; aber in der Tiefe meines Herzens war ich nicht ohne Unruhe und hätte mich gern von dannen gewünscht.

Die erste Stunde ging gut vorüber; man setzte sich zu seinen Bekannten; man erschöpfte die gewöhnlichen Unterhaltungen und stellte zum Zeitvertreib hundert Vermuthungen über die Ursache auf, welche unsern lieben Wirth in die Tuilerien hatte rufen lassen.

In der zweiten Stunde zeigten sich einige Symptome von Ungeduld; man betrachtete sich mit Unruhe und drei oder vier Gäste, die keine Plätze zum Sitzen gefunden hatten und nicht in bequemer Lage warten konnten, fingen an, laut zu murren.

In der dritten Stunde allgemeines Missvergnügen, allgemeine Klagen. „Wann kommt er?" sagte der Eine. „Was fällt ihm ein?" der Andere. — „Man kann den Tod davon haben," der Dritte. Allgemein warf man die Frage auf, doch ohne sie zu lösen: „Wollen wir gehen? Wollen wir bleiben?"

In der vierten Stunde wurden die Erscheinungen bedenklicher; man dehnte die Arme auf die Gefahr hin, dem

Nachbar ein Auge einzustossen; man hörte überall lautes Gähnen; alle Gesichter zeigten die Blässe der Zusammenziehung und man hörte nicht auf mich, als ich sagte, unser Wirth, dessen Abwesenheit wir bedauerten, sei ohne Zweifel der Unglücklichste von uns Allen.

Eine Erscheinung zog einen Augenblick die allgemeinste Aufmerksamkeit auf sich. Einer der Gäste, ein Hausfreund, drang bis in die Küche vor; er kam ohne Athem wieder; sein Antlitz verkündete der Welt Ende und mit kaum hörbarer Stimme und jenem dumpfen Tone, der zugleich die Furcht, Lärm zu machen und den Wunsch gehört zu werden ausdrückt, rief er: „Der gnädige Herr ist weggefahren ohne Befehle zu hinterlassen und es wird nicht aufgetragen, ehe er zurückkommt, mag er auch noch so lange ausbleiben." Sprach's — und das Entsetzen, welches seine Rede verursachte, wird gewiss nicht durch den Ton der Posaune des jüngsten Gerichtes überboten werden.

Der unglücklichste unter allen diesen Märtyrern war ohne Zweifel der gute d'Aigrefeuille, den ganz Paris kannte; sein Körper war nur ein Leiden und Laokoon's Schmerzen furchten sein Antlitz. Blass, verwirrt, halb blind hockte er auf einem Sessel, kreuzte seine kleinen Hände auf seinem dicken Bauch und schloss die Augen, als erwarte er nicht den Schlaf, sondern den Tod.

Der Tod kam nicht. Gegen zehn Uhr rollte ein Wagen in den Hof; alle Welt erhob sich von selbst; Fröhlichkeit folgte der Trauer und fünf Minuten darauf sass man bei Tische.

Aber die Stunde des Appetits war vorüber. Man verwunderte sich offenbar, dass man zu so ungefüger Zeit speisen sollte; die Kinnbacken zeigten nicht jene gleichzeitige Bewegung, welche eine regelmässige Arbeit ankündet; ich erfuhr später, dass einige Gäste unwohl wurden.

Man thut bei solchen Gelegenheiten am besten, nicht unmittelbar nach Hebung des Hindernisses zu essen, sondern vielmehr ein Glas Zuckerwasser oder eine Tasse Fleischbrühe zu trinken, um den Magen zu trösten; und dann zehn bis funfzehn Minuten zu warten, sonst wird das zusammengezogene Organ unter der Last der Speisen, die man ihm aufbürdet, erdrückt*).

Grosse Appetite.

25. Wenn man in den alten Büchern von den Vorbereitungen liest, die man machte, um zwei oder drei Leute zu empfangen, oder von den ungeheuren Portionen hört, die man einem einzigen Gaste vorstellte, so muss man wohl glauben, dass die Menschen, welche der Wiege der Welt näher standen als wir, auch einen viel grösseren Appetit besassen.

Man hielt dafür, dass der Appetit um so grösser sein müsse, je vornehmer der Gast war und derjenige, dem man den ganzen Rücken eines fünfjährigen Ochsen vorstellte, musste auch aus einem Becher trinken, den er kaum zu heben vermochte.

Seither haben einzelne Menschen gelebt, die von früher Geschehenem Zeugniss geben konnten und die Bücher sind voll von Beispielen einer unglaublichen Gefrässigkeit, die sich auf Alles, selbst auf die ekelhaftesten Dinge erstreckte.

Ich erlasse meinen Lesern diese oft widrigen Einzelheiten und ziehe es vor, ihnen zwei Fälle zu erzählen, von denen ich Zeuge war und die keinen allzu starken Köhlerglauben verlangen.

---

*) Die Untersuchungen Schiff's haben nachgewiesen, dass eine gewisse Periodicität in der Magenthätigkeit herrscht, so dass dieses Organ nur zu bestimmten Zeiten den verdauenden sauren Magensaft absondert. Geht diese Zeit vorüber, ohne dass das Bedürfniss befriedigt wird, so werden die in den Magen gelangenden Speisen, trotz dessen vorgängiger Leere, nicht verdaut — es sei denn, dass durch zweckmässige Reizung der Magenwände die Absonderung des Verdauungssaftes hervorgerufen werde.

C. V.

Der Pfarrer von Bregnier.

Vor vierzig Jahren besuchte ich einmal im Vorbeigehen den Pfarrer von Bregnier, einen hochgewachsenen Mann, dessen Appetit im Sprengel berühmt war.

Obgleich es kaum Mittag war, fand ich ihn doch bei Tische. Die Suppe und das Rindfleisch waren schon abgetragen, und nach diesen unerlässlichen Schüsseln hatte man ihn einen Schafschlegel in Brühe, einen schönen Kapaun und einen tüchtigen Salat aufgetragen.

Als er mich eintreten sah, wollte er ein Couvert für mich auflegen lassen; ich schlug es ab und that wohl daran, denn ganz allein und ohne meine Hülfe wurde er leicht mit Allem fertig und liess vom Schlegel nur das Bein, vom Kapaun nur die Knochen und vom Salat nichts übrig.

Nun brachte man einen grossen weissen Käse, in den er eine Winkelbresche von neunzig Grad Oeffnung brach; er begoss das Ganze mit einer Bouteille Wein und einer Flasche Wasser und dann erst ruhte er von der Arbeit.

Was mir besonderes Vergnügen machte, war, dass der würdige Seelsorger während dieser ganzen Arbeit, die drei Viertelstunden dauerte, nicht im mindesten beschäftigt schien. Die grossen Bissen, die er in seinen weiten Mund warf, hinderten ihn weder am Sprechen, noch am Lachen; und er beförderte Alles, was man ihm vorsetzte, mit ebenso wenig Aufhebens, als hätte er drei Knochen verzehrt.

Der General Bisson, der täglich acht Flaschen Wein zum Frühstück trank, sah aus, als rühre er nichts an; er hatte nur ein grösseres Glas als die Anderen und leerte es häufiger; aber es schien, als gebe er gar nicht Acht darauf, und während er so sechzehn Pfund Flüssigkeit hinter die Binde goss, machte er schlechte Witze und gab Befehle, wie wenn er nur ein Schöppchen getrunken hätte.

Die zweite Thatsache erinnert mich an den tapfern General Prosper Sibuet, meinen Landsmann, der lange Zeit erster Adjutant des Generals Massena war und im Jahre 1813 beim Uebergang über den Bober auf dem Felde der Ehre blieb.

Prosper hatte achtzehn Jahre und jenen glücklichen Appetit, durch welchen die Natur anzeigt, dass sie einen wohlgebauten Jüngling zum Manne machen will, als er eines Abends in die Küche eines Wirthes Namens Genin eintrat, bei welchem die Alten von Belley gewöhnlich einkehrten, um weissen jungen Wein, sogenannten federweissen, zu trinken und frische Kastanien dazu zu essen.

Man zog gerade einen wunderschönen, prächtigen, goldgelb gebratenen Truthahn vom Spiesse, dessen Geruch einen Heiligen in Versuchung gebracht hätte.

Die Alten, die keinen Hunger mehr hatten, beachteten ihn wenig, aber die Verdauungskräfte des jungen Prosper wurden angeregt; der Mund wässerte ihm und er rief aus: „Ich komme zwar eben erst vom Essen, aber ich will doch wetten, dass ich den dicken Welschen da allein verzehre!" — „Wenn Sie ihn ganz aufessen, zahle ich ihn," antwortete Bouvier du Bouchet, ein dicker Pächter aus der Nachbarschaft; „aber wenn Sie stecken bleiben, so zahlen Sie ihn und ich verzehre den Rest!"

Die Wette wurde sogleich ausgeführt. Der jugendliche Kämpe schnitt zierlich einen Flügel ab, verschlang ihn in zwei Bissen und putzte sich die Zähne, indem er den Hals knusperte, worauf er als Zwischenact ein Glas Wein trank.

Dann griff er den Schenkel an, ass ihn kaltblütig und schickte ihm ein zweites Glas Wein nach, um die Wege für das Uebrige offen zu halten.

Bald folgte der zweite Flügel auf derselben Strasse; er verschwand, und schon ergriff der Opferer das letzte Glied mit wachsendem Muthe, als der unglückliche Pächter in schmerzlichem Tone ausrief: „Halt! Ich sehe wohl, ich habe verloren! Aber, Herr Sibuet, weil ich denn doch zahlen muss, lassen Sie mich wenigstens ein Stück davon essen!"

Prosper war ein ebenso guter Junge, als er später guter Soldat war; er genehmigte die Bitte seines Gegners, der den übrigens noch vortrefflichen Rumpf des verzehrten Vogels für sein Theil erhielt und dann mit Vergnügen Hauptstück und Zugabe des Mahles bezahlte.

Der General Sibuet erzählte gern diese Heldenthat seiner Jugend; er behauptete, nur aus Höflichkeit gehandelt zu haben, indem er den Pächter noch zu dem Mahle zuliess; er versicherte, dass er vollkommen die Kraft in sich gefühlt habe, auch ohne diese Mithülfe die Wette zu gewinnen und der Appetit, der ihm im Alter von vierzig Jahren noch geblieben war, liess keinen Zweifel an der Wahrheit dieser Behauptung aufkommen.

Fünfte Betrachtung.

Von den Nahrungsmitteln im Allgemeinen.

Erster Abschnitt.

Definition.

26. Was heisst ein Nahrungsmittel?

Volksantwort: Nahrungsmittel ist Alles was nährt.

Wissenschaftliche Antwort: Man versteht unter Nahrungsmittel die Substanzen, welche durch die Verdauung im Magen assimilirt werden und so den Verlust ersetzen können, welchen der menschliche Körper durch das Leben erleidet.

Die unterscheidende Eigenschaft des Nahrungsmittels besteht also in der Fähigkeit der thierischen Assimilation.

Analytische Arbeiten.

27. Das Thier- und Pflanzenreich sind die einzigen Reiche, welche bis jetzt dem menschlichen Geschlechte Nahrungs-

mittel geliefert haben; aus dem Mineralreiche hat man nur Arzneimittel oder Gifte bezogen *).

Seitdem die analytische Chemie eine sichere Wissenschaft geworden ist, hat man die Doppelnatur der Elemente, aus welchen unser Körper zusammengesetzt ist, tiefer ergründet, und die Substanzen, welche die Natur zum Ersatz der Verluste bestimmt hat, genauer untersucht.

Diese Untersuchungen haben unter sich eine grosse Analogie, da der Mensch grossentheils aus denselben Theilen zusammengesetzt ist, wie die Thiere, von welchen er sich nährt, und man somit auch in den Pflanzen die Verwandtschaften suchen muss, in Folge deren sie selbst angeeignet werden können.

Man hat nach beiden Richtungen hin die löblichsten und zugleich genauesten Untersuchungen angestellt und hat sowohl in dem menschlichen Körper als in den Nahrungsmitteln zuerst die secundären Verbindungen, dann aber auch die Elemente verfolgt, über welche hinaus wir noch nicht vordringen konnten.

Ich hatte hier die Absicht, eine Abhandlung über die Chemie der Nahrungsmittel einzuschalten und meinen Lesern zu sagen, in wie viel Tausendtheile von Kohlenstoff, Wasserstoff u. s. w. man sowohl sie als die Speisen, mit denen

---

*) Wenn, wie der Verfasser dies auch ganz richtig thut, unter Nahrungsmitteln nur solche Stoffe verstanden werden, welche den Abgang des Körpers ersetzen, oder mit anderen Worten, zur Blutbildung verwendet werden können, so gehören auch anorganische Stoffe aus dem Mineralreiche, wie Wasser, Kochsalz, phosphor-, schwefel- und kohlensaure Salze von Kalk, Kali, Natron, Eisen u. s. w. ebenfalls zu den Nahrungsmitteln, weil solche Mineralstoffe aus dem Körper abgeschieden, also auch nothwendig ersetzt werden müssen, indem sie wesentliche Bestandtheile einzelner Körpertheile bilden. Ein Thier oder ein Mensch, welchem man den zum Aufbau der Knochen nöthigen phosphorsauren Kalk entzieht, ist ebenso gewiss dem sicheren, wenn auch später eintretenden Tode geweiht, als wenn man ihm organische Nahrungsmittel entziehen wollte. C. V.

sie sich nähren, reduciren könne. Allein ich bin davon zurückgekommen, indem ich bedachte, dass ich gewiss diese Aufgabe nur lösen könne, wenn ich die vortrefflichen Handbücher der Physiologie und Chemie abschreibe, die in Jedermanns Händen sind. Auch fürchtete ich in trockne Einzelheiten zu gerathen, weshalb ich mich auf eine vernünftige Nomenclatur beschränkte, unter welcher ich einige chemische Resultate hoffe anbringen zu können, ohne mich stachlicher und zugleich unverständlicher Kunstausdrücke bedienen zu müssen.

Osmazom*).

28. Die Entdeckung oder vielmehr die Sicherstellung des Osmazoms ist der grösste Dienst, welchen die Chemie der Nahrungswissenschaft erwies.

Das Osmazom ist jener wesentlich schmackhafte Theil des Fleisches, der sich im kalten Wasser löst und von dem Extractivstoff dadurch unterscheidet, dass letzterer nur im heissen Wasser löslich ist.

Das Osmazom ist das verdienstliche Element der guten Suppen. Es liefert beim Anbrennen das Braune des Fleisches, ihm verdankt man die Röstungsrinde der Braten.

---

*) Das Osmazom, welchem der Verfasser eine so begeisterte Lobrede hält, ist gänzlich aus dem Register der neueren Chemie gestrichen worden, da es als Gemenge erkannt und in eine Menge einzelner Stoffe zerlegt wurde, unter denen sich allerdings die wichtigsten Bestandtheile des Fleisches befinden. Die bekannte Liebig'sche Fleischbrühe, welche wesentlich aus kaltem Wasserauszuge feingehackten Fleisches besteht und fast alle im Magen löslichen Bestandtheile des Fleisches enthält, würde dem hier Osmazom genannten Stoffe entsprechen. Da indess der Verfasser das Osmazom vorzugsweise dem schwarzen Fleische, also besonders dem Wildpret zuschreibt, so scheint er das Hauptgewicht auf den sogenannten Fleischstoff, das Kreatin, zu legen, welches in diesen Fleischsorten in weit grösserer Menge vorkommt, als in dem mehr eiweisshaltigen weissen Fleische jüngerer und zahmer Thiere, die sich nicht viel und lebhaft bewegen.   C. V.

(Das Nähere über die Bereitung des Fleischextracts und den gegenwärtigen Stand der darauf abzielenden Unternehmungen findet sich nach Liebig's eigener Mittheilung im Anhange, S. 394 ff.)

Es gibt endlich den eigenthümlichen Wildgeruch der Jagdthiere.

Das Osmazom findet sich vorzugsweise in dem rothen und schwarzen Fleische erwachsener Thiere, man findet es gar nicht oder nur in sehr geringer Menge im Lamm, im Spanferkel, im Huhn und selbst im weissen Fleische des Truthahnes, unseres grössten Küchenvogels. Aus diesem Grunde ziehen auch die wahren Kenner bei letzterem den Zwischenschenkel vor; — der Instinct des Geschmackes war bei ihnen der Wissenschaft vorausgeeilt.

Diese Vorkenntniss des Osmazoms ist Schuld, dass so viele Köche weggejagt wurden, die man beschuldigte, die erste Fleischbrühe vorweggenommen zu haben. Der Ruf der Vorsuppen wurde ihm verdankt; seinetwegen betrachtete man die Brotschnitten aus dem Suppentopfe als ein Stärkungsmittel in Bädern; ihm zuliebe erfand der Domherr Chévrier verschliessbare Kochtöpfe, derselbe Domherr, dem man Freitags nur dann Spinat aufsetzen durfte, wenn er schon seit Sonntag gekocht und jeden Tag mit einer neuen Zugabe frischer Butter auf's Feuer gesetzt worden war.

Endlich ist nur zur Sparung dieser, freilich noch sehr unbekannten Substanz der Grundsatz eingeführt worden, dass zur Herstellung einer guten Fleischbrühe der Topf nur „lächeln" soll, beiläufig gesagt, ein sehr feiner Ausdruck für das Land, in dem er entsprungen ist.

Das Osmazom, das erst lange nachdem es unsere Väter entzückt hatte, entdeckt wurde, kann etwa dem Weingeist verglichen werden, der viele Generationen betrunken machte, bevor man wusste, dass man ihn durch Destillation rein gewinnen könne.

Bei der Behandlung mit kochendem Wasser folgt dem Osmazom dasjenige, was man gemeiniglich Ertractivstoff nennt; mit dem Osmazom vereinigt, bildet dieses letztere Product die Fleischbrühe.

Grundstoffe der Nahrung.

Die Fasern, welche das Fleischgewebe zusammensetzen, zeigen sich dem blossen Auge nach dem Kochen. Obgleich eines Theils ihrer Hüllen entblösst, widersteht doch die Muskelfaser dem kochenden Wasser und behält ihre Form bei. Will man das Fleisch schön schneiden, so muss man immer Sorge tragen, dass die Faser mit der Messerklinge einen rechten Winkel mache. Das so geschnittene Fleisch hat ein angenehmeres Ansehen, schmeckt besser und kaut sich leichter.

Die Knochen sind vorzugsweise aus Leimstoff und phosphorsaurem Kalke zusammengesetzt.

Die verhältnissmässige Menge von Gelatine vermindert sich mit zunehmendem Alter. Mit siebzig Jahren sind die Knochen nur noch ein unvollkommener Marmor und werden deshalb sehr brüchig, woher die alte Klugheitsregel, dass Greise jede Gelegenheit zu einem Falle vermeiden sollen.

Der Eiweissstoff findet sich sowohl im Fleische wie im Blute. Er gerinnt bei einer Hitze über 60 Grade, er bildet den Schaum im Kochtopfe.

Der Leimstoff findet sich gleichmässig in Knochen, Knorpeln und weichen Theilen; er gerinnt bei der gewöhnlichen Temperatur der Atmosphäre; $2^{1}/_{2}$ Theile Leim auf 100 Theile heissen Wassers genügen zum Gerinnen.

Der Leim ist die Grundlage aller fetten und magern Gelées, der Weissschüsseln und ähnlicher Zubereitungen.

Das Fett ist ein festes Oel, das sich in den Zwischenräumen des Zellgewebes bildet und sich manchmal in ungeheurer Menge bei solchen Thieren ansammelt, welche Kunst oder Natur dazu bestimmt, wie Schweine, Hühner, Ortolane und Baumpieper*). Bei einigen dieser Thiere

---

*) *Bec-figue* im Französischen, *Becca-figa* im Italienischen, *Anthus arboreus* nach der heutigen lateinischen Benennung.

verliert das Fett seine Geschmacklosigkeit und erhält ein leichtes, sehr angenehmes Arom.

Das Blut besteht aus eiweisshaltigem Serum, aus Faserstoff und ein wenig Leim und Osmazom; es gerinnt in heissem Wasser und wird ein sehr nährender Stoff (Blutwurst).

Alle Grundstoffe, die wir eben betrachteten, sind dem Menschen und den Thieren, von denen er sich nährt, gemeinsam; man darf sich deshalb nicht wundern, dass die thierische Kost vorzugsweise stärkend und kräftigend ist, denn da die Theile, aus denen sie sich zusammensetzt, mit den unseren eine grosse Aehnlichkeit besitzen und schon animalisirt sind, so können wir sie um so leichter uns aneignen, sobald sie der Einwirkung unserer Verdauungsorgane unterworfen werden.

Pflanzenreich.

29. **Indessen gewährt auch das Pflanzenreich der Ernährung mannigfache Hülfsquellen.**

Im Allgemeinen nennt man im südlichen Frankreich und Italien mit den eben bezeichneten Namen fast alle kleineren Vögel aus den Gattungen der Sänger, Pieper und Grasmücken, die sich im Herbste von Feigen und Weinbeeren mästen und mit feinen Netzen gefangen und am Spiesse gebraten eine Delicatesse der südlichen Tafeln bilden.

Ganz speciell heisst aber so der Baumpieper, *Pit-pit des buissons*, auch *Vinette* oder *Pivote-Ortolane* in der Provence genannt und der als grosser *Bec-figue* auch von einer kleineren Art, dem Wiesenpieper (*Anthus pratensis*, *Farlouse* des Provençalen) unterschieden wird.

Brillat-Savarin meint unstreitig den Baumpieper, der im Herbste im Jura ankommt und besonders in feuchten Nachsommern so ungeheuer fett wird, dass er kaum noch fliegen kann und sich mit Händen greifen lässt. Er ist grünbraun auf dem Rücken, mit schwarzen Längsflecken mitten auf jeder Feder, gelblich mit braunen Flecken an den Seiten und ockergelb auf der Brust. Die sehr kurze Kralle der Hinterzehe unterscheidet ihn leicht von verwandten Arten, denen er im Geschmacke viel vorzuziehen ist.

C. V.

Das Stärkemehl nährt vortrefflich und um so besser, je reiner es von fremden Beimischungen ist.

Man versteht unter Stärke das Mehl oder den Staub, welche man aus den Getreidekörnern, den Schotenpflanzen und den meisten Wurzeln erhalten kann, unter welchen die Kartoffel obenan steht.

Das Stärkemehl ist die Grundlage des Brotes, des Backwerkes und der verschiedenartigen Breie; es spielt demnach eine grosse Rolle in der Ernährung fast aller Völker.

Man hat beobachtet, dass diese Nahrung die Faser und selbst den Muth verweichlicht. Als Beweis führt man die Indier an, die fast ausschliesslich von Reis leben und sich jedem Eroberer unterwerfen.

Fast alle Hausthiere fressen begierig das Stärkemehl und werden dadurch besonders kräftig, weil es doch eine stofflichere Nahrung ist, als die grünen oder dürren Pflanzen, womit man sie gewöhnlich füttert.

Der Zucker ist sowohl als Nahrungsmittel wie als Arzneimittel sehr bedeutend.

Früher kannte man diesen Stoff nur in Indien und in den Colonien; seit dem Beginne unsers Jahrhunderts wird er auch bei uns gewonnen. Man hat ihn in den Trauben, den weissen Rüben, den Kastanien, und ganz besonders in den Runkelrüben gefunden, so dass Europa sich in dieser Beziehung ganz genügen und Amerikas oder Indiens entschlagen könnte. Die Wissenschaft hat damit der Gesellschaft einen ausgezeichneten Dienst geleistet und ein Beispiel aufgestellt, das in der Folge die grössten Resultate haben kann.

Man sehe später den Artikel: Zucker.

Sowohl im festen Zustande als auch in den Pflanzen, wo die Natur ihn erzeugt, ist der Zucker ausserordentlich nahrhaft; die Thiere fressen ihn sehr gern und die Engländer, die ihren Luxuspferden viel Zucker geben, wollen bemerkt haben, dass sie die verschiedenen Proben, denen man sie unterwirft, dann weit leichter bestehen.

Pflanzenstoffe.

Der Zucker, den man zu den Zeiten Ludwigs des Vierzehnten nur bei den Apothekern fand, hat verschiedene gewinnreiche Gewerbe hervorgerufen, wie die Kuchen- und Zuckerbäcker, die Liqueur- und Naschwerkhändler.

Die süssen Oele stammen ebenfalls aus dem Pflanzenreiche, sie sind nur in Verbindung mit anderen Substanzen essbar und müssen als eine Würze betrachtet werden.

Der Kleber, den man vorzugsweise im Getreide findet, hilft mächtig zur Gährung des Brotes, von dem er einen Theil ausmacht; die Chemiker schreiben ihm fast eine thierische Natur zu.

In Paris bereitet man für die Kinder und für die Vögel, in einigen Departementen auch für die Menschen, ein besonderes Backwerk, worin der Kleber überwiegt, da man einen Theil des Stärkemehls durch Wasser ausgewaschen hat.

Der Schleimstoff verdankt seine Nährkraft nur den verschiedenen Substanzen, die ihm beigemengt sind.

Das Gummi kann nöthigenfalls ein Nahrungsmittel werden, was nicht auffallen kann, da es fast dieselbe Zusammensetzung hat, wie der Zucker.

Der Pflanzenleim, den man aus verschiedenen Früchten, namentlich aus Aepfeln, Johannisbeeren und Quitten gewinnt, kann ebenfalls als Nahrungsstoff dienen; mit dem Zucker verbunden, dient er hierzu noch besser, doch immer in geringerem Maasse als der thierische Leim, den man aus Knochen, Hörnern, Kalbsfüssen und Hausenblase bereitet. Diese Nahrung ist im Allgemeinen leicht, heilsam und besänftigend. Küche und Speisekammer bemächtigen sich ihrer und streiten sich darum *).

---

*) Die hier gegebene Eintheilung der dem Pflanzenreich entnommenen Nahrungsstoffe kann dem heutigen Stande der Wissenschaft nicht mehr genügen. Diesem zufolge kann man folgende Classen von pflanzlichen Nahrungsstoffen unterscheiden:

1. Fettbildner, wozu das Stärkemehl, der Zucker, das Stärkegummi gehören;

Unterschied der Fastenspeisen.

Mit Ausnahme des Fleischsaftes, der sich, wie wir schon bemerkten, aus Osmazom und Extractivstoff zusammensetzt, findet man in den Fischen die meisten Substanzen, die auch in den Landthieren vorkommen, wie Faserstoff, Leim und Eiweissstoff, so dass man nicht ohne Grund behaupten kann, dass die Fastenspeisen von den Fleischspeisen sich nur durch den Fleischsaft unterscheiden.

Aber die Fastenspeisen besitzen noch eine andere Eigenthümlichkeit, indem der Fisch eine grosse Menge von Phosphor und Wasserstoff enthält, die äusserst verbrennlich sind; daraus folgt, dass die Ichthyophagie eine sehr erhitzende Diät bildet, was andererseits die Lobeserhebungen rechtfertigt, die man einigen Mönchsorden ertheilte, deren Diät gerade demjenigen Gelübde schnurstracks entgegenlief, das ohnedem für das hinfälligste gilt*).

---

2. eigentliche Fette in fester oder flüssiger Gestalt;
3. eiweissartige Stoffe, worunter Kleber, Erbsenstoff, Schleimstoff, gehören.

Die letzteren stehen in ihrer Zusammensetzung den thierischen Nährstoffen, wie Eiweiss, Faserstoff u. s. w., näher und können dieselben ersetzen, während im Gegentheile die Fette und Fettbildner ihres Mangels an Stickstoff wegen die eiweissartigen Stoffe der Pflanzen- und Thiernahrung nicht zu ersetzen vermögen.

C. V.

*) Die neueren Untersuchungen haben diese Behauptungen nicht gerechtfertigt. Das Fleisch der Fische enthält im Gegentheile weniger Phosphor als dasjenige der Vögel und Säugethiere, dagegen mehr Wasser und lösliches, bei geringer Wärme gerinnendes Eiweiss; auch mehr Fett und Aschenbestandtheile — dagegen weniger feste eiweissartige Körper. Einer freilich nicht ganz genauen Berechnung zu Folge enthalten 145 Theile Karpfenfleisch nur so viel ernährenden eiweisshaltigen Stoff als 100 Theile Ochsenfleisch.

C. V.

Eigene Beobachtungen.

30. Ich will mich über diese physiologische Frage nicht weiter verbreiten und hier nur eine Beobachtung erwähnen, die man leicht bestätigen kann.

Vor einigen Jahren besuchte ich ein Landhaus in einem kleinen Flecken nahe bei Paris, der am Ufer der Seine oberhalb der Insel von St. Denis liegt und aus acht Fischerhütten besteht. Die Menge von Kindern, die auf der Strasse wimmelten, setzte mich in Erstaunen.

Ich sagte dies dem Fährmann, der mich übersetzte.

„Herr," antwortete er, „es wohnen hier acht Familien und wir haben 53 Kinder, worunter 49 Mädchen und nur 4 Knaben. Von diesen vier gehört der da mir." Dabei richtete er sich mit einem gewissen Stolze auf und zeigte mir einen Moppel von fünf bis sechs Jahren, der vorn im Schiffe lag und sich die Zeit damit vertrieb, einige rohe Krebse zu knappern.

Aus dieser Beobachtung, die ich vor mehr als zehn Jahren anstellte, sowie aus einigen anderen, die ich nicht so leicht mittheilen kann, ziehe ich den Schluss, dass die durch Fischessen bewirkte Zeugungsbewegung eher reizend als stofflich ist und ich glaube dies um so lieber, als ganz neuerdings noch Dr. Bailly aus mehr als hundertjährigen Beobachtungen nachgewiesen hat, dass jedes Mal, wenn bei den Jahresgeburten die Zahl der Mädchen grösser ist als die der Knaben, dieses Uebergewicht der Mädchen stets schwächenden Ursachen zuzuschreiben ist, woraus man auch den Grund der schlechten Witze herleiten könnte, die man von jeher über diejenigen Ehemänner zu reissen pflegt, deren Weiber mit Mädchen niederkommen.

Es wäre noch viel zu sagen über die Nahrungsmittel im Allgemeinen und über die verschiedenen Modificationen, welche sie durch die Mischungen erleiden, die man mit ihnen anstellen kann. Ich hoffe indess, dass das Vorstehende der

Mehrzahl meiner Leser genügen wird; die anderen verweise ich auf die Lehrbücher, will aber mit zwei Betrachtungen enden, die nicht ohne Interesse sind.

Die erste geht dahin, dass die Animalisation ganz in ähnlicher Weise statthat, wie die Vegetation, d. h. dass der Erneuerungsstrom, der aus der Verdauung hervorgeht, auf verschiedene Weise von den Sieben und Filtern angezogen wird, welche unsere Organe besitzen, und sonach Fleisch, Horn, Knochen oder Haar wird, ganz wie dieselbe Erde, mit demselben Wasser begossen, Radischen, Salat oder Löwenzahn hervorbringt, je nach den Samen, welche der Gärtner ihr anvertraute.

Zweitens, dass man in der lebenden Organisation nicht dieselben Producte erhält, wie in der absoluten Chemie, denn die Organe, welche Leben und Bewegung hervorbringen, wirken mächtig auf die ihnen unterworfenen Stoffe ein.

Die Natur, welche sich gern verhüllt und uns beim zweiten oder dritten Schritte aufhält, hat die Stätte verborgen, wo sie ihre Verwandlungen vornimmt, und es ist wirklich schwer zu begreifen, wie der menschliche Körper, der doch Kalk, Schwefel, Phosphor, Eisen und noch ein Dutzend andere Substanzen enthält, sich nichtsdestoweniger während mehrerer Jahre nur mit Brot und Wasser erhalten und erneuern kann*).

---

*) Unbegreiflich ist dies um so weniger, als alle diese mineralischen Stoffe im Brote und den übrigen Nahrungsmitteln, Wasser inbegriffen, enthalten sind. Die Oekonomie des Körpers reducirt sich am Ende auf eine haarscharfe Buchhaltung, in welcher die Ausgabe beständig der Einnahme die Wage hält, — der thierische Körper producirt kein Atom Stoff, kein Atom Eisen, Kalk, Schwefel, Phosphor u. s. w., sondern verwendet nur das ihm Zugebrachte in seiner Haushaltung.   C. V.

Sechste Betrachtung.

Zweiter Abschnitt.

Besonderheit.

31. Mein Inhaltsverzeichniss war aufgestellt und mein Buch ganz fertig in meinem Kopfe, als ich anfing zu schreiben. Nichtsdestoweniger kam ich nur langsam vorwärts, denn ein Theil meiner Zeit ist ernsten Arbeiten gewidmet.

Während dieses Zwischenraumes wurden verschiedene Theile des Gegenstandes, den ich mir vorgenommen, bearbeitet. Gewisse Lehrbücher der Chemie und der Medicin kamen in Aller Hände, Dinge, welche ich zuerst zu lehren glaubte, wurden populär; so z. B. hatte ich der Chemie des Suppentopfes einige Seiten gewidmet, deren Inhalt sich jetzt schon in mehreren Werken findet.

Ich habe deshalb diesen Theil meiner Arbeit durchsehen und so abkürzen müssen, dass er auf einige Grundwahrheiten reducirt wurde, auf einige Theorien, die nicht genug verbreitet werden können, und auf einige Beobachtungen, Früchte einer langen Erfahrung, die hoffentlich für die meisten meiner Leser neu sein werden.

§. 1. Suppentopf, Suppe u. s. w.

32. Man nennt Kochfleisch ein Stück Rindfleisch, aus welchem die löslichen Theile mittelst kochenden, leicht gesalzenen Wassers ausgezogen werden sollen.

Fleischbrühe nennt man die Flüssigkeit, die nach vollendeter Operation übrigbleibt.

Fleischbrühe.

Suppenfleisch heisst das seiner löslichen Theile beraubte Fleisch.

Das Wasser löst zuerst einen Theil des Osmazoms auf, hierauf das Eiweiss, welches aber noch vor der Hitze von 50° Réaumur gerinnt und den Schaum bildet, den man abnimmt. Hierauf kommt der Ueberschuss des Osmazoms mit dem Extractivstoff, der die Brühe bildet, und endlich einige Theile von der Hülle der Fasern, die durch das Fortdauern des Kochens sich ablösen.

Um gute Fleischbrühe zu haben, darf das Wasser nur langsam erhitzt werden, damit das Eiweiss nicht im Innern gerinne, bevor es ausgezogen worden ist; ferner darf das Wasser kaum sieden, nur „lächeln", damit die verschiedenen Theile, die nach und nach aufgelöst werden, sich vollständig und ohne Unruhe vereinigen können*).

Man gibt zur Fleischbrühe etwas Gemüse oder Wurzeln, um den Geschmack zu heben, und Brotkrusten oder Pasten, um sie nährender zu machen; — solches nennt man eine Suppe.

---

*) Wenn Fleisch mit kaltem Wasser angesetzt wird, so löst sich zuerst der Blutfarbstoff, der darinnen ist, dann das Eiweiss, die Salze, die im Wasser löslichen besonderen Fleischstoffe (Kreatin, Kreatinin) und die organischen Säuren (Milch- und Inosinsäure); kommt das Wasser dem Kochpunkte nahe, so gerinnt das Eiweiss des Blutes und das in dem Wasser schon gelöste, und schwimmt als Schaum oben auf, den man abnimmt, zugleich treten die geschmolzenen Fette in die Brühe über. Durch fortdauerndes Kochen wird auf Kosten der Fleischfaser Leim gebildet, der sich ebenfalls in der Brühe löst.

Das langsame Sieden oder „Lächeln," auf welches unser Verfasser so viel Werth legt, hat nur den Vortheil, dass man länger sieden, also mehr Leim bilden und vollständiger das Fleisch ausziehen kann, ohne zum Ersatz des verdunsteten Wassers neues zugiessen zu müssen. Dann verhindert auch starkes Kochen die Bildung eines zusammenhängenden Schaumes und macht durch die in der Brühe bleibenden höchst kleinen Flocken geronnenen Eiweisses die Fleischbrühe trübe. Die Köchinnen haben meist die sehr verkehrte Ansicht, dass stark kochendes Wasser heisser sei, als langsam kochendes — ein Irrthum, der viel unnütze Holzverschwendung verursacht. C. V.

Die Suppe ist eine gesunde, leichte, nährende Speise, die aller Welt zusagt; sie erfreut den Magen und stimmt ihn zur Aufnahme und zur Verdauung.

Leute, denen das Dickwerden droht, sollten nur Fleischbrühe nehmen.

Man nimmt allgemein an, dass man nirgends so gute Suppen isst als in Frankreich, und meine Reisen haben mir die Wahrheit dieser Ansicht bestätigt. Diese Thatsache kann nicht auffallen, denn die Suppe ist die Grundlage der nationalen französischen Ernährung und die Erfahrung von Jahrhunderten hat ihre Zubereitung zur Meisterschaft bringen müssen.

§. 2. Vom Suppenfleische.

33. Das Suppenfleisch ist eine gesunde Speise, die schnell den Hunger tilgt, leicht verdaut wird, aber für sich allein nicht sehr kräftigt, weil das Fleisch beim Kochen einen Theil seiner nährenden Bestandtheile verloren hat.

Man nimmt in der Verwaltung als allgemeine Regel an, dass das Suppenfleisch die Hälfte seines Gewichtes verloren habe.

Man kann die Personen, die Suppenfleisch essen, in vier Classen theilen.

Erstens: die Gewohnheitsmenschen, die Suppenfleisch essen, weil ihre Voreltern es assen, die sich dieser Gewohnheit unterwerfen, als ob sie sich von selbst verstände, und deshalb auch hoffen, dass ihre Kinder sie nachahmen werden.

Zweitens: die Ungeduldigen, welche, jeder Unthätigkeit bei Tische abhold, die Gewohnheit angenommen haben, sich unmittelbar auf das erste Beste zu werfen, was ihnen vorkommt.

Drittens: die Unaufmerksamen, denen vom Himmel das heilige Feuer versagt wurde, welche die Mahlzeiten wie eine auferlegte, missliebige Arbeit ansehen, Alles, was ernähren kann, auf gleiche Linie stellen und bei Tische sitzen, wie die Austern auf ihren Bänken.

Viertens: die Fresser, die mit einem Appetit ausgestattet sind, dessen Grösse sie verhehlen möchten, und hastig in ihren Magen ein erstes Opfer werfen, um das Feuer, welches sie verzehrt, zu mindern und für die folgenden Nachschübe, die sie denselben Weg schicken wollen, eine Grundlage zu bilden.

Die Professoren essen niemals Suppenfleisch, theils aus Achtung für ihre Grundsätze, theils auch weil sie vom Katheder herab jene unbestreitbare Wahrheit verkündet haben: das Suppenfleisch ist Fleisch ohne Fleischsaft*).

§. 3. Geflügel.

34. Ich bin ein grosser Freund der Schöpfungszwecke und fest überzeugt, dass die ganze Familie der hühnerartigen Vögel nur zu dem Zwecke erschaffen wurde, um unsere Speisekammer und unsere Mahlzeiten zu bereichern.

In der That kann man sicher sein, überall wo man ein Glied dieser zahlreichen Familie, von der Wachtel bis zum Truthahn, trifft, eine schmackhafte und leichte Speise zu finden, die ebensowohl dem Genesenden, wie dem gesundesten Menschen zukommt. Wer unter uns, der einmal von dem Arzte zu der Diät der Einsiedler in den Wüsten verdammt wurde, hat nicht der schön zerlegten Hühnerbrust zugelächelt, die ihm ankündigte, dass er endlich dem gesellschaftlichen Leben zurückgegeben sei?

Wir begnügen uns nicht mit den Eigenschaften, welche

---

*) Diese Wahrheit findet allmälig Anerkennung und das Suppenfleisch' ist von wohlbesorgten Tafeln verschwunden, man ersetzt es durch Roastbeef, einen Steinbutt oder eine Matelotte von Flussfischen. — (In Süddeutschland herrscht es, wie mich eine neuliche Reise überzeugte, noch allgemein und wird gewissermaassen als Beweis für die frische Zubereitung der Suppe aufgetragen.)
C. V.

die Natur den Hühnervögeln verliehen hat; die Kunst hat sich ihrer bemächtigt und wir foltern sie unter dem Vorwande, sie zu verbessern. Nicht nur beraubt man sie grausam der Mittel zur Fortpflanzung, sondern man hält sie auch in der Einsamkeit, wirft sie in Finsterniss, zwingt sie zu fressen und bringt sie auf diese Weise zu einer Fettleibigkeit, die ihnen nicht bestimmt war.

Freilich ist es wahr, dass dieses übernatürliche Fett vortrefflich schmeckt und dass mittelst dieser verdammenswerthen Kunstgriffe man dem Geflügel jene Feinheit und Saftigkeit gibt, die es zu den höchsten Genüssen der besten Tafeln macht.

Das so verbesserte Geflügel ist für die Küche, was die Leinwand für die Maler und Fortunatus Wünschhütlein für die Taschenspieler. Man trägt es gekocht, gebacken, gebraten, warm oder kalt, ganz oder in Stücken auf, mit oder ohne Sauce, Knochen oder Haut, gefüllt und gestopft, immer aber mit gleichem Frfolge.

Drei Provinzen des alten Frankreichs streiten sich um die Ehre, das beste Geflügel hervorzubringen: Caux, Mans und die Bresse.

Hinsichtlich der Kapaunen herrschen Zweifel; derjenige, den man gerade unter der Gabel hat, wird immer der beste sein, — aber hinsichtlich der Poularden hat die Bresse gewiss den Vorzug. Die feinen Poularden von dort sind rund wie ein Aepfelchen und es ist wahrlich schade, dass sie nur selten und meist nur als Weihgeschenke nach Paris kommen *).

---

*) Diese so wie viele andere Klagen über die Seltenheit mancher Dinge in Paris oder an anderen Orten aus mangelhaften Communicationsmitteln haben jetzt keinen Grund mehr, seitdem Eisenbahnen überall hin gehen. Es kann den Bewohnern der Bresse mit ihren Poularden und den Schwarzwäldern mit ihren Rehziemern bald so gehen, wie den Kaufleuten von Hâvre und anderen Seehäfen, die einen schönen Seefisch von Paris müssen kommen lassen, obgleich er bei ihnen gefangen wurde.

C. V.

§. 4. Vom Truthahn.

35. Der welsche Hahn ist ohne Zweifel das schönste Geschenk, welches die neue Welt der alten gemacht hat.

Die, welche mehr wissen wollen als die Anderen, behaupten, dass die Römer den Truthahn kannten, dass man welche beim Hochzeitsmahl Karl's des Grossen aufstellte und dass man deshalb den Jesuiten mit Unrecht die Ehre dieser schmackhaften Einführung zuschreibt.

Diesen Paradoxen kann man zwei Dinge entgegenhalten.

Erstens: den Namen indischer Hahn, denn man bezeichnete früher Amerika auch mit dem Namen Westindien.

Zweitens: die Gestalt des Truthahns, die offenbar fremdartig ist.

Ein Gelehrter könnte sich nicht täuschen.

Ungeachtet meiner Ueberzeugung habe ich dennoch über diesen Gegenstand weitläufige Untersuchungen angestellt, die ich den Lesern erlasse, deren Resultat aber folgendes ist.

1. Der Truthahn ist in Europa erst am Ende des siebzehnten Jahrhunderts aufgetreten.

2. Er wurde von den Jesuiten eingeführt, die ihn in Menge züchteten, namentlich in einer Meierei, die sie in der Nähe von Bourges besassen.

3. Von da aus verbreitete er sich nach und nach über ganz Frankreich, weshalb man auch früher und jetzt noch an vielen Orten in der Volkssprache sagte, „einen Jesuiten verzehren," wenn man einen Truthahn essen will.

4. Amerika ist das einzige Land, wo man den Truthahn noch wild im Naturzustande trifft. Es giebt keine in Afrika.

5. In den Farmen des westlichen Amerikas, wo er sehr häufig ist, kommt er von Eiern, die man gefunden hat und ausbrüten lässt, oder von jungen Küchlein, die man im Walde

gefangen und gezähmt hat. Deshalb sind sie auch dort dem Naturzustande weit näher und haben ihr ursprüngliches Gefieder behalten.

Durch diese Beweise überzeugt, bin ich den guten Vätern doppelt dankbar, denn sie haben auch die Chinarinde eingeführt, die auf englisch Jesuitenrinde heisst.

Dieselben Untersuchungen haben mir auch bewiesen, dass der Truthahn sich nach und nach mit der Zeit in Frankreich acclimatisirt. Vorurtheilsfreie Beobachter haben mir versichert, dass in der Mitte des vorigen Jahrhunderts von zwanzig ausgeschlüpften Küchlein kaum zehn am Leben blieben, heute erzieht man unter übrigens gleichen Umständen fünfzehn von zwanzig. Die Gewitterregen sind ihnen vorzugsweise verderblich. Die dicken, vom Winde gepeitschten Regentropfen schlagen auf ihren zarten, schlechtgeschützten Kopf und bringen sie um.

Die Truthahn-Esser.

36. Der Truthahn ist der grösste und wenn nicht der feinste, so doch der schmackhafteste unserer Hausvögel.

Er hat ausserdem noch das Verdienst, alle Classen der Gesellschaft um sich zu vereinigen.

Was bratet am glänzenden Feuer der Küche, wo auch der Tisch gedeckt ist, wenn die Winzer und Bauern auf dem Lande sich während der langen Winterabende einmal recht gütlich thun wollen? — Ein Truthahn.

Was ist das Hauptstück des Mahles, wenn der nützliche Fabrikant, der arbeitsame Künstler einige Freunde versammelt, um sich eines Ruhetages zu freuen, der um so lieblicher ist, je seltener er kommt? — Ein Truthahn, mit Würstchen oder Kastanien von Lyon gefüllt!

Was erwartet man in den Kreisen der bekanntesten Feinschmecker, in jenen gewählten Cirkeln, wo die leidige Politik den Verhandlungen über den Geschmack weichen muss? Was wünscht man? Was kommt beim zweiten

Gange? — Ein Truthahn mit Trüffeln!... Und meine geheimen Denkschriften enthalten die Notiz, dass mehr als einmal sein kräftiger Saft die ernstesten Diplomatengesichter aufheiterte *).

Oekonomischer Einfluss des Truthahnes.

37. Die Einführung des Truthahnes hat das Staatsvermögen wesentlich bereichert und einen bedeutenden Handel erzeugt.

Die Pächter zahlen ihren Pacht leichter, seit sie Truthähne aufziehen; die jungen Mädchen verdienen sich dadurch häufig eine schöne Mitgift und die Städter, die das treffliche Fleisch geniessen wollen, müssen dagegen ihre Thaler aufzählen.

Die Truthähne haben einen besonderen Anspruch auf die Beachtung der Finanzwissenschaft.

Ich glaube annehmen zu dürfen, dass in Paris vom ersten November bis letzten Februar täglich 300 Truthähne verspeist werden, also 36000 im Ganzen. (Jetzt gewiss das Zehnfache! C. V.)

Der Mittelpreis eines jeden solcher Truthähne ist 20 Franken, also 720,000 Franken, ein ganz hübscher Umschlag. Dazu kommt nun noch eine gleiche Summe für anderes Geflügel, Fasanen, Hühner und Rebhühner mit Trüffeln — alles Dinge, die man täglich in den Schaufenstern der Speisehändler zur Pein derjenigen Spaziergänger ausgestellt sieht,

---

*) Was in Frankreich von dem Truthahn gilt, kann in Deutschland von der Gans gesagt werden, die von den romanischen Völkern durchaus nicht geschätzt wird. Uebrigens sind in der That die Franzosen den Deutschen in der Zucht der Hühnervögel weit voraus, und wer an französisches Geflügel aus der Bresse gewöhnt ist, kann die mageren Zwerge, die man in Deutschland auf die Tafel bringt, nur mit tiefem Mitleid ansehen.   C. V.

die zu kurz sind, um diese guten Dinge erreichen zu können.

Glücksfall des Professors.

38. Ich hatte das Glück, während meines Aufenthaltes in Hartford (Connecticut) einen wilden Truthahn zu erlegen. Dieser Glücksfall verdient der Nachwelt aufbewahrt zu werden und ich erzähle ihn um so lieber, als ich der Held der Geschichte bin.

Ein ehrwürdiger amerikanischer Farmer hatte mich eingeladen, zu ihm zur Jagd zu kommen; er wohnte am hintersten Ende des Staates (*back grounds*), versprach mir Rebhühner, graue Eichhörnchen, wilde Truthähne (*wild cocks*) und liess mir die Wahl einen oder zwei Freunde mitzubringen.

So ritten wir denn, mein Freund King und ich, an einem schönen Octobertage des Jahres 1794 auf Miethpferden nach der Farm des Herrn Bulow, die fünf tödtlich lange Stunden weit von Hartford im Connecticut lag und die wir Abends zu erreichen hofften.

Herr King war ein Jäger von der sonderbarsten Art; er liebte dies Vergnügen leidenschaftlich; sobald er aber ein Stück Wild erlegt hatte, sah er sich als einen Mörder an und stellte über das Schicksal des Todten moralische Betrachtungen und Klaglieder an, die ihn indess nicht hinderten, sogleich aufs Neue zu schiessen.

Obgleich der Weg kaum gebahnt war, so kamen wir doch ohne Unfall an und wurden mit jener herzlichen und schweigsamen Gastfreundschaft empfangen, die durch Thaten spricht; in einem Augenblicke war Alles untersucht, geliebkost und untergebracht, Männer, Rosse und Hunde, jedes zu seinem Behagen.

Wir brauchten etwa zwei Stunden, um die Farm und ihre Nebengebäude zu besehen; ich könnte das Alles beschreiben, wenn ich wollte; ich ziehe es aber vor, dem Leser vier schöne Gewächse von Mädchen zu zeigen (*buxom lasses*), deren Vater zu sein Herr Bulow sich schmeichelte, und für die unser Besuch ein Ereigniss war.

Sie waren zwischen sechzehn und zwanzig Jahren — strahlend von Frische und Gesundheit und hatten in ihrem ganzen Wesen so viel Einfachheit, Geschmeidigkeit und Natürlichkeit, dass die gewöhnlichste Handlung genügte, um ihnen tausend Reize zu leihen.

Bald nach der Rückkehr von unserem Spaziergange setzten wir uns um eine reichbestellte Tafel. Ein herrliches Stück halbgesalzenes Rindfleisch (*corn'd beef*), eine gestopfte Gans (*stew'd*), ein prachtvoller Schafschlegel, Wurzeln aller Art (*plenty*) und an den zwei Enden des Tisches zwei ungeheure Krüge mit herrlichem Apfelwein, an dem ich mich nicht satt trinken konnte.

Nachdem wir unserem Wirthe wenigstens durch den Appetit gezeigt hatten, dass wir wahre Jäger seien, beschäftigte er sich mit dem Zwecke unserer Reise — er gab uns die Orte an, wo wir Wild finden würden, die Leitpunkte, nach denen wir unseren Rückweg suchen müssten, und die Farmen, wo wir eine Erfrischung erhalten könnten.

Während dieser Unterhaltung hatten die Damen vortrefflichen Thee bereitet, wovon wir mehrere Tassen tranken; dann zeigte man uns ein Zimmer mit zwei Betten, worin der Ritt und das herrliche Essen uns vortrefflich schlafen liessen.

Am anderen Morgen gingen wir etwas spät auf die Jagd und nachdem wir die neuen Rodungen Herrn Bulow's überschritten hatten, fand ich mich in einem Urwalde, in welchem noch kein Axthieb gehört worden war.

Ich spazierte mit Wollust umher, betrachtete die Wohlthaten und Verwüstungen der Zeit, die schafft und vernichtet, und folgte mit Vergnügen allen Lebensperioden des Eichbaumes, von dem Augenblicke an, wo er mit nur zwei Blättern dem Boden entspriesst, bis zu dem Zeitpunkte, wo nur noch ein langer schwarzer Streifen, der Staub seines Kernholzes, am Boden bleibt.

Herr King schalt mich wegen meiner Zerstreuungen und wir jagten. Zuerst schossen wir einige jener kleinen, lieblichen, grauen Rebhühnchen, die so rund und zart sind; dann erlegten wir sechs oder sieben graue Eichhörnchen, deren Fleisch im Lande sehr geschätzt ist; endlich führte unser Glücksstern uns mitten in ein Volk Truthühner.

Sie gingen kurz hinter einander auf, mit schnellem, rauschendem Fluge und lautem Geschrei. Herr King schoss zuerst und lief hinterdrein; die anderen waren ausser Schussweite; endlich strich der faulste Hahn zehn Schritte weit von mir auf; ich schoss auf ihn in einer Lichtung und er fiel mausetodt nieder.

Man muss Jäger sein, um meine Freude über einen so schönen Schuss ermessen zu können. Ich hob den prächtigen Vogel auf und betrachtete ihn von allen Seiten seit einer Viertelstunde, als ich Herrn King um Hülfe rufen hörte; ich lief zu ihm und fand, dass er mich nur rief, damit ich ihm beim Suchen eines Truthahnes beistehen sollte, den er geschossen haben wollte, der aber nichtsdestoweniger fortgeflogen war.

Ich brachte meinen Hund auf die Spur; er führte uns aber in ein so dichtes Dorngestrüpp, dass eine Schlange nicht hindurch gekommen wäre; wir mussten also von weiterer Verfolgung abstehen, wodurch mein Jagdgenosse bis zur Rückkehr verstimmt wurde.

Unsere weitere Jagd verdient nicht die Ehre der Erwähnung. Wir verirrten uns bei der Rückkehr in unabsehbarem Walde und liefen schon Gefahr die Nacht darin zubringen zu müssen, als wir die Glockenstimmen der Fräuleins Bulow und den Generalbass ihres Papas vernahmen, die uns entgegenkamen und so gütig waren uns aus der Klemme zu helfen.

Die vier Schwestern waren im Staat: Frische Kleider, neue Gürtel, hübsche Hüte und feine Stiefelchen zeigten, dass man unsertwegen sich es etwas hatte kosten lassen, und ich meinerseits hatte jedenfalls die Absicht, äusserst liebenswürdig gegen das Fräulein zu sein, das meinen Arm ebenso besitzmässig nahm, als wäre es meine Frau.

Auf der Farm angekommen, fanden wir das Abendessen aufgetragen; bevor wir aber zu Tische gingen, setzten wir uns einen Augenblick vor ein lebhaft brennendes Feuer, das man für uns angezündet hatte, obgleich das Wetter eine solche Vorsicht nicht verlangt haben würde. Das Feuer hatte eine sehr wohlthätige Wirkung; die Müdigkeit verschwand wie weggezaubert.

Dieser Gebrauch kommt wahrscheinlich von den Indianern, die stets Feuer in ihrer Hütte haben. Vielleicht ist es auch eine Tradition vom heiligen Franz von Sales, der behauptete, das Feuer thue zwölf Monate im Jahre wohl. (Non liquet.)

Wir assen wie Ausgehungerte; eine grosse Bowle Punsch half uns den Abend verbringen und die Unterhaltung, wobei unser Wirth sich weit mehr gehen liess als am Abend vorher, fesselte uns bis spät in die Nacht.

Wir sprachen von dem Unabhängigkeitskriege, in welchem Herr Bulow als Stabsofficier gedient hatte; von Herrn von la Fayette, der in dem Andenken der Amerikaner stets wächst und von ihnen nur der Marquis genannt wird; vom Ackerbau, der damals die Vereinigten-Staaten reich machte, und endlich von meinem lieben Frankreich, das ich noch mehr liebte, seit ich es hatte verlassen müssen.

Herr Bulow sagte zuweilen, wenn die Unterhaltung ruhte, zu seiner ältesten Tochter: Marie, singe uns Etwas! (*Mariah! give us a song*). Sie sang uns dann, ohne sich weiter bitten zu lassen, aber in reizender Verlegenheit, den Nationalgesang Yankee dudle, die Balladen von der Königin Marie und vom Major André, die im Lande ganz volksthümlich sind. Marie hatte einige Stunden genommen und galt in diesem Hochlande für eine Virtuosin; aber ihr Gesang war besonders durch ihre zugleich liebliche, frische und helle Stimme angenehm.

Am anderen Morgen nahmen wir trotz der freundlichsten Einladungen Abschied — denn auch dort hatte ich Pflichten zu erfüllen. Während man die Pferde sattelte, zog mich Herr Bulow bei Seite und sagte mir folgende merkwürdigen Worte:

„Sie sehen in mir, mein lieber Herr, einen glücklichen Menschen, wenn es überhaupt einen unter der Sonne geben kann; Alles, was mich umgibt und was Sie bei mir gesehen haben, kommt aus meinen Besitzungen. Diese Strümpfe haben meine Töchter gestrickt; meine Schuhe und Kleider haben meine Herden geliefert; mein Vieh, mein Hühnerhof und mein Garten geben mir eine einfache und kräftige Nahrung, und zum Lobe unserer Regierung sei es gesagt, es gibt in Connecticut Tausende von Farmern, ebenso zufrieden als ich, deren Thüren wie die meinigen keine Schlösser haben.

„Die Steuern haben nichts zu bedeuten und sobald sie gezahlt sind, können wir auf beiden Ohren schlafen. Der Congress begünstigt unsere aufkeimende Industrie; Händler kreuzen sich nach allen Richtungen und nehmen uns alles Verkäufliche ab, und ich habe noch für lange Zeit Geld, denn ich habe so eben mein Mehl, das ich gewöhnlich für 8 Dollars das Fass gebe, für 25 Dollars verkauft.

„Wir verdanken Alles dies der von uns eroberten Freiheit, die wir auf gute Gesetze gegründet haben. Ich bin Herr in meinem Hause, in dem man niemals die Trommel rühren hört und wo man, ausser am 4. Juli, dem glorreichen Jahrestage der Unabhängigkeit, weder Soldaten, noch Uniformen, noch Bajonette sieht."

Während der ganzen Zeit unserer Rückkehr war ich in tiefes Sinnen versunken; vielleicht könnte man glauben, ich hätte mich mit der letzten Rede des Herrn Bulow beschäftigt; aber ich dachte an ganz andere Dinge; ich überlegte, wie ich meinen Truthahn könnte zubereiten lassen, und war einigermaassen in Verlegenheit, denn ich fürchtete, nicht alles Wünschbare in Hartford zu finden; ich hatte nämlich die Absicht, mir selbst durch die vortheilhafteste Ausstellung meines Opfers eine Siegestrophäe zu errichten.

Ich bringe ein schmerzliches Opfer, indem ich die Einzelheiten jener tiefen Geistesarbeit unterdrücke, die zum Zwecke hatte meine amerikanischen Gäste auf ausgezeichnete Art zu bewirthen. Ich brauche nur zu sagen, dass die Rebhühner in Papier (*en papillotte*) gebraten und die grauen Eichhörnchen mit Madeira gekocht (*courtbouillonés*) wurden.

Unser einziger Braten, der Truthahn, war reizend anzusehen, lieblich zu riechen und köstlich zu schmecken. Auch hörte man, bis zur Verzehrung des letzten Theilchens rund um die Tafel nur Ausrufe, wie: „Vortrefflich!" „Ausnehmend gut!" „Ach, lieber Herr, welch trefflicher Bissen!"*).

§. 5. Vom Wildpret.

39. Man versteht unter Wildpret alle im Zustande der natürlichen Freiheit, im Wald und Feld lebenden Thiere, die gut zu essen sind.

Wir sagen gut zu essen, denn einige dieser Thiere wird man gewiss nicht als Wildpret bezeichnen wollen; dahin gehören: die Füchse, Dachse, Raben, Elstern, Eulen und andere, diese sind Raubthiere.

Wir theilen das Wildpret in drei Classen: die erste beginnt

---

*) Das Fleisch des wilden Truthahnes ist weit dunkler und schmackhafter als das des gezähmten.

Ich habe mit Vergnügen erfahren, dass mein achtungswerther College, Herr Rose, welche in Carolina erlegt hat und dass er sie vortrefflich und namentlich weit vorzüglicher fand, als die in Europa aufgezogenen. Auch räth er den Truthahnzüchtern, ihrem Geflügel so viel Freiheit wie möglich zu gönnen, sie aufs Feld, ja sogar in den Wald zu führen, um auf diese Weise ihren Geschmack zu erhöhen und sie möglichst der wilden Stammart zu nähern. (Annales d'Agriculture, 28. Févr. 1821.)

bei dem Krammetsvogel und enthält nach abwärts alle kleineren Vögel.

Die zweite beginnt mit dem Wachtelkönig und steigt aufwärts durch die Schnepfe, das Rebhuhn, den Fasan, das wilde Kaninchen und den Hasen. Dies ist das Kleinwild, das Wild der kleinen Jagd, das Feder- und Haarwild.

Die dritte Classe ist bekannter unter dem Namen Edelwild. Sie begreift das Wildschwein, das Reh und die übrigen Thiere, welche den Huf spalten.

Das Wildpret bildet den Hochgenuss unserer Tafeln, es ist eine gesunde, warme, sehr schmackhafte Nahrung, die um so leichter verdaut wird, je jünger der Mensch ist.

Aber diese Eigenschaften hängen in vieler Hinsicht von dem Koche ab, der das Wildpret zubereitet, und gehören ihm nicht an und für sich. Man werfe in einen Hafen Salz, Wasser und ein Stück Rindfleisch und man wird Suppe und Suppenfleisch bekommen; man lege statt des Rindfleisches ein Stück Wildschwein oder Reh hinein und es wird nichts Rechtes geben. Das Fleisch der Metzgerei ist in dieser Beziehung gänzlich im Vortheil.

Aber unter den Augen eines kenntnissreichen Koches geht das Wildpret eine Unzahl von Veränderungen und Umwandlungen ein und liefert die meisten Hochgeschmacksschüsseln, welche die höhere Küche zusammensetzen.

Der Werth des Wildpretes hängt auch grossentheils von der Natur des Bodens ab, wo es sich nährt. Der Geschmack eines rothen Rebhuhnes von Périgord ist ein anderer, als derjenige eines rothen Rebhuhnes von der Sologne; ein Hase, der in den ebenen Umgebungen von Paris geschossen wurde, ist eine ziemlich unbedeutende Schüssel, während ein junger Hase, der auf den sonnigen Abhängen des Val Romey oder des oberen Dauphiné geboren wurde, vielleicht der schmackhafteste aller Vierfüssler ist.

Unter den kleinen Vögeln ist ohne Zweifel der vorzüglichste der Baumpieper.

Er mästet sich ebenso leicht als das Rothkehlchen oder

der Ortolan, und die Natur hat ihm ausserdem eine leichte Bitterkeit und einen so ausgezeichneten Duft gegeben, dass alle schmeckenden Kräfte dadurch angelockt, erfüllt und beseligt werden. Hätte der Baumpieper die Grösse eines Fasans, so würde man ihn gewiss ebenso theuer bezahlen wie einen Morgen Landes.

Es ist wahrlich schade, dass man diesen einzigen Vogel so selten in Paris sieht; es kommen zwar einige dorthin, aber es fehlt ihnen das Fett, das sie so vorzüglich macht, und sie gleichen kaum den Lieblingen der Götter, die man in den östlichen und südlichen Theilen Frankreichs findet*).

Nur wenige Leute verstehen die kleinen Vögel zu essen. Ich gebe hier die Methode, wie sie mir im Vertrauen vom Domherrn Charcot mitgetheilt wurde, der schon von Standes wegen Feinschmecker und ein vollkommener Gastronome war, dreissig Jahre, bevor dieses Wort erfunden wurde.

Man ergreife ein fettes Vöglein beim Schnabel, bestreue es mit etwas Salz, nehme Kropf und Magen weg, stecke es mit einer geschickten Wendung ganz in den Mund, beisse nahe an den Fingern ab und kaue nun lebhaft. Es entsteht ein reichlicher Saft, der das ganze Organ einhüllt

---

*) In meiner Jugend hörte ich in Belley von dem Jesuiten Fabi erzählen, der in der Diöcese geboren war und ein ganz besonderes Wohlgefallen an den Baumpiepern hatte.

Sobald man diese Vögel schlagen hörte, sagte man: die Pieper sind da; der Pater Fabi ist unterwegs. In der That kam er jedesmal mit einem Freunde am 1. September; während des ganzen Zuges speisten sie Pieper; man lud sie überall dazu ein und am 25. zogen sie ab.

Der Pater Fabi machte jedes Jahr seine Vogelreise, so lange er sich in Frankreich befand; erst als er nach Rom geschickt wurde, wo er im Jahre 1688 als Strafgefangener starb, stand er davon ab.

Der Pater Honoré Fabi war ein Mann von grosser Gelehrsamkeit; er hat mehrere Werke über Theologie und Physik geschrieben und sucht in einem derselben den Beweis zu führen, dass er schon vor Harvey oder wenigstens gleichzeitig mit ihm den Kreislauf des Blutes entdeckte.

und man schmeckt ein Vergnügen, unbekannt dem gemeinen Volke:

Odi profanum vulgus et arceo. (Horaz.)
(Bleib fern, unheiliger Pöbel, mir.)

Die Wachtel ist unter dem kleinen Federwild das artigste und lieblichste. Eine fette Wachtel gefällt gleichermaassen durch ihren Geschmack, ihre Gestalt und ihre Farbe. Man verräth eine grosse Unwissenheit, wenn man sie anders als gebraten oder in Papilloten aufträgt, denn ihr Duft verfliegt rasch und jedes Mal, wenn der Vogel mit Flüssigkeit in Berührung kommt, löst er sich auf, verduftet und verschwindet.

Die Schnepfe ist ebenfalls ein höchst ausgezeichneter Vogel, aber nur Wenige kennen alle ihre Reize. Eine Schnepfe strahlt nur dann in ihrem Glanze, wenn sie unter den Augen eines Jägers, ganz besonders aber desjenigen Jägers gebraten wird, der sie schoss. Nur dann können die Schnepfendreck-Brötchen regelrecht angefertigt werden, damit der Mund sich mit Wohlgeschmack überschwemme.

Ueber den vorhergehenden, ja über allen anderen Vögeln steht der Fasan, aber nur wenig Sterbliche wissen ihn zu rechter Zeit aufzutragen.

Ein Fasan, der in den ersten acht Tagen nach seinem Tode gegessen wird, wägt weder ein Rebhuhn, noch selbst ein Huhn auf, denn sein ganzes Verdienst besteht in seinem Arom.

Die Wissenschaft hat die Ausbreitung dieses Aroms studirt, die Erfahrung hat es in Thätigkeit gesetzt und ein Fasan auf der Polhöhe ist ein Bissen, der höchsten Feinschmecker würdig.

Man wird im Capitel „Verschiedenes" die Anweisung finden, einen Fasan „à la Sainte Alliance" zu braten. Der Augenblick ist gekommen, wo diese Methode, bis dahin in einem kleinen Kreise von Liebhabern concentrirt, sich zum Glücke der Menschheit nach Aussen verbreiten muss. Ein Fasan mit Trüffeln ist weniger gut, als man glauben sollte;

der Vogel ist zu trocken, um den Knollen zu durchweichen, und das Arom des einen und der Duft des andern neutralisiren sich gegenseitig bei der Verbindung, gehören also nicht zusammen.

§. 6. Von den Fischen.

40. Einige, übrigens wenig gläubige Gelehrte haben behauptet, dass der Ocean die gemeinschaftliche Wiege alles Lebens gewesen sei, dass die Menschengattung selbst im Meere geboren sei und dass sie ihren jetzigen Zustand nur dem Einflusse der Luft und den Gewohnheiten verdanke, die sie habe annehmen müssen, um in dem neuen Elemente sich aufzuhalten.

Wie dem auch sein möge, soviel ist gewiss, dass das Reich der Gewässer eine ungemeine Menge von Wesen aller Gestalten und Grössen beherbergt, die sehr verschiedene Lebenseigenschaften besitzen und ganz anderen Lebensbedingungen unterworfen sind als die warmblütigen Thiere. Auch liefert uns das Wasser überall und zu jeder Zeit eine ausserordentliche Menge von Nahrungsmitteln und bereitet uns in dem jetzigen Zustande der Wissenschaft wenigstens die angenehmsten Abwechslungen unserer Tafel.

Der Fisch, weniger nahrhaft als das Fleisch, aber kräftiger als die Gemüse, ist ein mezzo termine, der allen Temperamenten zusagt und selbst den Genesenden gestattet werden kann.

Obgleich die Griechen und Römer in der Kunst, die Fische zuzubereiten, weniger erfahren waren als wir, so schätzten sie dieselben doch sehr hoch und bildeten die Feinheit ihres Geschmacks soweit aus, dass sie selbst den Ort zu unterscheiden wussten, wo der Fisch gefangen worden war.

Sie züchteten sie in Teichen und man kennt genugsam die Grausamkeit des Vadius Pollion, der seine Meeraale mit dem Fleische von Sclaven fütterte, die er schlachten liess, eine Grausamkeit, die der Kaiser Domitian höchlich missbilligte, die er aber hätte bestrafen sollen.

Ein grosser Zwist hat sich über die Frage erhoben, ob Seefische oder Süsswasserfische vorzüglicher seien.

Der Zwist wird wahrscheinlich niemals entschieden werden, nach dem spanischen Sprichworte: *sobre los gustos, no hai disputa.* Jeder urtheilt nach seiner Weise. Diese flüchtigen Eindrücke lassen sich durch keine bekannten Buchstaben ausdrücken; es gibt keinen Maassstab, nach welchem man abschätzen könnte, ob ein Schellfisch, eine Zunge oder ein Steinbutt vorzüglicher seien als eine Lachsforelle, ein Grashecht oder selbst eine Schleie von 6 bis 7 Pfund.

Man kommt darin überein, dass der Fisch nicht so nahrhaft ist als das Fleisch; theils weil er kein Osmazom enthält, theils auch weil er leichter ist und in demselben Volumen weit weniger Stoff enthält. Die Muscheln und vorzugsweise die Austern enthalten sehr wenig Nahrungsstoff, weshalb man auch viele essen kann, ohne dem unmittelbar darauf folgenden Mahle zu schaden.

Man erinnert sich, dass früher jedes einigermaassen festliche Mahl mit Austern begonnen wurde und dass sich immer eine gewisse Anzahl von Gästen fand, welche erst aufhörten, wenn sie ein Gross (12 Dutzend = 144 Stück) verschluckt hatten. Ich war neugierig zu wissen, was wohl das Gewicht dieses Voressens sei und ich ermittelte, dass 1 Dutzend Austern mit Wasser vier Unzen Kaufmannsgewicht wog; — das Gross wiegt also drei Pfund. Ganz gewiss wären dieselben Personen, die nach den Austern vortrefflich zu Mittag speisten, vollkommen gesättigt gewesen, wenn sie dasselbe Gewicht Fleisch, und wäre es auch nur Hühnerfleisch, genossen hätten.

Anekdote.

Im Jahre 1798 war ich als Commissair des Directoriums in Versailles und gut befreundet mit einem Herrn

Labert, Greffier am Gerichtshof des Departements. Er war grosser Liebhaber von Austern und beklagte sich, niemals genug, oder wie er sagte, nach ganzer Herzenslust bekommen zu haben.

Ich beschloss ihm diese Genugthuung zu gewähren und lud ihn zu diesem Zwecke auf den folgenden Tag zum Essen.

Er kam. Ich leistete ihm bis zum dritten Dutzend Gesellschaft, dann liess ich ihn allein seines Weges gehen. Er kam bis zu 32 Dutzend, was wohl eine Stunde dauerte, denn die Person, welche die Austern öffnete, war nicht sehr geschickt.

Unterdessen war ich in Unthätigkeit, was bei Tische wahrhaft schmerzlich ist. Ich that also meinem Gaste im Augenblicke, wo er am lebhaftesten im Zuge war, Einhalt. „Mein Lieber," sagte ich zu ihm, „das Geschick will nicht, dass Sie heute nach ganzer Herzenslust Austern essen. Speisen wir!" Wir speisten, und er betrug sich ganz so kräftig und so anständig, wie ein nüchterner Mann.

Muria. — Garum.

41. Die Alten zogen aus dem Fisch zwei Würzen von rohem Geschmacke, Muria und Garum genannt.

Die erste war nur Salzlake vom Thunfisch oder, um mich genauer auszudrücken, die Flüssigkeit, welche aufgestreutes Salz aus diesem Fische auszieht.

Das Garum war weit theurer und ist weit weniger bekannt. Man glaubt, dass man es aus den eingesalzenen Eingeweiden der Makrelen auspresste; aber in diesem Falle hätte es nicht so theuer sein können. Wahrscheinlich war es eine fremde Sauce und vielleicht nichts Anderes als der aus Indien kommende Soy, der bekanntlich zubereitet wird, indem man Fische mit Schwämmen gähren lässt.

Bekanntlich sind einzelne Völker durch ihre Lage fast einzig auf Fischnahrung angewiesen, sie nähren damit selbst ihre Hausthiere, die sich endlich an dieses ungewohnte Futter gewöhnen. Sie düngen damit selbst ihre Felder und doch liefert ihnen das Meer, welches sie umgibt, stets dieselbe Menge.

Man glaubt bemerkt zu haben, dass diese Völker weniger Muth haben als andere, die sich von Fleisch nähren. Sie sind blass, was nicht zu verwundern ist, da der Fisch seiner Zusammensetzung nach eher die Lymphe vermehren als das Blut zu ersetzen vermag.

Man hat auch bei den fischessenden Völkern zahlreiche Beispiele langen Lebens beobachtet, sei es weil die leichte, wenig substantielle Nahrung sie vor den Folgen der Vollblütigkeit bewahrt, sei es, weil die Säfte, welche sie enthält, durch die Natur wesentlich zur Bildung von Knorpeln und Gräten bestimmt sind und so bei dem Menschen um einige Jahre die Verknöcherung der Theile verzögert, welche zuletzt den natürlichen Tod mit Nothwendigkeit herbeiführt.

Wie dem auch sei, der Fisch kann unter den Händen eines geschickten Kochs eine unerschöpfliche Quelle geschmacklicher Genüsse werden. Man trägt ihn ganz, zerschnitten, zerstückelt, gekocht, gebacken, mit Weinsauce, kalt oder warm auf und stets wird ihm ein guter Empfang. Den ausgezeichnetsten Empfang verdient er aber, wenn er in Gestalt einer Matelotte angeboten wird.

Dieses Ragout, welches die Nothwendigkeit den Schiffern unserer Flüsse kennen lehrte und das nur durch die Kneipwirthe an den Ufern verbessert wurde, ist nichtsdestoweniger von unübertrefflicher Güte und die Liebhaber sehen es niemals auftragen ohne innige Freude zu bezeugen, sowohl wegen der Aufrichtigkeit seines Geschmackes, als auch, weil es verschiedene Eigenschaften vereinigt, und endlich, weil man fast ohne Ende davon essen kann, ohne eine Uebersättigung oder Unverdaulichkeit befürchten zu müssen.

Die analytische Gastronomie hat die Wirkungen untersucht, welche die Fischnahrung auf die thierische Oekonomie ausübt, und übereinstimmende Beobachtungen haben bewiesen, dass sie stark auf den Zeugungstrieb wirkt und bei beiden Geschlechtern den Instinkt zur Fortpflanzung erregt.

Als man die Wirkung einmal kannte, fand man auch sogleich zwei Ursachen, die aller Welt zugänglich waren, nämlich 1. verschiedene Zubereitungsarten, deren Würze offenbar reizende Eigenschaften hatte, wie der Caviar, der Häring, der marinirte Thunfisch, der Stockfisch und ähnliche. 2. Die verschiedenen Säfte des Fisches, die ausserordentlich entzündlich sind und durch die Verdauung sich oxydiren und ranzig werden.

Die Analyse hat noch eine dritte, weit thätigere Ursache entdeckt, nämlich die Gegenwart des Phosphors, der sich in der Milch findet und bald in Zersetzung übergeht.

Diese physischen Wahrheiten waren ohne Zweifel jenen Gesetzgebern der Kirche unbekannt, welche verschiedenen Mönchsgesellschaften, wie den Karthäusern, den Franziskanern, den Kapuzinern, den Trappisten und den durch die heilige Theresia reformirten Karmelitern vierzigtägige Fasten auferlegten; denn man kann kaum glauben, dass diese Gesetzgeber zum Zwecke gehabt hätten, die Beobachtung des schon an und für sich so antisocialen Keuschheitsgelübdes noch zu erschweren.

Ohne Zweifel wurden selbst bei diesem Stande der Dinge glänzende Siege gewonnen und höchst aufrührerische Sinne unterworfen, aber auch welche Niederlagen, welche Rückfälle! Diese Niederlagen müssen wohl eingestanden worden sein, denn sie machten einem dieser religiösen Orden einen Ruf, der demjenigen des Hercules bei den Töchtern von Danaus oder des Marschalls von Sachsen bei Fräulein Lecouvreur wenigstens gleich kommt.

Die Unglücklichen hätten sich wenigstens durch eine sehr alte Anekdote belehren lassen sollen, die aus den Kreuzzügen stammt.

Sultan Saladin wollte sehen, bis zu welchem Punkte die

Enthaltsamkeit der Derwische gehen könne. Er nahm zwei in seinen Palast und liess sie während einiger Zeit mit den saftigsten Fleischspeisen ernähren.

Bald verschwanden die Spuren der Kasteiungen welche sie sich auferlegt hatten, und die Derwische fingen an, wohlbeleibt zu werden.

Nun gab man ihnen zwei Odalisken von grosser Schönheit zur Gesellschaft; allein die wohlberechnetsten Angriffe missglückten und die beiden Heiligen gingen aus dieser Feuerprobe hervor, so rein wie der Diamant Kohinur.

Der Sultan behielt sie noch einige Zeit in seinem Palaste und um ihren Triumph zu feiern, bewirthete er sie noch mehrere Wochen in ausgezeichneter Weise — aber dieses Mal ausschliesslich mit Fischen.

Einige Tage darauf stellte man sie aufs Neue den vereinten Reizen der Jugend und der Schönheit gegenüber; diesmal aber war die Natur stärker und die überglücklichen Einsiedler unterlagen . . . in staunenerregender Weise.

Es ist bei dem jetzigen Stande unserer Kenntnisse wahrscheinlich, dass wenn der Lauf der Dinge die Gründung neuer Mönchsorden mit sich führte, die zu ihrer Leitung berufenen Oberen eine Diät einführen würden, welche der Erfüllung der Pflichten günstiger wäre.

Philosophische Reflexionen.

42. Der Fisch, in der Gesammtheit seiner Arten betrachtet, ist für den Philosophen ein unerschöpflicher Gegenstand des Nachdenkens und des Erbauens.

Die verschiedenen Formen dieser seltsamen Thiere, die Sinne, welche ihnen fehlen, die Geringfügigkeit derjenigen, die ihnen gewährt wurden, ihre verschiedene Art zu leben, der Einfluss, welchen die Verschiedenheit des Elementes, in das sie verwiesen sind und wo sie leben, athmen und sich bewegen müssen, auf sie haben muss, Alles dies erweitert den Kreis unserer Ideen über die unendlichen Modificationen, welche aus der Bewegung und dem Leben des Stoffes hervorgehen können.

Ich empfinde für sie ein Gefühl, das der Achtung nahe kommt und aus der festen Ueberzeugung entspringt, dass die Fische ohne allen Zweifel vorsündfluthliche Wesen sind. Denn die grosse Umwälzung, die unsere Grossonkel im 18. Jahrhundert nach Erschaffung der Welt ersäufte, war für die Fische gewiss eine Zeit der Freude, der Eroberung und des allgemeinen Jubels.

§. 7. Von den Trüffeln.

43. Wer Trüffeln sagt, spricht gelassen ein grosses Wort aus, das Erinnerungen der Liebe und des Feingeschmackes bei dem Geschlechte, welches Unterröcke trägt, und Erinnerungen des Feingeschmackes und der Liebe bei dem Geschlechte, welches Bärte trägt, wachruft.

Diese ehrenvolle Doppeleigenschaft kommt daher, dass dieser ausgezeichnete Knollen nicht allein einen himmlischen Geschmack hat, sondern auch, weil man in frommem Glauben ihm die Eigenschaft beimisst, eine Fähigkeit zu erhöhen, deren Uebung von dem süssesten Vergnügen begleitet ist.

Der Ursprung der Trüffel ist unbekannt, man findet sie, aber man weiss nicht von wannen sie kommt, noch wie sie wächst. Die geschicktesten Leute haben sich damit beschäftigt; man glaubte ihre Samen zu kennen und versprach, sie nach Willkür zu säen. Unnütze Anstrengungen, lügnerische Versprechungen! Der Aussaat folgte niemals eine Aernte und das ist vielleicht kein grosses Unglück; vielleicht würde man die Trüffeln weniger schätzen, wenn man sie in Menge und wohlfeil haben könnte, wie die Kartoffeln.

„Freuen Sie sich, Theure," sagte ich eines Tages zu Frau von W..., „man hat in der industriellen Gesellschaft einen Webstuhl vorgezeigt, auf dem man wunderschöne Spitzen weben kann, die fast Nichts kosten." — „Wie," antwortete mir diese Schöne mit einem Blicke souverainer Gleichgültigkeit, „glauben Sie denn, man würde den Bettel tragen wollen, wenn er wohlfeil wäre?"

Von der erotischen Eigenschaft der Trüffel.

44. Die Römer kannten die Trüffel, aber die französische Art scheint nicht zu ihnen gelangt zu sein. Die Trüffeln ihres Hochgenusses kamen aus Griechenland, Afrika und namentlich aus Libyen. Ihr Inneres war weiss und röthlich und die Trüffeln aus Libyen waren ihres feinen Geschmackes und ihres Geruches wegen am meisten gesucht.

Gustus elementa per omnia quaerunt.   Juvenal.
(Ueberall sucht man Stoff zur Befriedigung des Geschmackes.)

Von den Römern bis zu uns dehnt sich eine lange Zwischenzeit aus. Die Auferstehung der Trüffeln ist ziemlich neuen Datums, denn ich habe mehrere ältere Lehrbücher gelesen, wo keine Rede von ihnen ist. Man kann sogar behaupten, dass die Generation, die im Augenblicke, wo ich schreibe, ausstirbt, Zeuge dieser Auferstehung war.

Die Trüffeln waren im Jahre 1780 in Paris selten, man fand nur wenige im Hotel der Amerikaner und der Provence und ein Truthahn mit Trüffeln war ein Luxusgegenstand, den man nur auf der Tafel der grössten Herrschaften oder der Loretten fand.

Wir verdanken ihre Vervielfältigung den Esshändlern, deren Zahl sich sehr vermehrt hat und die im ganzen Königreiche nach Trüffeln Nachfrage hielten, sobald sie sahen, dass die Waare geschätzt wurde. Man suchte sie allgemein auf, da jene Händler sie gut bezahlten und mittelst Post und Diligencen eiligst kommen liessen und da man sie nicht cultiviren kann, so kann nur die aufmerksame Nachforschung den Verbrauch vermehren.

In dem Augenblicke, wo ich schreibe, 1825, ist der Ruhm der Trüffel auf seinem Höhepunkte angelangt. Man wagt nicht, seine Gegenwart bei einem festlichen Mahle einzugestehen, wo nicht eine Schüssel mit Trüffeln gewesen wäre. Wie gut auch eine Vorspeise sein mag, sie präsentirt sich schlecht, wenn sie nicht mit Trüffeln garnirt ist. Wem läuft nicht das Wasser im Munde zusammen, wenn er von Trüffeln à la Provençale sprechen hört?

Die Herrin des Hauses behält sich vor, gebackene Trüffeln selbst zu serviren; — kurz die Trüffel ist der Diamant der Küche.

Ich habe den Grund dieser Vorliebe aufgesucht, denn es schien mir, als wenn mehrere andere Substanzen gleiches Recht auf solche Ehre hätten, und ich habe ihn in der allgemein gehegten Ueberzeugung gefunden, dass die Trüffel zur Liebe einlade, ja was noch mehr ist, ich habe mich überzeugen müssen, dass der grösste Theil unserer Vervollkommnung, unserer Vorliebe und unserer Verwunderung aus der nämlichen Quelle entspringt, so mächtig und allgemein ist die Leidenschaft, in welcher uns dieser launische Sinn erhält.

Diese Entdeckung führte mich auf die Untersuchung, ob die Wirkung in der That vorhanden und die allgemeine Meinung gegründet sei.

Eine solche Untersuchung ist ohne Zweifel kitzlig und kann den Uebelwollenden Stoff zum Lachen geben, aber dem Reinen ist Alles rein und jede Wahrheit ist der Entdeckung werth.

Ich habe mich zuerst an die Damen gewendet, weil sie einen sichern Blick und einen feinen Takt besitzen, aber ich fand bald, dass ich diese Untersuchung 40 Jahre früher hätte anstellen müssen, denn ich erhielt nur spöttische und ausweichende Antworten. Eine einzige war aufrichtig und ich will sie reden lassen; es ist eine geistreiche Frau ohne Anspruch, tugendhaft ohne Ziererei, für welche die Liebe nur noch eine angenehme Erinnerung ist. „Zur Zeit, wo man noch soupirte," antwortete sie mir, „speiste ich einmal mit meinem Gemahl und einem unserer Freunde zu Nacht. Verseuil, so hiess dieser Freund, war ein hübscher

Junge, nicht ohne Geist, der oft zu mir kam, aber mir niemals ein Wort gesagt hatte, das in ihm einen Liebhaber hätte vermuthen lassen können. Wenn er mir den Hof machte, so geschah es in so versteckter Weise, dass nur eine Einfältige sich hätte ärgern können. Er schien jenen Tag allein bei mir bleiben zu sollen, denn meinen Mann rief ein Geschäft ab, weshalb er uns bald verliess. Unser übrigens sehr einfaches Abendessen hatte indessen ein prächtiges Huhn mit Trüffeln zur Grundlage, das der Regierungspräsident von Périgueux uns geschickt hatte. So etwas war zu jener Zeit ein Geschenk, und dem Ursprunge zufolge können Sie sich wohl denken, dass es vollkommen war. Die Trüffeln waren namentlich ausgezeichnet, und Sie wissen, dass ich sie sehr liebe. Doch hielt ich mich zurück — auch trank ich nur ein einziges Glas Champagner. Ich hatte ein gewisses weibliches Vorgefühl, dass der Abend nicht ohne Ereigniss vorübergehen würde. Mein Mann ging fort und liess mich allein mit Verseuil, dem er durchaus nichts Schlimmes zutraute. Die Unterhaltung verbreitete sich anfangs über gleichgültige Dinge, bald aber wurde sie interessanter und drängender. Verseuil ward nach und nach einschmeichelnd, mittheilend, theilnehmend, liebkosend, und da er sah, dass ich über alle diese schönen Dinge nur lachte, wurde er so eindringlich, dass ich über seine Absichten keinen Zweifel mehr hegen konnte. Ich erwachte wie aus einem Traume und vertheidigte mich mit um so mehr Freimuth, als mein Herz mir Nichts für ihn sagte. Er fuhr in einer Weise fort, die beleidigend werden konnte. Ich hatte viele Mühe, ihn zurückzuweisen, und ich gestehe zu meiner Schande, dass ich nur dadurch zu meinem Ziele kam, dass ich ihn glauben machte, alle Hoffnung sei nicht für ihn verloren. Endlich verliess er mich. Ich ging zu Bette und schlief vortrefflich. Aber der nächste Morgen war der Tag des Gerichtes. Ich untersuchte mein Betragen vom vorigen Abend und fand es sehr tadelnswerth. Ich hätte Verseuil bei den ersten Worten Einhalt thun und mich nicht zu einer

Unterhaltung hergeben sollen, die nichts Gutes weissagte; mein Stolz hätte eher erwachen, meine Augen sich mit Strenge waffnen sollen; ich hätte schellen, rufen, mich erzürnen sollen, mit einem Worte alles das thun sollen, was ich nicht that. Was weiter, lieber Herr? Ich schreibe alles dies auf Rechnung der Trüffeln; ich bin wirklich überzeugt, dass sie mich in gefährlicher Weise prädisponirten, und wenn ich sie für die Folgezeit nicht aufgab, was doch zu strenge gewesen wäre, so esse ich doch niemals welche, ohne dass das Vergnügen, welches sie mir verursachen, sich mit einigem Misstrauen mischte."

Ein noch so freimüthiges Geständniss kann keine Lehre begründen; ich habe also weiter nachgeforscht, meine Erinnerungen gesammelt und die Männer befragt, welche durch ihren Stand das meiste persönliche Zutrauen geniessen. Ich habe sie zu einem Comité, einem Gerichtshof, einem Senat, einem Sanhedrin, einem Areopag versammelt, und wir haben die nachfolgende Entscheidung gegeben, die von den Gelehrten des 25. Jahrhunderts erläutert werden mag.

Die Trüffel ist kein absolutes Liebesmittel, aber sie kann bei gewissen Gelegenheiten die Frauen nachgiebiger und die Männer liebenswürdiger machen.

Man findet in Piemont weisse Trüffeln, die sehr geschätzt werden; sie haben einen leichten Geschmack nach Knoblauch, der ihrer Vollkommenheit um deswillen keinen Eintrag thut, weil er zu keinem unangenehmen Aufstossen Veranlassung gibt.

Die besten französischen Trüffeln kommen aus Périgord und der Provence; die möglichste Vollkommenheit erreichen sie im Monat Januar.

Es gibt auch ausgezeichnete im Bugey, aber sie haben den Nachtheil, dass sie sich nicht lange halten. Ich habe vier Versuche gemacht, den Spaziergängern an den Ufern der Seine welche zu bieten; nur ein einziger ist gelungen; damals freuten sich aber Alle sowohl über die Trefflichkeit, wie über die Ueberwindung der Schwierigkeit.

Verdaulichkeit der Trüffeln.

Die Trüffeln aus Burgund und dem Dauphiné sind von geringer Qualität, sie sind hart und es fehlt ihnen die Grütze. Es gibt also Trüffeln und Trüffeln, wie Holzwellen und Holzwellen.

Man bedient sich meistens zum Auffinden der Trüffeln eigens dressirter Hunde und Schweine; es gibt auch Leute, die einen so geübten Blick haben, dass sie bei Betrachtung eines Bodens mit einiger Gewissheit sagen können, ob sich darin Trüffeln vorfinden und von welcher Grösse und Qualität sie sein mögen.

Sind die Trüffeln unverdaulich?

Wir haben nur noch zu untersuchen, ob die Trüffeln unverdaulich sind.

Wir antworten: nein.

Diese officielle, in letzter Instanz gegebene Entscheidung gründet sich:

1. Auf die Natur des zu untersuchenden Gegenstandes selbst (die Trüffel ist ein leicht kaubares Nahrungsmittel von geringem Gewicht, das an und für sich nichts Ledernes noch Hartes hat).

2. Auf unsere Beobachtungen während mehr als fünfzig Jahren, wo wir niemals einen Trüffelesser an Unverdaulichkeit leiden sahen.

3. Auf das Zeugniss der berühmtesten Praktiker von Paris, dieser Stadt der Feinschmecker und Trüffelesser.

4. Endlich auf das tägliche Betragen jener Weisen des Gesetzes, die bei sonst gleichen Verhältnissen mehr Trüffeln verzehren, als alle übrigen Classen der Bürger. Zeuge unter Anderem der Doctor Malouet, der Mengen von Trüffeln verschlang, welche einem Elephanten den Magen hätten verderben können und dennoch sein Leben auf 86 Jahre brachte.

Man kann also mit Gewissheit annehmen, dass die Trüffel ein gesundes und angenehmes Nahrungsmittel ist, das mit Mässigkeit genossen, wie ein Brief auf der Post durchgeht.

Damit soll nicht gesagt sein, dass man nicht in Folge eines reichlichen Mahles, wo man unter Anderem auch Trüffeln gegessen hat, unwohl werden könne, aber dergleichen Zufälle kommen nur bei denen vor, die sich schon beim ersten Gange wie Kanonen laden und beim zweiten Gang bis zum Platzen vollstopfen, um nicht die guten Sachen, die ihnen angeboten werden, unberührt vorübergehen zu lassen.

Dann liegt aber auch der Fehler nicht an den Trüffeln und man kann versichern, dass solche Fresser noch kränker sein würden, wenn sie unter solchen Umständen ebenso viele Kartoffeln gegessen hätten, als sie Trüffeln verzehrt haben.

Endigen wir durch eine Thatsache, die beweist, wie leicht man sich irren kann, wenn man nicht sorgfältig beobachtet. Ich hatte eines Tags Herrn S...., einen sehr liebenswürdigen Greis und Feinschmecker vom höchsten Range, zum Essen eingeladen; theils weil ich seinen Geschmack kannte, theils auch, um meinen Gästen zu beweisen, dass ihr Genuss mir am Herzen lag, hatte ich die Trüffeln nicht gespart. Sie erschienen unter der Führung eines jungfräulichen, vortheilhaft gefüllten Truthahnes.

Herr S.... ass mit Energie und da ich wusste, dass er bis dahin noch nicht daran gestorben war, so liess ich ihn gehen und ermahnte ihn nur, sich nicht zu beeilen, da Niemand von uns das ihm zugewiesene Eigenthum antasten wolle.

Alles ging recht gut von Statten. Man trennte sich erst spät, aber kaum zu Hause angekommen, bekam Herr S.... lebhafte Magenkolik mit Brechneigung, Krampfhusten und allgemeinem Uebelbefinden.

Dieser Zustand dauerte einige Zeit und ward selbst beunruhigend; man beschuldigte schon die Trüffeln, als die Natur dem Leidenden zu Hülfe kam. Herr S.... öffnete seinen weiten Mund und erbrach gewaltsam ein einziges Trüffelstück, das an die Wand fuhr und mit solcher Kraft zurückprallte, dass es für die, welche ihn pflegten, hätte gefährlich werden können.

Augenblicklich verschwanden alle beunruhigenden Symptome, die Ruhe kehrte wieder, die Verdauung setzte ihren Lauf fort, der Kranke schlief ein und erwachte am andern Morgen wohlgemuth und ohne Groll im Herzen.

Die Ursache des Uebels war bald entdeckt. Herr S.... isst seit langer Zeit, seine Zähne haben die Arbeit, die er ihnen aufhalste, nicht aushalten können; mehrere dieser werthvollen Knöchlein sind ausgewandert und den andern fehlt das wünschbare Ineinandergreifen.

Eine Trüffel war in diesem Zustande dem Kauen entgangen und fast ganz in den Abgrund gestürzt; die Verdauungsthätigkeit hatte sie in den Pförtner geschoben, wo sie sich augenblicklich eingekeilt hatte. Diese mechanische Einkeilung hatte das Leiden verursacht, das durch die Austreibung auch augenblicklich gehoben wurde.

Hier lag also keine Unverdaulichkeit vor, sondern nur Einführung eines fremden Körpers.

So wurde durch das Berathungscomité entschieden, welchem das Corpus delicti vorgelegt wurde und das mich zum Berichterstatter ernannt hatte.

Herr S.... ist deshalb der Trüffel nicht weniger treu geblieben; er greift sie stets mit derselben Kühnheit an, aber er trägt Sorge, sie besser zu kauen und sie mit mehr Klugheit hinabzuschlucken, und er dankt Gott in der Freude seines Herzens, dass diese Vorsichtsmaassregel für seine Gesundheit ihm zugleich eine Verlängerung seines Genusses verschafft.

§. 8. Vom Zucker.

45. Bei dem heutigen Zustande der Wissenschaft versteht man unter Zucker eine süsse, krystallisirbare Substanz, welche sich durch die Gährung in Kohlensäure und Weingeist zersetzt.

Früher verstand man unter Zucker den eingedickten und krystallisirten Saft des Zuckerrohres.

Das Zuckerrohr stammt aus Indien, doch ist es gewiss, dass die Römer den Zucker als gebräuchliche und krystallisirte Substanz noch nicht kannten.

Andererseits könnten einige Stellen der Alten uns wohl glauben lassen, dass man in gewissen Rohren einen süssen Extractivstoff gefunden hatte. Lucian sagt:

Quique bibunt tenera dulces ab arundine succos.
(Die aus zartem Rohre den Saft, den süsslichen, trinken.)

Aber von einem süssen Rohrsaft bis zu dem Zucker, wie wir ihn besitzen, ist es weit, die Kunst hatte bei den Römern diesen Fortschritt nocht nicht gemacht.

Der Zucker ist erst wirklich in den Colonien der neuen Welt entstanden, das Zuckerrohr ist dort vor mehr als zwei Jahrhunderten eingeführt worden; es gedeiht vortrefflich. Man suchte den aus ihm fliessenden süssen Saft zu benutzen, und nach manchem Umhertappen im Finstern kam man dazu, Saft, Syrup, erdigen Zucker, Melasse und endlich fein raffinirten Zucker zu bereiten.

Der Bau des Zuckerrohrs ist ein Gegenstand von höchster Wichtigkeit geworden; es ist eine Quelle des Reichthums sowohl für die, welche es bauen, wie für die, welche mit dem Producte handeln oder es weiter bearbeiten, wie endlich für die Regierungen, welche es besteuern.

Vom einheimischen Zucker.

Man glaubte während langer Zeit, dass nur die tropische Hitze in den Pflanzen den Zucker auskochen könne; aber um das Jahr 1740 entdeckte Marggraf den Zucker in einigen Pflanzen unserer gemässigten Zone, namentlich in den Runkelrüben, und diese Wahrheit wurde durch die Arbeiten, die Professor Achard in Berlin machte, bestätigt.

Die französische Regierung liess im Anfange des 19. Jahrhunderts, als in Folge der äussern Umstände der Zucker in Frankreich selten und mithin theuer geworden war, durch die Gelehrten Untersuchungen anstellen.

Diese Untersuchungen hatten einen vollständigen Erfolg. Man fand, dass der Zucker im ganzen Pflanzenreiche verbreitet sei; man fand ihn in den Trauben, den Kastanien, den Kartoffeln, namentlich aber in den Runkelrüben.

Diese letztere Pflanze wurde nun im Grossen cultivirt, und eine Menge Versuche bewiesen, dass die alte Welt sich in dieser Beziehung der neuen entschlagen könne. Frankreich bedeckte sich mit Zuckerfabriken, die mit verschiedenem Erfolge arbeiteten, und schuf sich eine neue Industrie, welche durch veränderte Umstände wieder abgeschafft werden kann.

Unter diesen Fabriken zeichnete sich namentlich diejenige aus, welche Benjamin Delessert, ein ehrbarer Bürger, dessen Namen stets zu allem Guten und Nützlichen gesellt ist, in Passy bei Paris gründete.

Durch eine Reihe wohlgeordneter Operationen gelangte er dazu, der Praxis allen Zweifel zu benehmen. Er machte von seinen Entdeckungen kein Hehl, selbst nicht denen gegenüber, die seine Rivalen werden wollten, empfing den Besuch des Oberhauptes und erhielt die Lieferung für den Bedarf im Tuilerienpalaste.

Seitdem die veränderten Umstände, die Restauration und der Friede, den Rohrzucker wieder auf niedrige Preise gebracht haben, hat die Rübenzuckerbereitung einen Theil ihrer Vortheile verloren; doch blühen noch einzelne Fabriken und Herr Benjamin Delessert producirt alljährlich einige tausend Centner, auf die er Nichts verliert, und die ihm die Gelegenheit bieten, ein Verfahren zu bewahren, zu welchem man vielleicht wieder einmal seine Zuflucht nehmen muss.

Als der Rübenzucker in den Handel gebracht wurde, fanden die Parteileute, die Unwissenden und die am Herkömmlichen Hangenden, dass er schlecht schmecke und wenig süsse. Einige behaupteten sogar, er sei der Gesundheit schädlich.

Genaue und wiederholte Versuche haben das Gegentheil bewiesen und Graf Chaptal sagt darüber in seinem trefflichen Buche: „Die Chemie in ihrer Anwendung auf die Landwirthschaft", Band II.:

Der Zucker, der aus diesen verschiedenen Pflanzen gewonnen wird, ist genau derselben Art und unterscheidet sich durchaus nicht, wenn er durch die Raffinirung zu demselben Grade von Reinheit gebracht wird. Der Geschmack, die Krystallform, die Farbe, das Gewicht sind durchaus identisch und der Geübteste in Beurtheilung und Verbrauch dieser Producte wird dieselben unmöglich von einander unterscheiden können.

Man kann ein glänzendes Beispiel von der Macht der Vorurtheile und von den Hindernissen, welche sich dem Durchbruche einer jeden neuen Wahrheit entgegenstemmen, in dem Umstande finden, dass auf hundert Unterthanen Grossbritanniens, die man ohne Unterschied auswählen würde, nicht zehn daran glauben, dass man aus Runkelrüben Zucker machen könne*).

Verschiedene Benutzung des Zuckers.

Der Zucker kam durch die Laboratorien der Apotheker in die Welt, in denen er eine sehr grosse Rolle gespielt haben muss, denn wenn man Jemand bezeichnen wollte, dem etwas Wesentliches fehlte, so sagte man, er ist wie ein Apotheker ohne Zucker.

---

*) Man kann hinzufügen, dass die Ermuthigungsgesellschaft für nationale Industrie in ihrer allgemeinen Sitzung Herrn Crespel, Fabrikant in Arras, eine goldene Medaille zuerkannte, der jährlich mehr als 150,000 Zuckerstöcke aus Runkelrüben verfertigt, den er mit Vortheil verkauft, selbst wenn der Rohrzucker auf den Preis von Fcs. 2,20 das Kilogramm herabsinkt. Er benutzt nämlich den Rückstand, aus dem man zuerst den Weingeist abdestillirt, zum Mästen des Viehes.

Es genügte, dass er von dort kam, um ihn misstrauisch anzusehen. Die Einen behaupteten, er erhitze, die Andern, er greife die Brust an, noch Andere, er begünstige den Schlagfluss, aber die Verläumdung musste vor der Wahrheit die Flucht ergreifen und vor mehr als 80 Jahren wurde der merkwürdige Satz ausgesprochen: der Zucker bringt Niemandem Schaden als dem Geldbeutel.

Unter einem so wirksamen Schutze wurde der Gebrauch des Zuckers mit jedem Tage häufiger und allgemeiner und kein Nahrungstoff hat mehr Umschmelzungen und Veränderungen erlitten.

Einige Personen essen den Zucker gern roh und in ganz verzweifelten Fällen verschreiben ihn die Aerzte unter dieser Form als ein Arzneimittel, das Nichts schaden kann und wenigstens nicht ekelhaft ist.

In Wasser gelöst, gibt er uns das Zuckerwasser, einen gesunden, angenehmen, erquickenden Trank, der häufig als Arzneimittel heilsam ist.

In stärkerer Menge gelöst und durch Hitze eingedickt, gibt er uns die Syrupe, die alle möglichen Wohlgerüche aufnehmen und uns jeder Zeit eine Erfrischung gewähren, die Jedermann ihrer Mannigfaltigkeit wegen liebt.

Mit Wasser, welchem die Kunst die Wärme entzogen hat, gemengt, gibt er uns das Eis, das italienischen Ursprungs ist und wahrscheinlich von Katharina von Medicis in Frankreich eingeführt wurde.

In Wein gelöst, gibt er eine so anerkannte Herzstärkung, dass man in einzelnen Ländern geröstete Brotschnitte darin einweicht, die man den Neuvermählten nach der Hochzeitsnacht bringt, etwa in ähnlicher Weise, wie man ihnen bei gleicher Gelegenheit in Persien in Essig abgekochte Schaffüsse vorsetzt.

Mit Mehl und Eiern gemengt, gibt er Biscuit, Maccaroni und jenes hunderterlei verschiedene Backwerk, auf welchem die ziemlich neue Kunst des Conditors beruht.

Mit Milch gemischt, gibt er die Crèmen, die Weissschüsseln und andere Küchenzubereitungen, die den zweiten Gang so angenehm beenden, indem sie den stofflichen Geschmack des Fleisches durch einen feinen, ätherischen Duft ersetzen.

Mit Kaffee gemischt, erhöht er dessen Arom.

Mit Milchkaffee gemischt, gibt er ein leichtes, angenehmes Nahrungsmittel, das man sich ohne Mühe verschaffen kann und das namentlich denjenigen zuträglich ist, die unmittelbar nach dem Frühstücke in ihrem Cabinete arbeiten müssen. Der Milchkaffee gefällt auch den Damen ausnehmend, aber das Falkenauge der Wissenschaft hat die Entdeckung gemacht, dass ein allzu häufiger Gebrauch dem Theuersten, was sie besitzen, schädlich werden könnte.

Mit Früchten oder Blumen gemischt, gibt er die Confituren, die Marmeladen, die Fruchtsäfte und lässt uns so den Duft der Früchte und Blumen noch lange nach der Zeit geniessen, welche die Natur ihrer Dauer zugemessen hat.

Betrachtet man ihn aus diesem Gesichtspunkte, so könnte er vielleicht mit Vortheil zum Einbalsamiren dienen, eine Kunst, die bei uns noch wenig vorgeschritten ist.

Endlich gibt der Zucker mit Weingeist vermischt, die Liqueure, die, wie man weiss, erfunden wurden, um das Greisenalter Ludwig's des Vierzehnten zu erwärmen, die den Gaumen durch ihre inwohnende Kraft und den Geruchssinn durch die ihnen entströmenden Riechgase bezaubern und deshalb in diesem Augenblicke das non plus ultra der Geschmacksempfindungen bilden.

Der Gebrauch des Zuckers beschränkt sich darauf nicht; man kann behaupten, dass er die allgemeine Würze ist und dass er niemals etwas verdirbt. Einige Personen nehmen ihn zum Fleische, andere zu den Gemüsen, viele zu den frischen Früchten. In den zusammengesetzten Getränken, die wie Punsch, Glühwein, Crambambuli am meisten in der Mode sind, darf er nicht fehlen und seine Anwendung wechselt ins Unendliche, weil sie je nach dem Geschmacke der Nationen und der Individuen sich modelt.

So diese Substanz, welche die Franzosen zur Zeit Ludwig's des Dreizehnten kaum mit Namen kannten, und die für uns im 19. Jahrhundert ein unerlässliches Lebensmittel geworden ist; denn es gibt kein Weib, namentlich unter den Begüterten, das nicht mehr Geld für seinen Zucker als für sein Brot ausgäbe.

Herr Delacroix, ein ebenso liebenswürdiger als fruchtbarer Schriftsteller, beklagte sich in Versailles über den Preis des Zuckers, der damals mehr als fünf Franken das Pfund kostete. „Ah!" sagte er mit weicher und zarter Stimme, „wenn jemals der Zucker auf dreissig Sous fallen sollte, so trinke ich in meinem Leben nur noch Zuckerwasser." Sein Wunsch ist erhört worden, er lebt noch und ich hoffe, dass er sein Wort gehalten hat.

§. 9. Ursprung des Kaffees.

46. Der erste Kaffeebaum wurde in Arabien gefunden, und trotz der vielen Umpflanzungen, welche der Strauch erlitt, kommt uns dennoch von dort noch immer der beste Kaffee.

Eine alte Sage erzählt, der Kaffee sei durch einen Hirten entdeckt worden, der bemerkte, dass seine Heerde jedesmal eine ganz besondere Lustigkeit und Fröhlichkeit zeigte, wenn sie die Beeren des Kaffeestrauchs abgeweidet hatte.

Wenn auch diese alte Geschichte wahr sein sollte, so gehört doch nur die Hälfte der Entdeckung dem beobachtenden Ziegenhirten; die andere Hälfte dagegen ohne Zweifel demjenigen, der die Bohnen zuerst röstete.

In der That ist die Abkochung des rohen Kaffees eine ungeniessbare Brühe, aber die Röstung entwickelt ein eigenthümliches Arom und bildet ein ätherisches Oel, welches den Kaffee, so wie wir ihn kennen, charakterisirt und ohne Dazwischenkunft der Hitze ewig unbekannt geblieben wäre,

Die Türken, unsere Lehrmeister in dieser Hinsicht, mahlen den Kaffee niemals in einer Mühle, sie zerstossen ihn im Mörser mittelst einer hölzernen Keule, und wenn diese Instrumente lange Zeit gedient haben, so steigen sie im Werthe und werden theuer bezahlt.

Aus mehreren Gründen musste ich untersuchen, welche von diesen beiden Methoden vorzüglicher sei und ob das Resultat einige Verschiedenheit zeige.

Ich röstete deshalb mit Vorsicht ein Pfund vortrefflichen Mokkas, theilte es in zwei gleiche Theile und liess die eine Hälfte mahlen, die andere nach türkischer Weise mörsern.

Aus jedem Pulver bereitete ich Kaffee; ich nahm von jedem gleiches Gewicht, schüttete ein gleiches Gewicht kochenden Wassers darauf, kurz ich behandelte beide vollkommen gleichmässig.

Ich habe diesen Kaffee gekostet und von gewichtigen Richtern kosten lassen. Man stimmte allgemein darin überein, dass der Kaffee aus gemörseltem Pulver demjenigen aus gemahlenem Pulver weit vorzuziehen sei.

Jeder kann den Versuch wiederholen; indessen kann ich ein seltsames Beispiel über den Einfluss anführen, welche diese oder jene Behandlungsweise einer Substanz haben kann.

„Wie kommt es," sagte eines Tages Napoleon zum Senator Laplace, „dass ein Glas Wasser, in welchem ich ein Stück Zucker auflöse, mir weit süsser scheint, als ein Glas, in welchem ich eine gleiche Menge gestossenen Zuckers auflöse?" „Sire," antwortete der Gelehrte, „es gibt drei Substanzen, die im Princip ein und dieselben sind, nämlich der Zucker, das Gummi und das Stärkemehl. Sie unterscheiden sich nur durch gewisse Bedingungen, deren Natur noch Geheimniss ist. Möglicherweise können aber bei dem Stosse, den der Stössel ausübt, einige Zuckertheilchen in Stärke oder Gummi übergeführt werden und auf diese Weise den Unterschied bedingen."

Die Thatsache kam in die Oeffentlichkeit und spätere Beobachtungen bewiesen ihre Richtigkeit.

Verschiedene Arten, Kaffee zuzubereiten.

Vor einigen Jahren richteten sich die Gedanken Aller zu gleicher Zeit auf die beste Bereitungsart des Kaffees. Ohne dass man es Wort haben wollte, kam es daher, weil das Staatsoberhaupt viel Kaffee trank.

Man schlug vor, Kaffee zu machen, ohne ihn zu rösten oder zu pulvern, ihn mit kaltem Aufguss zu machen, oder ihn während $3/4$ Stunden kochen zu lassen, an freier Luft, oder bei hermetischem Verschlusse etc.

Ich habe alle diese Methoden geprüft, die man bis heute vorgeschlagen hat und bin endlich nach vollständiger Kenntnissnahme bei der Dubelloy'schen Methode stehen geblieben, die darin besteht, dass man kochendes Wasser über den Kaffee giesst, der in einem Gefässe aus Silber oder Porcellan sich befindet, das mit kleinen Löchern durchbohrt ist. Man erhitzt diese erste Abkochung aufs Neue bis zum Kochen, giesst sie nochmals über und hat nun einen möglichst guten und klaren Kaffee.

Ich habe auch versucht, Kaffee in einem Kessel mit Hochdruck zu bereiten, aber ich bekam einen so bittern und dicken Kaffee, dass er höchstens gut war, den Schlund eines Kosaken zu kratzen.

Wirkungen des Kaffees.

Die Doctoren haben verschiedene Meinungen über die Wirkungen des Kaffees auf die Gesundheit ausgesprochen und sind nicht immer einig mit einander gegangen. Wir lassen dieses Getümmel bei Seite und beschäftigen uns nur mit dem wichtigsten Theile, nämlich mit seinem Einflusse auf die Organe des Denkens.

Unzweifelhaft erregt der Kaffee bedeutend die Kräfte des Gehirns. Jeder Mensch, der zum ersten Male davon trinkt, schläft einen Theil der Nacht nicht.

Zuweilen wird die Wirkung durch die Gewohnheit gemildert oder verändert, aber bei vielen Individuen findet die Erregung immer statt und diese müssen in Folge dessen auf den Kaffee Verzicht leisten.

Ich sagte, dass die Wirkung durch die Gewohnheit verändert würde, was indessen nicht hindert, dass sie in anderer Weise sich kundgibt; denn ich habe beobachtet, dass die Personen, die der Kaffee nicht verhindert, während der Nacht zu schlafen, Kaffee trinken müssen, um bei Tage wach zu bleiben und dass sie am Abend einschlummern, wenn sie nicht nach Tische eine Tasse getrunken haben.

Viele andere sind den ganzen Tag über schlafsüchtig, wenn sie Morgens ihren Kaffee nicht geschlürft haben.

Voltaire und Buffon tranken sehr viel Kaffee, vielleicht verdankten sie diesem Getränke der Eine die wunderbare Klarheit, welche in seinen Werken herrscht, der Andere die begeisterte Harmonie, die man in seinem Style findet. Viele Seiten der Abhandlungen des Letzteren über den Menschen, den Hund, den Tiger, den Löwen und das Pferd sind ganz gewiss in einem Zustande ausserordentlicher Ueberreizung des Gehirns geschrieben worden.

Die durch den Kaffee verursachte Schaflosigkeit ist nicht unleidlich; man hat sehr klare Vorstellungen und keine Lust zum Schlafen, das ist Alles; man ist nicht aufgeregt und unglücklich, wie in den Fällen, wo die Schlaflosigkeit von anderen Ursachen herrührt, was indessen nicht hindert, dass diese ungehörige Erregung auf die Länge sehr schädlich werden kann.

Früher tranken nur die Leute reifern Alters Kaffee, gegenwärtig trinkt Jedermann und vielleicht ist er die Peitsche, unter deren Klatschen die ungeheure Menge sich vorwärts bewegt, welche heutzutage alle Zugänge zum Olymp und Parnass erfüllt.

Der dichterische Schuster, welcher das Trauerspiel „Die Königin von Palmyra" verfasst hat, das ganz Paris vor einigen Jahren sich vorlesen liess, trank viel Kaffee, auch ging sein Schwung viel höher, als derjenige des Schreiners von Nevers, der nur ein Trunkenbold war.

Der Kaffee ist ein viel energischerer Trank, als man gewöhnlich glaubt; ein kräftiger Mann kann sehr lange leben und täglich zwei Flaschen Wein trinken; derselbe würde die gleiche Quantität Kaffee nicht lange aushalten; er würde stumpfsinnig werden oder an Auszehrung sterben.

Ich habe in London auf dem Leicesterplatze einen Menschen gesehen, den der unmässige Genuss des Kaffees zum Krüppel zusammengekrümmt hatte; er litt keine Schmerzen mehr, hatte sich an seinen Zustand gewöhnt und sich auf fünf bis sechs Tassen täglich beschränkt.

Alle Väter und Mütter der ganzen Welt haben die Pflicht, ihren Kindern den Kaffee aufs Strengste zu untersagen, wenn sie nicht kleine, trockene, kümmerliche Puppen haben wollen, die mit 20 Jahren schon alt sind. Diese Warnung gilt namentlich den Parisern, deren Kinder nicht immer so stark und gesundheitsblühend sind, als wenn sie in gewissen Departementen geboren wären, z. B. in demjenigen des Ain.

Ich gehöre zu denjenigen, welche dem Kaffee entsagen mussten, und ich beende diesen Abschnitt, indem ich erzähle, wie ich eines Tages vollständig in seiner Gewalt war.

Der Herzog von Massa, damals Justizminister, hatte von mir eine Arbeit verlangt, auf die ich meine ganze Sorgfalt wenden wollte und für die er mir nur wenig Zeit liess, da er sie von heute auf morgen verlangte.

Ich ergab mich darin, die Nacht durchwachen zu müssen und um mich des Schlafes zu erwehren, verstärkte ich mein Mittagsmahl mit zwei grossen Tassen schwarzen Kaffees von ausgezeichneter Stärke und Qualität.

Ich kam um sieben Uhr nach Hause, um dort die mir zugesagten Acten in Empfang zu nehmen; statt ihrer fand ich einen Brief, der mich benachrichtigte, dass ich sie wegen einiger Formalitäten erst am nächsten Tage erhalten könne.

Bitter getäuscht, kehrte ich in das Haus zurück, wo ich

gespeist hatte, und spielte dort eine Partie Piquet, ohne so zerstreut zu sein, wie dies bei mir gewöhnlich der Fall ist.

Ich schrieb dies dem Kaffee zu, aber indem ich diesen Vortheil anerkannte, war ich nicht ohne Unruhe über die Art und Weise, wie ich die Nacht zubringen würde.

Doch legte ich mich zur gewohnten Stunde schlafen, indem ich mir einbildete, dass ich zwar nicht ruhig schlafen würde, aber doch vier oder fünf Stunden schlummern könnte, was mich denn sachte gegen den Morgen hinführen würde.

Ich täuschte mich. Ich lag schon zwei Stunden im Bette und war noch vollkommen wach. Ich war in einem Zustande lebhafter geistiger Erregung und mein Gehirn kam mir wie ein Mühlwerk vor, dessen Räder sich drehten, ohne dass etwas aufgeschüttet gewesen wäre.

Ich fühlte, dass ich diesen Zustand benutzen müsse, wenn das Bedürfniss nach Ruhe sich einstellen solle; ich beschäftigte mich also damit, eine kleine englische Erzählung, die ich vor Kurzem gelesen hatte, in Verse zu bringen.

Ich wurde leicht damit fertig und da ich noch gar keinen Schlaf spürte, versuchte ich ein zweites Gedicht, aber diesmal vergebens. Ein Dutzend Verse hatten meine dichterische Ader gänzlich erschöpft und ich musste aufhören.

Ich verbrachte also die Nacht ohne Schlaf und ohne nur einen Augenblick einzuschlummern. Ich stand auf und verbrachte den Tag in demselben Zustande, ohne dass Beschäftigungen und Mahlzeiten eine Aenderung herbeigeführt hätten. Als ich mich wieder zur gewohnten Stunde schlafen legte, konnte ich nachrechnen, dass ich seit 40 Stunden kein Auge geschlossen hatte.

§. 10. Von der Chocolade; ihr Ursprung.

47. Die ersten Entdecker Amerikas wurden durch Durst nach Gold hinübergetrieben; in jener Zeit kannte man nur die Erze, die man aus den Bergwerken hervorgrub; Ackerbau und Handel waren in ihrer Kindheit und die Staatswirthschaftslehre noch nicht geboren. Die Spanier fanden

also edle Metalle, eine ziemlich unfruchtbare Entdeckung, weil ihr Werth sinkt, je häufiger man sie findet, und wir weit kräftigere Mittel besitzen, um die Menge unserer Reichthümer zu vermehren.

Später aber fand man, dass diese Gegenden, wo eine heisse Sonne dem Boden eine ausserordentliche Fruchtbarkeit verleiht, zum Anbau des Kaffees und des Zuckers geeignet seien. Man entdeckte dort ausserdem die Kartoffel, den Indigo, die Vanille, die Chinarinde, den Kakao und das sind die wahren Schätze.

Wenn diese Entdeckungen trotz der Hindernisse statthatten, die eine eifersüchtige Nation der Wissbegierde entgegenstellte, so darf man glauben, dass sie in nächster Zukunft verzehnfacht werden und dass die Nachforschungen, welche die Naturforscher des alten Europas in so vielen noch unbekannten Ländern machen werden, uns mit einer Unzahl von Substanzen bereichern werden, welche uns entweder neue Genüsse kennen lehren, wie dies die Vanille that, oder neue Nahrungsstoffe bringen, wie den Kakao.

Man nennt Chocolade eine Mischung von gerösteten Kakaobohnen mit Zucker und Zimmt; dies ist die classische Definition der Chocolade. Der Zucker ist ein wesentlicher Bestandtheil; denn mit Kakao allein macht man nur Kakaobrühe und keine Chocolade. Wenn man zum Zucker, zum Zimmt und zum Kakao noch das herrliche Arom der Vanille hinzufügt, so erreicht man das non plus ultra der Vollkommenheit, welches diesem Getränke gegeben werden kann.

Der Geschmack und die Erfahrung haben auf diese kleine Anzahl von Substanzen die zahlreichen Ingredienzen reduzirt, die man nach und nach dem Kakao beizumischen versuchte, wie z. B. den gewöhnlichen spanischen Pfeffer, den Anis, den Ingwer u. A. m.

Der Kakaobaum ist im südlichen Amerika einheimisch, man findet ihn auf den Inseln wie auf dem Continent, aber die Bäume, welche die besten Bohnen liefern, wachsen an den Ufern des Maracaïbo in den Thälern von Caracas und in der reichen Provinz von Sokomusco. Die Bohne ist grösser, der Zucker weniger scharf und das Arom feiner. Man kann täglich Vergleichungen anstellen, seitdem diese Gegenden zugänglicher geworden sind und geübte Gaumen täuschen sich nicht.

Die spanischen Creolinnen lieben die Chocolade bis zum Excess und zwar so sehr, dass sie nicht nur täglich mehrmals Chocolade trinken, sondern sich auch noch welche in die Kirche nachtragen lassen *).

Die Bischöfe haben häufig gegen diese Sinnlichkeit geeifert, aber jetzt sehen sie durch die Finger, und Seine Hochwürden Pater Escobar, dessen Metaphysik ebenso fein ist als seine Moral schmiegsam, erklärte ausdrücklich, dass mit Wasser bereitete Chocolade die Fasten nicht breche. Er erweiterte zu Gunsten seiner schönen Büsserinnen den alten Satz: Liquidum non frangit jejunium.
(Flüssiges bricht Fasten nicht.)

Die Chocolade wurde in Spanien gegen das siebzehnte Jahrhundert eingeführt und ihr Gebrauch verbreitete sich sehr schnell unter dem Volke, besonders deshalb, weil die Frauen, und namentlich die Mönche an dem aromatischen Getränk besonderen Gefallen fanden. Die Sitten haben in dieser Beziehung noch nichts geändert und noch heutzutage bietet man in der ganzen Halbinsel Chocolade bei allen Gelegenheiten an, wo die Höflichkeit verlangt, dass man Erfrischungen biete.

Die Chocolade überschritt die Pyrenäen mit Anna von Oestreich, Tochter Philipp's des Zweiten und Gemahlin Ludwig's des Dreizehnten. Auch trugen die spanischen Mönche zu ihrer Kenntniss bei, indem sie den französischen Geschenke damit machten. Nicht minder brachten sie die spanischen Gesandten in Aufnahme, und zur Zeit der Regent-

---

*) Die Kaiserin Charlotte von Mexiko soll jetzt gegen diese noch herrschende Sitte ernsthaft auftreten wollen, was vielleicht noch eher einen Aufstand hervorrufen könnte, als die Confiscation der Kirchengüter.   C. V.

schaft trank man mehr Chocolade als Kaffee, da man sie als ein angenehmes Nahrungsmittel ansah, während man den Kaffee als einen Luxustrank für Neugierige betrachtete.

Bekanntlich nannte Linné den Kakaobaum Cacao theobroma (Göttertrank). Man hat der Ursache dieser schwülstigen Benennung nachgeforscht, die Einen schreiben sie der Leidenschaft zu, welche der Gelehrte für den Trank gehabt habe, die Andern dem Wunsche, seinem Beichtvater zu gefallen, die Dritten endlich seiner Galanterie, weil eine Königin zuerst den Gebrauch der Chocolade anfing (incertum).

Eigenschaften der Chocolade.

Die Chocolade hat tiefe Untersuchungen hervorgerufen, deren Zweck war, ihre Natur und Eigenschaften zu bestimmen und ob man sie in die Classe der warmen, kalten oder lauen Nahrungsmittel setzen müsse. Diese gelehrten Abhandlungen haben wenig zur Aufhellung der Wahrheit beigetragen.

Die Zeit und die Erfahrung, diese beiden grossen Lehrmeister, haben indessen nachgewiesen, dass eine sorgfältig zubereitete Chocolade ein ebenso gesundes als angenehmes Nahrungsmittel ist, das sich leicht verdaut und für die Schönheit nicht jene nachtheiligen Folgen hat, welche man dem Kaffee zuschreibt, sondern sie im Gegentheile heilt; dass sie besonders den Personen zuträglich ist, die einer grossen Sammlung des Geistes bedürfen, wie den Predigern, den Advocaten und namentlich den Reisenden; dass sie den schwächsten Magen zusagt und dass sie endlich vortreffliche Wirkungen in den chronischen Krankheiten zeigt und bei Krankheiten des Pförtners das letzte Hülfsmittel ist.

Die Chocolade verdankt diese verschiedenen Eigenschaften dem Umstande, dass sie eigentlich ein Oelzucker ist und bei gleichem Volumen mehr Nährstoff enthält als die meisten übrigen Nahrungsmittel.

Der Kakao war während der Kriegszeit selten und sehr theuer, man suchte ihn zu ersetzen, aber alle Versuche schlugen fehl, und es ist keine der geringsten Wohlthaten des Friedens, dass er uns von den Sudelbrühen befreit hat, die man aus Gefälligkeit kosten musste und die der Chocolade gerade so glichen, wie die Cichorienbrühe dem Mokkakaffee.

Einige Personen beklagen sich, die Chocolade nicht verdauen zu können, andere im Gegentheile behaupten, dass sie nicht hinlänglich nährt und zu schnell durchgeht.

Wahrscheinlich dürften die erstern die Schuld sich selbst zuschreiben, indem sie schlechte oder übelzubereitete Chocolade nahmen; denn gute, wohlzubereitete Chocolade ist jedem Magen zuträglich, der noch einen Funken von Verdauungskraft besitzt.

Für die anderen ist die Abhülfe leicht, sie brauchen ihr Frühstück nur mit einigen Pastetchen, einer Cotelette oder einer Niere am Spiesse zu verstärken, dann mögen sie eine tüchtige Tasse Sokomusco darauf setzen und hierauf Gott für die Verleihung eines überkräftigen Magens von Herzen danken.

Bei dieser Gelegenheit will ich eine Beobachtung mittheilen, auf deren Genauigkeit man zählen kann.

Wenn man auf ein reiches und gutes Frühstück eine tüchtige Tasse guter Chocolade setzt, so wird man drei Stunden nachher vollkommen verdaut haben, und mit Appetit zu Mittag speisen. .. Ich habe diesen Versuch aus reinem Eifer für die Wissenschaft und mit Aufbietung grösster Beredtsamkeit von vielen Damen anstellen lassen, welche versicherten, sie würden den Tod davon haben. Es bekam ihnen stets ausserordentlich wohl und sie priesen den Professor.

Die Personen, welche Chocolade trinken, geniessen einer gleichmässigen Gesundheit und sind weniger als andere den vielen kleinen Uebeln unterworfen, welche an dem Lebensglücke nagen. Ihr Umfang bleibt stationär, und das sind zwei Vortheile, die Jedermann an den Personen verificiren kann, deren Lebensweise bekannt ist.

Hier ist auch der wahre Ort, von den Eigenschaften zu reden, welche die Chocolade mit Ambra besitzt, Eigenschaften, die ich durch eine grosse Anzahl von Versuchen bestätigt fand und deren Resultate meinen Lesern anbieten zu können ich stolz bin.

Jeder Mann also, der aus dem Becher der Wollust einige Züge zu viel geschlürft hat, jeder Mann, der einen Theil der Zeit, wo er hätte schlafen sollen, über der Arbeit zugebracht hat, jeder Mann von Geist, der fühlt, dass er für einige Augenblicke dumm wird, jeder, der die Luft feucht, die Zeit lang und den Druck der Atmosphäre beschwerlich fühlt, jeder, den eine fixe Idee quält, die ihm die Freiheit des Denkens raubt, jeder, sage ich, der sich in solchen Umständen befindet, nehme einen Schoppen Chocolade mit sechszig bis siebzig Gran Ambra versetzt, und er wird Wunderdinge erleben.

Ich nenne eine solche Chocolade die „Chocolade der Betrübten", denn alle diese verschiedenen Zustände zeichnen sich durch eine gemeinsame Gefühlsstimmung aus, welche der Betrübniss gleicht.

Schwierigkeiten der Zubereitung einer guten Chocolade.

Die spanische Chocolade ist vortrefflich, aber man lässt keine mehr dorther kommen, weil nicht alle Fabriken gleich gut arbeiten und man die schlechte Chocolade doch aufbrauchen muss, wenn man sie einmal hat.

Die italienische Chocolade sagt den Franzosen wenig zu, die Bohnen sind meist zu stark geröstet und die Chocolade deshalb bitter und weniger nahrhaft, weil ein Theil der Bohne verkohlt ist.

Da die Chocolade in Frankreich allgemein gebräuchlich ist, so will alle Welt fabriciren, aber Wenige haben es zur Vollkommenheit gebracht und zwar aus dem Grunde, weil diese Fabrikation ihre besondern Schwierigkeiten hat.

Vorerst muss man den guten Kakao kennen und ihn nur ganz rein brauchen wollen, denn auch die besten Sendungen enthalten verdorbene Bohnen, die man aus wohlverstandenem Interesse aussondern sollte. Ferner ist die Röstung des Kakaos eine äusserst heikle Operation; sie verlangt einen feinen Takt, der der göttlichen Eingebung nahe kommt. Es gibt Arbeiter, die diesen Takt von Natur besitzen und die sich niemals irren.

Auch bedarf es eines ganz besonderen Talentes, um die Menge des Zuckers, der beigemischt werden soll, zu bestimmen. Diese Bestimmung darf nicht aus einer unabänderlichen Routine geschöpft werden, sondern muss von dem Arom der Bohne und dem Grade der Röstung abhängen.

Die Zerkleinerung und Mischung müssen sehr sorgfältig überwacht werden, denn von ihrer Vollkommenheit hängt zum Theile der Grad der Verdaulichkeit der Chocolade ab.

Die Wahl und Menge der Arome muss ebenfalls wohl erwogen werden und darf nicht gleich sein für diejenigen Chocoladen, die als Nahrungsmittel dienen, wie für diejenigen, die als Zuckerwerk geknuspert werden sollen. Auch ändert sich das Verhältniss, je nachdem Vanille in die Masse kommen soll oder nicht, so dass also zur Bereitung einer ausgezeichneten Chocolade eine Menge schwieriger Gleichungen verschiedener Grade aufgelöst werden müssen, von denen wir Nutzen ziehen, ohne an die Schwierigkeit der Lösung zu denken.

Seit einiger Zeit benutzt man Maschinen zur Fabrikation der Chocolade. Unsers Erachtens trägt das durchaus Nichts zur Vervollkommnung bei, wohl aber zur Verminderung der Handarbeit, weshalb auch diejenigen, welche mit Maschinen arbeiten, die Waare wohlfeiler liefern könnten. Statt dessen verkaufen sie meist theurer, ein neuer Beweis, dass der wahre Handelsgeist noch nicht in Frankreich eingebürgert ist, denn aller Gerechtigkeit nach sollte die durch die Maschine gebotene Erleichterung dem Producenten wie dem Consumenten in gleicher Weise zu Statten kommen.

Als Liebhaber der Chocolade haben wir fast alle Fabriken durchprobirt und sind bei Herrn Debauve, rue des Saints-Pères 26, stehen geblieben. Er ist Hof-Chocoladefabrikant, und wir freuen uns, dass der Sonnenstrahl der königlichen Gnade auf den Würdigsten gefallen ist.

Man darf sich darüber nicht wundern; Herr Debauve, ausgezeichneter Pharmaceut, bringt in der Fabrikation der Chocolade die Kenntnisse in Anwendung, welche ihm in einem höhern Wirkungskreise dienen sollten.

Wer nicht selbst in diesem Zweige gearbeitet hat, wird niemals vermuthen können, welche Schwierigkeiten überwunden werden müssen, um zur Vollkommenheit zu gelangen, und wieviel Aufmerksamkeit und Erfahrung es bedarf, um uns eine Chocolade zu liefern, die süss sein soll und doch nicht schal, kräftig und doch nicht herb, aromatisch und doch nicht ungesund, gebunden und doch nicht mehlig.

So sind die Chocoladen des Herrn Debauve; sie verdanken ihre Ueberlegenheit der strengen Auswahl des Urstoffes, dem eisernen Willen, nichts Untergeordnetes aus seiner Fabrik hervorgehen zu lassen, und dem Scharfblicke des Meisters, der alle Einzelheiten seines Geschäftes überwacht.

Herr Debauve bietet den Grundsätzen einer weisen Lehre zufolge seinen zahlreichen Klienten ausserdem noch einige angenehme Arzneimittel gegen verschiedene Krankheitsanlagen.

Für magere Personen bereitet er eine analeptische Chocolade mit Salep, für nervöse Frauenzimmer eine krampfstillende Chocolade mit Orangenblüthen, für leicht erregbare Temperamente eine Chocolade mit Mandelmilch, und nächstens wird er ohne Zweifel die Chocolade der Betrübten hinzufügen mit einer gehörigen Dosis Ambra secundum artem.

Aber sein Hauptverdienst besteht in der Bereitung einer vortrefflichen Chocolade für den gewöhnlichen Verbrauch zu mässigem Preise, die uns Morgens ein genügendes Frühstück bietet, uns Mittags als Crème erfreut und Abends in Gestalt von Eis, von Krachstäbchen und anderm Zuckerwerk erfrischt, ungerechnet die angenehme Zerstreuung, welche die Täfelchen und Küchelchen mit oder ohne Devisen uns gewähren.

Wir kennen Herrn Debauve nur durch seine Fabrikate, wir haben ihn niemals gesehen, aber wir wissen, dass er das Seinige dazu beiträgt, um Frankreich von dem früher an Spanien bezahlten Tribute zu befreien, indem er Paris und die Provinzen mit einer Chocolade bereichert, deren Ruf stets zunimmt. Auch wissen wir, dass er täglich frische Aufträge aus der Fremde erhält, und aus diesem Grunde wollen wir in unserer Eigenschaft als einer der Gründer der Ermuthigungsgesellschaft für nationale Industrie ihm hier eine Erwähnung angedeihen lassen, mit der wir sonst nicht verschwenderisch umgehen.

Officielle Zubereitungsart der Chocolade.

Die Amerikaner bereiten ihre Kakaotafeln ohne Zucker; wenn sie Chocolade trinken wollen, so lassen sie kochendes Wasser bringen, Jeder reibt in seine Tasse die gehörige Menge Kakao, schüttet heisses Wasser darauf und fügt den Zucker und die Gewürze bei, die ihm behagen.

Diese Methode sagt weder unserm Geschmack noch unsern Sitten zu; wir verlangen die Chocolade vollständig zubereitet.

Nun hat uns die höhere Chemie gelehrt, dass man die Chocolade weder mit dem Messer abschaben noch im Mörser stossen darf, weil der trockene Stoss einige Zuckertheilchen in Stärke überführt und so den Trank schal macht.

Um also die Chocolade zu unmittelbarem Gebrauch zu bereiten, nimmt man etwa anderthalb Unzen für eine Tasse und löst dies langsam in Wasser auf, das man allmälig zum Kochen bringt, während man das Gemenge mit einem hölzernen Spatel quirlt. Man lässt es während einer Viertelstunde kochen, um die Mischung etwas zu verdicken, und servirt heiss.

„Lieber Herr," sagte mir vor mehr als funfzig Jahren Frau von Arestrel, Oberin des Klosters zur Verkündigung zu Belley, „wenn Sie gute Chocolade trinken wollen, so lassen Sie dieselbe Tags vorher in einer Kaffeemaschine aus Porcellan machen und bis zum andern Morgen stehen. Die Nachtruhe koncentrirt das Getränk und gibt ihm einen vortrefflichen, sammtweichen Geschmack. Der liebe Gott kann uns wohl diese Verbesserung nicht übelnehmen, ist er ja doch die Güte selber."

Siebente Betrachtung.

Theorie des Backens.

48. Es war an einem schönen Tage im Monat Mai. Die Sonne goss ihre sanftesten Strahlen auf die rauchenden Dächer der Freudenstadt und in den Strassen gab es, eine Seltenheit, weder Schmutz noch Staub.

Die schweren Postwägen erschütterten nicht mehr das Pflaster, die massiven Frachtfuhrwerke ruhten noch und man sah auch keine jener offenen Wägen, aus welchen einheimische und ausländische Schönheiten unter den elegantesten Hüten hervor so verachtende Blicke auf die Fusswanderer und so liebenswürdige auf die hübschen Männer in der Nähe fallen zu lassen pflegen.

Es war also drei Uhr Nachmittags, als der Professor sich in seinen Betrachtungssessel niederliess.

Sein rechter Fuss stützte sich senkrecht auf den Fussboden, der ausgestreckte linke bildete eine Diagonale, der Rücken war zweckmässig angelehnt und seine Hände ruhten auf den Löwenköpfen, in welche die Arme seines ehrwürdigen Gestühles auslaufen. Auf seiner hohen Stirne strahlte die Liebe zu ernsten Studien und um seinen Mund lächelte der Geschmack an liebenswürdigen Zerstreuungen. Sein Ansehen zeigte Nachdenken und seine ganze Stellung war so, dass Jeder, der ihn sah, ausrufen musste: Dieser Alte aus frühern Tagen ist ein Weiser.

In dieser Stellung liess der Professor seinen Oberküchenmeister rufen und bald erschien der treue Diener, bereit, Rathschläge, Vorlesungen oder Befehle anzunehmen.

Anrede.

„Meister Laplanche," sagte der Professor mit jenem ernsten Tone, der bis in die Tiefen der Herzen dringt, „alle Gäste meiner Tafel erklären Sie für den ersten Suppenkoch der Welt, was sehr rühmlich ist, denn die Suppe ist der erste Trost des bedürftigen Magens; aber mit Schmerz bemerke ich, dass Sie nur noch ein unsicherer Backkünstler sind.

„Ich hörte Sie gestern über jene Seezunge seufzen, die der Triumph unseres Mahles sein sollte, aber blass, weich und entfärbt aufgestellt wurde. Mein Freund R....*) warf Ihnen einen Blick des Tadels zu, Herr H. R.... drehte seine Sonnenzeiger-Nase nach Westen und der Präsident S.... bedauerte den Unfall wie ein öffentliches Unglück.

„Dies Unglück traf Sie aber, weil Sie die Theorie vernachlässigen, deren ganze Wichtigkeit Sie nicht einsehen! Sie sind etwas hartnäckig und ich habe Mühe, Ihnen begreiflich zu machen, dass Dasjenige, was in Ihrer Küche vorgeht, nur die Ausführung der ewigen Gesetze der Natur ist und dass gewisse Dinge, welche Sie ohne Aufmerksamkeit und nur aus dem Grunde thun, weil Sie dieselben von Anderen

---

*) Herr R.... geboren in Seyssel, District von Belley, um 1757, Wahlmann des grossen Collegiums. Er kann Allen als Beispiel der glücklichen Resultate dienen, welche ein kluges Betragen, mit unbeugsamer Redlichkeit verbunden, nach sich zieht.

haben thun sehen, nichtsdestoweniger von den höchsten Grundsätzen der Wissenschaft sich ableiten.

„Hören Sie mich also aufmerksam an und unterrichten Sie sich gründlich, damit Sie künftig über Ihre Werke nicht mehr zu erröthen brauchen.

§. 1. Chemie.

„Die Flüssigkeiten, welche man dem Feuer aussetzt, können nicht alle eine gleiche Wärmemenge aufnehmen, die Natur hat die Ungleichheit gewollt und wir nennen dies Verhältniss, das uns ein Geheimniss bleibt, die verschiedene Wärmecapacität.

„Man kann ungestraft seinen Finger in kochenden Weingeist stecken, aus Branntwein aber wird man ihn hervorziehen, noch schneller aus dem Wasser und augenbliche Eintauchung in kochendes Oel würde eine grausame Wunde verursachen, denn das Oel kann sich dreimal mehr erhitzen als das Wasser.

„Heisse Flüssigkeiten wirken in Folge dieses Verhältnisses in sehr verschiedener Weise auf die schmeckbaren Körper, die man hineintaucht. Die mit Wasser behandelten Körper erweichen sich und lösen sich in Brei auf, man bekommt Fleischbrühe oder Extracte; die mit Oel behandelten ziehen sich im Gegentheile zusammen, färben sich mehr oder minder dunkel und verkohlen sich zuletzt.

„Im ersten Falle löst das Wasser die inneren Säfte der hineingetauchten Nahrungsmittel auf, im zweiten Falle werden diese Säfte zurückgehalten, weil das Oel sie nicht auflösen kann, und wenn diese Körper endlich austrocknen, so rührt dies davon her, dass die fortdauernde Einwirkung der Hitze die feuchten Theile verdampft. Diese beiden Methoden haben auch verschiedene Namen und backen heisst: Körper, die gegessen werden sollen, in Oel oder Fett kochen. Ich glaube schon gesagt zu haben, dass in Beziehung auf die

Küche Fett und Oel Dasselbe bedeuten, denn Butter und Fett sind nur feste Oele und Oel flüssiges Fett.

§. 2. Anwendung.

"Gebackene Speisen werden beim Mahle gerne gesehen; sie bringen eine pikante Veränderung, sind lieblich zu sehen, behalten ihren ursprünglichen Geschmack, lassen sich mit den Händen angreifen und essen, was stets den Damen gefällt.

"Mittelst des Backens kann der Koch häufig Gerichte erneuern, die schon Tags vorher aufgetragen wurden, und es ist ein grosses Hülfsmittel für unvorhergesehene Fälle, denn man hat nicht mehr Zeit nöthig, um einen Karpfen von 4 Pfunden zu backen, als um ein Ei zu sieden.

"Alles Verdienst eines guten Gebäckes beruht auf der Ueberraschung, denn so nennt man das Eindringen der kochenden Flüssigkeit, welche im Augenblicke des Eintauchens die äussere Oberfläche des eingetauchten Körpers bräunt oder verkohlt.

"Mittelst der Ueberraschung bildet sich eine Art von Gewölbe, die den Gegenstand einhüllt, das Fett von weiterm Eindringen abhält und die Säfte concentrirt, welche auf diese Weise eine innere Kochung erleiden, die dem Nahrungsmittel den höchsten Geschmack verleiht, dessen es fähig ist.

"Damit die Ueberraschung stattfinden könne, muss die heisse Flüssigkeit hinlänglich Hitze erhalten haben, so dass ihre Einwirkung plötzlich stattfinden kann; aber sie gelangt erst auf diesen Punkt, nachdem sie längere Zeit einem lebhaften Flammfeuer ausgesetzt war.

"Durch folgendes Mittel kann man erkennen, ob das Fett heiss genug ist: Man schneidet ein Stückchen Brot wie zum Tunken und taucht es während 5—6 Secunden in die Pfanne. Wenn man es fest und gebräunt herauszieht, so muss man unmittelbar zu backen anfangen, sonst aber stärker anfeuern und den Versuch wiederholen.

„Ist die Ueberraschung geschehen, so mässigt man das Feuer, um die Kochung nicht allzusehr zu beeilen und um die eingeschlossenen Säfte durch die verlängerte Hitze die Veränderungen eingehen zu lassen, welche sie verbinden und ihren Geschmack erhöhen.

„Sie haben ohne Zweifel bemerkt, dass die Oberfläche gut gebackener Speisen weder Salz noch Zucker aufzulösen vermag, während sie doch nach ihrer Natur einer dieser Würzen bedürfen. Man pulvert sie also fein, damit sie leicht anhängen und damit man so durch Bestreuung mittelst eines Läppchens das Backwerk würzen könne.

„Ich spreche Ihnen nicht von der Wahl der Oele und der Fette, die verschiedenen Kochbücher, die sich in Ihrer Bibliothek befinden, geben Ihnen hierüber hinreichende Aufklärung.

„Vergessen Sie nicht, wenn Ihnen einige jener zarten Bachforellen in die Hände fallen, die kaum $1/4$ Pfund wiegen und aus den klaren Bergbächen stammen, welche fern von der Hauptstadt rieseln, vergessen Sie nicht, sage ich, sie im feinsten Olivenöl zu backen. Dieses so einfache Gericht, gehörig bestreut und mit Citronenscheibchen belegt, ist werth, einer Eminenz vorgesetzt zu werden*).

„Behandeln Sie auf gleiche Weise den Stint, welchen die Kenner so sehr schätzen. Der Stint ist der Ortolan der

---

*) Herr Aulissin, ein sehr gelehrter neapolitanischer Advocat, der das Violoncell hübsch spielte, speiste eines Tages bei mir und sagte bei einem guten Bissen: „Questo è un vero boccone di cardinale." (Das ist ein wahrer Bissen für einen Cardinal!) „Warum," antwortete ich ihm in derselben Sprache, „sagen Sie: „„ein Bissen für einen Cardinal"" und nicht wie wir: „„für einen König""? „Lieber Herr," antwortete der Feinschmecker, „wir Italiener glauben, dass die Könige nicht Feinschmecker sein können, weil ihre Mahlzeiten zu kurz und zu feierlich sind, aber die Cardinäle" — und dabei schnalzte er mit der Zunge und stiess ein kleines Geheul aus, das ihm eigen ist — „huhuhu."

salzigen Gewässer, dieselbe Kleinheit, dieselbe Feinheit, dieselbe Ueberlegenheit.

„Diese beiden Vorschriften sind auf die Natur der Dinge gegründet. Die Erfahrung hat gelehrt, dass man sich des Olivenöls nur für diejenigen Operationen bedienen darf, die wenige Zeit und keiner grossen Hitze bedürfen, weil längeres Kochen einen unangenehmen ranzigen Geschmack darin entwickelt, der von Theilchen des Innengewebes der Olive herrührt, die sich verkohlen und die sich nur sehr schwer aus dem Oele entfernen lassen.

„Sie haben mit meinem Höllenofen den Versuch gemacht und den Ruhm gehabt, der erstaunten Welt zum ersten Male einen ungeheuren, gebackenen Steinbutt vorzusetzen. An jenem Tag war grosse Freude unter den Auserwählten.

„Gehen Sie und fahren Sie fort, Alles, was Sie thun, sorgsam zu behandeln und vergessen Sie niemals, dass wir für das Glück unserer Gäste zu sorgen haben, sobald sie den Fuss in unser Zimmer setzen."

Achte Betrachtung.

Vom Durste.

49. Der Durst ist das innere Gefühl des Bedürfnisses nach Flüssigkeit.

Die innere Wärme von zweiunddreissig Grad Réaumur verdampft beständig die verschiedenen Flüssigkeiten, deren Kreislauf das Leben unterhält. Der so entstandene Verlust würde bald diese Flüssigkeiten unfähig machen, ihren Zweck zu erfüllen, wenn sie nicht häufig erquickt und erneuert würden; dies Bedürfniss erzeugt das Durstgefühl.

Wir glauben, dass der Sitz des Durstes über das ganze Verdauungssystem verbreitet ist. Wenn man Durst hat, und in unserer Eigenschaft als Jäger haben wir oft daran gelitten, so fühlt man deutlich, dass alle einsaugenden Theile des Mundes, des Schlundes und des Magens gepackt und in Anspruch genommen sind, und wenn man zuweilen den Durst durch Anwendung der Flüssigkeit auf andere Organe stillt, wie z. B. durch ein Bad, so geht die Flüssigkeit sogleich in den Kreislauf über, wird durch diesen schnell nach dem Sitze des Leidens gebracht und wirkt dort als Heilmittel.

Verschiedene Arten des Durstes.

Wenn man dieses Bedürfniss in seinem ganzen Umfange betrachtet, so kann man drei Arten von Durst zählen, den stillen Durst, den künstlichen Durst und den brennenden Durst.

Der stille oder gewöhnliche Durst besteht in jenem unmerklichen Gleichgewichte, das sich zwischen der Ausdünstung einerseits und der Nothwendigkeit, ihr zu begegnen, herstellt. Dieser Durst ladet uns ohne Schmerzgefühl ein, beim Essen zu trinken und macht es uns möglich, in jedem Augenblicke des Tages zu trinken. Dieser Durst begleitet uns überall und bildet gewissermaassen einen Theil unsers Wesens.

Der künstliche Durst, welcher der Menschengattung eigenthümlich ist, kommt von jenem eingebornen Instinkt, der uns in den Getränken eine Kraft suchen lässt, welche die Natur nicht hineingelegt hat und die nur durch die Gährung erzeugt wird. Dieser Durst bildet eher einen künstlichen Genuss als ein natürliches Bedürfniss. Er wird wahrhaft unauslöschlich, weil die Getränke, welche man zu seiner Befriedigung schluckt, ihn stets aufs Neue hervorrufen. Dieser Durst, der eine Gewohnheit wird, bildet die Trunkenbolde aller Länder und meistens begegnet es, dass man erst dann zu trinken aufhört, wenn das Getränke fehlt oder wenn es den Trinker besiegt und zu Boden gestreckt hat.

Wenn man den Durst nur mit reinem Wasser stillt, das seine natürliche Gegengabe zu bilden scheint, so trinkt man nie einen Schluck über das Bedürfniss.

Der brennende Durst kommt von der Vermehrung des Bedürfnisses und von der Unmöglichkeit, den stillen Durst zu befriedigen.

Er heisst brennend, weil er von Trockenheit der Zunge und des Gaumens und von einer verzehrenden Hitze im ganzen Körper begleitet ist.

Das Gefühl des Durstes ist so lebhaft, dass das Wort fast in allen Sprachen gleichbedeutend ist mit einem ausserordentlichen Gelüste oder einem gebieterischen Verlangen. So spricht man vom Durst nach Gold, nach Reichthum, nach Macht, nach Rache — alles Ausdrücke, die nicht gebräuchlich geworden wären, wenn es nicht genügte, ein einziges Mal in seinem Leben rechten Durst gehabt zu haben, um ihre Berechtigung anzuerkennen.

Der Appetit ist von einem angenehmen Gefühl begleitet, wenn er nicht bis zum Hunger geht, der Durst hat keine Dämmerung und sobald er sich fühlen lässt, fühlt man auch Unwohlsein, Angst, und diese Angst wird fürchterlich, wenn keine Hoffnung zur Stillung des Durstes vorhanden ist.

Durch eine gerechte Ausgleichung kann aber auch das Trinken je nach den Umständen uns ausserordentlich lebhafte Genüsse verschaffen, und wenn man einen sehr starken Durst stillt oder einem mässigen Durste ein ausgezeichnetes Getränk darbringt, so kitzelt dies unsere sämmtlichen Geschmackswärzchen von der Spitze der Zunge bis in die unergründliche Tiefe des Magens.

Man stirbt auch schneller am Durst als am Hunger; man kennt Beispiele von Menschen, die sich länger als acht Tage ohne Essen erhielten, wenn sie nur Wasser zum Trinken hatten, während diejenigen, welche absolut kein Getränke erhalten können, niemals den fünften Tag überleben.

Anekdote.

Der Grund dieses Unterschiedes liegt darin, dass der Hungernde nur an Erschöpfung und Schwäche stirbt, während der Durstende von einem Fieber ergriffen wird, das ihn verzehrt und stets sich steigert*).

Man widersteht nicht immer so lange dem Durste, und im Jahre 1787 starb ein Schweizer von der Leibgarde Ludwig's des Sechzehnten, weil er sich nur während 24 Stunden des Trinkens enthalten hatte.

Der Mann war mit einigen seiner Cameraden in der Kneipe und als er sein Glas hinhielt, warf ihm einer derselben vor, dass er häufiger als alle Andern trinke und sich nicht einen Augenblick enthalten könne.

Daraufhin wettete der Mann, dass er 24 Stunden lang sich des Trinkens enthalten wolle. Die Wette wurde angenommen; — es galt 10 Flaschen Wein.

Von diesem Augenblicke an hörte der Soldat auf zu trinken, blieb aber noch zwei Stunden bei den Andern sitzen, indem er ihnen zusah.

Die Nacht ging, wie man glauben kann, gut vorüber, aber bei Tagesanbruch kam es ihn sehr hart an, sein Glas Branntwein, woran er gewöhnt war, nicht nehmen zu dürfen.

Während des ganzen Morgens war er unruhig und verstört. Er ging hin und her, setzte sich und stand wieder auf, ohne Grund, und sah aus, als wisse er nicht was anfangen.

Um ein Uhr legte er sich, indem er Ruhe zu finden hoffte; er war wirklich leidend und wirklich krank, aber vergebens bot ihm seine Umgebung zu trinken an, er meinte so bis zum Abend gehen zu können; er wollte die Wette gewinnen und vielleicht auch aus militärischem Stolze dem Schmerze nicht nachgeben.

So ging es bis um 7 Uhr, aber um halb acht wurde er

---

*) Da die Athemluft, die man ausstösst stets mit Wasserdampf gesättigt ist, so führt jeder Athemzug eine bestimmte Quantität Wasser fort und verursacht so einen stets sich steigernden Verlust der Flüssigkeiten des Körpers. C. V.

sehr übel, röchelte und starb, ohne ein Glas Wein schlucken zu können, welches man ihm anbot.

Alle diese Einzelheiten erzählte mir an demselben Abend der Herr Schneider, ehrbarer Pfeifer der Compagnie der hundert Schweizer-Garden, bei dem ich in Versailles wohnte.

Ursachen des Durstes.

50. Verschiedene Ursachen können für sich allein oder gemeinsam zur Vermehrung des Durstes beitragen. Wir werden einige angeben, die nicht ohne Einfluss auf unsere Gewohnheiten sind.

Die Hitze vermehrt den Durst, daher kommt auch die Neigung der Menschen, sich mit ihren Wohnungen an den Flussufern anzusiedeln.

Körperliche Arbeit vermehrt den Durst, deshalb stärken auch einsichtige Landeigenthümer ihre Arbeiter durch hinlängliches Getränk und daher auch das Sprichwort, dass der Wein, den man den Arbeitern giebt, am vortheilhaftesten verkauft wird.

Der Tanz vermehrt den Durst, daher auch jene Sammlung stärkender und kühlender Getränke, welche bei Tanzgesellschaften unerlässlich sind.

Reden vermehrt den Durst; daher das Glas Zuckerwasser, das die Redner mit Grazie trinken lernen und das man bald auf dem Kanzelbrett neben dem weissen Schnupftuche sehen wird *).

Liebesgenüsse vermehren den Durst; daher jene poetischen Beschreibungen von Cypern, Amathon, Gnidos und anderen, von Venus bewohnten Orten, wo man immer frische Schatten und Bäche findet, die rieseln, fliessen und murmeln.

Gesang vermehrt den Durst; deshalb haben auch alle Musiker den Ruf, unermüdliche Trinker zu sein. Da ich

---

*) Der Domherr Délestre, ein sehr angenehmer Prediger, verschlang jedesmal eine Zuckernuss in den Zwischenräumen, die er nach jedem Hauptsatz seiner Predigt den Zuhörern zum Husten, Schneuzen und Spucken liess.

selbst Musiker bin, so bekämpfe ich dieses Vorurtheil, dem heutzutage weder Witz noch Wahrheit inne wohnt*).

Die Künstler, die unsere Salons besuchen, trinken mit ebensoviel Bescheidenheit als Vorsicht; aber was sie auf der einen Seite verloren haben, gewannen sie auf der anderen; wenn sie keine Säufer mehr sind, so sind sie Feinschmecker bis zum dritten Himmel; ja man versichert, dass im Casino zur himmlischen Harmonie die Festfeier der heiligen Cäcilie zuweilen länger als vierundzwanzig Stunden gedauert hat.

Beispiel.

51. Ein lebhafter Luftstrom, dem man sich aussetzt, vermehrt den Durst ausserordentlich — vielleicht wird die darauf bezügliche Beobachtung, die ich mittheilen will, namentlich von den Jägern mit Vergnügen gelesen.

Bekanntlich halten sich die Wachteln gerne auf hohen Bergen auf, wo die Ernte später statt hat und ihre Jungen leichter aufkommen können.

Wenn man den Roggen erntet, streichen sie in die Gerste und den Hafer; und wenn diese geschnitten werden, ziehen sie sich in die Berge zurück, wo die Reife noch nicht so weit vorgerückt ist.

Dann muss man die Wachteln jagen, denn nun finden sich auf wenige Morgen Landes alle Wachteln zusammengedrängt, die einen Monat vorher in einer ganzen Gemeinde zerstreut waren. Dann, am Ende der Wachtelzeit, sind sie auch dick und fett.

Eines Tages fand ich mich mit einigen Freunden auf einem Berge bei Nantua, in der Umgegend unter dem Namen des Ran d'Hotonne bekannt, und wir wollten unsere Jagd

---

*) „Der Mann ist ein Säufer," sagte Krukenberg in Halle in der Klinik zu seinen Zuhörern. „Welches Gewerbe haben Sie?" „Musiker." „Ganz recht! Es sind besonders die Blasinstrumente, die zum Saufen disponiren. Welches Instrument?" „Violoncell." „Da haben Sie's, meine Herren, da haben Sie's!" C V.

an einem herrlichen Septembertage bei einem Sonnenscheine beginnen, wie ihn kein Cockney von London je gesehen hat.

Aber während wir frühstückten, erhob sich ein sehr heftiger Nordwind, der unser Vergnügen sehr zu stören drohte — nichtsdestoweniger rückten wir ins Feld.

Kaum hatten wir eine Viertelstunde gejagt, so beklagte sich der Verzärteltste unter uns über Durst; man hätte ihn ohne Zweifel darüber geneckt, wenn nicht Jeder das gleiche Bedürfniss empfunden hätte.

Wir tranken alle, denn ein Esel mit einem Flaschenkeller folgte uns; aber es hielt nicht für lange an. Der Durst trat aufs Neue mit solcher Heftigkeit auf, dass die Einen sich für krank hielten, die Anderen glaubten, krank zu werden und man schon von Umkehren sprach, was uns eine Reise von zehn Stunden für nichts und wieder nichts gemacht hätte.

Ich hatte Zeit gehabt, meine Gedanken zu sammeln und den Grund dieses ausserordentlichen Durstes aufzufinden. Ich versammelte also meine Gefährten und sagte ihnen, dass wir unter dem Einflusse von vier verschiedenen Ursachen seien, die alle zur Dursterzeugung sich vereinigten; die Verminderung des Luftdrucks, welche den Kreislauf beschleunigen musste; die Sonnenwirkung, die uns direct einheizte; die Bewegung, die unseren Athem beschleunigte und endlich die Wirkung des Windes, der durch Alles hindurchblies, das Product der Ausdünstung wegführte, uns Flüssigkeiten entzog und die Haut austrocknete.

Ich fügte hinzu, in allem diesem liege keine Gefahr; der Feind sei bekannt und bekämpft müsse er werden. Man beschloss demnach, jede halbe Stunde zu trinken.

Doch reichte diese Vorsicht nicht hin, denn der Durst war unbesiegbar; Wein, Schnaps, Wein mit Wasser, Wasser mit Branntwein — Nichts half. Wir dursteten selbst unter dem Trinken und waren den ganzen Tag über schlecht zu Muthe.

Der Tag endete zuletzt wie ein anderer; der Eigenthümer der Herrschaft von Latour nahm uns gastlich auf und vereinigte seine Vorräthe mit den unseren.

Wir speisten vortrefflich und steckten uns dann ins Heu, wo wir ausgezeichnet schliefen.

Am anderen Morgen erhielt meine Theorie ihre Bestätigung durch die Erfahrung. Der Wind beruhigte sich ganz während der Nacht und obgleich die Sonne eben so hell und vielleicht noch heisser, als am Tage vorher schien, jagten wir doch einen Theil des Tages, ohne unbequemen Durst zu leiden.

Aber das Unglück war geschehen! Unser Flaschenkeller, wenn auch mit weiser Vorsicht gefüllt, hatte den wiederholten Angriffen von unserer Seite nicht auf die Dauer widerstehen können — er war ein Körper ohne Seele — wir fielen in die Hände eines Kneipwirthes.

Man musste sich dazu entschliessen, was nicht ohne Murren geschah; ich hielt gegen den Trockenwind eine Anrede voll der gröblichsten Beleidigungen, als ich sah, dass eine Schüssel, der Tafel eines Fürsten werth, ein Spinatgemüse mit Wachtelfett geschmelzt, mit einem Weine begossen werden sollte, der kaum dem Weine von Suresne an Güte gleichkam*).

Neunte Betrachtung.
Von den Getränken**).

52. Getränk nennt man jede Flüssigkeit, die sich mit unseren Nahrungsmitteln verträgt.

---

*) Suresne, ein hübsches Dorf, zwei Stunden von Paris. Es steht seiner schlechten Weine wegen in üblem Rufe. Das Sprichwort sagt, zum Trinken seiner Weine gehören drei Männer — einer, der trinkt, zwei, die den Trinkenden halten und unterstützen, damit er nicht umfalle. Man sagt dasselbe vom Wein von Périeux — und doch wird er getrunken! (Und der Grüneberger! C. V.)

**) Dieses Capitel ist rein philosophisch. Einzelheiten über die verschiedenen Getränke zu geben, liegt nicht in meiner Absicht — ich hätte kein Ende gefunden.

Getränke.

Das Wasser ist das natürlichste Getränk. Es findet sich überall, wo es Thiere giebt, ersetzt für die Erwachsenen die Milch und ist uns ebenso nothwendig als die Luft.

Wasser.

Das Wasser ist auch das einzige Getränk, welches wirklich den Durst stillt; deshalb kann man auch nur wenig davon trinken. Alle übrigen Flüssigkeiten, die sich der Mensch eingiesst, sind nur Palliativmittel und wenn er sich einzig an das Wasser gehalten hätte, würde man niemals gesagt haben, eines seiner Privilegien sei, über den Durst zu trinken.

Specielle Wirkung der Getränke.

Die Getränke werden im Körper mit grosser Leichtigkeit aufgesaugt; ihre Wirkung ist sehr schnell und die Erleichterung, die sie gewähren, fast augenblicklich. Gebt einem ermüdeten Menschen die kräftigsten Nahrungsmittel — er wird sie kaum essen und Anfangs keine Wirkung spüren. Gebt ihm ein Glas Wein oder Branntwein, und im Augenblicke lebt er auf und befindet sich besser.

Ich kann diese Theorie durch eine merkwürdige Thatsache unterstützen, die ich meinem Neffen, dem Obersten Guignard, verdanke, der sonst wenig erzählt, aber auf dessen Wahrhaftigkeit ich Häuser bauen kann.

Er war an der Spitze einer Truppenabtheilung, die von der Belagerung von Jaffa zurückkam, und nur einige hundert Klafter von dem Orte entfernt, wo man Halt machen und Wasser finden sollte, als man hie und da auf der Strasse Leichname von Soldaten fand, die Tags vorher durchmarschirt und vor Hitze gestorben waren.

Unter den Opfern des brennenden Klimas befand sich ein Scharfschütze, den einige Soldaten von der Truppe meines Neffen kannten.

Er musste seit mehr als 24 Stunden gestorben sein; die Sonne, die ihn den ganzen Tag beschienen, hatte ihm das Gesicht rabenschwarz gebrannt.

Einige Cameraden näherten sich ihm, die einen um ihn zum letzten Male zu sehen, die anderen um ihn zu beerben, im Fall er noch Etwas hätte. Zu ihrem Staunen sahen sie, dass seine Glieder noch biegsam waren und dass er sogar um das Herz herum noch ein wenig warm war.

„Gebt ihm einen Tropfen Gebranntes," rief der Spassmacher der Truppe; „ich wette, wenn er noch nicht gänzlich drüben eingewohnt ist, kommt er zurück, davon zu kosten."

In der That öffnete der Todte beim ersten Löffel Branntwein die Augen; man schrie auf, rieb ihm die Schläfe damit, gab ihm noch ein Wenig ein und nach einer Viertelstunde konnte er sich mit einiger Beihülfe auf einem Esel aufrecht halten.

So führte man ihn bis zum Brunnen; man sorgte für ihn während der Nacht, gab ihm einige Datteln zu essen und nährte ihn vorsichtig; des anderen Tages ritt er mit den andern auf einem Esel in Cairo ein.

Geistige Getränke.

53. Der ebenso allgemeine als gewaltige Instinkt, welcher uns zur Aufsuchung geistiger Getränke treibt, ist eine sehr merkwürdige Erscheinung.

Der Wein, jenes liebenswürdigste Getränk, stammt aus der Kindheit der Welt, mögen wir ihn nun dem Vater Noah, dem ersten Winzer, oder dem Bacchus, dem ersten Kelterer, zuschreiben, und das Bier, das von Osiris erfunden sein soll, leitet seinen Ursprung auf Zeiten zurück, hinter welchen die graue Unsicherheit herrscht.

Alle Menschen, selbst die sogenannten Wilden, werden so sehr von dem Bedürfniss nach berauschenden Getränken gequält, dass sie sich um jeden Preis welche verschafften, mochten auch ihre Kenntnisse noch so beschränkt sein.

Sie liessen die Milch ihrer Hausthiere gähren, pressten die Säfte verschiedener Früchte und Wurzeln aus, in welchen sie gährungsfähige Stoffe vermutheten, und überall, wo man Gesellschaften von Menschen antraf, fand man sie auch im Besitze geistiger Getränke, denen bei ihren Festen, Opfern, Heirathen und Begräbnissen, überhaupt bei allen freudigen und festlichen Anlässen zugesprochen wurde.

Man hat Jahrhunderte durch den Wein getrunken und besungen, ehe man es für möglich hielt, den Weingeist, den er enthält, davon zu trennen; nachdem aber die Araber die Kunst des Destillirens erfunden hatten, welche sie Anfangs zur Extraction der Gerüche und namentlich der von ihnen so hochgefeierten Rose benutzten, fing man an zu glauben, dass man aus dem Weine jenen wunderbaren Geschmacksstoff abdestilliren könne, der die Zunge so eigenthümlich erregt, und von Versuchen zu Versuchen fand man den Alkohol, den Weingeist, den Branntwein.

Der Alkohol ist der Monarch der Getränke, der die Erregung des Gaumens aufs Höchste steigert; seine verschiedenen Zubereitungen haben neue Genussquellen geöffnet; gewissen Arzneimitteln gibt er eine Kraft, die ihnen ohne dieses Lösungsmittel abgehen würde; er ist sogar in unseren Händen eine furchtbare Waffe geworden, denn die Nationen der neuen Welt wurden ebenso sehr durch den Branntwein, als durch die Feuergewehre gezähmt und vernichtet.

Die Methode, welche uns den Alkohol entdecken liess, hat noch zu anderen wichtigen Entdeckungen geführt; denn da sie die Trennung und Isolirung der Theile beabsichtigt, welche einen Körper bilden und ihn von anderen unterscheiden, so hat sie für alle ähnlichen Untersuchungen als Muster gedient und uns eine Menge neuer, theils entdeckter, theils noch zu entdeckender Körper kennen gelehrt, wie das Chinin, Morphin, Strychnin und andere mehr.

Wie dem auch sein mag, so verdient doch dieser Durst nach einer Flüssigkeit, welche die Natur in Schleier gehüllt hatte und der allen Menschenraçen in allen Klimaten gemeinsam ist, die höchste Aufmerksamkeit von Seiten des philosophischen Beobachters.

Ich habe wie viele Andere ebenfalls darüber nachgedacht und möchte den Durst nach gegohrenen Getränken, den die Thiere nicht besitzen, der Forschung nach der unbekannten Zukunft beigesellen, die den Thieren ebenfalls fremd ist, und beide als die unterscheidenden Charaktere des Meisterstückes der letzten unter dem Monde Statt gehabten Umwälzung betrachten.

Zehnte Betrachtung.

Zwischenstück.

Ueber das Ende der Welt.

54. Ich sagte: „Die letzte Umwälzung unter dem Monde" und dieser Gedanke führt mich weit, weit fort.

Unwiderlegbare Denkmale beweisen uns, dass der Erdball schon mehr durchgreifende Veränderungen erlitten hat, deren jede „der Welt Ende" war; und ein gewisser Instinkt sagt uns, dass noch andere Umwälzungen folgen werden.

Schon mehrmals glaubte man der Welt Ende nahe, und Viele leben noch, die von dem wässerigen Kometen des guten Hieronymus Lalande in die Beichte getrieben wurden.

Man ist ganz geneigt, nach dem was uns gesagt wurde, diese Katastrophe mit Rachegeistern, Vernichtungs-Engeln, Posaunen und anderem nicht weniger schrecklichem Beiwerk auszustatten.

Ach Gott! Es bedarf keines so grossen Spectakels, um uns auszurotten; wir sind so vielen Pompes nicht werth, und wenn der Herr uns vernichten will, so kann er ohne grosse Anstrengung die Oberfläche der Erde ändern.

Nehmen wir einmal an, einer jener Irrsterne, deren Weg und Aufgabe Niemand kennt, und deren Erscheinung stets seit ältester Zeit die Menschen mit herkömmlichem Schrecken erfüllte — nehmen wir an, ein Komet streife nahe genug an der Sonne vorbei, um hinlänglichen Wärmestoff aufzunehmen und käme uns dann nahe genug, um während 6 Monaten auf der Erde einen allgemeinen Wärmezustand von 30 Graden Réaumur zu unterhalten (noch einmal mehr als der Komet von 1811).

Am Ende dieser Todesepoche wird Alles, was auf der Erde lebt oder vegetirt, untergegangen sein; die Erde wird geräuschlos weiter rollen, bis andere Verhältnisse andere Keime entwickeln und nichtsdestoweniger wird die Ursache dieser Verwüstung im weiten Weltraume versteckt und uns kaum auf einige Millionen Meilen nahe gekommen sein.

Ein solches Ereigniss, das ebenso gut als ein anderes möglich ist, hat mir immer ein vortrefflicher Gegenstand zum Träumen geschienen und ich habe oft darüber nachgedacht.

Es ist interessant, über diese zunehmende Wärme nachzudenken, ihre Wirkungen, Entwickelung und Resultate vorauszusehen und sich zu fragen:

Quid während des ersten Tages, des zweiten und so fort bis zum letzten?

Quid über die Luft, die Erde, das Wasser, die Bildung, Mischung und Explosion der Gase?

Quid über die Menschen in Beziehung auf Alter, Geschlecht, Kraft oder Schwäche?

Quid über die Unterordnung unter die Gesetze, den Gehorsam gegenüber der Obrigkeit, die Unantastbarkeit der Personen und des Eigenthums?

Quid über die Mittel und Versuche, der Gefahr zu entgehen?

Quid über die Bande der Liebe, Freundschaft, Verwandtschaft, über Egoismus und Aufopferung?

Quid über die religiösen Gefühle, den Glauben, die Ergebung, die Hoffnung etc. etc.?

Die Geschichte kann über die moralischen Einflüsse einige Angaben liefern; denn das Ende der Welt wurde schon mehrmals, sogar für einen bestimmten Tag prophezeit.

Ich bedaure wirklich, meinen Lesern nicht sagen zu können, wie ich dies Alles in meiner Weisheit geregelt habe; ich will sie des Vergnügens nicht berauben, sich selber damit zu beschäftigen. Es kann dies einige schlaflose Nächte abkürzen und einige Mittagsschläfchen unterhalten.

Grosse Gefahren lockern alle Bande. Während des gelben Fiebers in Philadelphia im Jahre 1792 hat man Männer ihren Eheweibern die Hausthüre der ehelichen Wohnung vor der Nase zuschliessen, Kinder ihre Eltern verlassen und ähnliche Erscheinungen in Menge vor sich gehen sehen.

Quod a nobis Deus avortat!
(Davor mög' uns Gott bewahren!)

Elfte Betrachtung.

Von der Feinschmeckerei.

55. Ich habe die Wörterbücher hinsichtlich des Wortes Feinschmeckerei durchgesehen und bin nicht zufrieden gestellt von dem was ich fand. Stete Verwechselung von Feinschmeckerei mit Gefrässigkeit und Gierigkeit; woraus ich schliesse, dass die Lexikographen, wenn auch sonst ganz achtbare Leute, doch nicht zu jenen liebenswürdigen Gelehrten gehören, die einen wohlgebratenen Rebhuhnsflügel mit Grazie einstecken, um

ihn dann, den kleinen Finger in die Höhe gestreckt, mit einem Glase Château Lafitte oder Clos-Vougeot hinabzuspülen.

Sie haben vollständig die gesellschaftliche Feinschmeckerei vergessen, welche die Eleganz der Athener mit dem Luxus der Römer und der Feinheit der Franzosen verbindet; die mit Einsicht anordnet, mit Kenntniss ausführen lässt, mit Energie kostet und mit Tiefe urtheilt; eine herrliche Eigenschaft, die wohl zum Rang einer Tugend erhoben werden könnte, jedenfalls aber die Quelle unserer reinsten Genüsse ist.

Definition.

Definiren wir und verstehen wir uns.

Die Feinschmeckerei ist eine leidenschaftliche, überlegte und gewohnheitsgemässe Vorliebe für die Gegenstände, welche dem Geschmacke schmeicheln.

Die Feinschmeckerei ist ein Feind aller Excesse; wer sich betrinkt oder eine Unverdaulichkeit zuzieht, wird von der Liste gestrichen.

Die Feinschmeckerei begreift auch die Näscherei, welche dieselbe Vorliebe für leichte, wenig umfängliche, feine Dinge umfasst, wie Zuckerwerk, Pastetchen etc. Die Näscherei ist eine zu Gunsten der Frauen und der ihnen ähnlichen Männer eingeführte Modification.

Wie man auch die Feinschmeckerei ansehen möge, stets verdient sie nur Lob und Aufmunterung.

In physischer Hinsicht ist sie das Resultat und der Beweis des gesunden, vollkommenen Zustandes der zur Ernährung dienenden Organe.

In moralischer Hinsicht ist sie die unbedingte Unterwerfung unter die Befehle des Schöpfers, der uns anbefahl, zu essen, um zu leben, und der uns zum Essen durch den Appetit einläd, uns durch den Geschmack in Erfüllung unserer Pflicht aufrecht erhält und durch das Vergnügen für diese Pflichterfüllung belohnt.

Vortheile der Feinschmeckerei.

In Hinsicht auf die Staatswirthschaft ist die Feinschmeckerei das Band, welches die Völker durch den gegenseitigen Austausch der zum täglichen Verbrauche nöthigen Dinge einigt.

Sie lässt die Weine, die Branntweine, den Zucker, die Gewürze, die eingemachten und gesalzenen Speisen, die Vorräthe jeder Art, selbst Eier und Melonen, von einem Pole zum andern reisen.

Sie gibt den mittelmässigen, guten und vortrefflichen Dingen einen verhältnissmässigen Preis, mögen nun ihre Eigenschaften von der Natur kommen oder von der Kunst.

Sie erhält die Hoffnung und den Wetteifer jener Mengen von Jägern, Fischern, Gärtnern und Landbauern, die täglich die üppigsten Vorrathskammern mit den Resultaten ihrer Arbeit und ihrer Entdeckungen anfüllen.

Sie erhält jenen industriellen Haufen von Köchen, Pasteten- und Zuckerbäckern, welche wieder ihrerseits eine Menge von Arbeitern zu ihren Geschäften benutzen, und verursacht auf diese Weise zu jeder Zeit und Stunde eine Werth-Circulation, deren Bewegung und Umfang auch der Geübteste nicht berechnen kann.

Und diese Industrie, die von der Feinschmeckerei abhängt, ist um so vortheilhafter gestellt, als sie sich einerseits auf das Vermögen der Reichen, andererseits auf täglich neu erwachende Bedürfnisse stützt.

Bei dem gegenwärtigen Zustande unserer Civilisation kann man sich kein Volk vorstellen, das nur von Brot und Gemüse lebte. Wenn es ein solches Volk gäbe, so würde es unzweifelhaft von den fleischessenden Heeren unterjocht werden, wie die Hindus jedem, der sie angreifen wollte, als Beute zufielen; oder es würde durch die Küche seiner Nachbarn bekehrt werden, wie seiner Zeit die Böotier, die nach der Schlacht von Leuctra Feinschmecker wurden.

Fortsetzung.

56. Die Feinschmeckerei eröffnet dem Staatsschatze bedeutende Hülfsmittel; sie nährt die Duanen, die Octrois und die indirecten Steuern. Alles, was wir verzehren, zahlt Steuer und es gibt keine Staatscasse, die nicht in der Feinschmeckerei ihre Hauptstütze fände.

Sollen wir von dem Schwarm von Köchen reden, die seit mehren Jahrhunderten beständig aus Frankreich auswandern, um ausländische Feinschmecker zu befriedigen? Den meisten glückt es, und jenem Instinkte gehorchend, der im Herzen eines Franzosen niemals ausstirbt, bringen sie die Früchte ihrer Sparsamkeit ins Vaterland zurück. Diese Rückfracht ist bedeutender als man glaubt. Auch die Köche haben einen Stammbaum.

Wenn die Völker dankbar wären, so müssten die Franzosen der Feinschmeckerei vor allen anderen Tugenden Tempel und Altäre errichten.

Macht der Feinschmeckerei.

57. Den im November 1815 abgeschlossenen Verträgen zufolge musste Frankreich den Alliirten in drei Jahren 750 Millionen Kriegskosten zahlen.

Zu dieser Summe kamen noch die besonderen Ansprüche der Bewohner verschiedener Länder, die von den vereinigten Herrschern geregelt worden waren und mehr als dreihundert Millionen betrugen.

Ferner muss man noch die Requisitionen hinzurechnen, welche die feindlichen Heerführer in Natur ausschrieben und auf Wagen über die Grenze führen liessen; der Staatsschatz musste sie später bezahlen — Alles in Allem mehr als 1500 Millionen.

Man konnte, ja man musste fürchten, dass so bedeutende Zahlungen, die täglich baar geleistet werden mussten, den Staatsschatz erschöpfen, die nichtmetallischen Werthe herabsetzen und so all' jenes Unheil herbeiführen würden, das ein Land ohne baares Geld und ohne Mittel, sich welches zu verschaffen, bedrückt.

„Ach Gott!" seufzten viele brave Leute, wenn sie den fatalen Geldkarren sahen, der sich täglich in der Vivienne-Strasse füllte — „ach Gott! Da wandert unser Geld aus! Nächstes Jahr wird man sich vor einem Thaler auf die Kniee werfen! Wir fallen in den jammervollen Zustand eines Bankeruttirers; keine Unternehmung wird glücken, man wird nirgends Geld finden; Auszehrung, bürgerlicher Tod wird die Folge sein!"

Die Ereignisse straften diese Schreckgebilde der Phantasie Lügen. Zum grössten Erstaunen aller Finanzmänner geschah es, dass die Zahlungen unschwer geleistet wurden, der Credit wuchs, die Anleihen gierig gezeichnet wurden und dass während der ganzen Zeit dieser übermässigen Geldabführung der Wechselcours, jenes untrügliche Barometer des Geldumlaufes, zu unseren Gunsten stand — mit anderen Worten, man hatte den untrüglichen Beweis, dass mehr Geld nach Frankreich eingeführt als ausgeführt wurde.

Welche Macht kam uns zu Hülfe? Welche Gottheit bewirkte dies Wunder? — Die Feinschmeckerei!

Als die Briten, die Germanen, die Teutonen, die Cimbern und die Scythen in Frankreich einbrachen, brachten sie eine seltene Esslust und Mägen von ungewöhnlichem Kaliber mit.

Sie begnügten sich nicht lange mit der Hausmannskost, welche ihnen eine erzwungene Gastfreundschaft vorsetzte; sie lechzten nach feineren Genüssen; bald war die Hauptstadt nur ein ungeheurer Speisesaal. Sie assen, diese Eindringlinge, in den Gasthöfen und Restaurationen, in den Kneipen, Pinten und Schoppenwirthschaften, ja selbst in den Gassen.

Sie füllten sich mit Fleisch, Fischen, Wildpret, Trüffeln, Pasteten und besonders mit Früchten.

Sie tranken mit einer Gier, die ihrem Appetit gleichkam, und verlangten stets die feinsten Weine, weil sie bei diesen unerhörte Genüsse zu kosten hofften, die sie dann zu ihrem Erstaunen hernach nicht fanden.

Die oberflächlichen Beobachter wussten nicht, was sie zu diesem steten Fressen ohne Hunger und ohne Ende sagen sollten; aber die ächten Franzosen lachten und rieben sich die Hände. „Sie haben angebissen," sagten sie, „und heute Abend werden sie uns mehr Thaler zurückgegeben haben, als ihnen der Staatsschatz heute Morgen Franken auszahlte."

Jene Zeit war allen Lieferanten der Geschmacksgenüsse günstig. Véry vollendete sein Vermögen; Achard legte den Grund zu dem seinigen; Beauvilliers wurde zum dritten Male reich und Madame Sullot, deren Laden im Palais royal keine zwei Quadratklafter gross war, verkaufte täglich etwa 12,000 Pastetchen*).

Diese Wirkung hält noch heute an. Aus allen Ländern Europas kommen die Fremden, um während des Friedens die süssen Gewohnheiten aufzufrischen, die sie im Kriege annahmen; sie müssen nach Paris kommen, und wenn sie dort sind, müssen sie um jeden Preis fein speisen. Wenn unsere Staatspapiere auf der Börse gesucht sind, so verdanken wir dies weniger den vortheilhaften Zinsen, die sie tragen, als dem instinktmässigen Zutrauen, das man zu einem Volke hat, bei welchem die Feinschmecker sich wohl befinden**).

Federzeichnung einer hübschen Feinschmeckerin.

58. Die Feinschmeckerei steht den Frauen wohl an; sie ziemt der Zartheit ihrer Organe und ersetzt ihnen einige

---

*) Als die Alliirten in die Champagne einrückten, tranken sie in den berühmten Kellern des Herrn Moët in Epernay 600,000 Flaschen Wein aus.

Herr Moët hat sich über diesen ungeheuren Verlust getröstet. Der Wein hatte den Plünderern geschmeckt und seit jener Zeit verkaufte er mehr als das Doppelte nach dem Norden.

**) Die Berechnungen, auf welche dieser Abschnitt gegründet ist, wurden mir von Hrn. M. B..... geliefert, einem Candidaten der Gastronomie, der gute Zeugnisse hat, denn er ist Bankier und Musiker zugleich.

Vergnügungen, denen sie sich entziehen müssen, wie sie ihnen Trost gewährt für Leiden, zu denen die Natur sie bestimmt hat.

Nichts Angenehmeres als eine hübsche Näscherin unter den Waffen; ihre Serviette ist vortheilhaft gefaltet; eins ihrer runden Händchen ruht auf dem Tische, das andere führt sauber geschnittene Bissen oder einen Rebhuhnflügel zum Munde, in den man einbeissen muss; ihre Augen glänzen, ihre Lippen sind Korallen, ihre Bewegungen reizend, die Unterhaltung fliessend; das bischen Koketterie, das die Frauen überall anbringen, fehlt auch hier nicht. Solche Reize sind unwiderstehlich; Cato der Censor selbst liesse sich hinreissen.

Anekdote.

Eine bittere Erinnerung knüpft sich hier an.

Ich sass eines Tages bequem zu Tische neben der hübschen Frau M.....d und freute mich innerlich über mein Glücksloos, als sie sich plötzlich zu mir drehte, ihr Glas erhob: „Auf Ihre Gesundheit!" Ich fing augenblicklich eine zärtliche Dankrede an, hatte aber noch nicht geendet, als die Kokette zu ihrem Nachbar zur Linken sagte: „Stossen wir an!" Sie stiessen an und dieser plötzliche Uebergang schien mir eine solche Treulosigkeit, dass ich eine tiefe Wunde im Herzen davon trug, welche die Jahre noch nicht geheilt haben.

Feinschmeckerei der Frauen.

Diese Neigung des schönen Geschlechts ist gewiss dem Instinkte gemäss, denn die Feinschmeckerei ist der Schönheit günstig.

Eine Reihe ernster und genauer Beobachtungen hat bewiesen, dass eine kräftige, zarte und wohlbesorgte Nahrung die äusseren Zeichen des Alters lange zurückschiebt.

Sie gibt den Augen mehr Glanz, der Haut mehr Frische, den Muskeln mehr Kraft, und da ohne Zweifel aus physiologischen Gründen die Erschlaffung der Muskeln die Falten, jene schrecklichen Feinde der Schönheit, erzeugt, so darf man dreist behaupten, dass bei sonst gleichen Verhältnissen diejenigen, welche zu essen wissen, zehn Jahre jünger scheinen, als diejenigen, welchen diese Wissenschaft fremd ist.

Die Maler und Bildhauer kennen diese Wahrheit sehr wohl und sie bilden deshalb alle, welche der Enthaltsamkeit aus Wahl oder aus Pflicht fröhnen, wie die Geizigen und die Einsiedler, stets mit der Blässe der Krankheit, der Magerkeit, des Elendes und den Falten der Hinfälligkeit.

Wirkung der Feinschmeckerei auf die Geselligkeit.

59. Die Feinschmeckerei ist eines der stärksten gesellschaftlichen Bande; sie breitet täglich jenen geselligen Geist aus, der die verschiedenen Stände vereinigt, sie mit einander verschmilzt, die Unterhaltung belebt und die Ecken der gebräuchlichen Ungleichheit abschleift.

Die Feinschmeckerei ist der Grund der Anstrengungen, welche jeder Gastgeber machen soll, um seine Gäste gut zu empfangen, sowie der Dankbarkeit der Gäste, welche bemerken, dass man sich wissenschaftlich mit ihnen beschäftigt hat; ewiger Schimpf jenen rindviehmässigen Fressern, die mit strafwürdiger Gleichgültigkeit die ausgezeichnetsten Bissen verschlingen und mit verdammenswerther Zerstreuung den klaren duftenden Nectar hinabstürzen!

Allgemeine Regel. Jedes Werk höherer Einsicht verdient unbedingtes Lob — überall, wo man die Neigung zu Gefallen findet, soll man rücksichtsvolles Lob spenden.

Einfluss der Feinschmeckerei auf das Glück im Ehestande.

60. Diese Neigung kann namentlich dann, wenn sie von beiden Seiten getheilt wird, den wesentlichsten Einfluss auf das eheliche Glück üben.

Zwei feinschmeckende Ehegatten haben wenigstens einmal im Tage eine angenehme Gelegenheit zur Vereinigung; denn selbst diejenigen, welche in gesonderten Betten schlafen (und es gibt deren Viele), essen wenigstens an demselben Tische; sie haben einen Gegenstand der Unterhaltung, der stets wiederkehrt; sie sprechen nicht nur von dem, was sie essen, sondern auch von dem, was sie gegessen haben oder noch essen werden, sie unterhalten sich von dem, was sie bei Anderen gesehen haben, von den Modeschüsseln, den neuen Erfindungen u. s. w., und alle diese innigen Gespräche haben einen ausserordentlichen Reiz.

Die Musik bietet gewiss ebenfalls für diejenigen, welche sie lieben, einen grossen Genuss — allein man muss sich damit beschäftigen — es ist eine Arbeit.

Ausserdem hat man zuweilen den Schnupfen, die Noten fehlen, die Instrumente sind verstimmt, man hat Kopfweh und muss feiern.

Dagegen ruft ein gleiches Bedürfniss die Gatten zu Tische und dieselbe Neigung hält sie dort fest; sie bezeigen sich gegenseitig jene kleinen Aufmerksamkeiten, welche die Lust, einander einen Dienst zu erzeigen, anzeigen, und die Art und Weise, wie das Essen vorübergeht, trägt viel zum Lebensglücke bei.

Diese für Frankreich ziemlich neue Beobachtung ist dem englischen Moralisten Fielding nicht entgangen, und er hat sie erläutert, indem er in dem Roman Pamela die Art malte, wie zwei Ehepaare ihren Tag beenden.

Hier ein Lord, der älteste Sohn, der alle Güter der Familie besitzt.

Dort sein jüngerer Bruder, Pamela's Gatte; seiner Heirath wegen enterbt, lebt er auf Halbsold in bedrängten Umständen, fast in Armuth.

Der Lord und sein Weib kommen von verschiedenen Seiten und grüssen sich kalt, obgleich sie sich den Tag über noch nicht gesehen haben. Sie setzen sich an eine glänzend ausgestattete Tafel, umschwärmt von goldstrotzenden Lakaien, bedienen sich schweigsam und essen ohne Vergnügen. Indessen entspinnt sich nach dem Abtritt der Lakaien eine Art Unterhaltung, die bald ärgerlich wird; man zankt sich und erhebt sich endlich in voller Wuth, um, jedes in seinen Gemächern, über die Süssigkeit des Wittwerstandes nachzudenken.

Der Bruder dagegen wird bei der Ankunft in seiner bescheidenen Wohnung mit der zärtlichsten Zuvorkommenheit empfangen. Er setzt sich zu einem frugalen Essen — aber die Speisen, die man ihm vorsetzt, müssen vortrefflich sein, denn Pamela selbst hat sie zubereitet. Die Gatten speisen mit Wonne und unterhalten sich von ihren Geschäften, ihren Plänen, ihrer Liebe. Eine halbe Flasche Sekt lässt sie das Mahl und das Gespräch verlängern; dasselbe Bett umfängt sie und nach dem Genusse gleich getheilter Liebe lässt ein süsser Schlaf sie der Gegenwart vergessen und von einer besseren Zukunft träumen.

Ehre also der Feinschmeckerei, so wie wir sie unseren Lesern malen und so lange sie den Menschen nicht von demjenigen abzieht, was er seiner Pflicht und seinem Vermögen schuldig ist! So wenig die Orgien Sardanapals die Frauen im Allgemeinen verabscheuen lassen können, so wenig dürfen die Ausschreitungen eines Vitellius ein wohlgeordnetes Mahl verachten lassen!

Sobald die Feinschmeckerei Fresserei, Gefrässigkeit und Völlerei wird, so verliert sie ihren Namen und ihre Vortheile, entzieht sich unserem Bereiche und gehört in dasjenige des Moralisten, der sie mit Predigten, oder des Arztes, der sie mit Arzneien behandeln wird.

Zwölfte Betrachtung.
Die Feinschmecker.

Nicht Jeder, der es sein möchte, ist deshalb Feinschmecker.

61. Es gibt Individuen, welchen die Natur jene Feinheit der Organe oder jene Stetigkeit der Aufmerksamkeit versagt hat, ohne welche die schmackhaftesten Speisen unbeachtet geschluckt werden.

Die Physiologie hat uns schon die erste dieser Kategorien kennen gelehrt und uns gezeigt, dass die Zunge dieser Unglücklichen nur schlecht mit den Nervenwärzchen versehen ist, welche den Geschmack einsaugen und vermitteln sollen. Sie haben nur ein dumpfes Gefühl; sie verhalten sich zu den Geschmäcken wie Blinde zu der Farbe.

Die zweite Kategorie begreift die Zerstreuten, die Schwätzer, die Beschäftigten, die Ehrgeizigen und alle Anderen, welche zu gleicher Zeit zweierlei Dinge thun möchten und nur essen, um sich zu füllen.

Napoleon.

Zu diesen gehörte unter Anderen Napoleon; er war sehr unregelmässig in seinen Mahlzeiten, ass schnell und schlecht; aber auch hierin zeigte er, wie überall, seinen unumschränkten Willen. Sobald er Appetit fühlte, musste er auch befriedigt werden, und seine Feldküche war so eingerichtet, dass man an jedem Ort und zu jeder Stunde ihm unverzüglich, beim ersten Befehl, Geflügel, Coteletten und Kaffee vorsetzen konnte.

Feinschmecker aus Vorausbestimmung.

Es gibt eine bevorzugte Classe, welche durch materielle und organische Vorausbestimmung zu den Genüssen des Geschmackes berufen ist.

Ich war von jeher Anhänger von Lavater und Gall; ich glaube an die angeborenen Anlagen.

Wenn es Individuen gibt, die augenscheinlich zur Welt kamen, um schlecht zu sehen, schlecht zu hören, schlecht zu gehen, weil sie von Geburt an kurzsichtig, harthörig oder verkrüppelt waren — warum sollte es denn auch nicht Andere geben, welche zum Voraus bestimmt sind, gewisse Empfindungsweisen ganz besonders zu fühlen?

Wer nur einigermaassen Neigung zum Beobachten besitzt, wird jeden Augenblick in der Gesellschaft auf Gesichter stossen, welche den unleugbaren Stempel des herrschenden Charakterzuges tragen, wie zum Beispiel der geringschätzenden Anmaassung, der Selbstzufriedenheit, des Menschenhasses, der Sinnlichkeit u. s. w. In der That kann man auch All' dies in sich haben, ohne es auf dem Antlitz zu zeigen, wenn aber das Gesicht einmal einen festen Stempel trägt, so trügt es selten.

Die Leidenschaften wirken auf die Muskeln und häufig kann man selbst auf dem Gesichte eines Schweigenden die verschiedenen Gefühle lesen, die ihn bewegen. Wenn solche Spannungen einigermaassen gewohnheitsmässig werden, so lassen sie sichtbare Spuren und geben so dem Gesichte einen bleibenden und erkennbaren Charakter.

Sinnliche Vorausbestimmung.

62. Die geborenen Feinschmecker sind meistens von mittlerer Grösse; sie haben ein rundes oder viereckiges Gesicht, glänzende Augen, kleine Stirn, kurze Nase, fleischige Lippen und rundes Kinn. Die Frauen sind drall, eher hübsch als schön und etwas zum Fettwerden geneigt.

Geborene Feinschmecker.

Die Näscherinnen haben feinere Züge, zarteres Aussehen, sind niedlicher und unterscheiden sich durch ein ganz eigenthümliches Zungenschnalzen.

Unter diesen äusseren Zügen muss man die liebenswürdigsten Gäste suchen; sie nehmen Alles an, was man ihnen gibt, essen langsam und kosten mit Ueberlegung. Sie beeilen sich nicht, den Ort zu verlassen, wo sie eine gewählte Gastfreundschaft empfing; sie bleiben den Abend über und kennen die Spiele und Zeitvertreibe, welche zu jeder gastronomischen Gesellschaft gehören.

Diejenigen aber, denen die Natur die Fähigkeit der Geschmacksgenüsse versagt hat, haben ein langes Gesicht, lange Nase und glanzlose Augen; welches auch ihr Wuchs sein möge, stets haben sie etwas Längliches in ihrem Körperbau. Sie haben schwarze und glatte Haare und sind stets mager; sie haben die langen Hosen erfunden.

Die Frauen, welchen die Natur denselben betrübenden Fehler angehängt hat, sind eckig, langweilen sich bei Tische und leben nur von Kartenspiel und Klatscherei.

Diese physiologische Theorie wird hoffentlich nur wenige Gegner finden, denn Jeder kann sie um sich herum bestätigen; doch will ich sie durch Thatsachen belegen.

Ich nahm eines Tages an einem grossen Mahle Theil und sass einem sehr hübschen Frauenzimmer gegenüber, deren Gesicht ganz Sinnlichkeit war. Ich zischelte meinem Nachbar ins Ohr: ein Fräulein mit einem solchen Gesichte müsse jedenfalls sehr naschhaft sein. „Welche Thorheit!" antwortete mein Nachbar, „sie hat kaum fünfzehn Jahre; das ist noch nicht das Alter zur Feinschmeckerei. Indessen — beobachten wir!"

Der Anfang war mir nicht günstig; ich fürchtete, mich compromittirt zu haben; denn während der zwei ersten Gänge war die junge Dame ausserordentlich zurückhaltend und ich glaubte schon auf eine Ausnahme gestossen zu sein, wie ja jede Regel sie haben soll. Aber endlich kam das Dessert, ebenso reichhaltig als prachtvoll, und ich schöpfte wieder

Hoffnung. Sie wurde nicht zu Schanden; die Dame ass nicht nur von Allem, was man ihr anbot, sondern liess sich auch noch die entferntesten Schüsseln herbeibringen. Sie kostete Alles und mein Nachbar wunderte sich, wie dieser kleine Magen so viele Dinge herbergen könne. So wurde meine Diagnose bestätigt und der Wissenschaft ein neuer Triumph bereitet.

Zwei Jahre darauf traf ich dieselbe Dame wieder; sie hatte sich vor acht Tagen verheirathet und ganz zu ihrem Vortheil entwickelt; sie liess ein wenig Koketterie durchschimmern und war um so bezaubernder, als sie alle Reize zeigte, welche die Mode zu zeigen zulässt. Ihr Mann war zum Malen; er glich einem Bauchredner, der auf der einen Seite lachen, auf der anderen weinen kann; — er schien nämlich sehr zufrieden damit, dass man seine Frau bewunderte; kam ihr aber ein Liebhaber des schönen Geschlechts in die Nähe, so schauderte er sichtlich vor Eifersucht. Dieses Gefühl erhielt die Oberhand; er entführte seine Frau in ein entlegenes Departement und dort endete für mich ihre Lebensgeschichte.

Ich machte eine ähnliche Beobachtung an dem Herzog Decrès, der so lange Marineminister war.

Er war bekanntlich dick, kurz, braun, viereckig und lockig; hatte ein wenigstens rundes Gesicht, vorstehendes Kinn, dicke Lippen und ein Maul wie ein Riese; ich erklärte ihn sogleich für einen Liebhaber guter Schüsseln und schöner Frauen.

Ich plauschte diese physiognomische Bemerkung höchst leise und zart in das Ohr einer hübschen Dame, die ich für verschwiegen hielt. Leider täuschte ich mich — sie war eine Tochter Eva's — mein Geheimniss hätte sie erstickt. Die Excellenz wurde noch an demselben Abend von dem wissenschaftlichen Horoskop unterrichtet, das ich aus ihren Zügen gestellt hatte.

Dies erfuhr ich des andern Tages durch einen liebenswürdigen Brief, den mir der Herzog schrieb und in dem er sich bescheiden gegen die beiden übrigens sehr achtungswerthen Eigenschaften verwahrte, die ich ihm zugeschrieben hatte.

Ich hielt mich nicht für besiegt und antwortete auf der Stelle, die Natur thue nichts umsonst; sie habe ihn sicherlich für gewisse Zwecke gebildet und wenn er diese nicht erfülle, arbeite er gegen seine Schickung — übrigens hätte ich kein Recht zu solchen Vertraulichkeiten und ähnliche schöne Dinge mehr.

Unsere Correspondenz blieb dabei. Einige Zeit darauf aber wurde ganz Paris durch die Zeitungen von der merkwürdigen Schlacht in Kenntniss gesetzt, welche zwischen dem Minister und seinem Koche Statt fand — ein langer, hin und her wogender Kampf, in dem die Excellenz nicht immer Sieger blieb. Wenn nun nach einer solchen Begebenheit der Koch nicht weggeschickt wurde (und er blieb!), so schliesse ich daraus, dass der Herzog durchaus unter der Herrschaft der Talente dieses Künstlers stand und dass er verzweifelte, einen Zweiten zu finden, der seinem Geschmack so wie dieser zu schmeicheln verstände; sonst hätte er gewiss niemals den natürlichen Widerwillen überwinden können, von einem so kriegerischen Kochkünstler bedient zu werden.

Während ich an einem schönen Winterabende diese Zeilen schrieb, kam Herr Cartier, früher erster Violinist der Oper und geschickter Lehrer, zu mir und setzte sich ans Kamin. Voll von meinem Gegenstande, betrachte ich ihn genauer und sage zu ihm: „Lieber Professor, wie kommt es, dass Sie kein Feinschmecker sind, da Sie doch alle Züge eines solchen haben?" — „Ich war es in hohem Grade," antwortete er, „aber ich enthalte mich." — „Vielleicht aus Klugheit?" fragte ich. Er antwortete nicht, stiess aber einen Walter Scott'schen Seufzer aus, der einem Gestöhne glich.

Feinschmecker von Standeswegen.

63. Wenn es Feinschmecker aus Vorherbestimmung gibt, so gibt es auch welche von Standeswegen, und hier

muss ich vier grosse Classen erwähnen: die Finanzleute, die Aerzte, die Literaten und die Betbrüder.

Die Finanzleute.

Die Bankiers sind die Helden der Feinschmeckerei. Das Wort Helden ist hier am Orte, denn der Kampf war heiss und die junkerliche Aristokratie hätte die Finanz mit ihren Titeln und Wappenschilden erdrückt, wenn diese nicht ihre reichen Tafeln und ihre Geldkisten zur Schutzwehr gehabt hätten. Die Köche kämpften gegen die Stammbäumler und obgleich die Herzoge oft nicht einmal bis zu ihrem Ausgange warteten, um den Gastgeber zu verhöhnen, so kamen sie doch wieder und besiegelten ihre Niederlage durch ihre Anwesenheit.

Ueberhaupt sind Alle, welche leicht vieles Geld verdienen, unausweichlich verpflichtet, Feinschmecker zu sein.

Die Ungleichheit der Stellung bedingt die Ungleichheit des Reichthums; aber die Ungleichheit des Reichthums bedingt nicht die Ungleichheit der Bedürfnisse — Einer, der täglich eine reichliche Mahlzeit für hundert Personen bezahlen könnte, hat oft an einem Hühnerschenkel übergenug. Die Kunst muss dann alle ihre Hülfsmittel aufbieten, um jenen Schatten von Appetit durch Schüsseln zu wecken, die ihn ohne Schaden aufrecht halten und ohne ihn zu ersticken liebkosen. So wurde Mondor ein Feinschmecker und von allen Seiten kamen die Feinschmecker zu ihm.

Deshalb findet man auch in allen Kochbüchern in allen Reihen von Speisen eine oder mehrere Zubereitungsarten, die den Titel tragen: à la financière. Auch war es bekanntlich früher nicht der König, sondern die Generalpächter, welche die erste Schüssel Zuckererbsen assen, die stets mit 800 Franken bezahlt wurde.

Heutzutage geht es noch ebenso; die Tafeln der Finanzleute bieten noch immer das Vollkommenste aus der Natur, das Früheste aus den Treibhäusern, das Ausgezeichnetste aus den Laboratorien, und die historischsten Personen verschmähen es nicht, an diesen Mahlzeiten Theil zu nehmen.

Die Aerzte.

64. Ursachen anderer Art, aber nicht minder mächtig, wirken auf die Aerzte ein; sie werden Feinschmecker durch Verführung und müssten von Erz sein, um widerstehen zu können.

Man empfängt die lieben Doctoren um so lieber, als die unter ihre Fürsorge gestellte Gesundheit das edelste aller Güter ist; man verzieht sie so viel als möglich.

Sie werden mit Ungeduld erwartet, mit Zuvorkommenheit empfangen. Eine hübsche Kranke lädt sie ein; eine junge Dame liebkost sie; ein Vater, ein Ehemann empfehlen ihnen ihr Liebstes auf Erden. Die Hoffnung umgeht sie auf dem linken Flügel, die Erkenntlichkeit auf dem rechten; man schnäbelt sie wie Tauben; sie lassen mit sich machen, und in einem halben Jahre ist die Gewohnheit eingewurzelt und sie sind Feinschmecker ohne Umkehr (post redemption).

Dies wagte ich eines Tages bei einem Essen zu sagen, an dem ich, als neunter Gast, unter dem Vorsitze des Doctors Corvisart Theil nahm. Es war im Jahre 1806.

„Sie sind," rief ich im inspirirten Tone eines puritanischen Predigers, „Sie sind die letzten Ueberbleibsel einer Körperschaft, die früher über ganz Frankreich verbreitet war! Ach! die Glieder sind vernichtet oder zerstreut! Wo gibt es noch Generalpächter, Abbés, Ritter, weisse Mönche? Sie allein sind noch die schmeckende Körperschaft! Tragen Sie diese ungeheure Last mit Festigkeit, wenn Sie auch das Schicksal der dreihundert Spartaner in den Thermopylen erwartete!"

Ich sprach's und Niemand widerredete; wir handelten danach und die Wahrheit hat gesiegt.

Bei diesem Mahle machte ich eine Beobachtung, die bekannt zu werden verdient.

Der Doctor Corvisart, der sehr liebenswürdig sein konnte, wenn er wollte, trank nur geeisten Champagner. Deshalb war er auch beim Anfange des Mahles, wo die Anderen mit Essen beschäftigt waren, sehr aufgelegt, gesprächig und lustig. Beim Dessert dagegen, wenn die Unterhaltung lebhaft wurde, war er im Gegentheile ernsthaft, schweigsam und zuweilen selbst mürrisch.

Aus dieser und vielen anderen ähnlichen Beobachtungen habe ich folgenden Satz abgeleitet: Der Champagner ist in seiner ersten Wirkung aufheiternd (ab initio), in der Nachwirkung dagegen verdummend (in recessu), was übrigens der bekannten Wirkung des kohlensauren Gases zugeschrieben werden muss.

Rüge.

65. Da ich einmal bei den Doctoren halte, so will ich nicht sterben, ohne die ausserordentliche Strenge zu rügen, womit sie oft ihre Kranken behandeln.

Sobald man zum Unglücke in ihre Hände fällt, muss man einer Litanei von Verboten gehorchen und den angenehmsten Gewohnheiten entsagen.

Ich lehne mich gegen die meisten dieser Verbote auf — sie sind unnütz.

Unnütz, weil die Kranken fast niemals zu dem Lust haben, was ihnen schädlich ist.

Der vernünftige Arzt soll niemals unsere natürlichen Neigungen ausser Augen lassen oder vergessen, dass die schmerzlichen Empfindungen dem Leben nachtheilig, die angenehmen dagegen der Gesundheit zuträglich sind. Etwas Wein, ein Löffelchen Kaffee, einige Tropfen Liqueur haben schon auf manchem hippokratischen Gesicht ein Lächeln hervorgezaubert.

Ueberdem sollten diese strengen Befehlshaber wissen, dass ihre Vorschriften meist ohne Wirkung bleiben; der Kranke sucht sich ihnen zu entziehen; die, welche ihn umgeben, finden stets tausend Gründe ihm gefällig zu sein, und einmal muss man doch sterben.

Die Ration, welche man im Jahre 1815 einem kranken Russen gab, hätte einen Sackträger betrunken gemacht und die eines Engländers einen Pronvençalen zum Platzen gestopft. Und man durfte Nichts abbrechen, denn die Militair-Inspectoren waren beständig in den Spitälern und überwachten sowohl die Lieferung wie die Verzehrung.

Ich gebe meine Ansicht mit um so mehr Zutrauen, als sie auf zahlreiche Thatsachen gestützt ist und auch bei den berühmtesten Praktikern mehr und mehr Eingang findet.

Der Domherr Rollet, der vor 50 Jahren starb, war nach der Sitte der alten Zeit ein starker Trinker; er wurde krank und mit dem ersten Worte untersagte ihm sein Arzt gänzlich den Wein. Aber bei dem nächsten Besuche fand der Doctor seinen Patienten zwar im Bette, vor ihm aber die vollständigte Beweisführung seiner Schuld: ein Tisch mit einem weissen Tischtuche gedeckt, ein Becher von Krystall, eine Flasche von gutem Aussehen und eine Serviette zum Abwischen der Lippen.

Der Doctor gerieth in heftigen Zorn und wollte fort, als ihm der unglückliche Domherr in jammervollem Tone zurief: „Ach, lieber Doctor, als Sie mir verboten, Wein zu trinken, verboten Sie mir doch nicht das Vergnügen, die Flasche wenigstens zu betrachten!"

Der Arzt, welcher Herrn von Montlusin von Pont-de-Veyle behandelte, war noch grausamer; er untersagte seinem Patienten nicht nur den Wein, sondern verordnete ihm auch obenein, viel Wasser zu trinken.

Einige Zeit nach seinem Besuche kam Frau von Montlusin in der besten Absicht, die Genesung ihres Mannes zu fördern und brachte ihm ein grosses Glas sehr frisches und krystallhelles Wasser.

Der Kranke nahm es demüthig an und trank mit Ergebung; aber beim ersten Schluck hielt er ein, gab das Glas seiner Frau zurück und sagte: „Nimm das, meine Liebe, und hebe es für ein ander Mal auf; ich habe immer gehört, man müsse mit Arzneimitteln nicht spassen."

Die Literaten.

66. Das Literatenquartier liegt im Reiche der Feinschmeckerei hart neben dem Stadtviertel der Aerzte.

Zur Zeit Ludwig's des Vierzehnten waren die Literaten Trunkenbolde; sie lebten mit der Mode und die Denkwürdigkeiten aus jener Zeit erzählen davon erbauliche Dinge. Heut zu Tage sind sie Feinschmecker; das ist eine Verbesserung.

Ich bin nicht der Ansicht des Lyrikers Geoffroy, der behauptete, die heutigen Schriftwerke seien kraftlos, weil ihre Verfasser nur Zuckerwasser tränken.

Ich glaube im Gegentheile, dass hier ein doppeltes Missverständniss herrscht, sowohl hinsichtlich der Thatsachen, als auch hinsichtlich der Folgen.

Unsere Zeit ist reich an Talenten; sie schaden sich vielleicht durch ihre Menge; aber die Nachwelt, welche mit mehr Ruhe urtheilt, wird Manches zu bewundern finden; gerade so wie wir den Werken von Racine und Molière Gerechtigkeit angedeihen lassen, die von ihren Zeitgenossen mit Kälte aufgenommen wurden.

Niemals war die Stellung der Literaten in der Gesellschaft angenehmer als jetzt. Sie wohnen nicht mehr, wie früher, unter den Dächern; die Felder der Literatur sind fruchtbar geworden; die Wellen der Hippokrene rollen Goldkörner am Boden; Jedermann gleichgestellt, hören sie nicht mehr die Sprache des Protectorats und werden obenein von der Feinschmeckerei mit Liebkosungen überhäuft.

Man lädt die Literaten ein, weil man ihre Talente achtet, weil ihre Unterhaltung meist einen besonderen Reiz hat und dann auch, weil seit einiger Zeit jede Gesellschaft ihre Literaten haben muss.

Diese Herren kommen stets ein Wenig spät; man empfängt

sie um so besser, weil man sie wünschte; man gibt ihnen Leckerbissen, damit sie wiederkommen, und gute Weine, damit sie Witzfunken sprühen; und da sie das Alles sehr natürlich finden, so gewöhnen sie sich daran, werden und bleiben Feinschmecker.

Es ging sogar soweit, dass es ein wenig Skandal gab. Einige Spürhunde behaupteten, dass gewisse Frühstücke eine Verführung gewesen seien, dass gewisse Ernennungen aus Pasteten hervorgegangen und der Tempel der Unsterblichkeit mit der Gabel geöffnet worden sei. Das sagten böse Zungen; die Gerüchte wurden vergessen, wie so viele Andere; was gethan ist, bleibt gethan, und wenn ich diese Dinge erwähne, so geschieht es nur, um zu zeigen, dass ich Alles kenne, was meinen Gegenstand betrifft.

Die Betbrüder.

67. Die Feinschmeckerei zählt viele Betbrüder unter ihre eifrigsten Jünger.

Wir verstehen unter diesem Worte, was Ludwig der Vierzehnte und Molière darunter verstanden, nämlich Leute, deren Religion in Aeusserlichkeiten besteht; die wahrhaft frommen und wohlthätigen Leute haben damit Nichts zu thun.

Sehen wir zu, wie sie berufen werden. Die meisten, welche ihr Seelenheil suchen, wollen den leichtesten Weg wandeln; diejenigen, welche die Menschen fliehen, auf der Erde schlafen und das Busshemd umgürten, sind und werden stets Ausnahmen bleiben.

Nun gibt es Dinge, die ohne Widerspruch verdammenswerth sind und die man sich niemals erlauben darf, wie Bälle, Theater, Spiel und ähnlicher Zeitvertreib.

Man verdammt diese Dinge und die, welche sich ihnen hingeben, und nun schlüpft die Feinschmeckerei mit einer ganz geistlichen Miene herein.

Der Mensch ist nach göttlichem Rechte König der Natur, und Alles, was die Erde hervorbringt, wurde für ihn geschaffen. Für ihn mästet sich die Wachtel, für ihn sammelt der Mokkastrauch sein Arom, für ihn das Zuckerrohr seine der Gesundheit zuträgliche Süssigkeit.

Warum sollte man nun nicht mit zuträglicher Mässigkeit der Gaben geniessen, welche die Vorsehung uns bietet, zumal wenn wir sie als vergängliche Dinge betrachten und sie unsern Dank gegen den Schöpfer alles Guten steigern?

Noch stärkere Gründe kommen hinzu. Kann man Diejenigen, die unsere Seelen zum Guten lenken und uns auf dem Heilswege erhalten, zu gut empfangen? Soll man nicht Vereinigungen zu solchen Heilzwecken so viel möglich fördern und angenehm machen?

Zuweilen kommen auch Comus Gaben, ohne dass man sie sucht; ein Bekannter aus der Schulzeit, ein alter Freund, ein Reuiger, der sich kreuzigt, ein Verwandter, der sich meldet, ein Schützling, der erkenntlich ist. Wie könnte man solche Opfer zurückweisen? Muss man sie nicht zufriedenstellen? Es ist durchaus nothwendig!

Zudem ist es von Alters her so gewesen.

Die Klöster waren wahrhafte Vorrathskammern voll trefflicher Näschereien; deshalb werden sie auch von vielen Liebhabern bedauert*).

Mehre Mönchsorden, besonders die Bernhardiner, liebten eine gute Küche. Die Köche der Klerisei haben die Kunst vervollkommnet, und als Hr. von Pressigny (er starb als Erzbischof von Besançon) vom Conclave zurückkam, in welchem Pius VI. ernannt wurde, erzählte er, dass er bei dem Capuziner-General am besten in Rom gespeist habe.

---

*) Die besten französischen Liqueure wurden in der Côte bei den Visitandinerinnen bereitet; die Nonnen von Niort erfanden die Engelwurz-Confitüre; man lobt die Orangen-Wasser-Brötchen der Nonnen von Château-Thierry, und die Ursulinerinnen von Belley hatten ein besonderes Recept für eingemachte Nüsse, ein wahrer Schatz für Liebe und Näscherei. Leider muss man befürchten, dass dies kostbare Recept verloren gegangen sei. (Und das „Karthäuser-Wasser" von der grossen Karthause bei Besançon? C. V.)

Die Ritter und die Abbé's.

68. Wir können diesen Abschnitt nicht besser beendigen, als indem wir zweier Corporationen ehrenvoll erwähnen, die wir im vollen Glanze ihres Ruhmes sahen und die von der Revolution ausgelöscht wurden: die Ritter und die Abbé's.

Waren sie Feinschmecker, die lieben Freunde! Ihre offenen Nasen, ihre aufgerissenen Augen, ihre glänzenden Lippen, ihre spazierenden Zungen liessen keinen Zweifel daran aufkommen; doch hatte jeder Stand seine besondere Art, zu essen.

Die Ritter hatten etwas Militärisches in ihrer Haltung — sie nahmen die Stücke mit Würde, bearbeiteten sie mit Ruhe und liessen ihre billigenden Blicke wagerecht vom Hausherrn zur Hausfrau umhergleiten.

Die Abbé's im Gegentheile kauerten sich zusammen, um dem Teller näher zu kommen; ihre rechte Hand krümmte sich wie die Pfote einer Katze, welche die Kastanien aus dem Feuer holt; ihr Antlitz war ganz Vergnügen und ihr Blick hatte eine Innigkeit, die sich leichter begreifen als malen lässt.

Da die heutige Generation gar Nichts den Rittern und Abbé's Aehnliches gesehen hat und man sie doch kennen muss, um viele Bücher des achtzehnten Jahrhunderts verstehen zu können, so entlehne ich noch dem Verfasser der „Geschichtlichen Abhandlung vom Duell" einige Seiten, welche in dieser Hinsicht Nichts zu wünschen übrig lassen*). (Man sehe: Verschiedenes No. 20.)

Langes Leben der Feinschmecker.

69. Nach meinen letzten Vorlesungen bin ich glücklich, überglücklich, meinen Lesern eine frohe Neuigkeit mittheilen zu können, nämlich, dass eine gute Tafel der Gesundheit nichts schadet und die Feinschmecker im Gegentheile unter

---

*) Der Verfasser dieser Abhandlung war Brillat-Savarin selbst.
C. V.

sonst gleichen Bedingungen länger leben als Andere. Dies geht mathematisch aus einer vortrefflichen Abhandlung hervor, welche Dr. Villermet neulich in der Akademie der Wissenschaften las.

Er hat die verschiedenen Stände der Gesellschaft, in welchen man gut lebt, mit denen verglichen, wo man sich schlecht nährt, und die ganze Stufenleiter durchlaufen. Er hat die verschiedenen Bezirke von Paris, in denen mehr oder weniger Wohlstand herrscht, mit einander verglichen (und bekanntlich herrscht in dieser Beziehung ein ungeheurer Unterschied, wie z. B. zwischen der Vorstadt St. Marceau und der Chaussée-d'Antin).

Endlich hat Dr. Villermet seine Untersuchungen auf die verschiedenen Departements ausgedehnt, und die mehr oder weniger fruchtbaren in dieser Beziehung verglichen; überall hat er als allgemeinstes Resultat gefunden, dass die Sterblichkeit in demselben Maasse abnimmt, als die Mittel einer guten Ernährung zunehmen, und dass so diejenigen, welche das Unglück trifft, sich schlecht nähren zu müssen, doch wenigstens sicher sind, schneller durch den Tod vom Elend befreit zu werden.

Die Extreme dieser Progression sind, dass in dem begünstigsten Lebensstande in einem Jahre nur ein Individuum auf 50 stirbt, während in den elendesten Ständen in demselben Zeitraume einer auf 4 stirbt.

Man darf deshalb nicht glauben, dass die, welche sich vortrefflich nähren, niemals krank würden; leider fallen sie auch zuweilen den Aerzten in die Hände, welche sie als „gute Patienten" zu bezeichnen pflegen; aber sie haben mehr Lebenskraft, alle Theile ihrer Organisation sind besser unterhalten, die Natur hat mehr Hülfsmittel und der Körper widersteht weit besser der Zerstörung.

Diese physiologische Wahrheit wird auch durch die Geschichte unterstützt, welche uns belehrt, dass alle Unglücksfälle, wie Kriege, Belagerungen, Nothjahre, welche die Mittel der Ernährung vermindern, stets durch Erzeugung ansteckender Krankheiten die Sterblichkeit vermehrten und dadurch den Nothstand erhöhten.

Die Vorsichtscasse von Lafarge, die den Parisern so bekannt ist, würde gewiss bessere Geschäfte gemacht haben, wenn ihre Gründer die vom Doctor Villermet entwickelten Wahrheiten in Berechnung gezogen hätten.

Sie hatten die Sterblichkeit nach den Tafeln von Buffon, Parcieux und Anderen berechnet, die auf Zahlen beruhen, welche allen Ständen und Altern der Bevölkerung entnommen sind. Aber da diejenigen, welche Capitalien anlegen, um ihre Zukunft zu sichern, meist den Kinderschuhen entwachsen sind und ein ordentliches, häufig selbst sehr nahrhaftes Leben führten, so entsprach der Tod den Wünschen nicht, die Hoffnungen wurden getäuscht und die Speculation schlug fehl.

Das war wohl nicht der einzige, indessen doch der hauptsächlichste Grund des Missglückens.

Professor Pardessus theilte uns diese Beobachtung mit.

Herr du Belloy, Erzbischof von Paris, der fast ein Jahrhundert lebte, hatte einen bedeutenden Appetit; er liebte eine gute Tafel und häufig sah ich seine Patriarchen-Miene bei einem ausgezeichneten Bissen sich aufheitern, Napoleon bezeugte ihm bei jeder Gelegenheit Achtung und Ehrerbietung.

Dreizehnte Betrachtung.

Gastronomische Probirschüsseln.

---

70. Im vorigen Capitel hat man sehen können, dass der specifische Charakter derjenigen, welche mehr Ansprüche als Rechte auf den Ehrentitel eines Feinschmeckers haben, darin besteht, dass beim besten Essen ihr Auge ausdruckslos und ihr Gesicht unbelebt bleibt.

Sie sind unwürdig der Schätze, die man an sie verschwendet und deren Preis sie nicht empfinden; man muss sie deshalb bezeichnen können, und wir haben nach einem unterscheidenden Merkmale gesucht, da die Kenntniss solcher Leute für die Wahl der Gäste wichtig ist.

Wir haben uns dieser Untersuchung mit jener Ausdauer gewidmet, die den Erfolg herbei nöthigt, und dieser Ausdauer verdanken wir den Vortheil, dem ehrenwerthen Stande der Gastgeber die Entdeckung der „gastronomischen Probirschüsseln" anempfehlen zu können — eine Entdeckung, die dem neunzehnten Jahrhundert zur Ehre gereicht.

Wir verstehen unter gastronomischen Probirstücken Schüsseln von anerkanntem Geschmacke und so unwiderleglicher Vortrefflichkeit, dass ihr Aufsetzen allein bei jedem wohl organisirten Menschen alle Geschmackskräfte in Aufregung bringt, so dass diejenigen, bei welchen man in solchem Falle weder den Strahl des Verlangens noch die Verklärung der Seligkeit wahrnimmt, als des Vergnügens und der Ehre der Sitzung unwürdig erklärt werden können.

Die Methode der Probirschüsseln wurde nach reiflicher Untersuchung und Berathung im Grossen Rathe, im goldenen Buche in folgenden Ausdrücken eingeschrieben, die man einer Sprache entlehnte, welche sich nicht mehr verändern kann.

Utcumque ferculum, eximii et bene noti saporis appositum fuerit, fiat autopsia convivae; et nisi facies ejus ac oculi vertantur ad ecstasim, notetur ut indignus.

Der beeidigte Uebersetzer des Grossen Rathes übersetzte dies wie folgt:

Sobald eine Schüssel von vortrefflichem und wohlbekanntem Geschmacke aufgetragen wird, beobachte man seine Gäste, und der, dessen Züge und Augen nicht Verhimmelung zeigen, werde als unwürdig angemerkt.

Die Macht der Probirschüsseln ist durchaus relativ — und sie müssen den Fähigkeiten und Gewohnheiten der verschiedenen Stände angepasst sein. Sie müssen mit genauer

Beobachtung der Umstände so berechnet sein, dass sie Bewunderung und Ueberraschung hervorrufen; sie sind ein Kraftmesser, dessen Feder um so stärker sein muss, je mehr man sich in die höheren Gesellschaftsschichten erhebt. Das Probirstück, welches einem kleinen Rentier der Coquenardstrasse bestimmt ist, wirkt nicht mehr auf einen Unter-Commis und würde bei einem Diner von Auserwählten (select few), bei einem Bankier oder Minister gar nicht bemerkt.

Bei der Aufzählung der Speisen, die als Probirschüsseln dienen sollen, beginnen wir mit denjenigen von niederem Drucke; wir steigen dann allmählich in die Höhe, um die Theorie zu erläutern, damit nicht nur Jeder sich der Tabelle mit Nutzen bedienen könne, sondern auch neue nach demselben Principe erfinden, ihnen seinen Namen geben und sie in demjenigen Gesellschaftskreise benutzen könne, den der Zufall ihm angewiesen hat.

Wir hatten sogar einmal die Absicht, zur Erläuterung die Recepte zu geben, nach welchen die verschiedenen Speisen, die wir als Probirschüsseln anempfehlen, zubereitet werden sollen; haben uns aber dessen enthalten, weil wir den seitdem erschienenen Kochbüchern und namentlich demjenigen von Beauvilliers, so wie dem „Koch der Köche" Unrecht gethan hätten. Wir verweisen also auf diese, so wie auf die Kochbücher von Viard und Appert, und bemerken, dass man im Letzteren manche wissenschaftliche Erörterungen findet, die sonst in Büchern dieser Art nicht vorkommen.

Ich bedaure, dass das Publikum nicht den stenographischen Bericht über die Verhandlungen des Congresses hinsichtlich der Probirschüsseln geniessen kann. Sie sind von der Nacht des Geheimnisses umhüllt und nur einen Umstand darf ich aufdecken.

Ein Mitglied[*] schlug negative Probirschüsseln durch Entziehung vor.

---

[*] Herr F... S....., der durch sein classisches Gesicht, die

So zum Beispiel ein Unglück, das eine vortreffliche Schüssel vernichtet hätte, ein Korb, der mit der Post hätte ankommen sollen und verspätet wurde, mochte nun die Thatsache wahr oder nur erfunden sein; man hätte den Grad der Trauer, der sich auf den Stirnen der Gäste bei dieser traurigen Nachricht malte, beobachtet und notirt und sich so eine Vorstellung von ihrem Geschmacksgefühle machen können.

Aber so verführerisch auch dieser Vorschlag scheinen mochte, so widerstand er doch einer tieferen Untersuchung. Der Präsident bemerkte und zwar mit vielem Rechte, dass solche Unglücksfälle zwar auf die verwahrlosten Organe der Gleichgültigen nur sehr oberflächlich wirken, die wahren Gläubigen dagegen um so heftiger angreifen und ihnen vielleicht einen tödtlichen Schreck bereiten könnten. Deshalb wurde auch der Antrag, trotz einiger Anstrengungen von Seite des Antragstellers, einstimmig verworfen.

Wir wollen jetzt die Schüsseln aufzählen, die uns für Probestücke geeignet scheinen; wir haben sie in drei Reihen aufsteigender Ordnung nach der früher angegebenen Methode getheilt.

Gastronomische Probirschüsseln.

Erste Reihe.

Mittleres Einkommen: 5000 Franken.   (Mittelmässigkeit.)

Ein tüchtiger Kalbsschenkel, dick mit Speck gespickt und in seiner Sauce geschmort;

Ein Truthahn von der Meierei mit Lyoner Kastanien gefüllt;

Fette Tauben vom Schlage, gut in Speckscheiben gebraten;

Feinheit seines Geschmackes und seine administrativen Talente zu einem vollendeten Finanzmanne berufen scheint.

Eierschnee;
Sauerkraut mit Würstchen und geräuchertem Strasburger Speck.
Ausruf: Sakerment! Das sieht gut aus! Da müssen wir uns tüchtig daranmachen!

Zweite Reihe.

Mittleres Einkommen: 15000 Franken. (Wohlhabenheit.)

Ein innen rothes, gespicktes Ochsenfilet in seiner Sauce geschmort;
Ein Rehschlegel, Sauce mit gehackten Cornichons;
Ein gesottener Steinbutt;
Ein Schafschlegel von den Salzwiesen nach Provencer Art zubereitet;
Ein Truthahn mit Trüffeln;
Erste Zuckererbsen.
Ausruf: Ah, lieber Freund! Welch' angenehme Erscheinung! Es geht ja zu wie bei der Hochzeit von Canaan!

Dritte Reihe.

Mittleres Einkommen: 30000 Franken und mehr. (Reichthum.)

Ein siebenpfündiger Kapaun, bis zur vollständigen Kugel mit Trüffeln aus Périgord gestopft;
Eine ungeheure Strasburger Gänseleberpastete, die wie ein Festungsthurm aussieht;
Ein grosser Rheinkarpfen à la Chambord, mit reichen Zuthaten schön aufgeputzt;
Wachteln mit Ochsenmark und Trüffeln auf gerösteten Butterschnitten mit Basilicum;
Ein gespickter und gefüllter Flusshecht in einer Krebssauce nach den Regeln der Kunst;
Ein Fasan auf der Höhe seines Geschmackes, als Haarschopf gespickt auf einer Brotröste à la sainte alliance;

Bemerkung.

Hundert frühe Spargeln von 5 bis 6 Linien Durchmesser, mit Fleischbrühsauce;

Zwei Dutzend Ortolanen nach Provencer Art, wie es in dem „Secretär und Koch" beschrieben ist.

Ausruf: Ah, gnädiger Herr, welchen Ausbund von Koch haben Sie! So Etwas findet man nur bei Ihnen.

Allgemeine Bemerkung.

Alle Probirschüsseln, die gewiss ihre Wirkung äussern sollen, müssen sehr reichlich aufgetragen werden; die Erfahrung, auf die Kenntniss des menschlichen Herzens gestützt, hat uns belehrt, dass die schmackhafteste Seltenheit ihre Wirkung verliert, wenn sie nicht im Uebermaass geboten wird; denn die erste Bewegung, welche sie bei den Gästen hervorbringt, wird durch die Furcht aufgehalten, sie könnten nur spärlich bedient werden oder aus Höflichkeit sogar ausschlagen müssen, was namentlich bei prahlerischen Geizhälsen vorkömmt.

Mehrmals habe ich die Wirkung der Probirschüsseln beobachtet; ein Beispiel wird genügen.

Wir waren bei einem Diner von Feinschmeckern des vierten Grades nur zwei Laien, mein Freund R.... und ich.

Nach einem ersten höchst ausgezeichneten Gange erschien unter anderen Dingen ein jungfräulicher Hahn*) von Bar-

---

*) Männer, deren Ansicht eine wissenschaftliche Lehre begründen kann, haben mich versichert, dass das Fleisch eines jungfräulichen Hahnes wenn nicht zarter, so doch gewiss weit wohlschmeckender sei, als das eines Kapauns. Ich habe in diesem Jammerthal noch zu viel zu thun, um Versuche anstellen zu können, die ich meinen Lesern überlasse; aber ich glaube, man kann von Vorne herein dieser Ansicht zustimmen, denn das Fleisch des ersteren besitzt ein Element des Geschmackes mehr, als das des letzteren.

Eine geistreiche Frau hat mich versichert, sie erkenne die Feinschmecker an der Art, womit sie gewisse Worte, wie: Herrlich! Vortrefflich! aussprechen; die Adepten legen einen Accent der Wahrheit, Zartheit und Begeisterung hinein, den vernachlässigte Gaumen nicht nachzuahmen vermögen.

bézieux, bis zum Platzen mit Trüffeln gefüllt und ein wahres Gibraltar von einer Strasburger Gänseleberpastete.

Diese Erscheinung brachte auf die Gesellschaft eine sichtbare Wirkung hervor, die sich ebenso schwer beschreiben lässt, als das stille Lachen von Cooper — ich sah wohl, dass man Beobachtungen anstellen könne.

In der That schwieg die Unterhaltung wegen Ueberfülle der Herzen; die allgemeine Aufmerksamkeit richtete sich auf die Geschicklichkeit der Vorschneider, und nachdem die Teller vertheilt waren, sah man nach und nach auf allen Gesichtern das Feuer des Verlangens, die Verzückung des Genusses und die vollkommene Ruhe der Glückseligkeit.

Vierzehnte Betrachtung.

Vom Tafelvergnügen.

71. Unter allen fühlenden Wesen, welche den Erdball bewohnen, hat der Mensch ohne allen Zweifel am meisten Leiden zu erdulden.

Die Natur hat ihn ursprünglich durch die Nacktheit seiner Haut, die Gestalt seiner Füsse und durch den Trieb zu Krieg und Zerstörung, der die Menschengattung überall hin begleitet, zu Schmerzen verdammt.

Die Thiere sind von diesem Fluche nicht betroffen worden, und ohne jene Kämpfe, welche der Begattungstrieb erzeugt, wäre den meisten Arten der Schmerz unbekannt; der Mensch dagegen, der nur flüchtig und mittelst weniger Organe das Vergnügen geniessen kann, kann zu jeder Zeit und in allen Körpertheilen ungeheuren Schmerzen ausgesetzt sein.

Dieser Spruch des Geschickes wird noch in seiner Ausführung durch eine Menge von Krankheiten erschwert, welche eine Folge der gesellschaftlichen Gewohnheiten sind, so dass also das lebhafteste und innigste Vergnügen die fürchterlichen Schmerzen nicht aufwiegen kann, welche bei gewissen Krankheiten auftreten, wie Gicht, Zahnweh, Rheumatismus und Harnverhaltung, oder die auch bei gewissen Völkern durch die gebräuchlichen Strafen erzeugt werden.

Diese thatsächliche Furcht vor dem Schmerze ist auch der Grund, dass der Mensch, selbst ohne es zu merken, sich mit Heftigkeit auf die entgegengesetzte Seite wirft und der kleinen Zahl von Vergnügungen sich gänzlich hingiebt, welche ihm die Natur zugetheilt hat.

Aus demselben Grunde vermehrt, verlängert, verändert der Mensch diese Vergnügungen und betet sie zuletzt an, wie denn zur Zeit des Götzendienstes und während einer langen Reihe von Jahrhunderten alle Vergnügungen niederen Gottheiten geweiht und höheren Göttern untergeordnet waren.

Die Strenge der neueren Religionen hat all' diese Gottheiten zerstört; Bacchus, Amor, Comus, Venus und Diana sind nur noch dichterische Erinnerungen; aber die Sache besteht fort und selbst unter der Herrschaft der ernstesten Glaubensformen speist man bei Gelegenheit der Heirathen, Taufen und selbst der Begräbnisse.

Ursprung des Tafelvergnügens.

72. Die Mahlzeiten in unserem Sinne beginnen erst mit dem zweiten Zeitalter der Menschengattung, das heisst von dem Augenblicke an, wo sie sich nicht mehr von Früchten nährte. Die Zubereitung und Vertheilung des Fleisches bedingte die Vereinigung der Familie, deren Häupter den Kindern das erjagte Wild vertheilten und die erwachsenen Kinder leisteten später denselben Dienst ihren alten Eltern.

Diese Vereinigungen, die sich Anfangs auf die nächsten Verwandten beschränkten, dehnten sich später auf Nachbarn und Freunde aus.

Später, als das Menschengeschlecht sich weiter verbreitet hatte, setzte sich der ermüdete Wanderer zu diesen Ur-Mahlen und erzählte von fremden Gegenden. So entstand die Gastfreundschaft mit ihren bei allen Völkern geheiligten Rechten; denn selbst die wildesten Stämme halten es für eine Pflicht, das Leben derjenigen zu achten, mit denen sie Brot und Salz getheilt haben.

Beim Mahle entstanden und vervollkommneten sich die Sprachen, theils weil die Gelegenheit zur Vereinigung stets sich wiederholte, theils auch weil die Ruhe bei und nach der Mahlzeit von selbst zu Vertraulichkeit und Geschwätzigkeit hinführt.

Unterschied zwischen dem Essvergnügen und dem Tafelvergnügen.

73. Der Natur der Dinge nach mussten in Obigem die Grundlagen des Tafelvergnügens bestehen, das man von dem Essvergnügen, welches ihm vorausging, wohl unterscheiden muss.

Das Essvergnügen ist die wirkliche und directe Empfindung eines Bedürfnisses, dem man genügt.

Das Tafelvergnügen ist die reflectirte Empfindung, die aus verschiedenen Umständen der Thatsachen, der Oertlichkeit der Dinge und der Personen hervorgeht, die bei dem Mahle mitwirken.

Das Essvergnügen ist uns mit den Thieren gemein; es bedarf dazu nur des Hungers und dessen, was zu seiner Stillung nöthig ist.

Das Tafelvergnügen gehört dem Menschen eigenthümlich an; es bedarf vorgängiger Besorgung der Zubereitungen zum Mahle, zur Wahl des Ortes und zur Versammlung der Theilnehmer.

Das Essvergnügen verlangt, wenn nicht Hunger, so doch wenigstens Appetit; das Tafelvergnügen ist häufig von beiden unabhängig.

Beide Zustände lassen sich bei Festmahlen beobachten.

Beim ersten Gange und dem Beginne der Sitzung isst Jeder begierig, ohne zu sprechen, ohne auf das zu hören, was gesagt wird, und welchen Rang man auch in der Gesellschaft einnehmen möge, man vergisst Alles, um nur die Rolle eines Arbeiters in der Essfabrik zu spielen. Sobald aber das Bedürfniss einigermaassen befriedigt ist, stellt sich die Reflexion ein, die Unterhaltung wird lebhaft, ein anderer Zustand beginnt und der ursprüngliche Verzehrer wird ein mehr oder minder liebenswürdiger Gast, je nachdem der Schöpfer aller Dinge ihm dazu die Mittel verliehen hat.

Wirkungen.

74. Das Essvergnügen bedingt weder Verzückung, noch Verhimmelung, noch Leidenschaft, aber es gewinnt durch die Dauer, was es an Intensität verliert, und zeichnet sich noch besonders durch den eingenthümlichen Vortheil aus, dass es zu allen anderen Vergnügungen stimmt oder uns wenigstens über ihren Verlust tröstet.

Nach einem trefflichen Mahle erfreuen sich Geist und Körper in der That eines ganz besonderen Wohlbefindens.

In physischer Hinsicht erheitert sich das Antlitz, während das Gehirn sich erfrischt, die Gesichtsfarbe sich röthet, die Augen glänzen und eine sanfte Wärme alle Glieder durchzieht.

In moralischer Hinsicht schärft sich der Geist, erhitzt sich die Phantasie, Witze entstehen und kreisen umher, und wenn La Fare und Saint-Aulaire der Nachwelt als witzige Schriftsteller bekannt wurden, so verdanken sie es dem Umstande, liebenswürdige Gäste gewesen zu sein.

Ausserdem findet man häufig um denselben Tisch alle Modificationen versammelt, welche die äusserste Geselligkeit bei uns eingeführt hat: Liebe, Freundschaft, Geschäft, Speculation, Macht, Bittstellerei, Ehrgeiz, Intrigue — deshalb finden sich überall Beziehungen und bringen die Mahlzeiten Früchte aller Art.

Industrielle Nebendinge.

75. Die menschliche Industrie hat es sich in unmittelbarer Folgerung aus diesen Vorbedingungen zur Aufgabe gemacht, das Tafelvergnügen möglichst zu verlängern und zu vergrössern.

Einige Dichter beklagten sich, dass der Hals zu kurz sei, um ein längeres Schmeckvergnügen zu gestatten; andere bedauerten die geringe Capacität des Magens, und man ging im Alterthume sogar so weit, dieses Eingeweide der Sorge für die Verdauung einer ersten Mahlzeit zu entheben, um sich das Vergnügen zu gönnen, eine zweite zu verschlucken.

Das war gewiss die äusserste Anstrengung, die man machen konnte, um die Geschmacksgenüsse zu erweitern; da man aber dennoch nicht nach dieser Seite die von der Natur gesetzten Grenzen überschreiten konnte, so warf man sich auf die Nebendinge, die mehr Erweiterung zuliessen.

Man zierte Becher und Gefässe mit Blumen, bekränzte die Gäste, speiste unter freiem Himmel in Gärten und Hainen mitten unter allen Wundern der Natur.

Man verband mit dem Tafelvergnügen die Reize des Gesanges und den Ton der Instrumente. Der Sänger Demodokos sang die Thaten und Krieger der Vergangenheit, während der Hof des Königs der Phäaken speiste.

Tänzer, Taschenspieler und Mimen beider Geschlechter mit oder ohne Kostüm beschäftigten die Augen, ohne den Genüssen des Geschmackes zu schaden; die ausgezeichnetsten Wohlgerüche erfüllten die Luft; man liess sich selbst durch die unverschleierte Schönheit bedienen, so dass alle Sinne zu allgemeinem Genusse berufen waren.

Ich könnte mehrere Seiten mit den Beweisen des Gesagten füllen. Man braucht nur die griechischen und römischen Autoren, sowie unsere alten Chroniken abzuschreiben; aber Untersuchungen dieser Art wurden schon oft gemacht und die leicht gewonnene Gelehrsamkeit hatte wenig Verdienstliches! Ich erwähne also als bekannt, was Andere bewiesen haben und brauche so öfter ein Recht, wofür mir meine Leser dankbar sein werden.

Achtzehntes und neunzehntes Jahrhundert.

76. Wir haben mehr oder weniger je nach den Umständen diese verschiedenen Glückseligkeitsmittel uns angegeeignet und noch andere hinzugefügt, welche die neueren Entdeckungen uns kennen gelehrt haben.

Die Geschliffenheit unserer Sitten durfte die Brechurnen der Römer nicht bestehen lassen; aber wir haben sie übertroffen und dasselbe Ziel auf einem vom guten Geschmacke gestatteten Wege erreicht.

Man hat so anziehende Speisen erfunden, dass der Appetit stets wieder neu geweckt wird; zugleich sind sie so leicht, dass sie dem Gaumen schmeicheln, ohne den Magen zu beladen. Seneca hätte gesagt: essbare Wolken (Nubes esculentas).

Wir sind im Küchen-Fortschritt so weit gekommen, dass unsere Mahlzeiten unendlich dauern könnten, wenn nicht die nöthigen Geschäfte uns zwängen, den Tisch zu verlassen, oder das Bedürfniss nach Schlaf sich nicht fühlen liesse; man hätte keinen Anhaltspunkt zur Bestimmung der Zeit, welche zwischen dem ersten Gläschen Madeira und der letzten Bowle Punsch verfliessen könnte.

Indessen darf man nicht glauben, dass diese Nebendinge durchaus zum Tafelvergnügen nöthig wären. Man geniesst dieses Vergnügen jedesmal, sobald nur folgende vier Bedingungen erfüllt sind: Leidliches Essen, guter Wein, liebenswürdige Gäste, hinreichende Zeit.

So hätte ich manchmal dem frugalen Essen beiwohnen mögen, das Horaz dem eingeladenen Nachbar oder dem Gaste bestimmte, welchen das schlechte Wetter gezwungen hatte, bei ihm einzukehren: ein gutes Huhn, ein Zicklein (gewiss recht fett) und zum Nachtisch Trauben, Feigen und Nüsse. Wenn dazu ein alter Wein, unter Consul Manlius gekeltert (nata mecum consule Manlio), und die Unterhaltung des wollüstigen Dichters kam, so würde ich auf das Beste gespeist zu haben glauben.

> At mihi cum longum post tempus venerat hospes
> Sive operum vacuo, longum conviva per imbrem
> Vicinus, bene erat, non piscibus urbe petitis,
> Sed pullo atque haedo, tum*) pensilis uva secundas
> Et nux ornabat mensas, cum duplice ficu.

Besuchte mich einmal
Nach langer Zeit ein Gastfreund, oder kam
An einem müss'gen Regentag ein Nachbar
Zu mir herüber, ein willkomm'ner Gast,
So schickt' ich nicht, um gütlich uns zu thun,
Nach Fischen in die Stadt; ein Huhn mit einem Böckchen
Gab uns ein köstlich Mahl; der Nachtisch wurde
Mit trock'nen Trauben, Nüssen, grossen Feigen
Gar stattlich ausgeschmückt.

(Wielands Uebersetzung.)

So mögen sich gestern oder vorgestern ein halbes Dutzend Freunde an einem gekochten Schafsschlegel und gebratenen Nierenschnitten ersättigt haben, die sie mit klarem Orléans oder Medoc hinabspülten, und während sie den Abend mit einem freundlichen und zutraulichen Gespräch voll Hingebung hinbrachten, vergassen sie vollkommen, dass es feinere Gerichte und bessere Köche geben kann.

Im Gegentheile gibt es kein Tafelvergnügen, mögen auch die Speisen noch so gut und die Nebendinge noch so prachtvoll sein, wenn der Wein schlecht, die Gäste ohne Wahl zusammengewürfelt, die Gesichter traurig sind und das Mahl in Eile verschluckt wird.

---

*) Der Nachtisch findet sich durch die Worte „tum" und „secundas mensas" hinreichend bezeichnet.

Skizze.

Aber, ruft mir vielleicht der ungeduldige Leser zu, wie soll denn im Gnadenjahre 1825 ein Mahl beschaffen sein, das alle Bedingungen vereinigt, welche das Tafelvergnügen im höchsten Grade gewähren?

Ich will diese Frage beantworten. Gehe in dich, Leser, und merke auf: Gasterea, die schönste aller Musen, begeistert mich; ich werde verständlicher sein als ein Orakel und meine Vorschriften werden Jahrhunderte dauern.

„Die Zahl der Gäste soll Zwölf nicht überschreiten, damit die Unterhaltung stets allgemein sein könne;

„Die Gäste sollen so gewählt sein, dass ihre Beschäftigung zwar verschieden, ihr Geschmack dagegen ähnlich sei, und sie sollen Berührungspunkte genug haben, damit man der unleidlichen Formalitäten des Vorstellens überhoben sei;

Der Speisesaal soll splendid erleuchtet, das Tischzeug ausserordentlich rein und die Luft des Zimmers zwischen 13—16 Grad Réaumur erwärmt sein;

„Die Männer sollen witzig ohne Anmassung, die Frauen liebenswürdig ohne allzuviel Coketterie sein;*)

„Die Speisen sollen ausgezeichnet gewählt, aber nur wenig zahlreich sein und die Weine, jeder in seiner Art, von vorzüglichster Qualität;

„Die Reihenfolge der Speisen soll von den kräftigen zu den leichten fortschreiten, diejenige der Weine von den leichten süffigen zu den schweren Sorten;

„Die Verzehrung soll mässig voranschreiten, da das Nachtessen die letzte Tagesbeschäftigung ist; die Gäste sollen zusammenhalten, wie Reisende, die zugleich an demselben Ziele ankommen wollen;

„Der Kaffee muss kochend und die Liköre ganz besonders fein gewählt sein;

---

*) Ich schreibe in Paris zwischen dem Palais royal und der Chaussée-d'Antin.

„Der Salon, in dem die Gäste nach dem Essen weilen, soll gross genug sein, um eine Spielpartie für diejenigen zu organisiren, die es nicht lassen können, und doch Raum für die Gespräche nach Tisch zu gewähren;

„Die Gäste sollen durch die Annehmlichkeit der Gesellschaft zurückgehalten und durch die Hoffnung belebt werden, dass der Abend nicht ohne weitere Vergnügungen vorübergehen werde;

„Der Thee soll nicht zu stark sein, die Butterschnitten reichlich fett und der Punsch sehr sorgfältig angemacht;

„Vor elf Uhr soll man nicht weggehen, aber auch um Mitternacht Jeder im Bette sein können."

Wer bei einer Mahlzeit war, die alle diese Bedingungen vereinigte, kann sich rühmen, seiner eigenen Apotheose beigewohnt zu haben; je mehr diese Regeln vernachlässigt wurden, desto weniger Vergnügen wird man gehabt haben.

Ich habe behauptet, dass das Tafelvergnügen, so wie ich es bezeichnet habe, einer sehr langen Dauer fähig ist; ich will dies beweisen, indem ich die umständliche und wahrheitsgetreue Beschreibung des längsten Mahles gebe, welches ich in meinem Leben mitgemacht habe: es ist ein Zuckerplätzchen, das ich meinem Leser aus Dank für die Gefälligkeit, die er gehabt hat, mich bis hierher zu lesen, in den Mund stecke. Also:

Ich hatte hinten in der Rue du Bac eine Familie von Verwandten, folgendermassen zusammengesetzt: der Doctor, 78 Jahre alt; der Capitän, 76 Jahre; ihre Schwester Jeanette, 74 Jahre. Ich besuchte sie zuweilen und sie empfingen mich stets sehr freundschaftlich.

„Wohlan!" sagte mir eines Tages der Doctor Dubois, indem er sich auf die Zehen stellte, um mir auf die Schulter klopfen zu können, „Du rühmst uns schon so lange Deine Fondues (Eier mit Käse zusammengerührt) und machst uns damit den Mund wässern, dass es ein Ende haben muss! Der Capitän und ich wollen einmal bei Dir frühstücken, damit die armen Seelen Ruhe bekommen." (Es war, glaube ich, um 1801, als er mich so neckte.) „Mit Vergnügen," erwiederte ich, „Sie sollen sie in ihrer ganzen Glorie haben — ich werde die Fondue selbst machen. Ihr Vorschlag macht mich glücklich. Also morgen um zehn Uhr — militärisch!"*)

Zur angezeigten Stunde kamen meine beiden Gäste, frisch rasirt, frisirt und gepudert; zwei kleine Greise, aber vollkommen frisch und gesund.

Sie lachten vor Vergnügen, als sie die Tafel gedeckt sahen; blendend weisses Tischzeug, drei Gedecke und an jedem Platze zwei Dutzend Austern mit einer goldenen glänzenden Citrone.

An beiden Enden der Tafel stand eine Flasche Sauterne, wohl abgestäubt mit Ausnahme des Stopfens, der mit Sicherheit anzeigte, dass der Wein schon seit langer Zeit abgezogen worden sei.

Ach Gott! Ich habe ganz oder beinahe diese Austernfrühstücke verschwinden sehen, die früher so häufig und so fröhlich waren; wo man die Austern zu Tausenden verschlang! Sie sind dahin gegangen mit den Abbé's, die niemals weniger als ein Gross (12 Dutzend) schlürften, und mit den Rittern, die nie enden konnten. Ich weine ihnen nach, aber als Philosoph; wenn die Zeit sogar die Regierungen wegstäubt, warum soll sie nicht dasselbe bei einfachen Gebräuchen thun?

Nach den Austern, die man sehr frisch fand, kamen Nierenschnittchen am Spiesse, eine Gänseleber-Pastete mit Trüffeln und zuletzt die Fondue.

Die zu ihrer Bereitung dienenden Stoffe lagen in einer Casserole, welche mit einem Weingeistbrenner auf den Tisch gebracht wurde. Ich arbeitete auf dem Schlachtfelde und die Vettern verloren keine meiner Bewegungen aus den Augen.

---

*) Wenn ein Rendezvous in dieser Weise genommen wird, wird auf den Schlag aufgetragen; wer zu spät kömmt, kriegt nichts.

Sie lobten die Reize dieser Zubereitung und verlangten das Recept, das ich ihnen auch gab und zwei Anekdoten dazu erzählte, die der Leser vielleicht an einem andern Orte finden wird.

Nach der Fondue kamen die Früchte der Jahreszeit, Confituren, eine Tasse ächten Mokkas nach Dubelloy, dann zwei Arten Likör, ein starker zum Magenputzen, ein sanfter zum Schmeidigen.

Nach dem Frühstück schlug ich meinen Gästen vor, sich einige Bewegung zu machen und zu diesem Zwecke meine Zimmer zu besichtigen, die zwar nicht sehr elegant, aber geräumig und bequem sind und in denen meine Freunde sich um so heimischer fanden, als die Decken und Vergoldungen aus den Zeiten Ludwig's des Fünfzehnten stammen.

Ich zeigte ihnen das Original in Thon von der Büste meiner hübschen Cousine, der Mme. Récamier, von Chinard, und ihr Miniatur-Porträt von Augustin; sie waren darüber so entzückt, dass der Doctor mit seinen dicken Lippen das Porträt küsste und der Capitän sich an der Büste eine Freiheit erlaubte, wofür ich ihm auf die Finger klopfte; denn wenn alle Bewunderer der Büste ebenso thäten, so würde der so wollüstig gerundete Busen bald in demselben Zustande sein, wie die grosse Zehe des heiligen Petrus in Rom, welche von den Pilgern kurz geküsst ist.

Dann zeigte ich ihnen einige Abgüsse der schönsten Antiken, einige werthvolle Malereien, meine Jagdgewehre, meine musikalischen Instrumente und einige schöne französische und fremde Werke.

Bei dieser vielwissenschaftlichen Reise wurde sogar meine Küche nicht vergessen. Ich zeigte ihnen meinen ökonomischen Kochofen, mein Bratöfchen, meinen Bratenwender mit Uhrwerk, meinen Verdampfer. Sie untersuchten Alles mit kleinlicher Sorgfalt und verwunderten sich um so mehr, als bei ihnen noch Alles so zuging, wie zu den Zeiten der Regentschaft.

Als wir in den Salon zurückkamen, schlug es zwei Uhr. „Pest!" sagte der Doctor, „da schlägt es zwei und Schwester Jeanette erwartet uns zum Essen! Wir müssen fort zu ihr. Ich verspüre zwar keine grosse Esslust, aber ich muss meine Suppe haben. Das ist eine alte Gewohnheit und wenn es mir begegnet, dass ich keine esse, sage ich mit Titus: Diem perdidi! (Ich habe einen Tag verloren!)" „Lieber Doctor," antwortete ich, „warum wollen Sie so weit gehen, um das zu finden, was Sie hier haben können? Ich schicke jemand zur Cousine, um ihr sagen zu lassen, dass Sie hier bleiben und mir das Vergnügen machen, ein Mittagessen einzunehmen, für welches Sie nachsichtig sein werden, da es nicht das Verdienst eines vorausbesorgten Unvorhergesehenen haben kann."

Die beiden Brüder beriethen sich mit den Augen und stimmten dann förmlich zu. Ich schickte einen Commissionär nach der Vorstadt Saint-Germain; sagte ein Wort meinem Küchenmeister und in verhältnissmässig kurzer Zeit stellte er uns theilweise mit seinen, theilweise mit den Hülfsmitteln eines benachbarten Speisewirthes ein kleines, aber wohl bereitetes und appetitliches Mittagsessen vor.

Ich empfand eine grosse Genugthuung, als ich die Kaltblütigkeit und Würdigkeit sah, mit welcher meine Freunde sich setzten, an den Tisch rückten, ihre Servietten ausbreiteten und sich zum Gefecht anschickten.

Ich überraschte sie doppelt, ohne nur daran zu denken; denn ich liess ihnen zur Suppe geriebenen Parmesankäse und ein Glas trockenen Madera geben. Diese beiden Neuheiten waren gerade von dem Fürsten von Talleyrand eingeführt worden, unserem ersten Diplomaten, dem wir so viel feine und tiefe Witzworte verdanken und dem die öffentliche Aufmerksamkeit stets mit besonderem Interesse sowohl in seiner Macht als nach seinem Rücktritte folgte.

Das Diner ging sehr gut von Statten, sowohl in seinen Hauptheilen als in den Nebensachen, und meine Freunde waren ebenso gefällig als fröhlich.

Nach dem Essen schlug ich eine Partie Piket vor, die ausgeschlagen wurde; der Capitän meinte, sie mögen das dolce far niente der Italiener vor; wir bildeten also einen kleinen Kreis um das Kamin.

Trotz des Zaubers des far niente habe ich doch immer der Ueberzeugung gelebt, dass eine kleine Beschäftigung, welche die Aufmerksamkeit nicht in Anspruch nimmt, die Unterhaltung würzt — ich schlug also Thee vor.

Der Thee war eine Seltsamkeit für Franzosen von altem Blute; doch ward er angenommen. Ich machte ihn in ihrer Gegenwart und sie tranken einige Tassen mit um so grösserem Vergnügen, als sie bisher ihn nur als Arznei betrachtet hatten.

Eine lange Erfahrung hat mich belehrt, dass jede Gefälligkeit eine andere nach sich zieht und dass man die Kraft abzulehnen verliert, wenn man einmal auf diesem Wege ist. Deshalb sprach ich in fast befehlendem Tone von einer Bowle Punsch, womit wir den Abend beschliessen wollten.

„Du willst uns ermorden," sagte der Doctor. „Du willst uns betrunken machen," sagte der Capitän. Ich rief nur um so lauter nach Zitronen, Zucker und Rum.

Ich machte also den Punsch und unterdessen röstete man dünne Brotschnitte (Toast) mit frischer Butter und Salz darauf.

Diesmal gab's Empörung. Der Vetter versicherte, sie hätten genug gegessen; sie wollten Nichts mehr anrühren; da ich aber die Anziehungskraft dieser so einfachen Zubereitung kenne, antwortete ich, dass ich nur wünschte, es möchte genug sein. In der That nahm der Capitän bald die letzte Schnitte und ich überraschte ihn, als er darnach schielte, ob noch welche da seien oder gefertigt würden, was ich augenblicklich befahl.

Unterdessen war die Zeit verstrichen und mehr als acht Uhr herangekommen. „Jetzt müssen wir fort," sagten meine Gäste; „wir müssen noch ein Blatt Salat mit unserer armen Schwester essen, die uns den ganzen Tag nicht gesehen hat."

Ich widerredete nicht und treu den Pflichten der Gastfreundschaft zwei so liebenswürdigen Alten gegenüber, begleitete ich sie an ihren Wagen und sah sie abfahren.

Man fragt vielleicht, ob sich nicht etwas Langeweile für Augenblicke in diese lange Sitzung einschlich.

Ich antworte: Nein! Die Aufmerksamkeit meiner Gäste wurde durch die Zubereitung der Fondue, durch die Reise durch meine Zimmer, durch einige Neuheiten beim Essen, durch den Thee und vollends durch den Punsch, den sie niemals gekostet hatten, gänzlich in Anspruch genommen.

Der Doctor kannte ausserdem ganz Paris nach Genealogie und Anekdoten; der Capitän hatte theils als Militär, theils als Gesandter am Hofe von Parma lange in Italien gelebt; ich selbst habe viel gereist — wir plauderten ohne Ansprüche, horchten mit Gefälligkeit. Es braucht nicht einmal so viel, um die Zeit schnell und angenehm vorübergehen zu lassen.

Am andern Morgen erhielt ich vom Doctor ein Briefchen; er hatte die Aufmerksamkeit, mir zu melden, dass die kleine Liederlichkeit vom Tage vorher ihnen sehr wohl bekommen sei; nach einem vortrefflichen Schlafe hätten sie sich frisch und wohlgemuth erhoben, und seien ganz aufgelegt, von Neuem anzufangen.

Fünfzehnte Betrachtung

Von den Jagdmahlen.

77. Unter allen Lebensumständen, wo das Essen etwas gelten kann, ist gewiss einer der angenehmsten ein Mahl auf der Jagd und von allen Zwischenacten ist noch ein Jagdmahl derjenige, der am längsten ohne Langeweile dauern kann.

Jagdmahl.

Der kräftigste Jäger fühlt nach einigen Stunden das Bedürfniss nach Ruhe; der Morgenwind hat seine Wange gekühlt; seine Geschicklichkeit hat bei Gelegenheit nicht gefehlt; die Sonne erreicht ihren Höhepunkt; der Jäger ruht also einige Stunden, nicht aus Uebermaass der Ermüdung, sondern aus jenem instinktmässigen Antriebe, der uns benachrichtigt, dass unsere Thätigkeit nicht unendlich sein kann.

Der Schatten lockt ihn an; er lässt sich auf dem Rasen nieder und das Gemurmel der benachbarten Quelle lädt ihn ein, dort die Flasche zu kühlen, die ihn laben soll*).

So gelagert, zieht er mit ruhigem Vergnügen die kleinen Brote mit goldener Kruste und das kalte Huhn hervor, das eine befreundete Hand ihm in die Waidtasche gesteckt hat, und legt das Stück Käse daneben, welches als Nachtisch dienen soll.

Bei diesen Zurüstungen ist der Jäger nicht allein; das treue Thier, das der Himmel für ihn geschaffen hat, begleitet ihn; der Hund betrachtet liebreich seinen Herrn; die gemeinschaftliche Arbeit hat beide vereinigt, es sind zwei Freunde und der Diener ist zugleich glücklich und stolz, der Gast seines Herrn zu sein.

Sie haben einen Appetit, der Weltkindern und Frommen gleich fremd ist; den ersteren, weil sie dem Hunger die Zeit zur Ankunft nicht lassen; den letzteren, weil sie nie Geschäfte treiben, die hungrig machen.

Die Ruhe ist mit Genuss beendet; Jeder hat sein Theil erhalten; Alles ist ruhig und friedlich vor sich gegangen. Warum sollte man nicht einige Augenblicke schlummern? Die Mittagstunde ist eine Ruhestunde für die ganze Schöpfung.

Dies Vergnügen wird verzehnfacht, wenn einige Freunde es theilen; denn in diesem Falle bringt man ein reicheres Mahl in jenen Soldatenfutteralen, die jetzt sanfteren Zwecken

---

*) Ich empfehle den Jägern weissen Wein; er widersteht besser dem Schütteln und der Hitze und löscht den Durst besser.

dienen. Man plaudert vergnüglich von den Grossthaten des Einen, den Pudeln der Anderen und den Hoffnungen für den Nachmittag.

Wenn aber nun gar aufmerksame Diener mit jenen Bacchus gewidmeten Gefässen kommen, in denen eine künstliche Kälte den Madera, den Saft der Erdbeeren und der Ananas zu Eis erstarren lässt — herrliche Säfte, göttliche Zubereitungen, die eine entzückende Frische in die Adern gleiten lassen und allen Sinnen ein den Laien unbekanntes Wohlgefühl mittheilen — wie dann?*)

Aber auch dies ist noch nicht das letzte Glied in der Reihe dieser Verzückungen.

Die Damen.

78. Es gibt Tage, wo unsere Frauen, Schwestern, Cousinen oder Freundinnen eingeladen werden, an unseren Vergnügungen Theil zu nehmen.

Zur versprochenen Stunde sieht man leichte Wagen und lebhafte Rösslein anlangen, beladen mit Frauen, Federn und Blumen, die Toilette der Frauen hat etwas militärisch Kokettes und das Auge des Professors kann zuweilen Ansichten erhaschen, die der Zufall allein nicht geschenkt hat.

---

*) Mein Freund Alexander Delessert hat zuerst diese reizende Methode eingeführt.

Wir jagten bei Villeneuve unter einer glühenden Sonne; das Thermometer zeigte im Schatten 26 Grad Réaumur.

Bei dieser tropischen Hitze liess er uns auf dem Fusse Diener folgen, Potophoren[1]), die in ledernen mit Eis gefüllten Feuereimern Alles trugen, was zur Erfrischung und Stärkung dienen konnte. Man wählte und lebte auf.

Ich glaube, dass die Anfrischung trockener Zungen und ausgedörrter Gaumen mit so kühlen Flüssigkeiten die angenehmste Empfindung ist, die man ruhigen Gewissens haben kann.

[1]) Herr Hofmann verdammt diesen Ausdruck und wünscht ihn durch das schon im Alterthum bekannte Wort „Oenophoren" ersetzt zu sehen.

Bald öffnen sich die Schläge der Kutschen und lassen die Schätze von Périgord, die Wunder von Strasburg, die Naschereien von Achard, kurz Alles gewahren, was die berühmtesten Laboratorien Transportables erzeugen.

Man hat den schäumenden Champagner nicht vergessen, der unter der Hand der Schönheit perlt; man sitzt auf dem Rasen nieder und isst; die Stopfen knallen; man plaudert, lacht, neckt sich muthwillig; denn man hat den Himmel zum Saal und die Sonne zur Beleuchtung. Uebrigens theilt der Appetit, dieser Sohn des Himmels, dem Mahle eine Lebhaftigkeit mit, die man in geschlossenen Räumen nicht kennt, mögen sie auch noch so schön geziert sein.

Da indess Alles auf Erden enden muss, so gibt der Aelteste das Zeichen zum Aufbruch; die Männer waffnen sich mit ihren Flinten, die Frauen mit ihren Hüten. Man nimmt Abschied, die Wagen fahren vor und die Schönen fliegen davon, um sich erst am Abend wieder zu zeigen.

Alles dies sah ich in den hohen Classen der Gesellschaft, wo Pactolus seine Wellen rollt; aber all dies ist nicht unumgänglich nothwendig.

Ich habe in der Mitte Frankreichs und tief in den Departementen gejagt; ich habe reizende Frauen zum Jagdmahle kommen sehen, junge Mädchen strahlend von Frische, die einen in Cabriolets, die anderen auf Leiterwägelchen oder gar auf bescheidenen Eseln, wie sie den Ruhm und das Einkommen der Bewohner von Montmorency machen; ich sah, wie sie zuerst über ihre unbequemen Transportmittel lachten; wie sie auf dem Rasen den Truthahn in durchsichtiger Gelée, die Hausmannspastete, den angemachten Salat ausbreiteten, den man nur zu drehen brauchte; ich sah sie leichten Fusses um ein Feuer tanzen, das man oft anzündet; ich habe an den Gesellschaftsspielen und ähnlichen Neckereien Theil genommen, welche solche Nomaden-Essen zu begleiten pflegen — und ich bin überzeugt, dass man auch bei **weniger Luxus weder weniger Fröhlichkeit, noch weniger Reiz und Vergnügen findet.**

Warum sollte man auch beim Abschiede nicht mit dem König der Jagd einige Küsse tauschen, weil er in seinem ganzen Ruhme strahlt; mit dem Pudeler, weil er unglücklich war und mit den Anderen, um Niemand eifersüchtig zu machen? Man trennt sich, der Brauch will es so; es ist erlaubt und selbst geboten.

Kameraden! Vorsichtige Jäger, die ihr aufs Kernhafte zielt, schiesst gut und besorgt eure Waidsäcke, ehe die Damen kommen! Die Erfahrung hat gelehrt, dass nach ihrer Abfahrt die Jagd selten ergiebig ist.

Man hat verschiedene Annahmen versucht, um diese Wirkung zu erklären; die Einen schreiben sie auf Rechnung der Verdauung, welche den Körper stets ein wenig schwer macht; die Anderen auf die Zerstreuung, welche die Aufmerksamkeit theilt; noch Andere auf vertrauliche Zwiegespräche, welche die Lust aufkeimen lassen, so schnell als möglich heimzukehren.

Was uns betrifft,
„In deren tiefstem Herzen der Blick noch lesen kann,"
wir denken, dass, da das Alter der Damen im aufsteigenden Sterne steht und die Jäger entzündlichen Stoffes sind, bei der Begegnung jedenfalls einige Liebesfunken entstehen müssen, welche die keusche Diana scheuchen, so dass sie den Fehlenden für den Rest des Tages im Unmuth ihre Gunst entzieht.

Wir sagen „für den Rest des Tages", denn die Geschichte Endymions hat bewiesen, dass die Göttin nach Sonnenuntergang durchaus nicht streng ist. (Man sehe das Gemälde von Girodet.)

Die Jagdmahle sind übrigens ein noch ganz jungfräulicher Gegenstand, den wir nur leise und im Vorübergehen berührt haben; sie könnten zu einer ebenso lehrreichen als amüsanten Abhandlung den Stoff liefern. Dem einsichtsvollen Leser, der sich damit beschäftigen will, sei dieser Stoff überlassen.

Sechzehnte Betrachtung.

Von der Verdauung.

---

79. Man lebt nicht von dem, was man isst, sagt ein altes Sprichwort, sondern von dem, was man verdaut. Man muss also verdauen, um zu leben — unter diese Nothwendigkeit beugt sich Arm und Reich, Bettler und König.

Wie wenige aber wissen, was sie thun, wenn sie verdauen! Die Meisten sind wie Hr. Jourdain im Molière'schen Lustspiel, der Prosa sprach, ohne es zu wissen; für diese schreibe ich eine populäre Geschichte der Verdauung, denn ich bin überzeugt, dass Hr. Jourdain weit zufriedener war, nachdem ihn der Philosoph belehrt hatte, dass er wirklich Prosa spreche.

Um die Verdauung im Ganzen zu kennen, muss man ihre Vorgänge und ihre Folgen mit betrachten.

Einfuhr.

80. Appetit, Hunger und Durst belehren uns, dass der Körper das Bedürfniss des Ersatzes fühlt und der Schmerz, dieser allgemeine Wecker, quält uns sehr bald, wenn wir nicht gehorchen wollen oder können.

Dann beginnt das Essen und Trinken oder im Allgemeinen die Einfuhr, die man von dem Augenblicke an zählen kann, wo die Nahrungsmittel in den Mund gelangen, bis zu demjenigen, wo sie in den Schlund schlüpfen.*)

Auf diesem Wege, der nur einige Zoll lang ist, ereignen sich mancherlei Dinge.

Die Zähne zertheilen die festen Nahrungsmittel; die Speicheldrüsen im Inneren des Mundes befeuchten sie; die

---

*) Schlund heisst der hinter der Luftröhre gelegene Canal, der von der Rachenhöhle (dem hinteren Theile der Mundhöhle) zum Magen führt; sein oberes Ende heisst der Schlundkopf.

Zunge rührt und mischt sie zusammen, drückt sie darauf gegen den Gaumen, um den Saft auszupressen und zu schmecken; bei dieser Gelegenheit vereinigt die Zunge die Nahrungsmittel in Masse mitten im Munde; nachher stützt sie sich auf die Unterkinnlade, hebt sich in der Mitte, so dass auf der Mitte der Zungenwurzel eine Rinne gebildet wird, welche die Nahrungsmittel in den Rachen und dann in den Schlundkopf führt, der sich nun zusammenzieht und sie in den Schlund befördert, dessen wurmförmige Bewegungen sie dem Magen zusenden.

Dem ersten so verschluckten Bissen folgt der zweite auf demselben Wege; die Getränke, die man in den Zwischenacten schlürft, folgen derselben Strasse und das Schlucken geht so fort, bis derselbe Instinkt, der die Einfuhr bewirkte, uns benachrichtigt, dass es Zeit sei zu enden. Man gehorcht aber selten der ersten Mahnung; denn eines der Privilegien der Menschennatur besteht darin, über den Durst zu trinken, und unsere heutigen Köche bringen uns dazu, ohne Hunger zu essen.

Bei dieser Wanderung zum Magen muss jeder Bissen mit merkwürdiger Geschicklichkeit zwei drohende Gefahren umgehen:

Die Rückweichung in die hinteren Nasenöffnungen; glücklicherweise widersetzt sich hier die Senkung des Gaumensegels und die Structur des Schlundkopfes;

Die zweite Gefahr besteht im Abgleiten in die Luftröhre, über welche die Bissen hinübergleiten müssen; eine um so drohendere Gefahr, als jeder fremde Körper, der in die Luftröhre gelangt, dort einen krampfigen Stickhusten erzeugt, der so lange anhält, bis der Körper ausgetrieben ist.

Aber die Stimmritze schliesst sich durch einen bewundernswürdigen Mechanismus, während man schluckt; der Kehldeckel legt sich darüber und schliesst sie und ein sicherer Instinkt verhindert uns zu athmen, während wir schlucken, so dass die Nahrungsmittel im Allgemeinen trotz dieser seltsamen Einrichtung leicht in den Magen gelangen, wo das Bereich des Willens aufhört und die eigentliche Verdauung anfängt.

Magenverdauung.

81. Die Verdauung ist eine mechanische Operation und der Verdauungsapparat kann mit einer Mühle mit verschiedenen Mahlbeuteln verglichen werden, welche letztere aus den Nahrungsmitteln Alles ausziehen müssen, was zum Ersatz der verbrauchten Körperbestandtheile gehört, um dann den ausgesogenen Rückstand zu entfernen.

Man hat lange und heftig über die Art der Magenverdauung gestritten, ob sie durch Kochung, Reifung, Gährung, gastrische, chemische oder vitale Lösung wirke u. s. w.

Man kann Etwas von allem diesem darin finden; man fehlte darin, dass man einem einzigen Agens die Wirkung verschiedener vereinigter Ursachen zuschreiben wollte.

In der That kommen die mit allen vom Mund und Schlund gelieferten Flüssigkeiten durchtränkten Nahrungsmittel in den Magen, der stets von Magensaft erfüllt ist, welcher sie nun durchdringt; während mehrer Stunden bleiben sie einer Temperatur von mehr als dreissig Graden Réaumur ausgesetzt; sie werden gewalkt und gemischt durch die organische Magenbewegung, welche durch ihre Anwesenheit erregt wird; sie wirken durch diese Mengung auf einander ein und Gährung muss auch eintreten, denn alles Nährende ist zugleich gährungsfähig*).

Der Milchsaft wird durch alle diese Operationen erzeugt; die Schicht von Nahrungsstoff, die oben liegt, wird zuerst assimilirt; sie geht durch den Pförtner und gelangt in den Darm; eine zweite Schicht folgt nach und so fort, bis nichts mehr im Magen ist, der sich, so zu sagen, bissenweise leert, wie er sich füllte.

---

*) Die Magenverdauung ist hier durchaus unrichtig dargestellt. — Die mechanische Einwirkung des Magens auf die Speisen bezieht sich durchaus nicht auf deren Auflösung selbst sondern nur, auf die Fortbewegung und Mengung — der Magensaft verdaut in

Der Pförtner ist eine Art von fleischigem Trichter, welcher den Magen mit dem Darm verbindet; er ist so gebaut, dass die Nahrungsmittel nur schwierig zurück können. Dieses wichtige Eingeweide verstopft sich zuweilen und dann stirbt man nach langen und schrecklichen Leiden Hungers.

Der Darmtheil, der die Nahrungsmittel nach dem Pförtner aufnimmt; ist der Zwölffingerdarm; er wurde so genannt, weil er zwölf Finger lang ist.

Der Speisebrei, der in den Zwölffingerdarm gelangt, erhält dort eine neue Bearbeitung durch die Beimischung der Galle und des Bauchspeichels; er verliert seine graue Farbe und saure Beschaffenheit, die er im Magen hatte, wird gelb und erhält den Kothgeruch, der stets zunimmt, je mehr er dem Mastdarm sich nähert. Die verschiedenen Stoffe, die sich in diesem Gemengsel befinden, wirken auf einander ein; — der Milchsaft wird erzeugt und Gase entwickeln sich.

Die organische Bewegung, welche den Speisebrei aus dem Magen treibt, dauert fort und bringt ihn in den Dünndarm; dort wird noch Milchsaft bereitet, der von den dazu be-

---

einem Glase, das in der Wärme des inneren Körpers gehalten wird, ebenso schnell und leicht, als im Magen selbst.

Der saure Magensaft, der von eigenen Drüsen, den sogenannten Labdrüsen, periodisch abgesondert wird (aus er der Absonderungszeit wird nur neutraler oder alkalischer Schleim von den verschieden gebauten Schleimdrüsen abgesondert), verdankt seine verdauende, Milch zum Gerinnen bringende Eigenschaft einem besonderen Stoffe, dem Pepsin oder Verdauungsstoff, einer Art organischen Fermentes, das aber nur wirkt, wenn zugleich freie Säure zugegen ist.

Die Magenverdauung dauert im Durchschnitt 3 bis 5 Stunden.

Im Magen werden aufgelöst, von den feinen Blutadern aufgesaugt und in aufgelöstem Zustande in den Blutkreislauf übergeführt: alle Eiweisskörper, Fleisch und ähnliche Stoffe, die in Wasser und schwachen Säuren löslichen Stoffe, wie Zucker, Gummi und viele Salze; ferner wird die Umwandlung des Stärkemehls in Zucker, die schon im Munde durch den Speichel beginnt, fortgesetzt; dagegen gehen Fette und fettähnliche Stoffe unverändert durch den Magen und werden erst im Dünndarm aufgesaugt, so wie auch hier die Umwandlung der Stärke in Zucker erst in ihrer ganzen Macht auftritt.
C. V.

stimmten Zotten der Schleimhaut aufgesaugt und nach der Leber geführt wird, wo er sich mit dem Blute mischt, das er auffrischt, indem er die durch die lebenden Organe und die Ausdünstung und Athmung verursachten Verluste ersetzt*).

Es ist schwer zu erklären, wie der Milchsaft, der doch eine weissliche, fast geruch- und geschmacklose Flüssigkeit ist, aus einem Brei ausgezogen werden könne, dessen Farbe, Geruch und Geschmack sehr verschieden ist.

Wie dem auch sein mag, die Aufsaugung des Milchsaftes scheint der eigentliche Zweck der Verdauung, und sobald er in den Kreislauf übertritt, fühlt es das Individuum durch die Vermehrung der Lebenskräfte und die innige Ueberzeugung, dass seine Verluste ersetzt sind.

Die Verdauung der Flüssigkeiten ist weit weniger verwickelt, als diejenige der festen Körper und lässt sich in wenigen Worten darstellen.

Der Nährstoff, der darin ist, trennt sich davon, verbindet sich mit dem Speisebrei und durchläuft mit diesem alle Stadien.

---

*) Der Milchsaft (Chylus) ist Lymphe, welche durch in den Darmzellen aufgesaugtes und in zahllosen Tröpfchen darin aufgeschwemmtes Fett ein milchiges Ansehen hat. Die in den Zellen des Darmes mit blinden Enden beginnenden Lymphgefässe des Darmes sammeln sich grossentheils zuerst in drüsenartigen Gebilden im Gekröse und zuletzt im Milchbrustgang, der an der inneren Seite der Rückenwirbel hinaufsteigt, um sich in die linke Schlüsselbeinvene und somit in den Kreislauf zu ergiessen. Der Milchsaft und die Milchgefässe des Darms haben also mit der Leber gar nichts zu thun. — Bei der Aufsaugung der Substanzen aus dem Speisebrei sind zwei Factoren thätig — in erster Instanz die Blutgefässe, in zweiter nur die Lymphgefässe. Erstere saugen rasch auf und führen alles Aufgesaugte durch die Pfortader, in welcher sich alle Darmvenen sammeln, der Leber zu; sie saugen deshalb vorzugsweise die dem Blute fremdartigen Stoffe, selbst Gifte, auf und führen sie durch den absondernden Apparat der Leber hindurch mit grosser Schnelligkeit in den Blutstrom und den Kreislauf über; — letztere, die Milchgefässe, saugen langsam und stetig auf, und führen dem Kreislauf hauptsächlich Fett und Eiweiss zu.   C. V.

Die reine Flüssigkeit wird von den Gefässen des Magens aufgenommen und in den Kreislauf übergeführt; von dort strömt sie durch die ausführenden Adern in die Nieren, welche sie seihen und filtriren und durch die Harnleiter in Gestalt von Harn in die Blase ergiessen.

In diesem letzteren Behälter, wo er durch einen Schliessmuskel zurückgehalten wird, bleibt der Harn nur kurze Zeit; sein Reiz erweckt das Bedürfniss; eine willkürliche Zusammenziehung bringt ihn an das Licht und spritzt ihn durch Bewässerungscanäle aus, die Jedermann kennt, aber Niemand beim Namen nennen darf.

Die Verdauung dauert je nach der besonderen Anlage der Individuen längere oder kürzere Zeit. Doch kann man ihr eine mittlere Dauer von sieben Stunden zuschreiben, nämlich etwas über drei Stunden für das Verweilen im Magen und den Rest für die Reise durch den Darm.

Mittelst dieser Auseinandersetzung, die ich den besten Büchern entlehnt und so viel als möglich von den anatomischen Trockenheiten und wissenschaftlichen Schlüssen befreit habe, können meine Leser künftighin ganz gut den Ort kennen, wo ihre letzte Mahlzeit sich befindet, nämlich während der drei ersten Stunden im Magen, später im Darm und nach sieben oder acht Stunden im Mastdarm, wo sie der Austreibung harrt.

Einfluss der Verdauung.

82. Unter allen Körperthätigkeiten ist die Verdauung diejenige, welche auf den moralischen Zustand des Individuums den grössten Einfluss übt.

Diese Behauptung kann Niemanden verwundern; es kann auch unmöglich anders sein.

Die Grundsätze der einfachsten Psychologie sagen uns, dass die Seele nur durch die ihr unterworfenen Organe beeinflusst wird, mittelst deren sie sich mit der Aussenwelt in Beziehung setzt; daraus folgt, dass, wenn diese Organe schlecht erhalten, schlecht ersetzt oder gereizt werden, dieser

Zustand auf die Empfindungen nothwendig eine Wirkung äussern muss, die doch den geistigen Operationen zur gelegentlichen Vermittelung dienen.

Die Art und Weise also, wie die Verdauung sich gewöhnlich bethätigt oder namentlich beendet, macht uns gewohnheitsgemäss traurig, fröhlich, schweigsam, geschwätzig, trübe oder melancholisch, ohne dass wir uns davon Rechenschaft geben und noch weniger es ändern könnten.

Man könnte in dieser Beziehung das Menschengeschlecht in drei grosse Classen theilen: die Regelmässigen, die Zurückhaltenden und die Erschlafften.

Die Erfahrung belehrt uns, dass Alle, die sich in einer dieser Classen befinden, gleiche natürliche Anlagen und Neigungen besitzen und ausserdem in ähnlicher und analoger Weise in den verschiedenen Lebensstellungen handeln, welche ihnen der Zufall angewiesen hat.

Um mich durch ein Beispiel verständlich zu machen, will ich das weite Feld der Literatur wählen. Ich glaube, dass die Schriftsteller meist ihrem Magen das von ihnen gewählte Genre verdanken.

Die komischen Dichter müssen in dieser Hinsicht sich unter den Regelmässigen, die tragischen unter den Zurückhaltenden, die elegischen und pastoralen unter den Erschlafften befinden; woraus denn wieder folgt, dass der thränenreichste Dichter von dem komischsten nur durch einige Grade verdaulicher Machtfülle getrennt ist.

Man kann diesen Grundsatz auf den Muth anwenden. Zur Zeit als der Prinz Eugen von Savoyen Frankreich so sehr bedrängte, rief ein Höfling Ludwig's XIV: „Könnte ich ihm nur während acht Tagen den Durchfall anwünschen! Ich wollte ihn bald zum grössten Hundsfott Europa's heruntergebracht haben!"

„Beeilen wir uns," sagte ein englischer General, „unsere Soldaten zum Schlagen zu bringen, so lange sie ihr Roastbeef noch im Magen haben!"

Bei jungen Leuten ist die Verdauung häufig von leichtem Frösteln und bei Alten von Schlaflust begleitet.

Im ersten Falle zieht die Natur die Wärme von der Oberfläche zurück, um sie im inneren Laboratorium zu verwenden; im zweiten Falle kann die durch das Alter geschwächte Kraft nicht zu gleicher Zeit mehr die Arbeit der Verdauung und die Erregung der Sinne bewältigen.

Es ist gefährlich, sich in der ersten Verdauungszeit geistigen Arbeiten, noch gefährlicher, sich Liebesgenüssen hinzugeben. Der Strom, welcher zu den Kirchhöfen der Hauptstadt führt, bringt alljährlich hunderte von Menschen dorthin, welche nach einem guten oder allzuguten Abendessen Augen und Ohren nicht zu schliessen vermochten.

Diese Beobachtung enthält eine Warnung selbst für die Jugend, die Nichts achtet; einen Rath für die reifen Männer, die vergessen, dass die Zeit nie still hält; und ein Strafgesetz für diejenigen, die auf der abschüssigen Seite der fünfziger Jahre stehen (on the wrong side of fifty).

Einige sind während der ganzen Zeit, wo sie verdauen, ärgerlich; man darf ihnen dann weder Projecte vorlegen, noch Begünstigungen verlangen.

Zu diesen gehörte der Marschall Augereau; in der ersten Stunde nach dem Essen mordete er Alles, Freund und Feind.

Ich hörte ihn eines Tages sagen, es gäbe in der Armee zwei Leute, die der General immer erschiessen lassen könne, den Obercommissair und den Chef des Generalstabes. Beide waren gegenwärtig; der General Chérin antwortete etwas matt, doch nicht ohne Geist; der Obercommissair sagte nichts, dachte aber vielleicht um so mehr.

Ich war damals dem Generalstabe des Marschalls zugetheilt und hatte stets mein Gedeck an seinem Tische; ich kam aber selten, weil ich diese periodischen Stürme fürchtete; ich besorgte, auf ein Wort von ihm, im Arrest verdauen zu müssen.

Seither habe ich ihn häufig in Paris getroffen und da er mir sehr liebreich sein Bedauern bezeigte, mich nicht öfters an seinem Tische gesehen zu haben, verschwieg ich ihm die Ursache nicht; wir lachten darüber, aber er gestand fast zu, dass ich Recht haben könnte.

Wir lagen damals in Offenburg und man beklagte sich beim Generalstabe, dass man weder Fische noch Wildpret zu sehen bekomme.

Diese Klage war begründet; denn es ist eine Regel des öffentlichen Rechtes, dass die Sieger auf Kosten der Besiegten gut leben sollen. Deshalb schrieb ich auch desselben Tages dem Oberförster einen sehr höflichen Brief, um ihm das Uebel zu melden und Abhülfe zu verlangen.

Der Förster war ein alter Reitersmann, lang, hager und schwarz, der uns nicht ausstehen konnte und uns wahrscheinlich deshalb nicht gut behandelte, damit wir in seinem Gebiete nicht Wurzel schlagen sollten. Seine Antwort war deshalb negativ und voll Ausflüchte. Die Unterförster seien aus Furcht vor unseren Soldaten ausgerissen; die Fischer widerspenstig; die Gewässer angeschwollen und ausgetreten u. s. w. Ich antwortete ihm auf diese vortrefflichen Gründe gar nicht, sondern schickte ihm sofort zehn Grenadiere, die er bis auf Weiteres logiren und gut verpflegen sollte.

Das Mittel wirkte wunderbar; den Tag darauf kam Morgens in aller Frühe ein reich beladener Karren; die Förster waren ohne Zweifel wiedergekommen, die Fischer hatten sich gefügt, denn man brachte uns Wild und Fische genug für eine ganze Woche: Rehe, Schnepfen, Karpfen, Hechte — es war ein wahrer Gottes-Segen.

Nach Empfang dieses Versöhnungsopfers befreite ich den unglücklichen Oberförster von seinen Gästen. Er besuchte uns, ich brachte ihm Vernunft bei und während der ganzen Zeit unseres Aufenthaltes im Lande hatten wir uns seiner guten Dienste zu loben.

Siebzehnte Betrachtung.

Von der Ruhe.

———

83. Der Mensch kann nicht fortwährend thätig sein; die Natur hat ihn nur zu unterbrochener Existenz bestimmt; seine Auffassungen müssen nach einiger Zeit aufhören. Die Zeit der Thätigkeit kann verlängert werden durch den Wechsel und die Natur der Empfindungen, die der Körper erhält; aber die fortdauernde Thätigkeit erzeugt das Bedürfniss nach Ruhe. Die Ruhe führt zum Schlafe und der Schlaf erzeugt Träume.

Hier finden wir uns an den Grenzen der Menschheit; der schlafende Mensch ist nicht mehr ein gesellschaftliches Wesen; das Gesetz beschützt ihn, befiehlt ihm aber nicht mehr.

Ich will hier eine merkwürdige Thatsache erwähnen, die mir von Dom Duhaget, einst Prior der Karthause von Pierre-Châtel erzählt wurde.

Dom Duhaget stammte aus einer guten Familie aus der Gascogne; er hatte mit Auszeichnung gedient und war zwanzig Jahre lang Infanterie-Hauptmann, er war Ritter vom Orden des heiligen Ludwig. Ich habe keinen sanfteren, frommeren und liebenswürdigeren Erzähler kennen gelernt.

Wir hatten, sagte er, in N., wo ich Prior war, ehe ich nach Pierre-Châtel kam, einen Mönch von melancholischem Wesen, düsterer Gemüthsart, der als Nachtwandler bekannt war.

Zuweilen verliess er bei seinen Anfällen seine Zelle und kehrte wieder zurück; zuweilen verirrte er sich, so dass man ihn zurückführen musste. Man hatte ihn ärztlich untersucht und behandelt; die Anfälle waren seltener geworden und man gab nicht mehr darauf Acht.

Eines Abends war ich länger als gewöhnlich aufgeblieben und an meinem Schreibtische mit Untersuchung einiger Papiere beschäftigt, als ich die Thüre meines Zimmers, die ich fast niemals verschloss, aufgehen hörte und den Mönch im vollkommenen Zustande des Nachtwandelns eintreten sah.

Seine starren Augen waren geöffnet; er hatte nur das Schweisshemd an, in dem er schlief und in der Hand ein grosses Messer.

Er ging gerade auf mein Bette los, dessen Stellung er kannte und schien mit der Hand zu tasten, ob ich darin liege; dann führte er drei so heftige Stösse auf das Bette aus, dass er nicht nur die Decken, sondern auch die Matraze oder vielmehr die an ihrer Statt befindliche Strohmatte durchbohrte.

Als er an mir vorüberging, hatte er die Augenbrauen gerunzelt und das Gesicht verzerrt. Nachdem er gestossen hatte, drehte er sich um und ich sah, dass sein Gesicht sich entrunzelt hatte und den Ausdruck der Befriedigung zeigte.

Der Schimmer zweier Lampen, die auf meinem Schreibtische standen, machte auf seine Augen nicht den mindesten Eindruck; er ging, wie er gekommen war, schloss sorgfältig die beiden Thüren, die in meine Zelle führten und kehrte geraden Weges ruhig in seine Zelle zurück.

Sie können sich denken, fuhr der Prior fort, in welchen Zustand mich diese schreckliche Erscheinung versetzte. Ich zitterte vor Entsetzen über die Gefahr, der ich entronnen war und dankte der Vorsehung, war aber so aufgeregt, dass ich die ganze Nacht kein Auge schliessen konnte.

Am anderen Morgen liess ich den Nachtwandler rufen und fragte ihn ohne Affectation, wovon er in der letzten Nacht geträumt habe.

Bei dieser Frage wurde er betreten. „Ehrwürdiger Vater," sagte er, „ich habe einen so seltsamen Traum gehabt, dass es mir wirklich Leid thun sollte, Ihnen denselben zu erzählen; es war gewiss eine Eingebung des Bösen und"...

„Ich befehle es Ihnen," antwortete ich; „ein Traum ist immer unwillkürlich und ein Hirngespinst. Reden Sie offen." — „Ehrwürdiger Vater," sagte er darauf, „kaum war ich eingeschlafen, so träumte mir, Sie hätten meine Mutter erschlagen; ihr blutiger Schatten erschien mir, um mich zur Rache aufzufordern und bei diesem Anblicke gerieth ich in eine solche Wuth, dass ich wie ein Rasender in ihr Zimmer stürzte und da ich Sie in Ihrem Bette fand, so erdolchte ich Sie. Bald darauf erwachte ich, in Schweiss gebadet, mein Attentat verabscheuend und ich dankte Gott, dass das abscheuliche Verbrechen nicht von mir begangen worden war" ... — „Es ist mehr begangen worden, als Sie glauben", sagte ich ruhig und ernst.

Ich erzählte ihm nun, was geschehen war und zeigte ihm die Spuren der Stiche, die er mir zugedacht hatte.

Bei diesem Anblicke warf er sich auf die Kniee, zerfloss in Thränen, seufzte über das unfreiwillige Unglück, das hätte geschehen können und flehte mich um jede Pönitenz an, die ich ihm auferlegen zu müssen glaubte.

„Nein, nein!" rief ich; „ich strafe Sie nicht für eine unfreiwillige That; aber künftighin dispensire ich Sie vom nächtlichen Gottesdienst und lasse Ihre Zelle nach dem Nachtessen von Aussen schliessen und erst am frühen Morgen öffnen, damit Sie an der gemeinschaftlichen Messe theilnehmen können."

Wenn der Prior bei dieser Gelegenheit getödtet, statt wie durch ein Wunder gerettet worden wäre, so hätte man den Nachtwandler nicht strafen können, da er im unbewussten Zustande gehandelt hatte.

Zeit der Ruhe.

84. Die allgemeinen auf der Erde herrschenden Gesetze müssen auch auf die Lebensweise des Menschengeschlechts, das den Erdball bewohnt, ihren Einfluss äussern. Der Wechsel von Tag und Nacht, der auf der ganzen Erde mit gewissen Abänderungen stattfindet, wobei indessen beide sich

am Ende der Rechnung etwa gleichbleiben, hat natürlicher Weise die Zeit der Ruhe und diejenige der Thätigkeit auferlegt; wahrscheinlich würde unsere Lebensweise eine ganz andere sein, wenn ein ewiger Tag herrschte.

Wie dem auch sei, sobald der Mensch eine Zeit lang aus der Vollkraft des Lebens geschöpft hat, so kommt ein Augenblick, wo er nicht mehr schaffen kann; seine Empfänglichkeit nimmt ab; die lebhaftesten Sinneseindrücke bleiben wirkunglos; die Organe weisen Alles ab, was sie vorher aufs Lebhafteste wünschten; die Seele ist mit Eindrücken gesättigt; die Ruhezeit ist da.

Wir haben hier den Mann der Gesellschaft im Auge, der von allen Wohlthaten und Hülfsmitteln der höchsten Civilisation umgeben ist; denn für diejenigen, welche anhaltend in ihrem Cabinet, in ihrer Werkstatt arbeiten, sich auf Reisen, auf der Jagd oder in anderer Weise ermüden, kömmt das Ruhebedürfniss weit schneller und regelmässiger.

Die Natur, diese treffliche Mutter, hat mit einer solchen Ruhe, wie mit allen erhaltenden Handlungen, einen grossen Genuss verbunden.

Der ruhende Mensch fühlt ein allgemeines, unbeschreibliches Wohlsein; er fühlt wie seine Arme durch ihr eigenes Gewicht herabsinken, wie seine Fasern sich abspannen, sein Gehirn sich erfrischt; seine Sinne sind beruhigt, seine Empfindungen dumpf; er wünscht und denkt nichts mehr; ein Schleier breitet sich über seine Augen. Noch einige Augenblicke und er schläft.

Achtzehnte Betrachtung.

Vom Schlafe.

---

85. Obgleich einige wenige Menschen so kräftig organisirt sind, dass man behaupten kann, sie schlafen fast gar

nicht, so ist doch im Allgemeinen das Bedürfniss nach Schlaf ebenso herrisch als Hunger und Durst. Die Vorposten der Armeen schlafen oft ein, trotzdem dass sie sich Schnupftaback in die Augen streuen; und Pichegru, von Bonaparte's Polizei verfolgt, zahlte 30,000 Franken für eine einzige Nacht, in der er schlafen wollte, aber verkauft und ausgeliefert wurde.

Definition.

86. Der Schlaf ist ein Schlummerzustand, in welchem der Mensch nur mechanisch fortlebt und von der Aussenwelt durch die nothwendige Unthätigkeit seiner Sinne abgeschlossen ist.

Der Schlaf wird wie die Nacht von zwei Dämmerungen eingeleitet und beendet, von denen die erste zur völligen Unthätigkeit, die letztere zum thätigen Leben führt.

Untersuchen wir die verschiedenen Erscheinungen.

Im Augenblicke wo der Schlaf beginnt, werden die Sinne nach und nach unthätig; zuerst der Geschmack, dann das Gesicht und der Geruch; das Ohr wacht noch eine Zeit lang, das Gefühl immer; es benachrichtigt uns durch den Schmerz von den Gefahren, die dem Körper drohen können.

Dem Schlafe geht stets eine mehr oder minder wollüstige Empfindung voraus; der Körper überlässt sich ihr um so eher, als ein schneller Ersatz gesichert ist; und die Seele gibt sich mit Vertrauen hin, weil sie hofft, dass die Mittel ihrer Thätigkeit bald wieder aufgefrischt werden.

Gelehrte ersten Ranges haben den Schlaf nur deshalb mit dem Tode verglichen, weil sie diese doch so positive Empfindung nicht gewürdigt haben; während jedes lebende Wesen dem Tode mit aller Kraft widersteht, der überdem so eigenthümliche Erscheinungen zeigt, dass selbst die Thiere davor zurückschaudern.

Der Schlaf kann, wie alle Genüsse, zur Leidenschaft werden; es gibt Leute, die drei Viertheile ihres Lebens verschlafen, und dann hat er, wie alle Leidenschaften, die verderblichsten Wirkungen: Faulheit, Trägheit, Abschwächung, Verdummung und Tod.

Die Schule von Salerno erlaubte nur sieben Stunden Schlaf ohne Unterschied des Alters und Geschlechtes. Diese Lehre ist zu streng: man muss den Kindern aus Bedürfniss und den Frauen aus Gefälligkeit etwas mehr zugestehen; aber ganz gewiss muss man mehr als zehn Stunden im Bette zugebracht als einen Missbrauch ansehen.

In den ersten Augenblicken des Dämmerschlafes dauert der Wille noch fort; man kann sich erwecken, das Auge hat noch nicht alle Macht verloren. *Non omnibus dormio*, sagte Mecenes; mancher Ehemann hat in diesem Zustande traurige Gewissheiten entdeckt. Es kommen auch noch einige Gedanken, aber sie sind unzusammenhängend; man hat zweifelhafte Lichtblicke; man sieht schlecht umgrenzte Gestalten vor den Augen tanzen. Dieser Zustand dauert nur kurz; bald verschwindet Alles; jede Bewegung hört auf und man verfällt in festen Schlaf.

Was treibt die Seele unterdessen? Sie lebt in sich; — wie der Pilot bei Meeresstille, wie ein Spiegel im Dunkeln, wie eine Leier, die Niemand schlägt, harrt sie neuer Reize.

Einige Psychologen, unter anderen Graf von Redern, glauben indessen, dass die Seele ununterbrochen thätig ist und führen als Beweis an, dass jeder Mensch, den man im ersten Schlafe gewaltsam aufweckt, eine Empfindung hat wie Einer, den man irgend einer lebhaften Beschäftigung entzieht.

Diese Beobachtung ist nicht ungegründet und verlangt eine aufmerksame Bestätigung.

Uebrigens dauert dieser Zustand vollständiger Vernichtung nur kurze Zeit an, höchstens 5 bis 6 Stunden; die Verluste ersetzen sich nach und nach, ein dunkles Gefühl der Existenz erwacht aufs Neue und der Schläfer versetzt sich in das Reich der Träume.

Neunzehnte Betrachtung.

Von den Träumen.

---

87. Die Träume sind einseitige Eindrücke, welche der Seele ohne Mitwirkung der Aussenwelt zukommen.

Diese so häufigen und so ausserordentlichen Erscheinungen sind dennoch nur sehr wenig bekannt.

Die Gelehrten sind hier im Fehler — sie haben uns noch nicht genug Beobachtungen überlassen. Das wird mit der Zeit kommen und dann wird auch die Doppelnatur des Menschen besser bekannt werden.

Im gegenwärtigen Zustande der Wissenschaft muss man annehmen, dass ein ebenso feines als mächtiges Fluidum existirt, welches dem Gehirn die von den Sinnen empfangenen Eindrücke mittheilt und durch die Erregung, welche diese Mittheilungen erzeugen, die Gedanken entstehen lässt.

Der feste Schlaf wird durch den Verlust und die Unthätigkeit dieses Fluidums erzeugt *).

Man muss annehmen, dass durch die Verdauungs- und Assimilationsthätigkeit, die während des Schlafes fortdauert, dieser Verlust wieder hergestellt wird, so dass es eine Zeit gibt, wo das Individuum schon mit allem zur Thätigkeit Nöthigen versehen ist, bevor es noch von der Aussenwelt angeregt ist.

Dann strömt das von Natur so bewegliche Nervenfluidum durch die Nervenröhren nach dem Gehirn; es gelangt

---

*) Das Nervenfluidum ist, wie die Lebenskraft, längst beseitigt. Nerven und Gehirn erschöpfen sich in ihrer Function ebenso, wie z. B. die Muskeln und bedürfen periodischer Ruhezeiten zu ihrer Herstellung.   C. V.

an dieselben Orte auf denselben Wegen; es erzeugt also dieselben Wirkungen, wenn auch mit geringerer Intensität.

Die Ursache dieses Unterschiedes ist leicht zu finden. Wenn der Mensch von einem äusseren Gegenstande einen Eindruck empfängt, so ist die Empfindung rein, plötzlich und nothwendig; das ganze Organ ist in Thätigkeit. Wenn dagegen derselbe Eindruck im Schlafe erzeugt wird, so ist nur der innere Theil der Nerven in Bewegung; die Empfindung ist nothwendiger Weise weniger lebhaft und rein; oder, um mich verständlicher zu machen — im wachen Zustande wird das ganze Organ erregt, im Schlafe nur der dem Gehirne zunächst liegende Theil.

Bei den wollüstigen Träumen erreicht indessen bekanntlich die Natur ihren Zweck fast ebenso vollständig wie beim Wachen; aber diese Verschiedenheit kommt von der Verschiedenheit der Organe selbst; der Zeugungssinn hat nur irgend eine Reizung nöthig, welcher Art sie auch sei und jedes Geschlecht ist vollständig mit allem Material ausgerüstet, das zur Vollbringung des Actes nöthig ist, wozu die Natur es bestimmt hat.

Anzustellende Untersuchung.

88. Wenn das Nervenfluidum dem Gehirne zuströmt, kreist es stets durch die zur Uebung eines unserer Sinne bestimmten Kanäle und erweckt deshalb gewisse Empfindungen und Vorstellungen leichter als andere. So glaubt man zu sehen, wenn der Sehnerv gereizt wird, zu hören, wenn der Gehörnerv u. s. w. — merkwürdig ist es, dass die Geschmacks- und Geruchsempfindungen so selten im Traume angeregt werden; träumt man von einem Garten oder einer Wiese, so sieht man die Blumen ohne sie zu riechen; träumt man von einem Mahle, so sieht man die Gerichte, ohne ihren Geschmack zu kosten.

Die Gelehrten sollten untersuchen, weshalb zwei unserer Sinne im Schlafe auf die Seele keinen Eindruck machen, während die vier anderen ihre ganze Macht äussern. Ich kenne keinen Psychologen, der sich damit beschäftigt hätte.

Je innerlicher die Empfindungen sind, die wir im Schlafe fühlen, desto stärker sind sie. Die sinnlichsten Eindrücke sind Nichts gegenüber dem Jammer, den man empfindet, wenn man träumt, ein geliebtes Kind verloren zu haben oder dass man gehängt werden soll. In solchen Fällen kann man in Schweiss oder in Thränen gebadet erwachen.

Natur der Träume.

89. So bizarr auch die Gedanken oft sein mögen, die uns im Traume beschäftigen, so werden wir doch bei einiger Aufmerksamkeit finden, dass die Träume nur Erinnerungen oder Combinationen von Erinnerungen sind. Ich möchte sagen, die Träume seien Sinneserinnerungen.

Ihre Seltsamkeit beruht demnach nur in der ungewöhnlichen Verbindung der Ideen, die sich von Zeit, Ort und Schicklichkeit gänzlich entbinden; aber im letzten Hintergrunde hat noch Niemand von Dingen geträumt, die er nicht vorher gekannt hätte.

Man wird sich über die Sonderbarkeit der Träume nicht wundern, wenn man bedenkt, dass im wachen Menschen vier Kräfte sich gegenseitig überwachen und berichtigen, nämlich das Gesicht, das Gehör, das Gefühl und das Gedächtniss, während bei dem Schlafenden jeder Sinn sich selbst überlassen bleibt.

Ich möchte diese beiden Zustände des Gehirnes einem Claviere vergleichen, vor welchem ein Musiker sitzt, der aus Zerstreuung die Tasten rührt und aus dem Gedächtniss eine Melodie anfängt, die er vollständig harmonisch durchführen könnte, wenn er nur wollte. Man könnte das

Gleichniss noch weiter verfolgen, indem man sagte, die Reflexion verhalte sich zu den Gedanken wie die Harmonie zu den Tönen und gewisse Ideen enthielten andere in sich, wie der Hauptton gewisse Nebentöne in sich schliesst u. s. w.

System des Doctor Gall.

90. Indem ich mich von einem so verführerischen Gegenstande verleiten lasse, komme ich an die Grenzen des Gall'schen Systemes, das die Vielfältigkeit der Gehirntheile lehrt und behauptet.

Ich darf nicht weiter gehen und die selbst gesteckten Grenzen nicht überschreiten; doch kann ich nicht umhin, aus Liebe für die Wissenschaft, die, wie man bemerken wird, mir nicht ganz fremd ist, hier zwei Beobachtungen mitzutheilen, die ich sorgfältig studirte und um so eher anführen darf, als unter meinen Lesern noch manche Personen leben, welche die Wahrheit des Gesagten bezeugen könnten.

Erste Beobachtung.

Um 1790 lebte in einem Dorfe Namens Gerrin im Kreise von Belley ein ausserordentlich listiger Kaufmann; er hiess Landot und hatte sich ein hübsches Vermögen erworben.

Er wurde von einem so heftigen Schlaganfall betroffen, dass man ihn für todt hielt. Die Facultät kam ihm zu Hülfe; er kam davon, aber nicht ohne Verlust, denn er liess fast seine sämmtlichen intellectuellen Fähigkeiten, namentlich aber das Gedächtniss, auf dem Schlachtfelde. Da er sich aber noch so gut als möglich herumschleppte, und wieder Appetit bekam, so hatte er die Verwaltung seines Geschäftes behalten.

Als diejenigen, welche mit ihm Geschäfte gemacht hatten, ihn in diesem Zustande sahen, glaubten sie, die Zeit sei gekommen, ihre Revanche zu nehmen; sie kamen unter dem Vorwande ihm Gesellschaft zu leisten und schlugen ihm alle möglichen Geschäfte vor, Käufe, Verkäufe, Tausche und ähnliche Dinge, die in das Bereich seines gewöhnlichen Handels gehörten. Bald aber sahen die Angreifer sich überrascht und mussten zum Rückzuge blasen.

In der That hatte der schlaue alte Kerl nichts von seinen kaufmännischen Fähigkeiten verloren und derselbe Mann, der häufig sein Gesinde nicht kannte und seinen eigenen Namen vergass, war stets vollkommen unterrichtet von den Preisen aller Waaren und kannte den Werth jedes Grundstückes, Wiesen, Weinberge und Wälder auf drei Stunden im Umkreis aufs Haar.

Sein Urtheil war in dieser Beziehung vollkommen gesund geblieben und da man weniger auf seiner Hut war, so fingen sich die meisten von denen, welche den Krüppel zu überlisten gedachten, in ihren eigenen Schlingen.

Zweite Beobachtung.

In Belley lebte ein Hr. Chirol, der lange Zeit unter Ludwig XV. und Ludwig XVI. in den Leibgarden gedient hatte.

Seine Intelligenz reichte gerade zu dem Dienste hin, den er sein Leben lang geleistet hatte; aber er hatte im höchsten Grade den Geist des Spiels, so dass er nicht nur alle alten Kartenspiele, wie L'hombre, Piquet, Whist vortrefflich spielte, sondern auch von jedem neuen Spiele, das man einführte, nach der dritten Partie alle Feinheiten kannte.

Dieser Herr Chirol wurde durch einen Schlaganfall gelähmt, der so heftig war, dass er fast in vollständige Unempfindlichkeit verfiel. Nur zwei Dinge blieben verschont; die Verdauung und die Spielfähigkeit.

Er kam täglich in das Haus, wo er seit zwanzig Jahren seine Partie zu machen gewöhnt war, setzte sich in eine Ecke und blieb dort unbeweglich in einer Art Schlummer, ohne sich im Mindesten um das zu bekümmern, was um ihn vorging.

Sobald Spielpartien eingerichtet wurden, trug man ihm eine Karte an; er nahm stets an, und schleppte sich zum Spieltische; dort konnte man sich überzeugen, dass die Krankheit, die seine meisten Fähigkeiten gelähmt hatte, auch nicht im Mindesten sein Spiel verschlechterte. Noch kurze Zeit vor seinem Tode bewies Hr. Chirol wie vollkommen er als Spieler noch sei.

Ein Bankier, wenn ich nicht irre, Delais mit Namen, kam zum Besuche von Paris nach Belley. Er hatte Empfehlungsschreiben, war ein Fremder und noch obenein von Paris; Gründe genug um ihn in einer kleinen Stadt so angenehm als möglich zu empfangen.

Herr Delais war Feinschmecker und Spieler. — In erster Beziehung gab man ihm Gelegenheit genug, täglich 5 bis 6 Stunden bei Tische zu sitzen, in zweiter Beziehung war es schwieriger, ihn zu vergnügen, er spielte gern Piquet und sprach von Partien zu sechs Franken die Marke, was unseren theuersten Satz weit überschritt.

Man vereinigte sich, um dieses Hinderniss zu umgehen, zu einer kleinen Gesellschaft, an der jeder je nach seinen Ansichten Antheil nahm oder nicht. Die Einen meinten, die Pariser seien schlauer als alle Kleinstädter; die Anderen behaupteten im Gegentheile, alle Bewohner der grossen Stadt seien etwas grossprahlerisch; wie dem auch sei, die Gesellschaft bildete sich und wem vertraute man die Vertheidigung der allgemeinen Casse an? . . . . Herrn Chirol.

Als der Pariser Bankier diese grosse, bleiche, graue Gestalt ankommen sah, die sich seitlich fortschob und ihm gegenüber Platz nahm, glaubte er, man wolle ihn necken, als er aber das Gespenst die Karten nehmen, kunstgemäss mischen und geben sah, fing er an zu glauben, dass dieser Gegner einst seiner habe würdig sein können.

Er konnte sich bald überzeugen, dass diese Fähigkeit noch fortdaure, denn nicht nur bei dieser Partie, sondern bei noch vielen anderen späteren wurde Herr Delais dergestalt geschlagen, unterdrückt und gerupft, dass er bei seiner Abreise uns mehr als 600 Franken auszahlen musste, die gewissenhaft unter die Betheiligten getheilt wurden.

Vor seiner Abreise kam Herr Delais zu uns, um für den trefflichen ihm gewordenen Empfang zu danken, doch protestirte er gegen den hinfälligen Zustand des Gegners, den wir ihm gegeben hätten und versicherte uns, er würde sich niemals darüber trösten können, so unglücklich mit einem Todten gekämpft zu haben.

Resultat.

Die Folgerungen aus diesen beiden Beobachtungen lassen sich leicht erschliessen. Offenbar hatte der Schlag, welcher das Hirn traf, denjenigen Theil dieses Organes verschont, der so lange zu den Combinationen des Handels und des Spielens gedient hatte und offenbar hatte dieser Organtheil nur deshalb widerstanden, weil eine beständige Uebung ihn gekräftigt hatte, oder auch weil dieselben Eindrücke durch ihre häufige Wiederholung tiefere Spuren zurückgelassen hatten.

Einfluss des Alters.

91. Das Alter hat einen deutlichen Einfluss auf die Natur der Träume.

In der Kindheit träumt man von Spielen, Gärten, Blumen, Wiesen und anderen lachenden Gegenständen, später von Vergnügungen, Liebeständeleien, Kämpfen und Heirathen. Noch später von Einrichtungen, Reisen, Gunstbezeugungen des Fürsten oder seiner Beamten, noch später endlich von Geschäften, Widerwärtigkeiten, Schätzen, einstigen Freuden und längstgestorbenen Freunden.

Erscheinungen der Träume.

92. Gewisse seltene Erscheinungen begleiten zuweilen den Schlaf und die Träume. Ihre Untersuchung kann den Fortschritten der Wissenschaft dienstlich sein, deshalb zeichne ich hier drei Beobachtungen auf, die ich unter andern, während des Laufes eines langen Lebens an mir selbst in der Stille der Nacht machen konnte.

Erste Beobachtung.

Ich träumte in einer Nacht, dass ich das Geheimniss gefunden hätte, mich von den Gesetzen der Schwere zu befreien, so dass mein Körper mit gleicher Leichtigkeit nach meinem Willen im Raume sich heben und senken, auf- und absteigen konnte.

Dieser Zustand entzückte mich; vielleicht haben Andere schon ähnliche Träume gehabt, aber was mir eigenthümlich vorkömmt, ist, dass ich mich erinnere, mir selbst ganz deutlich (so schien es mir wenigstens) der Mittel bewusst gewesen zu sein, die mich zu diesem Ziele hatten gelangen lassen und dass diese Mittel mir so einfach schienen, dass ich mich wunderte, warum sie nicht früher entdeckt worden seien.

Beim Erwachen verschwand mir dieser erläuternde Theil des Traumes gänzlich und nur der Schluss blieb mir im Gedächtniss. Seit dieser Zeit aber bin ich fest überzeugt, dass früher oder später ein grosser Geist diese Entdeckung machen wird und für diesen Fall zeichne ich meine Ansprüche hier auf.

Zweite Beobachtung.

93. Vor einigen Monaten hatte ich im Schlafe ein ganz ausserordentliches Wollustgefühl. Es bestand in einem wunderbaren Beben aller Theile, die mein Wesen zusammen-

setzen, es war ein entzückendes Prickeln, das von der Oberhaut ausging und mich von den Füssen bis zum Kopfe, bis ins Mark der Knochen durchzuckte. Ich glaubte eine violette Flamme zu sehen, die um meine Stirne spielte:

Lambere flamma comas, et circum tempora pasci.
(Um die Schläfe schlug ihm die Flamm' und leckt' ihm das Haupthaar.)

Dieser Zustand, den ich deutlich fühlte, dauerte wenigstens 30 Secunden, und ich erwachte, erfüllt mit einem Staunen, das mit einigem Schreck gemischt war.

Ich ziehe aus dieser Empfindung, deren ich mich noch sehr wohl erinnere und aus einigen über Hellseher und verzückte Menschen gemachten Beobachtungen den Schluss, dass die Grenzen des Vergnügens bis jetzt weder bekannt noch gefunden sind und dass man durchaus nicht weiss, bis zu welchem Punkte unser Körper selig werden kann. Ich hoffe, dass die Physiologie der Zukunft sich in einigen Jahrhunderten dieser ausserordentlichen Empfindungen bemächtigen und sie mit Absicht erzeugen wird, etwa wie man den Schlaf durch Opium erzeugt, so dass unsere Nachkommen dadurch einigermaassen für die entsetzlichen Schmerzen entschädigt werden, die wir zuweilen zu leiden haben.

Diese Ansicht findet einige Stütze in der Analogie, denn ich habe schon bemerkt, dass die Macht der Harmonie, die uns so lebhafte, so reine und so begierig aufgesuchte Genüsse bietet, den Römern vollkommen unbekannt war, denn ihre Entdeckung ist nicht über 500 Jahre alt.

Dritte Beobachtung.

94. Im Jahre 8 (1800) hatte ich mich ohne bemerkenswerthe Vorgänge zur Ruhe begeben und wie gewöhnlich bis gegen 1 Uhr geschlafen, als ich aufwachte. Ich war in einem Zustande ganz ausserordentlicher Hirnerregung, meine

Begriffe waren lebhaft, meine Gedanken tief; es schien mir, als habe sich der Kreis meiner Einsicht erweitert; ich hatte mich aufgesetzt und meine Augen hatten die Empfindung eines bleichen unbestimmten Dämmerlichtes, das indessen keine Gegenstände erkennen liess. Nach der Menge von Gedanken, die sich in äusserster Schnelle jagten, hätte ich glauben können, dass dieser Zustand mehre Stunden andauerte; meine Uhr belehrte mich indessen, dass er nur eine halbe Stunde anhielt. Ein äusserer von meinem Willen unabhängiger Zufall beendete diese Verzückung und rief mich auf die Erde zurück.

Augenblicklich verschwand die lichte Erscheinung. Ich sank von meiner Höhe herab, die Grenzen meiner Einsicht rückten zusammen, ich wurde wieder, mit einem Worte, was ich Tags vorher gewesen war. Aber da ich vollständig erwacht war, so behielt mein Gedächtniss, wenn auch bedeutend abgeblasst, einen Theil der Gedanken zurück, die meinen Geist durchkreuzt hatten.

Die ersten beschäftigten sich mit der Zeit. Es schien mir als seien Vergangenheit, Gegenwart und Zukunft in einen einzigen Punkt zusammengeflossen, so dass man mit gleicher Leichtigkeit die Zukunft errathen und der Vergangenheit sich erinnern konnte. Das ist alles was mir von dieser ersten Anschauung blieb, die bald durch andere verdrängt wurde.

Meine Aufmerksamkeit wandte sich nun den Sinnen zu. Ich ordnete sie nach ihrer Vollkommenheit und da ich dachte, wir müssten ebenso viel innere als äussere Sinne haben, so beschäftigte ich mich damit, die ersteren aufzusuchen.

Ich hatte schon drei, wenn nicht vier gefunden, als ich auf die Erde zurückfiel. Hier sind sie:

1. Das Mitleiden; ein Herzgefühl, das man empfindet, wenn man seinen Mitmenschen leiden sieht.

2. Die Vorliebe; ein Gefühl des Vorzuges, das man nicht nur für einen bestimmten Gegenstand, sondern auch

für alles hat, was mit diesem Gegenstande zusammenhängt oder an denselben erinnert.

3. Die Sympathie; die auch ein Vorzugsgefühl ist, welches zwei Subjecte gegenseitig anzieht.

Man könnte glauben, beide Gefühle seien im Grunde eines und dasselbe; man kann sie indessen nicht verwechseln, da die Vorliebe nicht immer, die Sympathie dagegen nothwendig gegenseitig ist.

Indem ich mich mit dem Mitleiden beschäftigte, fand ich einen Gedanken, der mir sehr richtig scheint und den ich in einem andern Augenblicke wohl nicht gefunden haben würde, nämlich, dass aus dem Mitleiden jener schöne Satz entspringt, der die Grundlage aller Gesetzgebungen bildet:

Was du nicht willst, dass man dir thu',
Das füg' auch keinem Anderen zu.

Do as you will be done by.
Alteri ne facias quod tibi fieri non vis.

Die Vorstellung, welche mir von diesem Zustande und meinen Gefühlen während desselben geblieben ist, erscheint mir so bedeutend, dass ich gern, wenn es möglich wäre, den ganzen Rest meines Lebens für einen Monat geben würde, den ich so zubringen könnte.

Die Schriftsteller werden mich leichter verstehen als Andere, denn vielen unter ihnen wird gewiss Aehnliches, wenn auch in geringerem Grade begegnet sein.

Man liegt warm in seinem Bette in horizontaler Lage, den Kopf wohl bedeckt, man denkt an das Werk, woran man eben arbeitet, die Einbildungskraft erhitzt sich, die Gedanken kommen in Menge, glückliche Ausdrücke stellen sich ein, und da man aufstehen muss, um zu schreiben, so kleidet man sich an, legt die Schlafmütze bei Seite und setzt sich an den Schreibtisch.

Aber man ist nicht mehr derselbe, die Phantasie ist erkaltet, der Ideengang unterbrochen, die Ausdrücke fehlen, man sucht mühsam, was sich vorher von selbst einstellte, und häufig muss man die Arbeit auf einen besseren Tag verschieben.

Alles dies erklärt sich leicht durch die Wirkung, welche der Wechsel der Lage und der Temperatur auf das Gehirn haben muss. Auch hier wirkt das physische Moment auf den Geist.

Wiederholtes Nachsinnen über diese Beobachtung hat mich vielleicht etwas weit geführt, denn ich fange an zu glauben, dass die Ueberschwenglichkeit der Orientalen theilweise dem Umstande zuzuschreiben ist, dass sie den Glaubensregeln von Mahomet gemäss eine sehr warme Kopfbedeckung tragen, während andererseits die mönchischen Gesetzgeber ihren Untergebenen vielleicht aus diesem Grunde die Pflicht auferlegten, den Kopf stets rasirt und unbedeckt zu lassen.

Zwanzigste Betrachtung.

Vom Einfluss der Ernährungsweise auf die Ruhe, den Schlaf und die Träume.

95. Mag nun der Mensch ruhen, schlafen oder träumen, stets steht er unter der Herrschaft der Gesetze der Ernährung. Er bleibt in dem Reiche der Gastronomie.

Theorie und Erfahrung stimmen in dem Beweise überein, dass Qualität und Quantität der Nahrungsmittel auf Arbeit, Ruhe, Schlaf und Träume mächtig einwirken.

Einfluss der Ernährungsweise auf die Arbeit.

96. Ein schlecht genährter Mensch kann die Mühen einer langen Arbeit nicht aushalten, sein Körper bedeckt

sich mit Schweiss, seine Kräfte verlassen ihn, die Ruhe ist für ihn nur die Unmöglichkeit, thätig zu sein.

Handelt es sich von einer geistigen Arbeit, so entstehen Gedanken ohne Kraft und Genauigkeit, die Reflexion kann sie nicht zusammenbringen, die Urtheilskraft sie nicht bewältigen, das Gehirn erlahmt unter diesen vergeblichen Anstrengungen und man schläft auf dem Schlachtfelde ein.

Ich habe immer geglaubt, dass die Nachtessen von Auteuil, sowie diejenigen der Hotels Rambouillet und Soisson den Schriftstellern aus den Zeiten Ludwig's XIV. sehr wohlgethan haben, und der witzige Geoffroy (wenn übrigens die Thatsache wahr ist) mag wohl nicht so unrecht gehabt haben, als er die Dichter aus dem Ende des 18. Jahrhunderts wegen des Zuckerwassers neckte, das seiner Behauptung nach ihr Lieblingstrank war.

Ich habe diesen Grundsätzen gemäss die Werke einiger Schriftsteller untersucht, von denen man weiss, dass sie arm und leidend waren, und habe gefunden, dass sie nur dann Energie zeigen, wenn sie durch das gewöhnliche Gefühl ihrer Leiden oder durch häufig schlecht versteckten Neid gereizt sind.

Dagegen kann ein Mensch, der sich gut nährt und seine Kräfte mit Klugheit und Einsicht ersetzt, eine Arbeitssumme bewältigen, die kein anderes lebendes Wesen ertragen könnte.

Der Kaiser Napoleon arbeitete vor seiner Abreise nach Boulogne mehr als 30 Stunden ununterbrochen mit seinem Staatsrathe und seinen Ministern, ohne andere Erquickung als zwei sehr kurze Mahlzeiten und einige Tassen Kaffee.

Brown erzählt von einem Commis der englischen Admiralität, der durch Zufall einige Register verloren hatte, die er allein herstellen konnte, wozu er ununterbrochener 52 Stunden brauchte; ohne zweckmässige Ernährung hätte der Mann niemals diesen enormen Verlust ersetzen können, er erhielt sich auf folgende Weise: erst Wasser, dann leichte Nahrungsmittel, darauf Wein, später starke Fleischbrühen und zuletzt Opium.

Ich traf eines Tages einen mir von der Armee her bekannten Courier, der aus Spanien zurückkam, wohin die Regierung ihn mit Depeschen geschickt hatte. Er hatte die Reise in zwölf Tagen gemacht und sich in Madrid nur vier Stunden aufgehalten; — einige Gläser Wein und einige Tassen Fleischbrühe waren Alles, was er während dieser langen Reise von schlaflosem Gerüttel zu sich genommen hatte. Er behauptete, dass festere Nahrungsmittel ihm ohne Zweifel die Fortsetzung seiner Reise unmöglich gemacht haben würden*).

Von den Träumen.

97. Die Diät hat keinen geringen Einfluss auf den Schlaf und die Träume.

Der Hungrige kann nicht schlafen. Die Leere seines Magens erhält ihn in schmerzlichem Wachen und wenn seine Schwäche und die Erschöpfung seiner Kräfte ihn überwältigen, so ist sein Schlummer unruhig und unterbrochen.

Wer im Gegentheile bei seiner Mahlzeit die Grenzen des Anstandes überschritten hat, fällt unmittelbar in tiefen Schlaf**); — wenn er träumt, so bleibt ihm keine Erinnerung, weil das Nervenfluidum sich in den Empfindungskanälen nach allen Richtungen hin kreuzt, deshalb wacht er

---

*) Zu Napoleons Zeiten wurden die Courier-Reisen nach Spanien als versteckte Todesurtheile angesehen. Die Leute mussten während mehrer Tage ohne Aufhören, ohne schlafen oder essen zu können, unter beständiger Lebensgefahr Tag und Nacht reiten, und kamen meist mit einer tödtlichen Unterleibsentzündung im Hauptquartier an, die sie binnen wenigen Stunden hinraffte. Mehre Liebhaber Paulinens sollen dies Loos gehabt haben. C. V.

**) Man schläft nicht besser, sagt ein altes Sprichwort der Bauern im hessischen Hinterlande, wie wenn der Wanst neben Einem liegt, wie eine Metze Korn. C. V.

auch plötzlich auf und tritt nur mit Mühe ins gesellschaftliche Leben ein, und wenn sein Schlaf gänzlich vorüber ist, fühlt er noch lange die Mühseligkeit der Verdauung.

Man kann als allgemeine Regel aufstellen, dass der Kaffee den Schlaf hindert. Die Gewohnheit schwächt freilich diese Unannehmlichkeit und lässt sie sogar ganz verschwinden; nichtsdestoweniger tritt sie unfehlbar bei allen Europäern ein, sobald sie mit dem Gebrauche beginnen. Es gibt im Gegentheile einige Nahrungsmittel, welche in angenehmer Weise den Schlaf hervorrufen, dahin gehören alle diejenigen, in welchen die Milch eine hervorragende Rolle spielt, ferner alle Latticharten, der Portulac, die Orangenblüthe und ganz besonders der Reinettenapfel, wenn man ihn unmittelbar vor Schlafengehen isst.

Fortsetzung.

98. Die Erfahrung hat, auf Millionen von Beobachtungen gestützt, nachgewiesen, dass die Ernährung die Träume bestimmt.

Im Allgemeinen machen alle leicht aufregenden Nahrungsmittel Träume, so alle schwarzen Fleischsorten, wie Tauben, Enten, Wildprett und ganz besonders Hasen.

Spargel, Sellerie, Trüffeln, Confect und ganz besonders Vanille haben die gleiche Wirkung.

Man darf übrigens nicht glauben, dass man diese traumzeugenden Stoffe von unseren Tafeln entfernen müsste, denn die dadurch hervorgerufenen Träume sind meist angenehmer und leichter Natur und verlängern unsere Existenz selbst während der Zeit, wo sie unterbrochen ist.

Es gibt Menschen, für welche der Schlaf ein besonderes Leben ist, eine Art fortgesetzten Romans, deren Träume sich regelmässig folgen, die in der zweiten Nacht einen Traum beendigen, den sie in der vergangenen Nacht anfingen, und die im Schlafe Gesichter sehen, die sie zu erkennen glauben, wenn sie dieselben auch niemals in der wirklichen Welt angetroffen haben.

Resultat.

99. Der Mann, der über seine physische Existenz nachdenkt und sie nach den Grundsätzen, die wir entwickeln, einrichtet, bereitet mit Weisheit seine Ruhe, seinen Schlaf und seine Träume vor.

Er vertheilt seine Arbeit in solcher Weise, dass er sie niemals übertreibt; er erleichtert sie, indem er Abwechslung hineinbringt und ergänzt seine Fähigkeit durch kurze Zwischenpausen der Erholung, welche den Zusammenhang nicht unterbrechen, der zuweilen eine Pflicht ist.

Wenn er während des Tages eine längere Ruhe nöthig hat, so geniesst er sie stets sitzend und wehrt dem Schlummer, wenn er nicht unwiderstehlich auf ihn eindringt, namentlich aber gewöhnt er sich niemals daran, bei Tage zu schlafen.

Wenn die Nacht die Stunde des täglichen Schlafes herbeigeführt hat, so zieht er sich in ein luftiges Zimmer zurück und duldet keine Vorhänge um das Bett, die ihn hundertmal dieselbe Luft athmen lassen, schliesst auch nicht seine Fensterladen, damit ihn bei jedem Oeffnen der Augenlieder ein Rest von Licht trösten könne.

Er streckt sich in einem Bette aus, das an dem Kopfende leicht erhöht ist, sein Ohrkissen soll mit Haaren gestopft, seine Schlafmütze von Leinwand sein, seine Brust keucht nicht unter der Last von Decken, aber er trägt Sorge, seine Füsse recht warm zu halten*).

---

*) Die mit Gansfedern gestopften Unterbetten und Deckbetten, welche an vielen Orten auf dem Lande noch gebräuchlich sind, dürfen wohl als Ursache mancher physischen und moralischen Unannehmlichkeiten angesehen werden. C. V.

Er hat mit Weisheit gegessen und weder gute noch vortreffliche Schüsseln verschmäht, er hat guten Wein und mit Vorsicht sogar sehr hitzigen Wein getrunken, beim Dessert hat er mehr von Galanterie als von Politik gesprochen und mehr Reime als Spottverse gemacht, er hat eine Tasse Kaffee geschlürft und wenn seine Constitution es erlaubt, einige Augenblicke darauf ein Gläschen ausgezeichneten Likörs angenommen, nur um seinen Mund zu parfümiren. Er hat sich in Allem als liebenswürdiger Gast und trefflicher Kenner gezeigt und dennoch kaum die Grenzen des Bedürfnisses überschritten.

In diesem Zustande geht er schlafen, zufrieden mit sich und der Welt, seine Augen schliessen sich und nach einigem Dämmern sinkt er in tiefen Schlaf.

Bald hat die Natur ihren Tribut erhalten und der Verlust ist ersetzt. Angenehme Träume geben ihm nun ein geheimnissvolles Leben, er sieht die Personen, die er liebt, findet seine Lieblingsbeschäftigungen wieder und fliegt zu den Orten, wo er sich einst gefiel.

Endlich weicht der Schlaf nach und nach und er kehrt zur Gesellschaft zurück, ohne die verlorene Zeit bedauern zu müssen, denn selbst in seinem Schlafe hat er Thätigkeit ohne Ermüdung und Vergnügen ohne unangenehme Beimischung genossen.

Einundzwanzigste Betrachtung.

Von der Fettleibigkeit*).

---

100. Wäre ich wohlbestallter Arzt mit einem Doctordiplom, so hätte ich zuerst eine gute Monographie der Fettleibigkeit geschrieben, und dann hätte ich mein Reich in diesem Winkel der Wissenschaft aufgeschlagen und so den doppelten Vortheil genossen, Leute, die sich vortrefflich befinden, als Kranke zu behandeln, und ausserdem von der schönen Hälfte des Menschengeschlechtes täglich belagert zu werden, denn ein richtiges Maass von Rundung zu besitzen, weder zuviel noch zu wenig, ist für die Frauen das Studium ihres ganzen Lebens.

Was ich nicht gethan habe, wird ein anderer Arzt thun und wenn er zugleich gelehrt, verschwiegen und ein hübscher Mann ist, so prophezeie ich ihm wunderbare Erfolge.

Exoriare aliquis nostris ex ossibus haeres!

(Möge einst aus unseren Gebeinen ein Erbe erstehen!)

Unterdessen will ich die Laufbahn eröffnen, denn ein Artikel über die Fettleibigkeit darf in einem Buche, welches den Menschen in Beziehung auf seine Nahrung behandelt, nicht fehlen.

Ich verstehe unter Fettleibigkeit jenen Grad von Fettansammlung, wo die Glieder, ohne dass die Person krank

---

*) Neuerdings hat Hr. Professor Julius Vogel in Halle das Büchlein eines englischen Gentleman über diesen Gegenstand übersetzen und herausgeben zu müssen geglaubt. Was dort etwa Gutes stehen mag, hatte Brillat-Savarin, wie der Leser sich leicht überzeugen kann, schon vor vierzig Jahren weit schöner und geistreicher gesagt.   C. V.

wäre, nach und nach an Umfang zunehmen und allmälig ihre ursprüngliche Gestalt und Harmonie verlieren.

Es gibt eine Art Fettleibigkeit, die sich auf den Unterleib beschränkt. Ich habe sie niemals bei Frauen gesehen; da diese eine weichere Faser haben, verschont die Fettleibigkeit, wenn sie einmal anfängt, keinen Theil des Körpers. Ich nenne diese Art Gastrophorie und Gastrophoren (Bauchträger) diejenigen, welche daran leiden. Ich gehöre selbst zu dieser Zahl, aber obgleich Träger eines ziemlich vorstehenden Bauches, habe ich doch immer noch magere Fussknöchel und eine Sehne an der Ferse wie ein arabischer Renner.

Nichtsdestoweniger habe ich immer meinen Bauch wie einen gefährlichen Feind behandelt, ich habe ihn besiegt und auf eine majestätische Rundung beschränkt, aber ich musste kämpfen, um zu siegen und nur einem dreissigjährigen Ringen verdanke ich den guten Erfolg meines Versuches.

Ich beginne mit einem Auszug aus mehr als fünfhundert Zwiegesprächen, die ich früher mit Tischnachbaren hatte, welche von Fettleibigkeit bedroht oder befallen waren.

Der Dicke: Mein Gott, welch herrliches Brot! Wo nehmen Sie es her?

Ich: Bei Limet, Richelieustrasse. Er ist der Bäcker des Herzogs von Orleans und des Prinzen von Condé. Ich nahm ihn, weil er mein Nachbar ist, und behielt ihn, weil ich ihn für den besten Brotbäcker der Welt erkläre.

Der Dicke: Ich will mir das merken; ich esse sehr viel Brot und mit solchen Brötchen, wie diese, könnte ich alles Uebrige entbehren.

Ein anderer Dicker: Aber was treiben Sie denn? Sie essen die Fleischbrühe von Ihrer Suppe und lassen den herrlichen Carolina-Reis auf dem Teller.

Ich: Das ist eine besondere Diät, die ich mir vorgeschrieben habe.

Der Dicke: Schlechte Diät. Ich liebe den Reis, die

Mehlspeisen, Pasteten und ähnliche Dinge, nichts nährt besser, wohlfeiler und müheloser.

Ein ganz Dicker: Haben Sie die Güte, lieber Herr, und reichen Sie mir die Kartoffeln, die vor Ihnen stehen; — man haut dergestalt ein, dass ich fürchte nichts mehr davon zu bekommen.

Ich: Hier, lieber Herr.

Der Dicke: Aber bedienen Sie sich doch. Es bleibt genug für uns zwei und nach uns mag die Sündfluth kommen.

Ich: Ich nehme keine. Ich halte die Kartoffel nur für ein Mittel gegen den Hunger, finde aber im Uebrigen, dass sie sehr fad schmeckt.

Der Dicke: Gastronomische Ketzerei! Es gibt nichts Besseres als Kartoffeln; ich esse sie mit jeder Zubereitung, und wenn bei dem zweiten Gange noch welche kommen, so will ich einstweilen meine Rechte gewahrt haben.

Eine dicke Dame: Thun Sie mir doch die Gefälligkeit und lassen Sie mir jene Bohnen von Soissons reichen, die ich dort unten auf dem Tische sehe.

Ich führe den Befehl aus und summe leise nach einer bekannten Melodie für mich hin:

> In Soissons ist gut wohnen,
> Man pflanzt dort fette Bohnen!

Die Dicke: Spotten Sie nicht, das ist ein wahrer Schatz für das Land. Paris bezieht von dort für bedeutende Summen. Ich bitte Sie auch um Gnade für die kleinen Bohnen, die man englische nennt; wenn sie noch grün sind, ist es ein wahres Götteressen.

Ich: Fluch den Bohnen, Fluch den Saubohnen!

Die Dicke mit entschlossener Miene: Ich lache über Ihren Fluch. Man sollte wahrhaftig meinen, Sie wären allein für sich ein Concilium.

Ich zu einer Andern: Ich wünsche Ihnen Glück zu Ihrer herrlichen Gesundheit, gnädige Frau. Es scheint mir, dass Sie ein wenig zugenommen haben, seit ich das letzte Mal die Ehre hatte, Sie zu sehen.

Die Dicke: Ich verdanke das wahrscheinlich meiner jetzigen Diät.

Ich: Wie so?

Die Dicke: Seit einiger Zeit frühstücke ich mit einer guten fetten Fleischbrühsuppe, ein Kumpen wie für Zwei und so steif gekocht, dass der Löffel darin aufrecht stehen könnte.

Ich zu einer Andern: Wenn meine Augen mich nicht trügen, gnädige Frau, so nähmen Sie gern ein Stück von jener Apfeltorte, ich will sie für Sie anschneiden.

Die Dicke: Bitte, lieber Herr, Sie irren sich. Ich sehe dort zwei Lieblingsgerichte, die beide männlichen Geschlechtes sind. Jener Reiskuchen, und dieser kolossale Zwieback von Savoien. Merken Sie sich einmal für allemale, dass ich süsses Backwerk allem andern vorziehe.

Ich zu einer Andern: Erlauben Sie, gnädige Frau, dass ich jene Marzipantorte über ihren Inhalt befrage, während man dort unten Politik treibt?

Die Dicke: Mit Vergnügen. Ich ziehe Pasteten allem andern vor. Wir haben einen Pastetenbäcker im Hause und ich glaube wohl, dass meine Tochter und ich alljährlich bei ihm wenigstens die Miethe aufzehren.

Ich, nachdem ich die junge Schöne betrachtet: Es schlägt Ihnen vortrefflich an. Ihre Fräulein Tochter ist ein sehr schönes Frauenzimmer, vollkommen entwickelt.

Die Dicke: Können Sie sich vorstellen, dass ihre Gespielinnen ihr zuweilen sagen, sie sei zu fett?

Ich: Vielleicht aus Neid.

Die Dicke: Das könnte wohl sein. Indessen verheirathe ich sie nächstens und das erste Kindbett wird wohl alles in Ordnung bringen.

Durch Gespräche dieser Art klärte ich eine Theorie auf, deren Grundlage ich ausserhalb der Menschengattung gesucht hatte, nämlich, dass die Fettleibigkeit stets von einer

Ernährungsweise herrührt, wozu viel Stärke und Mehlbestandtheile genommen werden, und ich fand, dass eine solche Ernährung stets dieselbe Wirkung hat.

In der That werden die Fleischfresser nie fett, z. B. die Wölfe, Schakale, Raubvögel, Raben u. s. w.

Auch die Grasfresser werden nicht fett, so lange wenigstens als das Alter sie nicht zur Ruhe zwingt; sie werden aber schnell in jedem Lebensalter fett, wenn man ihnen Kartoffeln, Getreide oder Mehl aller Art gibt.

Die Fettleibigkeit findet sich niemals, weder bei den Wilden, noch in denjenigen Classen der Gesellschaft, wo man arbeitet, um zu essen und nur isst, um zu leben.

Ursachen der Fettleibigkeit.

101. Nach den vorstehenden Untersuchungen, deren Richtigkeit Jeder bestätigen kann, hält es leicht, die wesentlichen Ursachen der Fettleibigkeit anzugeben.

Die erste ist die natürliche Anlage des Individuums. Alle Menschen werden mit gewissen Anlagen geboren, die auf ihrem Gesichte geschrieben stehen. Von hundert Personen, die an Auszehrung sterben, haben neunzig braune Haare, ein langes Gesicht und eine spitze Nase. Von hundert Dicken haben neunzig ein Vollmondsgesicht, runde Augen und eine stumpfe Nase.

Es gibt also ganz gewiss Personen, die zur Fettleibigkeit Anlage haben und deren Verdauungskräfte bei sonst gleichen Verhältnissen eine grössere Menge von Fettstoff sich aneignen.

Diese materielle Wahrheit, von der ich innig überzeugt bin, beeinflusst leider in betäubender Weise bei gewissen Gelegenheiten mein Urtheil.

Wenn man in der Gesellschaft ein junges, lebhaftes, rosiges Mädchen trifft, mit neckischem Stumpfnäschen, abgerundeten Formen, Patschhändchen, kurzen und niedlichen Füsschen, so ist alle Welt über eine so reizende Person entzückt; ich aber, von der Erfahrung belehrt, lenke meinen

Blick auf ihre Zukunft in zehn Jahren, ich sehe die Verwüstungen, welche die Fettleibigkeit unter diesen so frischen Reizen anrichten wird und ich seufze über Uebel, die noch nicht existiren. Dieses weissagende Mitleid ist ein trauriges Gefühl und liefert einen Beweis mehr, dass der Mensch sehr unglücklich sein würde, wenn er in die Zukunft blicken könnte.

Der zweite Hauptgrund der Fettleibigkeit liegt in den Mehlspeisen, aus denen der Mensch die Grundlage seiner täglichen Nahrung macht. Wie schon bemerkt werden alle Thiere, welche von Mehlstoffen leben, fett, sie mögen nun wollen oder nicht; der Mensch unterliegt dem allgemeinen Gesetze.

Das Stärkemehl wirkt noch schneller und sicherer, wenn es mit Zucker verbunden wird. Zucker und Fett enthalten Wasserstoff, beide sind verbrennlich. Das Stärkemehl ist mit dieser Beigabe um so wirksamer, als die Mischung wohlschmeckend ist und man süsse Speisen erst dann verzehrt, wenn der natürliche Appetit schon gestillt und nur noch jener Luxusappetit vorhanden ist, den man mit allem, was die feinste Kunst und der verlockendste Wechsel erfinden kann, reizen muss.

Das Stärkemehl mästet nicht weniger, wenn es durch Flüssigkeiten eingeführt wird, wie z. B. durch Bier und ähnliche Getränke. Die biertrinkenden Völker haben auch die wunderbarsten Bäuche*), und einige Pariser Familien, die im Jahre 1817 aus Sparsamkeit Bier tranken, weil der Wein zu theuer war, trugen eine Körperfülle davon, mit welcher sie jetzt nichts mehr anzufangen wissen.

Fortsetzung.

102. Eine doppelte Ursache zur Fettleibigkeit wird durch die Verlängerung des Schlafes und den Mangel an Leibesübung erzeugt.

---

*) Was würde Brillat-Savarin jetzt sagen, wo bairisches Bier die Welt zu beherrschen anfängt und der bairische Bierbauch sogar in Italien Wurzel fasst? C. V

Der menschliche Körper ersetzt vieles während des Schlafes und verliert zu gleicher Zeit wenig, weil die Muskelthätigkeit aufgehoben ist. Man müsste demnach den gewonnenen Ueberfluss durch Bewegung ausdünsten, aber da man lange schläft, so begrenzt man auf diese Weise auch die Zeit, wo man thätig sein könnte.

Die Langschläfer scheuen vor Allem zurück, was nur den Schatten einer Ermüdung bringen könnte. Der Ueberschuss der Assimilation wird also von dem Kreislaufe weggeführt, der sich durch einen Process, den wir noch nicht genau kennen, mit einigen hundert Theilen von Wasserstoff mehrt, belebt und auf diese Weise das Fett bildet, welches durch dieselbe Kreislaufbewegung in den Kapseln des Zellgewebes abgesetzt wird.

Fortsetzung.

103. Eine letzte Ursache der Fettleibigkeit liegt in übermässigem Essen und Trinken.

Man hat mit vollem Rechte behauptet, dass eines der Privilegien des Menschen darin bestände, dass er ohne Hunger essen und ohne Durst trinken könne, und in der That kann dieser Vorzug den Thieren nicht zustehen, denn er entsteht aus der Reflexion über das Tafelvergnügen und aus der Begierde, dasselbe zu verlängern *).

Ueberall, wo man Menschen fand, zeigte sich auch diese doppelte Neigung, und bekanntlich fressen die Wilden übermässig und berauschen sich bei jeder Gelegenheit bis zur Verthierung.

Was uns Bürger zweier Welten betrifft, die wir auf der Höhe der Civilisation zu stehen glauben, so essen wir ganz gewiss zu viel. Ich sage dies nicht für die kleine Zahl derjenigen, die, durch Geiz oder Noth gedrängt, allein und zurückgezogen leben; die Ersteren freuen sich des Zusammen-

---

*) Fleischfressende Thiere besonders fressen häufig über den Hunger; — dass sie nicht über den Durst trinken, kommt einfach daher, weil ihr einziges Getränk Wasser ist.   C. V.

gescharrten, die Anderen seufzen, dass sie nicht mehr thun können; aber ich behaupte es für alle diejenigen, welche um uns leben und bald Gastgeber, bald Gäste sind, die mit Höflichkeit einladen und mit Gefälligkeit annehmen, die, wenn sie kein Bedürfniss mehr haben, doch noch von einer Schüssel essen, weil sie verführerisch aussieht, und von einem Weine trinken, weil er fremden Ursprunges ist. Ich behaupte es, mögen sie nun täglich in einem Salon thronen oder nur den Sonntag oder zuweilen den Montag feiern. Die grosse Mehrheit dieser Leute essen und trinken alle zuviel und ungeheure Massen von Nahrungsmitteln werden täglich ohne Bedürfniss vertilgt.

Diese stets wirksame Ursache wirkt auf verschiedene Weise je nach der Beschaffenheit der Individuen; bei denen, welche einen schlechten Magen haben, bewirkt sie nicht sowohl Fettleibigkeit, als vielmehr Unverdaulichkeit.

Anekdote.

104. Wir hatten unter den Augen ein Beispiel, das halb Paris gekannt hat.

Herr Lang führte ein glänzendes Haus. Sein Tisch war ausgezeichnet, aber sein Magen eben so schlecht, als seine Feinschmeckerei gross. Er machte ausgezeichnet die Honneurs und ass mit einem Muthe, würdig eines besseren Geschickes.

Alles ging vortrefflich bis nach dem Kaffee, dann weigerte aber der Magen die Arbeit, die ihm auferlegt war, die Schmerzen begannen, der unglückliche Gastronom musste sich auf ein Sopha legen und bis zum nächsten Tage durch lange Leiden das kurze Vergnügen büssen, das er gekostet hatte.

Merkwürdigerweise hat er sich niemals gebessert, — so lange er lebte dauerte stets derselbe Wechselzustand fort, und die Leiden des vorgängigen Tages hatten nie irgend welchen Einfluss auf die Mahlzeit des folgenden.

Die übermässige Nahrung wirkt ganz so wie im vorigen

Artikel gesagt wurde, bei solchen Menschen, die einen sehr thätigen Magen haben; alles wird verdaut und was nicht für den Körperersatz nöthig ist, wird zu Fett umgewandelt.

Bei den anderen herrscht einige Unverdaulichkeit; die Nahrungsmittel gehen ohne Nutzen durch, und diejenigen, welche die Ursache nicht kennen, verwundern sich, dass so viele gute Dinge kein besseres Resultat bewirken.

Man wird wohl bemerken, dass ich den Stoff nicht ängstlich erschöpfe, denn es gibt eine Menge entferntere Ursachen, die aus unseren Gewohnheiten, unseren Narrheiten, unseren Vergnügungen und unserem Stande hervorgehen und welche den Hauptursachen, die ich bezeichnet habe, hülfreich zur Seite stehen.

Ich überlasse dies Alles meinem Nachfolger, den ich im Anfange dieses Capitels angerufen habe, und begnüge mich mit einigen Vorbemerkungen, zu denen Jeder berechtigt ist, der zuerst einen Stoff aufgreift.

Die Unmässigkeit hat seit langer Zeit die Blicke der Beobachter auf sich gezogen. Die Philosophen haben die Mässigkeit gerühmt, die Fürsten haben Luxusgesetze erlassen, die Kirche hat gegen die Feinschmeckerei gedonnert; — lieber Himmel! Man hat deswegen nicht einen Bissen weniger gegessen, und die Kunst, zuviel zu essen, blüht täglich mehr.

Vielleicht bin ich glücklicher, indem ich einen neuen Weg einschlage und die üblen Folgen der Fettleibigkeit auseinandersetze. Die Sorge um die Selbsterhaltung (*self preservation*) ist vielleicht einflussreicher als die Moral, beredter als die Predigten, mächtiger als die Gesetze, und vielleicht öffnet das schöne Geschlecht gern seine Augen dem Lichte.

Ueble Folgen der Fettleibigkeit.

105. Die Fettleibigkeit übt einen sehr üblen Einfluss auf beide Geschlechter, denn sie schadet der Kraft und der Schönheit.

Sie schadet der Kraft, weil sie das Gewicht der zu bewegenden Masse vermehrt, ohne die bewegende Kraft zu vergrössern; sie schadet ihr ferner, weil sie die Athmung erschwert, was jede Arbeit unmöglich macht, die einen längeren Gebrauch der Muskelkraft benöthigt.

Die Fettleibigkeit schadet der Schönheit, weil sie die ursprüngliche Harmonie der Körpertheile beeinträchtigt, indem nicht alle Theile auf dieselbe Weise zunehmen.

Sie schadet ihr, weil sie Vertiefungen ausfüllt, welche von der Natur dazu bestimmt waren, Schatten zu bilden. Deswegen sieht man häufig Gesichter, die früher reizend waren und welche durch die **Mästung** ganz unbedeutend geworden sind.

Das Oberhaupt der letzten Regierung (Napoleon) war sogar diesem Gesetze nicht entgangen. Während seiner letzten Feldzüge war er sehr fett geworden; früher blass, war er nun aschgrau und seine Augen hatten ihren stolzen Ausdruck verloren.

Die Fettleibigkeit hat in ihrem Gefolge den Widerwillen gegen den Tanz, das Spazierengehen, das Reiten und die Unfähigkeit zu allen Beschäftigungen oder Vergnügungen, welche einige Lebhaftigkeit oder Geschicklichkeit erfordern.

Sie gibt auch die Anlage zu verschiedenen Krankheiten, wie Schlagfluss, Wassersucht, Beingeschwüre und macht alle übrigen Krankheiten schwerer heilbar.

Beispiele von Fettleibigkeit.

106. Zu den dicken Helden, deren ich mich erinnere, gehören Marius und Johannes Sobiesky.

Marius, ein kleiner Mann, war so breit, als er lang war, und vielleicht entsetzte sich der Cimber, der ihn tödten sollte, über diese Ungestalt.

Dem Könige von Polen hätte seine Fettleibigkeit fast zum Verderben gereicht, denn als er in eine türkische Cavalleriemasse gerieth, vor welcher er flüchten musste, ging ihm der Athem aus und er wäre unfehlbar in Stücke gehackt worden, wenn einige seiner Adjudanten ihn nicht halb ohnmächtig auf dem Pferde festgehalten hätten, während die Andern sich edelmüthiger Weise opferten, um den Feind aufzuhalten.

Wenn ich mich nicht irre, so war auch der Herzog von Vendôme, dieser würdige Sohn des grossen Heinrich, ganz ausserordentlich dick; er starb in einer Kneipe, von aller Welt verlassen, und behielt noch Besinnung genug, um sehen zu können, wie der letzte seiner Leute das Kissen wegriss, auf dem er ruhte, während er den letzten Seufzer aushauchte.

Die Bücher sind voll von Beispielen ungeheurer Fettleibigkeit. Ich lasse sie bei Seite, um nur von denen zu sprechen, die ich selbst gesehen habe.

Herr Rameau, mein Mitschüler, Bürgermeister von Chaleur in Burgund, mass nur 5 Fuss 2 Zoll und wog 500 Pfund.

Der Herzog von Luynes, neben dem ich oft zu Gericht sass, war ungeheuer geworden; das Fett hatte sein schönes Angesicht verunstaltet und seine letzten Lebensjahre brachte er in steter Schläfrigkeit zu.

Das Ausserordentlichste aber, was ich in dieser Art sah, war ein Bürger von New-York, den viele noch jetzt in Paris lebende Franzosen auf der Broadway-Strasse gesehen haben mögen, wo er in einem enormen Sessel sass, dessen Beine eine Kirche hätten tragen können.

Edward mass wenigstens 5 Fuss 10 Zoll und da ihn das Fett nach allen Richtungen aufgeschwellt hatte, hatte er wenigstens 8 Fuss im Umfange. Seine Finger waren wie diejenigen des römischen Kaisers, der die Halsbänder seiner Frau als Ringe ansteckte. Seine Arme und Schenkel waren cylindrisch und von der Dicke eines Mannes mittlerer Statur, seine Füsse wie die eines Elephanten, bedeckt von der Ueberfülle seiner Beine. Das Gewicht des Fettes zog das untere Augenlid herab, das offen stand; was aber seinen Anblick scheusslich machte, waren drei runde Unterkinne, die in der Länge eines Fusses über seine Brust herabhingen, so dass sein Gesicht dem Capitäl einer verstümmelten Säule glich. In diesem Zustande brachte Edward sein Leben an dem Fenster eines niedern Zimmers zu, das auf die Strasse ging, wobei er von Zeit zu Zeit ein Glas Bier trank, das in einem grossen Kruge beständig an seiner Seite stand.

Eine so ausserordentliche Gestalt musste nothwendig die Vorübergehenden aufmerksam machen. Sie durften sich aber nicht lange aufhalten, denn Edward jagte sie bald in die Flucht, indem er mit einer wahren Grabesstimme rief: *What have you to stare like wild cats! ... Go your way you lazy body .... Be gone, you good for nothing! dogs!* Was glotzt Ihr mich an, wie wilde Katzen! ... Macht dass Ihr fortkommt, fauler Bengel! Streicht Euch weg, Nichtsnutze! Hunde! ... und ähnliche Süssigkeiten.

Da ich ihn öfter mit seinem Namen grüsste, sprach ich auch manchmal mit ihm; er versicherte, dass er sich nicht langweile, dass er keineswegs unglücklich sei und dass er gern in diesem Zustande das Ende der Welt erwarten möchte, wenn ihn der Tod nicht vorher abriefe.

Aus dem Vorhergehenden erhellt, dass die Fettleibigkeit zwar keine Krankheit, aber doch ein ärgerliches Uebel ist, dem wir meistens durch unsere eigene Schuld verfallen.

Ferner geht daraus hervor, dass diejenigen, welche dem Uebel noch nicht verfallen sind, suchen sollen, sich davor zu bewahren, die, welche ihm verfallen sind, sich herauszureissen, und zu Gunsten dieser Letztern wollen wir die Hülfsmittel untersuchen, welche die von der Beobachtung unterstützte Wissenschaft uns an die Hand geben kann.

Zweiundzwanzigste Betrachtung.

Vorbeugende oder heilende Behandlung der Fettleibigkeit*).

---

107. Ich beginne mit einer Thatsache, welche beweist, dass man vielen Muth haben muss, um diese Behandlung zu unternehmen.

Herr Louis Greffulhe, den Seine Majestät später zum Grafen ernannte, besuchte mich eines Morgens und sagte mir, er habe gehört, dass ich mich mit der Fettleibigkeit beschäftige; da sie ihn ebenfalls bedrohe, so bitte er um einen guten Rath. „Ich bin kein Doctor," antwortete ich ihm, „und könnte Sie also abschläglich bescheiden; doch bin ich zu Ihren Diensten; aber unter einer Bedingung: Geben Sie mir Ihr Ehrenwort, dass Sie während eines Monats mit ängstlicher Genauigkeit die Lebensart befolgen wollen, die ich Ihnen vorschreiben werde."

Herr Greffulhe gab mir die Hand darauf und am andern Morgen gab ich mein Fetwa, dessen erster Artikel ihm befahl, sich am Anfang und Ende der Behandlung wägen zu lassen, um eine mathematische Grundlage zur Bestätigung des Resultates zu besitzen.

---

*) Vor zwanzig Jahren hatte ich mich mit einer speciellen Abhandlung über die Fettleibigkeit beschäftigt. Meine Leser werden besonders die Vorrede bedauern; sie war in dramatischer Form und ich bewies darin einem Arzte, dass ein Fieber weniger gefährlich sei, als ein Process; denn der letztere bringe den Kläger doch endlich auf den Schragen und auf den Kirchhof, nachdem er ihn früher laufen, warten, lügen und schwören gemacht, ihn gänzlich aller Ruhe, Freude und alles Geldes beraubt habe; leider eine traurige Wahrheit, die man aber eben so gut wie eine jede andere verbreiten sollte.

Einen Monat später besuchte mich Herr Greffulhe wieder und hielt mir etwa folgende Rede:

„Lieber Herr," sagte er, „ich habe Ihr Recept befolgt, als wenn mein Leben davon abgehangen hätte, und in der That gefunden, dass das Gewicht meines Körpers im Laufe dieses Monats um drei Pfund, vielleicht etwas mehr abgenommen hat. Ich musste aber, um zu diesem Resultate zu gelangen, allen meinen Liebhabereien, allen meinen Gewohnheiten eine solche Gewalt anthun, ich musste mit einem Worte soviel leiden, dass ich Ihnen jetzt bestens für Ihren guten Rath danke, auf alles Gute verzichte, das er mir hätte bringen können und mich für die Zukunft den Beschlüssen der Vorsehung in dieser Hinsicht unterziehe."

Nach diesem Entschlusse, den ich nicht ohne Betrübniss hörte, kam denn auch was folgen musste. Herr Greffulhe wurde dicker und dicker, litt an allen übeln Folgen der äussersten Fettleibigkeit und starb kaum vierzig Jahre alt an einer Erstickungskrankheit, die ihn befallen hatte.

Allgemeines.

108. Jede Behandlung der Fettleibigkeit muss mit folgenden drei Vorschriften der absoluten Theorie begonnen werden: Mässigkeit im Essen, Enthaltsamkeit im Schlaf, Bewegung zu Fuss oder zu Pferde.

Die Wissenschaft bietet uns diese Hülfsmittel in erster Linie, doch zähle ich sehr wenig darauf, weil ich Menschen und Dinge kenne und weil jede Vorschrift, die nicht buchstäblich befolgt wird, wirkungslos bleibt.

Nun muss man erstens eine grosse Willenskraft haben, um noch einigermaassen hungrig vom Tische aufzustehen, denn so lange das Bedürfniss dauert, zieht ein Bissen den andern unwiderstehlich nach sich und im Allgemeinen isst man eben so lange, als man Hunger hat, trotz den Doctoren und nach dem Beispiel der Doctoren.

Zweitens: Dicken Leuten vorschreiben, dass sie früh aufstehen sollen, heisst ihnen das Herz brechen. Sie behaupten, ihre Gesundheit litte es nicht, und wenn sie früh aufgestanden sind, bleiben sie den ganzen Tag über zu nichts gut; die dicken Frauen beklagen sich, verschwommene Augen zu haben; alle werden lange aufbleiben, aber in den Tag hinein schlafen wollen. Auch dies Hülfsmittel geht also in die Brüche.

Drittens: Reiten ist eine theure Arznei und kömmt weder allen Ständen noch allen Vermögensverhältnissen zu.

Man schlage einer hübschen dicken Frau vor auszureiten, so wird sie mit Vergnügen ja sagen, aber unter drei Bedingungen; erstens will sie ein schönes, lebhaftes und sanftes Pferd haben; zweitens ein neues Amazonenkleid nach der letzten Mode, und drittens einen gefälligen und hübschen Stallmeister zur Begleitung. Da nun diese drei Bedingungen sich selten zusammenfinden, so reitet man eben nicht.

Gegen das Fussgehen kommen andere Einwürfe. Man wird todtmüde, schwitzt und bekommt Seitenstechen; der Staub beschmutzt die Strümpfe, die Steine zerreissen die Stiefelchen; man kann unmöglich fortkommen! Bekommt man nun gar während dieser Versuche den leisesten Anflug von Kopfweh oder das geringste Blätterchen auf der Haut, gross wie ein Stecknadelkopf, so schreibt man dies der neuen Diät zu, gibt sie auf und macht den Doctor wüthend.

Wenn also auch jede Person, die ihre Fettleibigkeit vermindert sehen will, mässig essen, wenig schlafen und sich so viel wie möglich bewegen soll, so muss man doch andere Mittel suchen, um zum Ziele zu kommen. Nun gibt es eine unfehlbare Methode, die starke Korpulenz zu beschränken oder zu vermindern, wenn sie einmal arg geworden ist. Diese Methode, welche auf die gewissesten Thatsachen der Physik und Chemie gegründet ist, besteht in einer zweckdienlichen Diät.

Die Diät ist von allen medicinischen Hülfsmitteln das wirksamste, weil sie unaufhörlich, bei Tage und Nacht, beim Wachen und Schlafen wirkt, weil ihre Wirkung bei jedem Mahle sich erneuert und endlich alle Theile des Individuums unterjocht. Die fettwidrige Diät wird also durch die allgemeinste und thätigste Ursache der Korpulenz angezeigt, und da die Fettanhäufungen sich namentlich beim Menschen wie bei den Thieren durch Mehl und Stärkenahrung anhäufen, da bei den Thieren wir diese Wirkung täglich vor Augen sehen, indem sie zu dem Handel mit gemästeten Thieren Veranlassung gibt, so kann man als unabweislichen Schluss daraus folgern, dass eine mehr oder minder strenge Enthaltsamkeit von Mehl und Stärkemehl enthaltenden Nahrungsmitteln die Korpulenz vermindert.

„Ach lieber Gott!" werden Leser und Leserinnen ausrufen, „wie grausam ist der Professor! Durch ein einziges Wort verbietet er alles, was wir lieben, die Brötchen von Limet, die Bisquite von Achard, die Kuchen von .... und so viele gute Sachen, die man mit Butter und Mehl, mit Zucker und Mehl, mit Mehl, Zucker und Eiern macht. Er verschont weder Kartoffeln noch Nudeln; hätte man so etwas von einem Menschen erwarten sollen, der so gutmüthig aussieht?"*).

---

*) „Ach Gott! Es ist nicht zum Aushalten hier in Frankfurt," hörte ich im Jahre 1848 ein Mitglied des Parlamentes sagen, das eigentlich ein Professor der Aesthetik war, aber mit seiner kurzen Gestalt, seinen röthlichen Haaren, die beständig eine kriegerische Volkswehrmütze deckte, seiner kleinen etwas aufgeworfenen Stumpfnase einen directen Gegensatz gegen das Princip seiner Wissenschaft bildete, und zugleich durch den Eifer für kriegerische Organisation des friedliebenden Bürgers eine hochkomische Person darstellte.

„Was haben Sie denn gegen Frankfurt, lieber College?" antwortete ich theilnehmend, denn seine kleinen katzengrauen Augen sprühten Zorn und Wehmuthsgrimm.

„Was ich dagegen habe?" antwortete er. „Wie können Sie so fragen? Kann man denn hier in Frankfurt anständig frühstücken, wo man höchstens Brot und Bubenschenkel zum Kaffee bekommt? Während in Stuttgart ich neunerlei Mürbes Morgens zum Kaffee bekomme! Verstehen Sie? Neunerlei Mürbes! In Stuckert!"

Er verliess mich im Sturmschritt und ich dachte bei mir selber: Wenn der nicht fett wird, so ist nur der Schmerz ums grossdeutsche Vaterland daran Schuld! C. V.

„Was höre ich da," antworte ich, indem ich eine strenge Miene annehme, die ich höchstens einmal im Jahre aufsetze; „nun wie Ihr wollt! Esst, mästet Euch, werdet weichlich, plump, kurzathmig und erstickt in der Schmelzbutter, ich werde mir's notiren, und Euch in meiner zweiten Auflage anführen.... Doch was sehe ich? Eine einzige Phrase hat Euch niedergedonnert, Ihr bekommt Furcht und bittet mich den Blitzstrahl abzuwenden .... beruhigt Euch, ich werde Euch Eure Diät vorschreiben und Euch beweisen, dass Euch auf dieser Erde, wo man nur lebt, um zu essen, noch einige Genüsse übrig bleiben!"

„Ihr liebt das Brot? Esst Roggenbrot! Der ehrenwerthe Cadet de Vaux hat schon lange seine Tugenden gerühmt; es ist weniger nahrhaft und noch viel weniger angenehm, desto leichter könnt ihr die Vorschrift erfüllen; wenn man seiner selbst sicher sein will, muss man die Versuchung fliehen. Behaltet das wohl, es gehört zur Moral."

„Ihr habt gerne Suppe? Esset Julienne, Fleischbrühsuppen mit grünen Kräutern, Kohl und Rüben, ich verbiete Euch Suppen mit Brot, Nudeln, Reis und jede Art von Brei."

„Vom ersten Gange könnt ihr fast Alles essen, mit geringen Ausnahmen, als da sind: Reis mit Geflügel und die Kruste warmer Pasteten; esst aber mit Umsicht, um nicht später ein Bedürfniss zu befriedigen, das nicht mehr vorhanden wäre."

„Der zweite Gang wird aufgetragen und nun gilts aufmerken; fliehet alle Mehlspeisen, in welcher Gestalt sie auch erscheinen mögen! Habt Ihr nicht den Braten, den Salat, die grünen Gemüse? Und da Ihr eine süsse Schüssel haben müsst, so gebt der Chocoladecrème und den Gelées mit Punsch, mit Orangen und anderen Früchten den Vorzug."

„Das Dessert kommt. Neue Gefahr, aber wenn Ihr Euch bis dahin gut aufgeführt habt, so wird Eure Weisheit noch zunehmen. Esst von keinem Tafelaufsatz, es ist immer mehr oder minder aufgeputztes Backwerk; seht die Bisquits und die Macaronen nicht an, es bleiben Euch ja die Früchte aller Art, die Confituren und noch viele andere Dinge, die Ihr bei Befolgung meiner Grundsätze zu wählen wissen werdet."

„Nach Tische schreibe ich Euch den Kaffee vor, erlaube Euch den Likör und rathe Euch bei Gelegenheit Thee oder Punsch."

„Beim Frühstück das vorgeschriebene Roggenbrot und eher Chocolade als Kaffee, doch erlaube ich starken Milchkaffee, aber keine Eier, alles andere nach Belieben. Man kann nicht zu früh frühstücken; wenn man spät frühstückt, so kommt das Essen heran vor Vollendung der Verdauung. Man isst nichtsdestoweniger und dieses Essen ohne Appetit ist eine wirksame Ursache der Fettleibigkeit, weil sie häufig wiederkehrt."

Fortsetzung der Diät.

109. Bis jetzt habe ich wie ein zärtlicher und etwas gefälliger Vater Euch die Grenzen einer Diät vorgeschrieben, welche die Fettleibigkeit, die Euch bedroht, in Schranken hält. Ich gebe Euch nun noch einige Vorschriften zur Heilung der schon bestehenden Korpulenz.

Trinkt in jedem Sommer 30 Flaschen Selterswasser, ein sehr grosses Glas Morgens, zwei vor dem Frühstück und ebensoviel vor dem Schlafengehen; nehmt als Tischwein einen leichten, säuerlichen, weissen Wein, wie den von Anjou; flieht das Bier wie die Pest; esst häufig Radieschen, Artischocken mit Pfeffer, Spargeln, Sellerie und ähnliches Grünzeug. Gebt unter dem Fleische dem Kalb und dem Geflügel den Vorzug; esst vom Brot nur die Kruste; lasst Euch in zweifelhaften Fällen durch einen Doctor berathen, der meine Grundsätze annimmt und zu welcher Zeit Ihr auch meinen Vorschriften zu folgen begonnen haben werdet, so werdet Ihr binnen Kurzem frisch, hübsch, leicht, gesund und zu Allem aufgelegt sein.

Jetzt wo ich Euch an Euren Platz gestellt habe, muss

ich Euch einige Klippen zeigen, indem ich befürchte, dass Ihr in Eurem fettbekämpfenden Eifer das Ziel überschreitet.

Die Klippe, die ich anzeigen will, besteht im gewöhnlichen Gebrauche der Säuren, die zuweilen von Unwissenden angerathen werden, und deren üble Folgen die Erfahrung sattsam bewiesen hat.

Gefahr der Säuren.

110. Es geht unter den Frauen eine verderbliche Lehre um, die alljährlich manche junge Mädchen ins Grab bringt, nämlich dass die Säuren und vorzugsweise der Essig Mittel gegen die Fettleibigkeit sind.

Der beständige Gebrauch der Säuren macht ohne Zweifel mager, aber er zerstört die Frische, die Gesundheit und das Leben; selbst die Limonade, welche am ungefährlichsten ist, wird nur von wenigen Mägen lange ertragen.

Die Wahrheit, die ich hier ausspreche, kann nicht genug verbreitet werden. Viele meiner Leser könnten sie ohne Zweifel durch Beobachtungen unterstützen. Ich ziehe die folgende vor, die mir persönlich angehört.

Im Jahre 1776 lebte ich in Dijon; ich studirte dort die Rechtswissenschaft und hörte ausserdem die Vorlesungen über Chemie von Guyton de Morveau, später Generaladvocat, und über häusliche Medicin von Herrn Maret, beständiger Secretair der Akademie und Vater des Herzogs von Bassano.

Ich hatte eine freundschaftliche Neigung für eines der schönsten Mädchen, dessen Bild mir in der Erinnerung geblieben ist; ich sage „freundschaftliche Neigung," weil es wirklich wahr und zu gleicher Zeit sehr auffallend ist, denn ich war damals jung und kräftig genug, um Neigungen, die ganz andern Tribut verlangten, ihr Recht angedeihen zu lassen.

Diese Freundschaft, die man für das nehmen muss, was

sie war und nicht für das, was sie hätte werden können, bestand in einer Familiarität, die vom ersten Tage an zu einer Vertraulichkeit geworden war, die uns ganz natürlich schien. Wir hatten uns beständig etwas in die Ohren zu zischeln und die Mama hatte nichts dagegen einzuwenden, weil unsere Gespräche so unschuldig waren wie die von Kindern; Louise war sehr hübsch, und hatte namentlich, im richtigen Verhältniss, jene classische Rundung, welche die Augen entzückt und die darstellenden Künste berühmt macht.

Obgleich ich nur ihr Freund war, so war ich doch keineswegs blind für die Reize, die sie sehen oder ahnen liess und vielleicht vermehrte dies, ohne dass ich mir Rechenschaft davon gab, die keusche Neigung die ich für sie hatte. Wie dem auch sei, eines Abends, als ich Louise aufmerksamer als gewöhnlich betrachtet hatte, sagte ich zu ihr: „Liebe Freundin, Sie sind krank, es scheint mir als seien Sie magerer geworden." „O nein," antwortete sie mit etwas melancholischem Lächeln, „ich bin ganz wohl, und wenn ich etwas magerer geworden bin, so kann ich wohl ein wenig abgeben, ohne arm zu werden." „Abgeben!" antwortete ich feurig, „Sie brauchen weder etwas abzugeben noch zuzulegen, bleiben Sie, wie Sie sind, reizend zum Dreinbeissen" und ähnliche Dinge, die einem zwanzigjährigen Freunde immer zu Gebote stehen.

Seit jener Unterhaltung beobachtete ich das junge Mädchen mit einer gewissen Unruhe und bemerkte bald, dass ihre Farbe erblasste, ihre Wangen hohl, ihre Reize welk wurden.... O wie ist doch die Schönheit ein zerbrechlich und flüchtig Ding! Endlich sah ich sie auf einem Ball, wo sie noch wie gewöhnlich hinging, und vermochte sie, sich während zweier Contretänze auszuruhen; ich benutzte diese Zeit und erpresste ihr das Geständniss, dass sie, ärgerlich über die Neckereien einiger Freundinnen, die ihr gesagt hatten, sie würde in wenigen Jahren so dick sein, wie der heilige Christoph, nach dem Rathe einiger anderen sich

Mühe gegeben habe, mager zu werden und zu diesem Zwecke seit einem Monate jeden Morgen ein Glas Essig getrunken habe; sie fügte hinzu, dass sie bis jetzt noch Niemanden das Geheimniss anvertraut habe.

Ich schauderte bei diesem Geständnisse; — ich sah die ganze Grösse der Gefahr ein und erzählte es den anderen Morgen Louisen's Mutter, die nicht weniger bestürzt war, als ich, denn sie liebte ihre Tochter zärtlich. Man verlor keine Zeit, man hielt Rath, berieth Aerzte und verschrieb Arzneien. Unnöthige Mühe, die Quellen des Lebens waren unheilbar angegriffen und in demselben Augenblicke, wo man die Gefahr erst ahnte, war schon keine Rettung mehr möglich.

So verfiel die liebenswürdige Louise, weil sie einfältige Rathschläge befolgt hatte, in den schrecklichsten Zustand äusserster Schwindsucht, und entschlief für immer in einem Alter von kaum achtzehn Jahren.

Sie erlosch, indem sie schmerzliche Blicke auf eine Zukunft warf, die ihr nicht beschieden sein sollte und der Gedanke, dass sie, obgleich ohne ihren Willen, sich selbst den Tod gegeben habe, machte ihr Ende noch schmerzlicher und beschleunigte es.

Sie war die erste Person, die ich sterben sah; — sie verschied in meinen Armen im Augenblicke, wo ich sie ihrem Wunsche gemäss aufrichtete, um ihr das Tageslicht zu zeigen. Etwa acht Stunden nach ihrem Tode bat mich ihre trostlose Mutter sie bei einem letzten Besuche zu begleiten, wo sie den Leichnam ihrer Tochter sehen wollte. Wir bemerkten mit Erstaunen, dass ihr Gesicht einen strahlenden und entzückten Ausdruck angenommen habe, den es früher nicht hatte; ich wunderte mich darüber, der Mutter gab es einigen Trost, aber der Fall selbst ist nicht selten. Lavater erwähnt ihn in seiner Physiognomik.

Gürtel gegen die Fettleibigkeit.

111. Jede fettbekämpfende Diät muss von einer Maassregel unterstützt werden, die ich vergessen hatte und womit ich hätte anfangen sollen. Sie besteht darin, Tag und Nacht einen Gürtel zu tragen, der den Bauch in Schranken hält und ihn mässig einzwängt.

Um sich von der Nothwendigkeit dieses Gürtels zu überzeugen, muss man bedenken, dass die Wirbelsäule, welche eine der Wände des Eingeweidesackes bildet, fest und unbeweglich ist, woraus dann folgt, dass jede Gewichtszunahme, welche die Eingeweide erhalten, in dem Augenblicke, wo die Fettleibigkeit sie aus der senkrechten Lage bringt, auf die weichen Bauchdecken drückt, und da diese sich fast unendlich ausdehnen können*), so dürften sie leicht nicht Elasticität genug besitzen, um sich bei vermindertem Drucke zurückzuziehen, so dass man ihnen eine mechanische Hülfe geben muss, die ihren Stützpunkt in dem Rückgrat hat und auf diese Weise das Gleichgewicht durch Gegenwirkung herstellt. Dieser Gürtel hat also die doppelte Wirkung, einerseits den Bauch zu verhindern, dem vorhandenen Gewicht der Eingeweide ferner nachzugeben, und anderseits ihm die nöthige Kraft zur Zusammenziehung zu verleihen, wenn dieses Gewicht abnimmt. Man darf ihn niemals ablegen, die Tageswirkung würde sonst durch die Vernachlässigung der Nacht aufgehoben. Aber man gewöhnt sich bald daran und dann macht er keine Beschwer.

Dieser Gürtel, der auch als Wächter anzeigt, wenn man genug gegessen hat, muss sorgfältig angefertigt werden, sein Druck muss mässig und vollkommen gleichartig sein,

---

*) Mirabeau sagte von einem ausserordentlich dicken Menschen, Gott habe ihn nur geschaffen, um zu zeigen, wie weit die menschliche Haut sich ausdehnen könne, ohne zu platzen.

er muss also so gemacht werden, dass er in dem Maasse zusammengezogen werden kann, als die Korpulenz abnimmt.

Man braucht ihn nicht das ganze Leben hindurch zu tragen; man kann ihn ohne Schaden ablegen, wenn man auf dem gewünschten Punkte angelangt und während mehrerer Wochen darauf stehen geblieben ist. Freilich muss man stets eine angemessene Diät befolgen. Ich trage schon seit sechs Jahren keinen Gürtel mehr.

Von der Chinarinde.

112. Es gibt eine Substanz, die mir sehr fettbekämpfend scheint. Mehrere Beobachtungen lassen es mich glauben, doch gestatte ich noch Zweifel und bitte die Doctoren, Versuche anzustellen.

Diese Substanz muss die Chinarinde sein.

Zehn oder zwölf mir bekannte Personen haben lange an Wechselfiebern gelitten, einige haben sich mit Hausmitteln, Pulvern u. s. w., andere mit China geheilt, die nie wirkungslos bleibt.

Alle Personen der ersten Kategorie, die früher dick waren, erreichten wieder ihre frühere Korpulenz; — die von der zweiten Kategorie haben ihr Uebermaass für immer eingebüsst, woraus ich schliesse, dass die China diese Wirkung gehabt haben muss, denn beide Kategorien sind nur durch die Art der Heilung verschieden.

Die rationelle Theorie widersetzt sich dieser Folgerung nicht, denn einerseits kann die China, die alle Lebenskräfte steigert, dem Kreislaufe eine Thätigkeit geben, welche die Gase zerstreut, die zu Fett werden sollen und anderntheils enthält die China eine gewisse Menge von Gerbestoff, welcher die Kapseln, die sich gewöhnlich mit Fett füllen sollen, schliessen kann. Wahrscheinlicherweise vereinigen sich auch beide Wirkungen und verstärken sich gegenseitig.

Nach diesen Angaben, deren Richtigkeit Jeder ermessen mag, glaube ich den Gebrauch von China allen denen rathen zu sollen, die sich einer unbequem gewordenen Korpulenz entschlagen wollen. Dummodo annuerint in omni medicationis genere doctissimi Facultatis professores (vorausgesetzt, dass bei jedweder Heilart die Herren Professoren der gelehrten Facultät ihre Zustimmung geben); denke ich also, dass nach einem Monat zweckmässiger Diät, der oder die, welche sich entfetten will, während eines Monates je über den andern Tag um sieben Uhr Morgens wenigstens zwei Stunden vor dem Frühstücken ein Glas guten weissen Weines trinken soll, in dem man einen Kaffeelöffel voll gepulverter rother Chinarinde aufgelöst hat; — man wird gute Wirkung davon verspüren.

Dies sind die Mittel, welche ich vorschlage, um eine ebenso ärgerliche als gefährliche Unbequemlichkeit zu bekämpfen. Ich habe sie der menschlichen Schwäche und dem Zustande der Gesellschaft, in welcher wir leben, angepasst.

In dieser letzteren Hinsicht habe ich den Erfahrungssatz befolgt, der nachweist, dass eine Diät um so weniger wirksam ist, je strenger sie vorgeschrieben wird und zwar aus dem einzigen Grunde, weil man sie wenig oder gar nicht befolgt.

Grosse Anstrengungen werden selten gemacht; — will man seine Rathschläge befolgt sehen, so muss man den Menschen nur vorschlagen, was ihnen leicht fällt oder selbst, wenn möglich, was ihnen angenehm ist.

Dreiundzwanzigste Betrachtung.
Von der Magerkeit.

Definition.

113. Die Magerkeit ist derjenige Zustand eines Individuums, in welchem das von Fett nicht umhüllte Muskelfleisch die Formen und Ecken des Knochengerüstes sehen lässt.

Arten der Magerkeit.

Es gibt zwei Arten von Magerkeit; die erste ist diejenige, welche von der ursprünglichen Körperanlage herrührt und bei vollkommener Gesundheit und vollständiger Ausübung aller körperlicher Functionen auftritt. Die zweite ist diejenige, die in der Schwäche gewisser Organe oder in der fehlerhaften Thätigkeit anderer ihren Grund hat und deshalb dem befallenen Individuum ein elendes und kränkliches Aussehen gibt. Ich habe eine junge Frau von mittlerer Grösse gekannt, die nur 65 Pfund wog.

Wirkungen der Magerkeit.

114. Die Magerkeit ist für die Männer kein grosser Nachtheil. Sie sind deshalb nicht weniger kräftig, nicht weniger aufgelegt. Der Vater der jungen Dame, die ich erwähnte, war zwar ebenso mager, aber doch stark genug, um einen schweren Stuhl mit den Zähnen zu fassen und über den Kopf hinten über zu werfen.

Für die Frauen ist aber die Magerkeit ein entsetzliches Unglück, denn die Schönheit gilt ihnen mehr als das Leben und die Schönheit beruht vorzüglich in der Rundung der Formen und dem angenehmen Schwung der Linien. Die ausgesuchteste Toilette, die geschickteste Schneiderin vermögen nicht gewisse Mängel zu ersetzen, gewisse Ecken zu verstecken, und man pflegt zu sagen, dass eine magere Frau, so schön sie sonst auch sein mag, mit jeder Stecknadel, die sie abnimmt, einen Theil ihrer Reize einbüsst.

Für die Kränklichen gibt es kein Mittel, oder vielmehr die Doctoren müssen sich dreinlegen und die Behandlung kann lo lange dauern, dass die Heilung zu spät kommt.

Was aber die Frauen betrifft, die mager geboren sind, aber einen guten Magen haben, so sehen wir nicht ein, weshalb sie schwerer zu mästen wären, als Gänse. Wenn es dazu einiger Zeit mehr bedarf, so liegt es nur darin, dass die Frauen einen verhältnissmässig kleinen Magen haben und keiner so strengen und pünktlich durchgeführten Behandlung unterworfen werden können, wie jene in alles ergebenen Thiere.

Diese Vergleichung ist die nachsichtigste, welche ich habe finden können, ich bedurfte eines Vergleiches und die Damen werden mir meine Unhöflichkeit im Hinblick auf die löbliche Absicht verzeihen, in welcher dieses Capitel geschrieben ist.

Natürliche Vorbestimmung.

115. Die in ihren Werken so wechselvolle Natur hat Modelle für die Magerkeit wie für die Fettleibigkeit.

Die Personen, welche zur Magerkeit bestimmt sind, sind in verlängertem Systeme aufgebaut; sie haben schmale Hände und Füsse, dünne Beine, wenig entwickelte Steissgegend, sichtbare Rippen, Adlernase, mandelförmig geschlitzte Augen, grossen Mund, spitzes Kinn und braune Augen.

Dies ist der allgemeine Typus; einige Körpertheile können bevorzugt sein, aber dies findet selten statt.

Man sieht zuweilen magere Leute, die sehr viel essen; alle, welche ich befragen konnte, gestanden mir, dass sie schlecht verdauen, dass sie viel ....*)   deshalb bleiben sie in dem nämlichen Zustande.

---

*) Ein guter Hahn wird selten fett, sagt ein altes Sprichwort.

Die Kränklichen haben alle Haarfarben und alle Formen. Man unterscheidet sie dadurch, dass sie eigentlich gar nichts Bestimmtes haben, weder in den Zügen, noch in dem Bau, sie haben todte Augen, blasse Lippen und die Gesammtheit ihrer Züge zeigt die Schwäche, die Kraftlosigkeit, zuweilen selbst einen Widerschein von inneren Leiden an. Man könnte sogar von ihnen sagen, dass sie nicht ganz vollständig erscheinen und dass die Fackel des Lebens bei ihnen noch nicht ganz angezündet ist.

Mästende Diät.

116. Jede magere Frau möchte fett werden. Wir haben tausendmal diesen Wunsch gehört und um diesem allmächtigen Geschlechte eine letzte Anerkennung zu zollen, wollen wir versuchen, durch wirkliche Formen jene seidenen oder baumwollenen Reize zu ersetzen, die man in übergrosser Menge in den Modehandlungen ausgestellt sieht, zum grossen Aerger der Frommen, die ganz erschreckt vorübergehen und sich von diesen Traumbildern noch weit sorgfältiger abwenden, als wenn die nackte Wirklichkeit ihnen vor Augen träte.

Das ganze Geheimniss, korpulent zu werden, besteht in einer zweckmässigen Diät; man braucht nur zu essen und die Nahrungsstoffe auszuwählen.

Bei zweckmässiger Diät werden die Vorschriften hinsichtlich der Ruhe und des Schlafes fast gleichgültig; denn man kommt nichtsdestoweniger zum Ziele. Denn wenn man sich keine Bewegung gibt, wird man leicht fett, und wenn man sich Bewegung gibt, wird man dennoch fett, denn man isst mehr, und wenn der Appetit zweckmässig gestillt wird, so ersetzt man nicht nur den Verlust, sondern legt auch zu, wenn dies Bedürfniss vorhanden ist.

Schläft man viel, so wird man fett durch den Schlaf; schläft man wenig, so verdaut man schneller und isst deshalb mehr.

Man braucht deshalb nur die Art und Weise zu bestimmen, wie diejenigen, welche fetter werden wollen, sich nähren müssen, und dies kann, nach den oben auseinandergesetzten Grundsätzen, nicht schwer halten.

Um die Aufgabe zu lösen, muss man dem Magen Nahrungsmittel darbieten, die ihn beschäftigen, ohne zu ermüden, und den Verdauungskräften Stoffe, die sich in Fett verwandeln können.

Wir wollen den Ernährungstag eines Sylphen oder einer Sylphide, die Lust bekommen hat, sich zu materialisiren, beschreiben.

Allgemeine Regel: man isst viel frisches an demselben Tage gebackenes Brot und legt ja nicht die Krume bei Seite.

Man nimmt vor acht Uhr Morgens, nöthigenfalls im Bette, eine nicht zu reichliche Brot- oder Nudelsuppe, oder, wenn man will, eine Tasse gute Chocolade.

Um eilf Uhr frühstückt man mit frischen Eiern, gesotten, gerührt oder als Ochsenaugen, mit kleinen Pastetchen, Coteletten oder sonst etwas. Die Eier sind durchaus nothwendig; eine Tasse Kaffee schadet nicht.

Die Stunde des Mittagessens soll so angesetzt werden, dass das Frühstück längst verdaut ist, ehe man sich zu Tische setzt, denn wir pflegen zu sagen, dass die Einführung eines Mahles vor der Verdauung des vorhergehenden ein Unterschleif ist.

Nach dem Frühstück gibt man sich etwas Bewegung; die Männer, wenn ihr Geschäft es erlaubt, denn die Pflicht geht allem vor; die Damen gehen ins Wäldchen von Boulogne, in den Tuileriengarten, zu ihrer Nähterin, Putzhändlerin, in die Modeladen und zu ihren Freundinnen, um sich mit ihnen von dem Gesehenen zu unterhalten. Wir halten dafür, dass ein solcher gemüthlicher Schwatz, wegen der grossen Befriedigung, die er mit sich führt, ausserordentlich heilsam sei.

Zum Mittagessen Suppe, Fleisch und Fisch nach Belieben, namentlich aber auch Mehl- und Reisspeisen, Maccaroni, süsse Torten, Crème u. s. w.

Zum Dessert: Bisquit von Savoyen, Rosinenkuchen und andere Gebäcke aus Stärkemehl, Eiern und Zucker.

Scheinbar eng umgrenzt, ist dennoch diese Diät grosser Abwechslung fähig. Das ganze Thierreich ist erlaubt, und wenn man Sorge trägt, die Art, Zubereitung und Würze der verschiedenen Mehlspeisen durch alle möglichen bekannten Mittel zu heben, so wird man leicht den Widerwillen überwinden, der jeder weiteren Verbesserung ein unübersteigliches Hinderniss entgegensetzen würde.

Man trinkt vorzugsweise Bier oder Weine von Bordeaux und dem südlichen Frankreich.

Man enthält sich der Säuren, mit Ausnahme des Salates, der das Herz erfreut; man zuckert alle Früchte, die es zulassen, nimmt keine zu kalten Bäder, sucht von Zeit zu Zeit die reine Landluft zu athmen, isst viel Trauben im Herbste und ermüdet sich nicht durch Tanzen auf Bällen.

Man geht regelmässig um eilf Uhr zu Bette und nie später als ein Uhr bei ganz ausserordentlichen Gelegenheiten.

Wenn man diese Diät regelmässig und muthig befolgt, so wird man bald der Missgunst der Natur abgeholfen haben, Gesundheit und Schönheit gewinnen in gleicher Weise. Die Wollust wird von diesen Fortschritten Nutzen ziehen und die Loblieder des Dankes angenehm in den Ohren des Professors wiedertönen.

Man mästet die Schaafe, die Kälber, die Ochsen, das Geflügel, die Karpfen, die Krebse und die Austern; ich ziehe daraus den allgemeinen Schluss: Alles, was isst, lässt sich mästen — vorausgesetzt, dass die Nahrungsmittel gut und gehörig ausgewählt sind.

Vierundzwanzigste Betrachtung.

Vom Fasten.

Definition.

117. Das Fasten ist eine willkürliche Enthaltung von Nahrungsmitteln zu moralischem oder religiösem Zwecke.

Obgleich das Fasten einer unserer Neigungen, oder vielmehr einem unserer gewöhnlichsten Bedürfnisse zuwiderläuft, so stammt es doch aus dem höchsten Alterthume.

Ursprung des Fastens.

Die Schriftsteller erklären diese Einrichtung auf folgende Weise.

Wenn, sagen sie, ein Vater, eine Mutter, ein geliebtes Kind in einer Familie starb, so trauerte das ganze Haus; man beweinte den Todten, wusch seinen Körper, balsamirte ihn ein und bestattete ihn mit den seinem Range gebührenden Ehren. Bei einem solchen Familienunglück dachte man nicht ans Essen, man fastete, ohne daran zu denken*).

Ebenso verhielt man sich bei öffentlichem Unglück. Wenn eine ausserordentliche Trockenheit, übermässiger Regen, grausame Kriege, ansteckende Krankheiten, mit einem Worte, wenn jene Geiseln, gegen welche Kraft und Industrie ohnmächtig sind, über das Volk hereinbrachen, so jammerte man und schrieb das Unglück dem Zorn der Götter zu; man demüthigte sich vor ihnen und opferte ihnen durch Enthalt-

---

*) Die philosophische Deduction des Fastens, die hier gegeben wird, will mir nicht recht einleuchten. Es scheint mir, als sei die Einrichtung der Leichenmahle, bei denen es Anfangs zwar stets gemessen und traurig, später aber oft nur um so fröhlicher herging, weit älter, als diejenige des Fastens. C. V.

samkeit. Das Unglück ging vorüber, man redete sich ein, dass Weinen und Fasten die Ursache der Besserung seien und nahm bei ähnlichen Zufällen seine Zuflucht dazu.

Wenn also durch öffentliche oder private Unfälle betroffene Menschen sich der Trauer hingaben und sich hinsichtlich der Nahrung vernachlässigten, so betrachteten sie später diese freiwillige Enthaltsamkeit als eine religiöse Handlung.

Sie glaubten das Mitleiden der Götter erregen zu können, indem sie ihren Körper misshandelten, während ihre Seele betrübt war, und diese Vorstellung, die alle Völker ergriff, brachte sie zur Trauer, zu Gelübden, zu Gebeten, zu Opfern, zu Kasteiungen und zum Fasten.

Endlich kam Jesus Christus auf die Erde, um die Fasten zu heiligen, und alle christlichen Secten haben sie mit mehr oder weniger Kasteiungen angenommen.

Wie man fastete.

118. Die Begehung der Fasten ist, ich muss es gestehen, sehr in Verfall gerathen; ich will hier theils zur Erbauung, theils zur Belehrung der Ungläubigen erzählen, wie wir in der Mitte des 18. Jahrhunderts fasteten.

In gewöhnlichen Zeiten frühstückten wir vor neun Uhr mit Brot, Käse, Früchten, zuweilen kaltem Fleisch und Pasteten.

Zwischen Mittag und ein Uhr speisten wir mit dem officiellen Suppentopfe und einigem Zubehör, je nach Vermögen und Gelegenheit.

Um vier Uhr vesperte man. Das war nur ein leichtes Mahl, woran namentlich die Kinder und diejenigen Theil nahmen, die sich auf die Gebräuche vergangener Zeiten steiften.

Aber es gab vespernde Abendessen, die um fünf Uhr anfingen und ins Unendliche dauerten; diese Mahlzeiten waren meistens sehr vergnügt und den Damen wunderbar genehm. Die Frauen hielten sogar welche unter sich ab, wo die

Männer ausgeschlossen waren. Ich finde in meinen geheimen Denkwürdigkeiten, dass dabei viel geklatscht und gelästert wurde.

Man ass um acht Uhr zu Nacht mit Voressen, Braten, Zwischenessen, Salat und Dessert. Man machte eine Partie und ging schlafen*).

---

*) O der fröhlichen Zeit, die wir als Knaben und Jünglinge in der Wetterau zubrachten, an den gesegneten Ufern der Nidda, wo der Roggen so hoch wächst, wie ein Reiter zu Ross, und man sich bei Spaziergängen in Acht nehmen muss, um die Hasen auf dem Felde nicht todt zu treten!

Wir brachten dort unsere Ferien zu und waren in dem glücklichen Alter, wo nur der Kinnbacken müde, der Magen aber nicht satt wird, wo man, wie die Ente Vaucanson's, fortwährend essen könnte, weil man fortwährend verdaut.

Da unsere Ferien meist auf die grossen Feste, Ostern, Pfingsten und Weihnachten fielen, so wurde eine ungeheure Anzahl von Kuchen gebacken, Gusskuchen, Sandkuchen, Hefenkuchen und im Herbste Fruchtkuchen — denn Zwetschen und Aepfel gedeihen unsäglich in dem glücklichen Lande. Die Kuchen schmeckten aber um so besser, als sie von den runden weissen Armen unserer Cousinen gekneten worden waren.

Man ass fünfmal im Tage, officiell und im Zimmer; — die Eier, die man heimlich ausnahm, die Früchte aus Wald und Garten und die in der Asche gerösteten Kartoffeln im Felde nicht gerechnet.

Morgens gegen acht Uhr Milchkaffee mit köstlichem Rahm und unendlichen trockenen Kuchenschnitten zum Tunken.

Um zehn Uhr Imbiss: Frisches Roggenbrot mit Butter und Handkäse, Wurst verschiedener Art, Salzfleisch mit einem Glase weissen Weines oder einem Würfchen alten Fruchtbranntweins für die älteren Leute. Auch erschienen hier besonders die Fruchtkuchen, heiss aus dem Backofen — ein Göttergenuss für die Zunge, ein Ruin für den Magen!

Zwischen zwölf und ein Uhr ass man zu Mittage — herzhaft, kräftig — Suppe, Gemüse, Fleisch, meistens auch eine Mehlspeise und Kartoffeln nach Belieben — wenn aber Kartoffel-Pfannkuchen gebacken wurden, setzte sich die Jugend nicht zu Tische, sondern stahl sie der Tante aus der brodelnden Pfanne und verzehrte sie triumphirend auf dem Kellerhalse vor dem Hause, wo eine Schüssel

Abendessen.

In Paris gab es immer Abendessen höherer Ordnung, die nach dem Theater anfingen. Je nach den Umständen bestand die Gesellschaft aus hübschen Frauen, beliebten Schauspielerinnen, eleganten Löwinnen, grossen Herren, Finanzmännern, Müsslingen und Schöngeistern.

Dort erzählte man die Tagesneuigkeiten, sang die neuesten Lieder, schwatzte von Politik, Literatur, Theater und spann Liebeshändel.

Sehen wir nun zu, wie man an Fastentagen lebte.

Man machte mager, frühstückte nicht und hatte deshalb mehr Hunger, als gewöhnlich.

Zur Essenszeit schluckte man so viel man nur konnte; aber Fisch und Gemüse sind leicht verdaut; vor fünf Uhr kam man vor Hunger um, guckte auf die Uhr, wartete und wüthete, indem man für seine Seligkeit duldete.

Um acht Uhr fand man leider nicht ein Abendessen, sondern nur eine Collation, ein Wort, das aus dem Kloster stammt, wo die Mönche sich am Abend versammelten, um über die Kirchenväter Unterredung zu halten, worauf man ihnen ein Glas Wein gestattete.

Essiggurken stand, in die man von Zeit zu Zeit als Würze hineinbiss.

Um vier Uhr Nachmittags Milchkaffee mit Kuchen, Butterbrot, Käse und ein herrliches, goldgelbes, leichtes Hausmannsbier, das in dem tiefen Keller so kühl lag, als wäre Eis im Winter eingeführt worden.

Abends zwischen sieben und acht Uhr Nachtessen, meist Braten und Salat, wozu die Tauben auf dem Dache, die Hühner im Hofe und die Hasen auf dem Felde ein unerschöpfliches Contingent lieferten. Denn der Oheim, obgleich eine Säule der Kirche und Dekan des Sprengels, war zugleich ein gewaltiger Jäger vor dem Herrn und seine scharfen Augen ersetzten ihm den Hund. Die Flinte im Arm, stapfte er über die Stoppelfelder, langbeinig wie ein Reiher, und sah sich schweigend um. „Siehst Du ihn?" sagte er dann leise. „Wo denn, Onkel?" „Dort!" „Ich sehe nichts!" „Du wirst ihn schon sehen, wenn ich schiesse." So war es auch — wir sahen den Hasen erst im Todessprung und rafften ihn jubelnd auf, ihn nach Hause zu tragen.   C. V.

Bei der Collation durften weder Butter, noch Eier, noch irgend etwas, was Leben gehabt hatte, aufgetragen werden, man musste sich mit Salat, Confituren und Früchten begnügen, die leider wenig widerhielten, namentlich bei dem Hunger, den man in jener guten Zeit hatte. Aber man duldete mit christlicher Ergebenheit, ging zu Bette und fing während der ganzen Fastenzeit andern Tages wieder an.

Was diejenigen betrifft, welche die obenerwähnten kleinen Soupers mitmachten, so versichert man mir, dass sie niemals fasteten und nie gefastet haben.

Das Meisterstück der Kochkunst jener alten Zeit war eine durchaus apostolische Collation, die doch einem guten Abendessen ähnlich sah.

Die Wissenschaft hatte dieses Problem endlich gelöst, indem sie blau gesottenen Fisch, Kraftbrühen von Wurzeln und Backwerke in Oel erlaubte.

Die genaue Beobachtung der Fasten gab zu einem Vergnügen Anlass, das wir heute nicht mehr kennen, demjenigen, sich' beim Frühstücke auf Ostern zu entfasten*).

Untersucht man es genau, so sind die Grundlagen eines jeden Vergnügens die Schwierigkeit, die Entbehrung, die Sehnsucht nach Genuss. All' das fand sich in der Handlung, welche die Fasten brach, und ich habe meine Grossonkel, weise und tapfere Leute, vor Entzücken strahlen sehen in dem Augenblicke, wo man am Ostertage einen Schinken anschnitt oder eine Pastete öffnete. Heutzutage würden wir, entartet wie wir sind, so mächtigen Gefühlen gar nicht widerstehen können.

Ursprung des Nachlasses.

119. Ich habe den Nachlass entstehen sehen; er kam ganz allmälig.

---

*) Es ist mir so wohl wie dem Pfaffen am Ostertage, pflegten unsere Alten noch zu sagen, obgleich die Sitte des Fastens seit der Reformation bei ihnen aufgehoben war.   C. V.

Kinder bis zu einem gewissen Alter wurden nicht zum Fasten angehalten und Frauen, die schwanger waren oder es zu sein glaubten, waren ihrer Lage wegen eximirt und erhielten Fleischspeisen und ein Abendessen, das die Fastenden lebhaft in Versuchung führte.

Dann bemerkten die Leute reifern Alters, dass das Fasten sie aufregte, ihnen Kopfweh machte, sie am Schlafen hinderte; — dann schrieb man auf Rechnung des Fastens alle jene kleinen Zufälle, die den Menschen im Frühling belästigen, die Frühlingspocken, Schwindel, Nasenbluten und ähnliche Zustände, welche die Erneuerung der Natur hervorruft. Da fastete nun der Eine nicht, weil er sich für krank hielt, der Andere, weil er es gewesen war, ein Dritter, weil er fürchtete, es zu werden. Die Fastenspeisen und Collationen wurden täglich seltener.

Das ist nicht Alles; es gab einige harte Winter, die den Mangel an Wurzeln fürchten liessen, und die Kirchengewalt erschlaffte selbst in ihrer Strenge, während die Hausväter sich über die vermehrten Ausgaben beklagten, welche ihnen die Fastendiät im Hause mache; Andere behaupteten, Gott könne nicht wollen, dass man seine Gesundheit aufs Spiel setze, und die Ungläubigen fügten hinzu, man könne das Paradies nicht durch Aushungerung erobern.

Indessen blieb dennoch die Pflicht anerkannt, und man verlangte fast immer von den Pfarrern die Erlaubniss, die zwar selten verweigert, aber doch meistens nur unter der Bedingung gegeben wurde, einige Almosen zu steuern, welche das Fasten ersetzen sollten.

Dann kam die Revolution, die alle Herzen mit Sorgen, Befürchtungen und Interessen ganz anderer Art erfüllte, die einem weder Zeit noch Gelegenheit liess, den Priestern nachzulaufen, von denen die Einen als Feinde des Staates verfolgt wurden, was sie indessen nicht hinderte, ihre geistlichen Brüder als Ketzer anzusehen.

Zu dieser Ursache, die glücklicherweise nicht mehr dauert, kam noch eine andere, weit einflussreichere. Die

Stunden unserer Mahlzeiten sind gänzlich verändert worden, wir essen weder so oft, noch zu derselben Zeit wie unsere Ahnen, und das Fasten müsste demnach in neuer Art organisirt werden.

All' dieses ist so wahr, dass ich, der ich doch nur ordentliche, brave und selbst ziemlich gläubige Leute besuche, mich nicht erinnere, während 25 Jahren, ausser bei mir, zehn Fastenmahlzeiten und eine einzige Collation getroffen zu haben.

Viele Leute würden bei solcher Gelegenheit leicht in Verlegenheit kommen, aber der heilige Paulus hat den Fall vorgesehen und ich bleibe unter seinem Schutze.

Man würde sich indess sehr irren, wenn man glauben wollte, dass die Unmässigkeit bei der neuen Ordnung der Dinge zugenommen hätte.

Die Zahl der Mahlzeiten hat sich um die Hälfte verringert, die Völlerei ist verschwunden, um sich an gewissen Tagen in die untersten Classen der Gesellschaft zu flüchten. Man feiert keine Orgien mehr, Trunkenbolde werden ausgeschlossen. Das grössere Drittheil von Paris erlaubt sich Morgens nur ein leichtes Frühstück, und wenn einige sich den Genüssen einer ausgesuchten Feinschmeckerei überlassen, so sehe ich nicht ein, was man dagegen haben könnte, denn wie wir wissen, gewinnt Jedermann dabei und Niemand verliert etwas.

Wir können dies Capitel nicht enden, ohne auf die neue Wirkung aufmerksam zu machen, welche der Volksgeschmack genommen hat.

Tausende von Menschen bringen täglich ihren Abend im Theater oder im Café zu. Vor vierzig Jahren wären sie in die Kneipe gegangen.

Ohne Zweifel gewinnt die Sparsamkeit nichts bei dieser neuen Ordnung, wohl aber die Sitten. Die Sitten werden sanfter durch das Schauspiel, man belehrt sich im Café durch das Lesen der Zeitungen, und man entgeht ganz gewiss den

Zänkereien, den Krankheiten und der Verthierung, die unzweifelhaft im Gefolge des Kneipenbesuches kommen.

Fünfundzwanzigste Betrachtung.
Von der Erschöpfung.

120. Man versteht unter Erschöpfung einen Schwächezustand mit Erschlaffung und Niedergeschlagenheit, der von vorgängigen Umständen herrührt und die Ausübung der Lebensthätigkeit schwierig macht. Man kann drei Arten von Erschöpfungen aufzählen, wenn man die durch Entziehung der Nahrungsmittel verursachte nicht mit begreift.

Die Erschöpfung durch Muskelthätigkeit, die Erschöpfung durch geistige Arbeiten, die Erschöpfung durch Liebesgenüsse.

Ein gemeinsames Heilmittel gegen alle drei Arten von Erschöpfungen besteht in dem unmittelbaren Aufhören der Thätigkeit, welche diesen, wenn nicht krankhaften, so doch der Krankheit nahen Zustand hervorgerufen hat.

Behandlung.

121. Nach dieser unerlässlichen Einleitung kömmt die Kochwissenschaft, die stets Hülfsmittel in Bereitschaft hat.

Dem durch übermässige Muskelanstrengung erschöpften Menschen bietet sie eine gute Suppe, alten Wein, Wildpret und Schlaf*).

---

*) Die Muskel-Erschöpfung kann so bedeutend sein, dass der Ermüdete gar nichts zu sich nehmen kann, sondern zuerst einige Stunden schlafen oder doch wenigstens ruhen muss.

Dem Gelehrten, der sich zu sehr in seinen Gegenstand vertieft, räth sie Bewegung in frischer Luft, um sein Gehirn zu stärken, ein Bad, um seine gereizten Fasern abzuspannen, Geflügel, Gemüse und geistige Ruhe.

Endlich werden wir aus den folgenden Beobachtungen lernen, was die Wissenschaft für denjenigen thun kann, der vergisst, dass die Wollust ihre Grenzen und das Vergnügen seine Gefahren hat.

Vom Professor bewerkstelligte Heilung.

122. Ich besuchte eines Tages einen meiner besten Freunde, Herrn Rubet. Man sagte mir, er sei krank, und in der That fand ich ihn ganz zusammengesunken im Schlafrocke am Kamin.

Sein Anblick entsetzte mich; sein Gesicht war bleich, seine Augen glänzend und seine Unterlippe hing so sehr herab, dass sie die Zähne des Unterkiefers sehen liess, ein wahrhaft scheusslicher Anblick.

Ich fragte nach der Ursache dieser Aenderung, er zauderte, ich wurde dringender, und nach einigen Ausflüchten sagte er erröthend: „Du weisst, lieber Freund, dass meine Frau sehr eifersüchtig ist und dass diese Tollheit mir schon manche üble Stunde gemacht hat. Seit einigen Tagen hat sie eine fürchterliche Krisis, und ich habe mich in diesen

---

Ich erinnere mich einer Art Turnfahrt, wo wir den Niesen hatten besteigen wollen, vom Regen zurückgetrieben wurden, uns auf den mit kurzem schlüpfrigen Grase bewachsenen Halden äusserst ermüdeten und nach angestrengtem Marsche Abends in Thun anlangten.

Zwei von uns, Studenten im kräftigsten Alter, soupirten mit Energie, tranken mit Wollust und schliefen ausgezeichnet. Der Dritte aber, um einige Jahre älter und etwas schwächlicher Constitution, fiel beim Eintritte ins Gastzimmer zusammen, wie ein Taschenmesser, bekam beim Anblicke der Suppe Uebelkeit und Seekrankheit, befand sich die ganze Nacht hindurch elend und konnte erst am andern Morgen an Herstellung seiner erschöpften Kräfte denken.

C. V.

Zustand versetzt, indem ich ihr beweisen wollte, dass meine Zuneigung nicht schwächer und der ihr zukommende eheliche Tribut in keiner Weise abgelenkt worden ist." „Du hast also vergessen," antwortete ich ihm, „dass Du 45 Jahre alt bist und dass für die Eifersucht kein Kraut gewachsen ist? Weisst Du nicht „furens quid femina possit?" (Was ein wüthendes Weib vermag?) — Ich hielt noch einige andere sehr wenig galante Reden, denn ich war in der That sehr zornig.

„Lass' übrigens einmal sehen," fuhr ich fort, „Dein Puls ist klein, hart, zusammengezogen, — was willst Du thun?" „Der Doctor," antwortete er mir, „geht eben fort; er glaubt, ich hätte ein Nervenfieber und hat mir einen Aderlass verordnet, für welchen er den Chirurgen schicken will." „Den Chirurgen," schrie ich, „hüte Dich davor! Es ist Dein Tod! Jage ihn fort wie einen Mörder und sage ihm, ich hätte mich Deiner mit Leib und Seele bemächtigt. Kennt übrigens Dein Arzt die Ursache Deiner Krankheit?" „Leider nein," sagte er, „eine falsche Schaam hinderte mich, sie ihm vollständig zu beichten."

„Gut. Lass ihn bitten, zu Dir zu kommen; — ich werde Dir einen Deinem Zustand angemessenen Trank bereiten; nimm einstweilen dieses." Ich gab ihm ein grosses Glas Zuckerwasser, das er mit dem Zutrauen Alexanders und dem Glauben eines Köhlers verschlang.

Dann lief ich nach Hause und mischte, bereitete und kochte ein stärkendes Elixir, das man in dem Capitel „Vermischtes" finden wird, nebst den verschiedenen Verfahrungsarten, um sich zu beeilen, denn in solchen Fällen kann ein Aufschub von einigen Stunden unersetzlichen Schaden erzeugen.

Ich kam bald mit meinem Tranke bewaffnet zurück und fand den Kranken schon etwas besser. Die Wangen begannen sich zu färben, das Auge war feucht, aber die Unterlippe hing noch immer schauderhaft herab.

Der Arzt kam auch bald; ich sagte ihm, was ich gethan hatte und der Kranke beichtete; die weisheitsvolle Stirn des Aesculaps nahm anfangs einen strengen Ausdruck an, bald aber betrachtete er uns mit einem Ausdrucke, worin sich einige Ironie mischte. „Sie dürfen sich nicht wundern," sagte er zu meinem Freunde, „wenn ich eine Krankheit nicht errieth, die weder zu Ihrem Alter, noch zu Ihrem Stande passt. Sie waren wahrlich zu bescheiden, mir die Ursache zu verbergen, die Ihnen doch nur Ehre machen konnte. — Ich sollte Sie eigentlich schelten, dass Sie mich einem Irrthume aussetzten, der Ihnen verderblich werden konnte, übrigens hat Ihnen mein verehrter College (hierbei machte er mir eine Verbeugung, die ich mit Wucher erwiederte) Ihnen den richtigen Weg angezeigt. Nehmen Sie seinen Trank, wie er ihn auch nennen mag, und wenn darauf das Fieber weicht, wie ich gern glauben will, so frühstücken Sie morgen mit einer Tasse Chocolade, in der Sie zwei Gelbe vom Ei verrühren." Mit diesen Worten nahm er Hut und Stock und verliess uns, während wir sehr in Versuchung waren, auf seine Kosten zu lachen.

Ich gab nun meinem Kranken eine grosse Tasse von meinem Lebenselixir; er trank sie begierig und wünschte eine zweite Dosis, aber ich bestand auf einer Zwischenpause von zwei Stunden und gab ihm erst unmittelbar vor meinem Weggehen eine zweite Tasse.

Am nächsten Morgen war er fast fieberlos und wohlauf; er frühstückte nach Vorschrift, setzte den Trank fort und konnte am nächsten Morgen seinen gewöhnlichen Beschäftigungen obliegen, aber die rebellische Lippe richtete sich erst am dritten Tage wieder auf.

Später kam die Geschichte unter die Leute und die Frauen hatten viel darüber zu zischeln.

Einige bewunderten meinen Freund, die Meisten bedauerten ihn und der Professor der Kochwissenschaft trug allen Ruhm davon.

Sechsundzwanzigste Betrachtung.

Vom Tode.

123. Der Schöpfer hat dem Menschen sehr grosse und wesentliche Nothwendigkeiten auferlegt, die Geburt, die Arbeit, das Essen, den Schlaf, die Fortpflanzung und den Tod.

Der Tod ist die vollständige Unterbrechung aller sinnlichen Beziehungen, die gänzliche Vernichtung der Lebenskräfte, welcher den Körper der Zersetzung anheim gibt.

Alle diese verschiedenen Nothwendigkeiten werden durch einige Vergnügungsempfindungen, die sie begleiten, versüsst, und selbst der Tod entbehrt nicht allen Reizes, wenn er natürlich ist, d. h. wenn er erst eintritt, sobald der Körper alle verschiedenen Zustände des Wachsthums, der Männlichkeit, des Alters und des Greisenthums durchlaufen hat, zu denen er bestimmt ist.

Wenn ich mich nicht entschlossen hätte, hier nur ein sehr kurzes Capitel zu geben, so würde ich mich auf die Aerzte berufen, welche beobachtet haben, durch welche unmerklichen Nuancen die belebten Körper in den Zustand der todten Materie übergehen. Ich könnte Philosophen, Könige, Schriftsteller anführen, die an den Grenzmarken der Ewigkeit, statt dem Schmerze zur Beute zu werden, liebenswürdige Gedanken hatten, die sie selbst mit den Reizen der Poesie verzierten. Ich könnte jene Antwort des sterbenden Fontenelle anführen, der auf die Frage, was er fühle, antwortete: „Nur eine gewisse Schwierigkeit zu leben." Aber ich will nur meine Ueberzeugung hier ausdrücken, die nicht nur auf die Analogie, sondern auf mehre Beobachtungen gestützt ist, die mit aller Sorgfalt angestellt wurden und von welchen folgende die jüngste ist.

Die Grosstante.

Ich hatte eine Grosstante, die im Alter von 93 Jahren starb. Obgleich sie seit einiger Zeit das Bett hütete, hatte sie doch alle Geistesfähigkeiten bewahrt und man hatte ihren Zustand nur aus der Verminderung ihres Appetits und der Abschwächung ihrer Stimme errathen.

Sie hatte mich immer sehr gern, und ich sass an ihrem Bette, bereit, sie zärtlich zu bedienen, was mich nicht verhinderte, sie mit jenem philosophischen Auge zu betrachten, das ich stets meiner Umgebung zugewandt habe.

„Bist Du da, lieber Neffe?" sagte sie mit kaum hörbarer Stimme. „Ja, liebe Tante, zu Ihrem Befehl. Ich glaube, Sie sollten etwas guten alten Wein nehmen." „Gib immerhin, Flüssigkeit geht noch hinab." Ich beeilte mich, sie sanft aufzuheben und gab ihr ein halbes Glas meines besten Weines. Sie belebte sich im Augenblick, und indem sie ihre Augen, die einst sehr schön gewesen waren, auf mich richtete, sagte sie: „Vielen Dank für diesen letzten Dienst! Wenn Du so alt wirst, wie ich, so wirst Du einsehen, dass der Tod ebenso ein Bedürfniss ist, wie der Schlaf."

Dies waren ihre letzten Worte und eine halbe Stunde darauf war sie für immer entschlafen.

Dr. Richerand hat mit so viel Wahrheit und Philosophie die letzten Augenblicke des Individuums und die letzten Zustände des menschlichen Körpers beschrieben, dass meine Leser mir Dank wissen werden, wenn ich ihnen folgende Stelle mittheile.

„Die geistigen Fähigkeiten", sagt Richerand, „schwächen sich ab und hören in folgender Ordnung auf: Die Vernunft, diese Fähigkeit, in deren ausschliesslichem Besitze der Mensch zu sein glaubt, verlässt ihn zuerst. Er verliert zuerst die Kraft, Urtheile auszumitteln, und dann die Fähigkeit, zu vergleichen, zu vereinigen, zu combiniren und mehre Gedanken zusammenzustellen, um über ihre Beziehungen sich auszusprechen. Man sagt dann, dass der Kranke den Kopf verliert, dass er delirirt. Das Delirium verbreitet sich gewöhnlich über die dem Kranken gewohnheitsgemässen Gedanken; die herrschende Leidenschaft lässt sich leicht erkennen; der Geizige schwatzt unbedachtsam von verborgenen Schätzen, ein Anderer stirbt belagert von religiösen Schreckbildern; liebliche Erinnerungen an das ferne Vaterland wachen dann in voller Stärke auf.

„Nach der Vernunft und dem Urtheil wird die Fähigkeit, Gedanken zu verbinden, nach und nach zerstört; dies findet sich sogar schon bei starker Schwäche, wie ich es selbst erfahren habe. Ich unterhielt mich einst mit einem Freunde, als ich eine unübersteigliche Schwierigkeit empfand, zwei Gedanken zu verbinden, über deren Aehnlichkeit ich mir ein Urtheil bilden wollte. Doch war die Ohnmacht nicht vollständig; ich behielt noch das Gedächtniss und das Gefühl, ich hörte deutlich die Personen, die um mich waren, sagen: „er wird ohnmächtig", und fühlte, wie sie mich aus diesem Zustande erwecken wollten, der nicht unangenehm war.

„Dann erlöscht das Gedächtniss. Der Kranke, der in seinen Delirien noch seine Freunde erkannte, kennt seine Verwandten nicht mehr, und zuletzt selbst diejenigen nicht, mit denen er in der grössten Intimität lebte. Endlich verschwindet auch das Sinnen-Gefühl; aber die Sinne verlöschen in einer bestimmten Ordnung; Geschmack und Geruch geben kein Zeichen ihres Vorhandenseins mehr; die Augen bedecken sich mit einer trüben Wolke und nehmen einen unheilvollen Ausdruck an; das Gehör ist den Tönen und dem Geräusch noch zugänglich. Aus diesem Grunde pflegten auch die Alten vor den Ohren des Gestorbenen laut zu schreien, um sich von seinem Tode zu vergewissern. Der Sterbende riecht, schmeckt, sieht und hört nicht mehr. Aber das Gefühl bleibt noch; er wirft sich auf seinem Bette herum, bewegt seine Arme, wechselt seine Lage; er macht Bewegungen, die denjenigen ähnlich sind, welche das Kind im Mutterleibe macht. Der Tod, der ihn trifft, flösst ihm nun keinen Schrecken mehr ein; er hat keine Vorstellungen mehr, und er endet das Leben, wie er es begonnen hat, ohne Bewusstsein." (Richerand — Neue Grundlinien der Physiologie, neunte Auflage, zweiter Band, S. 600.)

Siebenundzwanzigste Betrachtung.

Philosophische Geschichte der Küche.

124. Die Küche ist die älteste Kunst, denn Adam kam nüchtern zur Welt, und das Schreien des neugeborenen Kindes lässt sich nur durch die Brust seiner Amme stillen.

Die Küchenkunst hat uns den wichtigsten Dienst für das bürgerliche Leben geleistet, denn die Bedürfnisse der Küche haben uns gelehrt, das Feuer zu benutzen, und durch das Feuer hat der Mensch die Natur gebändigt.

Wenn man die Dinge von einer gewissen Höhe her betrachtet, so kann man drei Arten von Küchen unterscheiden:

die erste, die sich mit der Zubereitung der Nahrungsmittel abgibt, hat den ursprünglichen Namen beibehalten;

die zweite beschäftigt sich damit, zu analysiren und bis zu den Grundstoffen vorzudringen; man nennt sie gewöhnlich Chemie;

und die dritte, welche man die Reparationsküche nennen könnte, ist auch unter dem Namen der Apotheke bekannt.

Wenn sich diese verschiedenen Arten durch den Zweck unterscheiden, so gleichen sie sich durch die Anwendung des Feuers, der Oefen und der Gefässe. So bemächtigt sich der Chemiker z. B. desselben Stückes Ochsenfleisch, aus welchem der Koch Suppe und Kochfleisch macht, um zu wissen, in wie viel Arten von Körpern es zerlegt werden kann, und der Apotheker wirft es mit Gewalt aus unserem Körper hinaus, wenn es eine Unverdaulichkeit verursacht.

Ordnung der Ernährung.

125. Der Mensch ist ein Alles fressendes Thier, er hat Schneidezähne, um die Früchte zu zertheilen, Backzähne, um die Saamen zu zermahlen, und Eckzähne, um das Fleisch zu zerreissen, und man hat beobachtet, dass die Eckzähne um so stärker und unterscheidbarer sind, je mehr sich der Mensch dem wilden Zustande nähert.

Es ist sehr wahrscheinlich, dass der Mensch sich lange Zeit nur von Früchten nährte, und dass ihn die Nothwendigkeit darauf anwies, denn der Mensch ist das plumpste aller Geschöpfe der alten Welt, und seine Angriffsmittel sind sehr beschränkt, so lange er unbewaffnet ist. Aber der Vervollkommnungstrieb, der ihm eigen ist, entwickelte sich bald; — gerade das Gefühl seiner Schwäche bestimmte ihn, sich Waffen zu suchen; auch sein fleischfressender Instinkt, den seine Eckzähne anzeigen, bewog ihn dazu, und als er einmal bewaffnet war, wurden alle Thiere, die ihn umgaben, seine Beute und seine Nahrung.

Dieser Zerstörungstrieb dauert noch fort. Die Kinder tödten fast alle kleinen Thiere, die man ihnen überlässt; — hätten sie Hunger, so würden sie sie auffressen.

Man braucht sich nicht darüber zu wundern, dass der Mensch sich von Fleisch zu nähren suchte; sein Magen ist zu klein, und die Früchte enthalten zu wenig aneignungsfähige Substanz, um zu seiner Ernährung genügen zu können; er könnte sich vielleicht besser von Gemüsen nähren, aber diese Diät verlangt Künste, die erst im Laufe der Zeiten sich entwickeln konnten.

Die ersten Waffen mochten Baumäste sein; später hatte man Bogen und Pfeile.

Es ist höchst merkwürdig, dass überall, wo man den Menschen auch gefunden haben mag, unter allen Klimaten und Breitegraden, man ihn mit Bogen und Pfeilen bewaffnet fand. Diese Gleichförmigkeit ist schwer zu erklären; man sieht nicht ein, wie dieselbe Ideenverbindung sich Individuen mittheilte, die in so verschiedenen Umständen lebten; es muss das von einer Ursache herrühren, die sich hinter dem Vorhange der Zeiten verbirgt.

Das rohe Fleisch hat nur eine Unannehmlichkeit, denn es klebt durch seine Zähigkeit an den Zähnen —, ausserdem ist sein Geschmack nicht unangenehm, mit etwas Salz gewürzt ist es leicht verdaulich und dürfte wohl nährender sein als jedes andere.

„Mein Gott," sagte mir ein Kroatenhauptmann, der im Jahre 1815 bei mir speiste, „es braucht nicht vieler Zubereitungen zu einem guten Essen. Wenn wir im Felde liegen und Hunger haben, schlachten wir das erste beste Thier, das uns unter die Hände fällt, wir schneiden ein gehöriges fleischiges Stück heraus, bestreuen es mit etwas Salz, das wir immer in der Säbeltasche haben, legen es auf den Rücken des Pferdes unter den Sattel, galoppiren eine Zeitlang und dann (er machte dabei die Bewegungen eines Menschen, der etwas mit den Zähnen zerreisst) niang, niang, speisen wir wie Prinzen."

Wenn die Jäger im Dauphiné im September auf die Jagd gehen, so haben sie stets Pfeffer und Salz bei sich. Schiessen sie einen fetten Baumpieper, so rupfen und würzen sie ihn, tragen ihn eine Zeitlang so zubereitet auf dem Hute und essen ihn dann roh —, sie versichern, dass ein solcher Vogel weit besser schmeckt, als wenn er gebraten wäre.

Wenn übrigens unsere Urahnen ihre Nahrungsmittel roh verzehrten, so haben wir nicht ganz die Gewohnheit verloren. Den zartesten Gaumen behagen die Servelatwürste, die Mortatellen, die westphälischen Schinken, das Hamburger Rindfleisch, die Sardellen und Häringe und ähnliche Speisen sehr wohl, die nicht dem Feuer ausgesetzt waren und dennoch den Appetit reizen.

Entdeckung des Feuers.

126. Nachdem man sich lange genug nach Art der Kroaten genährt hatte, entdeckte man das Feuer; — dies

war ein Zufall, denn das Feuer existirt nicht von freien Stücken auf der Erde, — die Bewohner der Marianen-Inseln kannten es nicht.

Kochen.

127. Nachdem das Feuer einmal bekannt war, trieb der Vervollkommnungstrieb den Menschen dazu, das Fleisch daran zu halten; anfangs trocknete man es nur, dann legte man es auf die Kohlen, um es zu braten.

Man fand das so behandelte Fleisch viel vorzüglicher; es wird fester, lässt sich leichter kauen und das Osmazom gibt ihm beim Bräunen einen angenehmen Geschmack, der uns noch heute gefällt.

Man merkte indess, dass das auf Kohlen gebratene Fleisch sich leicht beschmutzt, denn es bleiben immer Aschen- und Kohlentheilchen daran hängen, die man nur schwer ablesen kann; man half indess diesem Uebel nach, indem man es an Spiesse steckte, die man in zweckdienlicher Höhe über den glühenden Kohlen auf Steine legte.

So kam man zu dem Röstfleische, einer eben so einfachen als schmackhaften Zubereitung. Alles geröstete Fleisch hat Hochgeschmack, weil es sich zum Theil räuchert.

Zu Homer's Zeiten war man noch nicht weiter gekommen, und ich hoffe, man wird hier mit Vergnügen lesen, wie Achilles in seinem Zelte drei Häuptlinge der Griechen empfing, von denen einer König war.

Ich widme diese Erzählung den Damen, denn Achilles war der Schönste unter den Griechen, und sein Stolz verhinderte ihn nicht, Briseis nachzuweinen, als man ihm diese Geliebte entführte.

„Grössern Mischkrug stelle sogleich auf, edler Patroklos,
Mische des stärkern Weins und bereit' auch Jedem den Becher;
Denn die geliebtesten Männer empfing ich unter dem Obdach."

Jener gebot's: da folgte dem theuern Freunde Patroklos.
Selbst dann trug er zum Schimmer der Glut ein gewaltiges
Fleischbrett,
Legte den Rücken des Schaafes darauf und gemästeter Ziegen.
Legte des Mastschweins Rücken darauf voll blühenden Fettes.
Und Automedon hielt: da schnitt es der edle Achilleus,
Und er zerlegte geschickt und bohrete Alles an Spiesse.
Mächtige Glut entflammte Menoitios göttlicher Sprösaling.
Aber nachdem sich das Feuer verzehrt und die Flamme
verlodert,
Breitete jener die Kohlen und hielt darüber die Spiesse,
Streuete heiliges Salz und hob's auf Feuergestelle.
Als er gebraten das Fleisch und auf Anrichtbretter geschüttet,
Reichte Monoitios Sohn aus zierlichgeflochtenen Körben
Brot ringsher um den Tisch und Achilleus theilte das Fleisch
aus.
Gegen Odysseus über, dem göttlichen, setzte der Held sich
Hin an die andere Wand; und dem Freund Patroklos ge-
bot er,
Opfer den Göttern zu weih'n: und die Erstlinge warf er ins
Feuer.
Nunmehr langten sie zu am lecker bereiteten Mahle.
Aber nachdem die Begierde nach Trank und Speise gestillt
war,
Winkte dem Phönix Telamons Sohn: da merkt es Odysseus,
Füllte sogleich den Pokal und begrüsste so den Peleiden.

Ilias. Neunter Gesang, Vers 202.

Ein König, ein Königssohn und drei griechische Generale speisten also vortrefflich mit Brot, Wein und geröstetem Fleisch.

Man darf wohl glauben, dass wenn Achilles und Patroklos sich selbst mit der Zubereitung des Mahles beschäftigten, dies nur aussergewöhnlich geschah, um die vornehmen Gäste zu ehren, deren Besuch sie empfingen, denn gewöhnlich lag die Sorge für die Küche den Sklaven und den

Weibern ob, wie wir ebenfalls aus Homer lernen, der sich in der Odyssee mit den Mahlen der Freier beschäftigt.

Man betrachtete damals die mit Blut und Fett gefüllten Därme der Thiere als ein ausgezeichnetes Gericht; es war Blutwurst oder Blunzen.

Schon zu jener Zeit und wahrscheinlich schon viel früher wurden Dichtkunst und Musik den Freuden des Mahles zugesellt. Verehrte Sänger feierten die Wunder der Natur, die Liebeshändel der Götter und die Thaten der Helden, und wahrscheinlich stammte der göttliche Homer selbst aus einer Familie so vom Himmel beglückter Menschen. Er würde sich nicht so hoch erhoben haben, wenn seine poetischen Studien nicht in der Kindheit begonnen hätten.

Madame Dacier bemerkt, dass Homer nirgends in seinen Werken von gesottenem Fleische spricht. Die Juden waren schon weiter fortgeschritten in Folge des Aufenthaltes, den sie in Aegypten gemacht hatten; sie hatten Kochtöpfe, die auf dem Feuer aushielten, und die Suppe, welche Jacob seinem Bruder Esau so theuer verkaufte, war in einem Topfe gekocht.

Es ist wirklich schwer zu begreifen, wie der Mensch dazu kam, das Metall zu bearbeiten. Der Sage nach beschäftigte sich Tubalkain zuerst damit. In gegenwärtigem Zustande unserer Kenntnisse dienen uns die Metalle, um andere Metalle damit zu bearbeiten; wir packen sie mit eisernen Zangen, schmieden sie mit eisernen Hämmern, schneiden sie mit stählernen Feilen, aber ich habe noch Niemand gefunden, der mir hätte erklären können, wie die erste Zange und der erste Hammer geschmiedet wurde*).

Festmahle der Orientalen und der Griechen.

128. Die Küche machte grosse Fortschritte, sobald man einmal Gefässe von Erz oder Thon hatte, die feuerbeständig

---

*) Die Funde der Pfahlbauten und ähnlicher Alterthümer haben uns wohl dahin belehrt, dass alle ältesten Metallgeräthschaften nur gegossen, nicht gehämmert oder geschmiedet wurden. C. V.

waren; man konnte das Fleisch zubereiten, die Gemüse kochen, man hatte Fleischbrühe, Saucen, Geléen. Alle diese Dinge bedingen sich gegenseitig.

Die ältesten Bücher, die uns geblieben sind, erwähnen ehrenvoll die Festmahle der orientalischen Könige. Es ist leicht glaublich, dass Monarchen, die über so fruchtbare Länder herrschten, welche Gewürze und Wohlgerüche hervorbrachten, auch eine reiche Tafel führten; wir kennen aber die Einzelheiten nicht. Man weiss nur, dass Cadmos, der in Griechenland die Buchstabenschrift einführte, Koch des Königs von Sidon gewesen war.

Die Gewohnheit, die Esstische mit Betten zu umgeben und liegend zu speisen, wurde bei wollüstigen und verweichlichten Völkern eingeführt. Diese Verfeinerung, die an Schwäche grenzt, wurde nicht überall gut aufgenommen. Die Völker, welche Kraft und Muth besonders hoch schätzten und bei denen die Frugalität als eine Tugend galt, wiesen sie lange von sich, aber die Gewohnheit griff in Athen durch und wurde so allmälig Sitte in der civilisirten Welt.

Die Küche und ihre Genüsse standen sehr hoch bei den Athenern, die ein elegantes und neuerungssüchtiges Volk waren. Die Könige, die reichen Privatleute, die Dichter und Gelehrten gaben das Beispiel, und selbst die Philosophen glaubten, Genüsse nicht zurückweisen zu dürfen, die im Schoosse der Natur geschöpft wurden.

Nach dem, was man in den alten Autoren liest, kann man nicht zweifeln, dass ihre Mahlzeiten wahre Feste waren.

Die Jagd, der Fischfang und der Handel verschafften ihnen einen grossen Theil der Gegenstände, die noch jetzt für vortrefflich gelten, und die Concurrenz erzeugte selbst sehr theure Preise. Alle Künste trugen zur Verschönerung ihrer Mahlzeiten bei, bei welchen die Gäste auf mit reichen Purpurteppichen bedeckten Betten um die Tische lagerten.

Man gab sich Mühe, den Werth einer guten Mahlzeit durch eine angenehme Unterhaltung zu erhöhen, und die Tischgespräche wurden eine Wissenschaft.

Die Gesänge, die beim dritten Gange statt hatten, verloren ihre alterthümliche Strenge, sie wurden nicht mehr ausschliesslich dem Dienste der Götter, den Helden und den geschichtlichen Thaten bestimmt. Man besang die Freundschaft, das Vergnügen und die Liebe mit einer Zartheit und Harmonie, welche unsere trockenen und harten Sprachen nicht zu erreichen vermögen.

Die Weine Griechenlands, die wir noch heute trefflich finden, waren von den Feinschmeckern untersucht und wohl geordnet worden, von den leichtesten bis zu den stärksten Sorten; bei gewissen Mahlzeiten trank man die ganze Stufenleiter durch, und je besser der Wein war, desto grössere Gläser gab man, während heute das Umgekehrte stattfindet.

Die schönsten Frauen verschönerten noch diese wollüstigen Versammlungen; Tänze, Spiele und Belustigungen aller Art verlängerten die Vergnügungen des Abends, man athmete Wollust durch alle Poren, und mehr als ein Aristippos, der unter Platos Fahne einmarschirte, hielt unter Epikurs Fahne seinen Rückzug.

Die Gelehrten schrieben in die Wette über eine Kunst, die so angenehme Genüsse gewährte. Plato, Atheneus und Andere haben nur ihre Namen aufbewahrt, aber leider sind ihre Werke verloren gegangen, wenn man aber eines bedauern muss, so ist es die Gastronomie von Achestrades, welcher mit einem Sohne von Perikles befreundet war.

Dieser grosse Schriftsteller, sagt Theotimus, hatte Länder und Meere durchreist, um selbst alles Gute, was sie hervorbringen, kennen zu lernen. Er unterrichtete sich bei seinen Reisen nicht über die Völker, die man doch nicht ändern kann, sondern er ging in die Küchen, wo die Tafelgenüsse zubereitet werden, und unterhielt sich nur mit Menschen, die seinen Vergnügungen nützlich waren. Sein Gedicht ist ein wahrer Schatz und jeder Vers ein Recept.

Dies war der Zustand der Küche in Griechenland*), und so blieb er bis zum Augenblick, wo eine Handvoll Menschen, die sich am Ufer der Tiber niedergelassen hatten, erst die benachbarten Völker und dann die ganze Welt unterjochte.

Festmahle der Römer.

129. Gutes Essen war den Römern unbekannt, so lange sie nur für ihre eigene Unabhängigkeit, oder für die Unterjochung ihrer Nachbarn kämpften, die ebenso arm waren als sie selbst. Damals pflügten ihre Generale und lebten von Gemüse, die fruchtessenden Geschichtschreiber loben diese primitiven Zeiten sehr — die Genügsamkeit stand damals noch in Ehren. Als aber die Eroberungen der Römer sich über Afrika, Sizilien und Griechenland ausgebreitet hatten, als sie sich in Ländern, wo die Civilisation weiter fortgeschritten war, auf Kosten der Besiegten gemästet hatten, brachten sie die Zubereitungen nach Rom, die sie in der Fremde genossen hatten, und Alles lässt glauben, dass diese sehr gut empfangen wurden.

Die Römer hatten nach Athen eine Deputation geschickt, um die Gesetze Solons zu holen. Sie gingen dorthin, um Literatur und Philosophie zu studiren. Mit der Verfeinerung ihrer Sitten lernten sie auch die Genüsse der Tafel kennen und mit den Rednern, den Philosophen, den Sophisten und Dichtern kamen auch die Kochkünstler nach Rom.

Der Tafelluxus wurde später, als die Eroberungen die Reichthümer aller Welt in Rom zusammenströmen liessen, auf eine unglaubliche Höhe getrieben. Man kostete Alles von der Cikade bis zum Strauss, vom Siebenschläfer bis zum

---

*) Trotz dieser glücklichen Versuche besass Athen doch niemals die höhere Kochkunst; es opferte dem Zuckerwerk, den Früchten und Blumen zu viel, und besass weder das Brot aus feinem Mehle, noch die italienischen Gewürze, noch die feinen Saucen, noch die weissen Rheinweine des Roms der Cäsaren. De Cussy.

Eber*). Alles was den Geschmack reizen konnte, wurde als Würze versucht. Man machte von Dingen Anwendung, deren Gebrauch wir heute nicht mehr begreifen können, wie Teufelsdreck, Raute und ähnliches Zeug.

Heere und Reisende brandschatzten die ganze bekannte Welt; man brachte aus Afrika Perlhühner und Trüffeln, Kaninchen aus Spanien, Fasanen aus Griechenland, wohin sie von den Ufern des Phasus gekommen waren, und Pfauen aus dem fernsten Asien.

Die vornehmsten Römer hielten es für rühmlich, schöne Gärten zu besitzen, wo sie nicht nur die längst bekannten Früchte, wie Birnen, Aepfel, Feigen und Trauben cultivirten, sondern auch solche, welche man aus anderen Ländern gebracht hatte, Aprikosen aus Armenien, Pfirsiche aus Persien, Quitten aus Sidon, Erdbeeren vom Ida und Kirschen, die Lukullus vom Pontus gebracht hatte. Diese Einführungen, die nothwendigerweise unter sehr verschiedenen Umständen

---

*) Glires farsi. — Glires isicio porcino, item pulpis ex omni glirium membro tritis, cum pipere, nucleis, lasere lituamine, farcies glires et sutos in tegulo positos, mittes in furnum an farsos in cibano coques.

(Gefüllte Siebenschläfer mit Schweinefüllsel. — Man reibe das Fleisch von allen Gliedern der Siebenschläfer mit Pfeffer, Mandeln, Teufelsdreck, Fischsauce, fülle sie, nähe sie zu, lege sie in eine Schüssel und thue sie in den Ofen oder backe sie in der Pfanne.)

Die Siebenschläfer galten für ein feines Essen; man brachte zuweilen eine Wage auf den Tisch, um ihr Gewicht zu bestimmen. Man kennt das Epigramm von Martial über die Siebenschläfer, XIII, 59.

Tota mihi dormitur hiemi, et pinguior illo
Tempora sum quo me nil nisi somnus alit.

Schlafend bringe den Winter ich zu und sieh! ich bin fetter
Just zu der Zeit, wo doch nur lieblicher Schlaf mich ernährt.

Lister, der feinschmeckende Arzt einer feinschmeckenden Königin (der Königin Anna), spricht von dem Nutzen, den man vom Gebrauch der Wagen für die Küche ziehen kann; wenn ein Dutzend Lerchen nicht ganz 12 Unzen wiegen, sagt er, lassen sie sich nicht essen; wenn sie 12 Unzen wiegen, gehen sie noch mit; wenn sie aber 13 Unzen wiegen, sind sie fett und vortrefflich.

statthatten, beweisen wenigstens, dass ein allgemeiner Anstoss vorhanden war, und dass Jeder seinen Ruhm und seine Ehre darin suchte, zu den Genüssen des Königsvolkes beizutragen.

Unter den Esswaaren standen namentlich die Fische im höchsten Preise. Man zog gewisse Arten vor, und dieser Vorzug stieg noch, wenn der Fang an gewissen Orten stattgefunden hatte. Die Fische aus ferneren Gegenden wurden in mit Honig gefüllten Gefässen herbeigebracht, und wenn die Individuen die gewöhnliche Grösse überschritten, so wurden sie zu hohen Preisen verkauft, wegen der Concurrenz zwischen den Liebhabern, von denen einige reicher als Könige waren.

Die Getränke wurden nicht weniger aufmerksam geprüft und besorgt. Die Weine aus Griechenland, Sizilien und Italien waren die Wonne der Römer, und da ihr Preis sowohl von der Lage, als auch von dem Jahrgange abhing, so wurde das Datum auf jedes Weingefäss geschrieben.

O nata mecum consule Manlio.   Horaz.
(O Fass! mit mir unter Consul Manlius geboren.)

Das war nicht Alles. Mit jenem Instinkt der Uebertreibung, dessen wir schon erwähnten, suchte man die Weine pikanter und aromatischer zu machen; man goss sie über Blumen, Gewürze, Arzneien verschiedener Art, und die Zubereitung, welche die damaligen Schriftsteller uns unter der Bezeichnung „condita" überliefert haben, mussten im Munde brennen und den Magen heftig reizen.

So träumten die Römer schon damals vom Weingeiste, der erst funfzehnhundert Jahre später erfunden wurde.

Dieser ungeheure Luxus warf sich namentlich mit Wuth auf das Zubehör des Mahles.

Die Möbel, welche zu den Festen nöthig waren, mussten von feinstem Stoffe und Arbeit sein; die Zahl der Gänge nahm bis zu zwanzig zu, und bei jedem Gange wurde Alles weggenommen, was zu dem vorigen gedient hatte.

Besondere Sclaven waren zu jeder Handreichung beim Mahle aufgestellt und eines Jeden Geschäftskreis genau begrenzt. Die feinsten Gerüche durchräucherten den Festsaal. Herolde verkündeten den Werth der Schüsseln, die einer besonderen Aufmerksamkeit gewürdigt werden sollten. Sie riefen die Gründe aus, auf welche der Vorzug sich stützte; kurz man vergass nichts, was den Appetit reizen, die Aufmerksamkeit unterhalten und den Genuss verlängern konnte.

Dieser Luxus hatte auch seine Sonderbarkeiten und Verirrungen. Dahin gehören jene Festmahle, wo man Tausende von Fischen und Vögeln auftrug, und jene Schüsseln, welche keinen anderen Werth hatten, als ihren enormen Preis; so jene Schüssel, die aus dem Gehirn von 500 Straussen bereitet war, und jene andere von 5000 Zungen von Vögeln, die alle sprechen konnten.

Aus dem Vorhergehenden kann man sich nun leicht von den ungeheuren Summen eine Vorstellung machen, die Lukullus für seinen Tisch verschwendete, und zwar namentlich für die Festmahle in seinem Apollosaale, wo alle bekannten Hülfsmittel aufgeboten werden mussten, um den Sinnen der Eingeladenen zu schmeicheln.

Auferstehung des Lukullus.

130. Diese rühmlichen Tage könnten unter unseren Augen wiederkehren, und um diese Wunder zu erneuern, fehlt uns nur ein Lukullus. Nehmen wir an, ein ungemein reicher Mann wolle ein grosses politisches oder finanzielles Ereigniss feiern und bei dieser Gelegenheit ohne Rücksicht auf den Preis ein denkwürdiges Festmahl veranstalten.

Nehmen wir weiter an, dass er alle Künste zu Hülfe ruft, um seine Gemächer zum Feste zu schmücken, und dass er seinen Köchen aufbindet, alle Hülfsmittel der Kunst für die ausgezeichnetsten Gerichte zu erschöpfen, und seinen Gästen die feinsten Weine, die sich in den Kellern finden mögen, vorzusetzen.

Dass er bei diesem Festmahle von den besten Schauspielern für seine Gäste zwei beliebte Stücke aufführen lässt.

Dass während des Mahles die beste Musik sich hören lasse, die von den berühmtesten Künstlern, sei es in Gesang, sei es in Instrumentalmusik, aufgeführt wird.

Dass er als Zwischenact zwischen dem Essen und dem Kaffee von den leichtesten und hübschesten Operntänzerinnen ein Ballet aufführen lasse.

Dass der Abend sich durch einen Ball endige, der zweihundert der schönsten Frauen und vierhundert der elegantesten Tänzer vereinige.

Dass das Büffet stets mit den besten, warmen, kühlen und geeisten Getränken versehen sei.

Dass um Mitternacht eine feine Mahlzeit Allen eine neue Kraft gebe.

Dass die Diener schön und reich gekleidet, die Illumination vollkommen sei, und, um nichts zu vergessen, dass der Gastgeber Jedermann in bequemen Wagen abholen und nach Hause führen lasse.

Wenn ein solches Fest wohl begriffen, wohl geordnet, wohl besorgt und wohl durchgeführt würde, so wird Jeder, der Paris kennt, mir zustimmen, wenn ich sage, dass selbst der Cassier des Lukullus am anderen Morgen vor den Rechnungen zurückschrecken würde.

Indem ich zeigte, was es heute brauchte, um die Feste dieses grossartigen Römers nachzuahmen, habe ich auch zugleich dem Leser gezeigt, was man damals für die Nebendinge des Mahles that, wo man Schauspieler, Sänger, Tänzer und Possenreisser auftreten liess, und überhaupt alles in Bewegung setzte, was die Freude der Personen vermehren konnte, die zum Zwecke des Vergnügens geladen waren.

Was man bei den Athenern, dann bei den Römern, später im Mittelalter, bei uns und heutigen Tages thut, findet seine Quelle in der Menschennatur selbst, indem man ungeduldig das Ende der Laufbahn sucht, die man begonnen hat, und einer gewissen Unruhe Folge gibt, die uns so lange quält, bis die Lebenssumme, über die man gebieten kann, gänzlich in Anspruch genommen ist.

Lectisternium et Incubitarium.

131. Die Römer assen wie die Athener im Liegen — aber sie kamen zu dieser Gewohnheit nur auf Umwegen.

Anfangs benutzte man die Betten für die heiligen Mahle, die man den Göttern opferte. Die ersten Magistrate und hochgestellten Männer nahmen dann den Gebrauch an, und in kurzer Zeit wurde er allgemein und hat sich bis zum Beginn des vierten Jahrhunderts nach Christo erhalten.

Anfangs waren die Betten nur mit Stroh ausgestopfte Bänke, die man mit Fellen bedeckte, später aber nahmen sie an dem allgemeinen Luxus Theil, der die Festmahle auszeichnete; sie wurden aus dem feinsten Holze gemacht, mit Elfenbein, Gold und selbst mit Edelsteinen ausgelegt; die Kissen mussten ausgezeichnet weich sein, und die Teppiche, die sie bedeckten, wurden mit herrlichen Stickereien verziert.

Man legte sich auf die linke Seite und stützte sich auf den Ellbogen. Dasselbe Bett nahm gewöhnlich drei Personen auf.

War diese Art, bei Tische zu ruhen, welche die Römer Lectisternium nannten, bequemer als diejenige, welche wir angenommen oder vielmehr wieder aufgenommen haben? Ich glaube es nicht.

In physischer Hinsicht verlangt das Liegen eine gewisse Kraftentwicklung, um das Gleichgewicht beizubehalten, und das Aufstützen des Körpers auf das Armgelenk wird zuletzt schmerzhaft.

In physiologischer Hinsicht kann man auch etwas sagen; man führt die Dinge nicht so leicht in den Mund, die Bissen gleiten mit mehr Mühe hinab und setzen sich weniger im Magen zusammen.

Die Einführung von Flüssigkeiten und das Trinken mussten noch schwieriger sein, und eine ganz besondere Aufmerksamkeit erfordern, um den Wein nicht aus den weiten

Bechern zu verschütten, die auf den Tafeln der Grossen glänzten; wahrscheinlich entstand auch während der Herrschaft dieses Gebrauches das Sprichwort, dass zwischen dem Becher und dem Munde oft noch viel Wein verloren geht.

Auch konnte es nicht leicht sein, reinlich zu essen, wenn man liegend ass, besonders wenn man bedenkt, dass viele Gäste einen langen Bart trugen, und dass man sich der Finger oder höchstens des Messers bediente, um die Stücke in den Mund zu bringen, denn der Gebrauch der Gabeln ist neu. Man hat keine in den Ruinen von Herculanum gefunden, wohl aber viele Löffel.

Auch darf man glauben, dass grobe Verstösse gegen die Sittlichkeit vorkamen, zumal bei Mahlzeiten, wo man häufig die Grenzen der Mässigkeit überschritt, und auf Betten, wo beide Geschlechter zusammenlagen und ein Theil der Gäste nicht selten eingeschlafen war.

Nam pransus jaceo, et satur supinus
Pertundo tunicamque, palliumque.

(Vom Frühstück satt leg' ich mich auf den Rücken
Und bohre gleich ein Loch durch Hemd und Mantel.)

Die Moral erhob zuerst Einreden.

Kaum war die christliche Religion den Verfolgungen entronnen, die ihre Wiege mit Blut befleckten, kaum hatte sie einigen Einfluss gewonnen, so erhoben die Geistlichen ihre Stimmen gegen die Ueberschreitungen der Unmässigkeit; sie predigten gegen die langen Mahlzeiten, wo man sich mit allen Wollüsten umgab und allen ihren Vorschriften Hohn sprach, und da sie selbst eine strenge Lebensregel gewählt hatten, so zählten sie die Feinschmeckerei zu den Todsünden, kritisirten bitter die Vermischung der Geschlechter und griffen namentlich den Gebrauch der Betten beim Essen an, der ihnen als das Resultat einer sträflichen Verweichlichung und als die Ursache der von ihnen verdammten Missbräuche erschien.

Ihre Drohworte wurden gehört; die Betten verschwanden aus den Speisesälen; man kehrte zur alten Gewohnheit, sitzend zu speisen, zurück, und es war ein seltenes Glück, dass diese von der Moral gebotene Sitte dem Vergnügen keinen Eintrag that.

Dichtkunst.

132. Die Festgedichte erlitten zu jener Zeit, mit der wir uns eben beschäftigten, eine neue Veränderung, und nahmen in dem Munde von Horaz, Tibull und anderen etwa gleichzeitigen Dichtern, eine schmachtende Weichheit an, welche die griechischen Musen nicht kannten.

Dulce ridentem Lalagem amabo
Dulce loquentem.   *Hor.*

(Lieben werd' ich Lalage's süsses Lächeln,
Süsses Geplauder.)

Quaeris quot mihi batiationes
Tuae, Lesbia, sint satis superque.
Cat.

(Du fragst, o Lesbia, wie viele Küsse
Von Deinem Mund mich ganz zufrieden stellen?)

Pande, puella, pande capillulos
Flavos, lucentes ut aurum nitidum.
Pande, puella, collum candidum,
Productum bene candidis humeris.
Gallus.

(Lass' fliegen, o Mädchen, lass' fliegen dein Haar,
Das blonde, schimmernd wie glänzendes Gold,
Entblösse, o Mädchen, den Schwanenhals,
Der auf schneeigen Schultern sich reizend erhebt.)

Einbruch der Barbaren.

133. Die fünf oder sechs Jahrhunderte, die wir auf wenig Seiten durchliefen, waren schöne Zeiten für die Küche,

wie für diejenigen, die sie lieben und pflegen, aber die Ankunft oder vielmehr der Einbruch der nordischen Völker veränderte Alles, warf Alles über den Haufen, und diesen Tagen des Ruhmes folgte eine lange fürchterliche Finsterniss.

Die Küchenkunst verschwand nebst den übrigen Wissenschaften, die sie begleitet und tröstet, bei der Erscheinung dieser Fremdlinge. Die meisten Köche wurden in den Palästen, wo sie dienten, umgebracht; die anderen flohen, um die Eroberer ihres Landes nicht speisen zu müssen, und die kleine Zahl derjenigen, welche ihre Dienste anboten, mussten die Schmach erleben, sie verweigert zu sehen, denn diese wilden Mäuler, diese verbrannten Gurgeln waren unempfindlich für die Süssigkeiten einer feineren Küche. Ungeheure Stücke von Fleisch und Wildpret, unermessliche Mengen der stärksten Getränke genügten zu ihrer Lust, und da die Eroberer stets ihre Waffen an sich trugen, so arteten viele Mahlzeiten in wüste Gelage aus und die Speisesäle sahen oft das Blut fliessen.

Indessen liegt es in der Natur der Dinge, dass strenge Herren nicht lange regieren. Die Sieger wurden ihrer eigenen Grausamkeit müde, sie vermischten sich mit den Besiegten, nahmen einen Anstrich von Civilisation an, und begannen, sich an die Annehmlichkeiten des gesellschaftlichen Lebens zu gewöhnen.

Die Mahlzeiten nahmen an diesen Verfeinerungen Theil; man lud seine Freunde ein, weniger um sie zu stopfen, als um sie zu bewirthen, die Gäste merkten, dass man sich anstrengte, um ihnen zu gefallen, eine anständigere Freude belebte sie und die Pflichten der Gastfreundschaft bekamen etwas Innigeres.

Diese Verbesserungen, die im fünften Jahrhundert unserer Zeitrechnung begannen, wurden unter Carl dem Grossen noch bedeutender, und wir sehen aus seinen Capitularien, dass dieser grosse Kaiser persönlich Sorge trug, damit seine Domänen dem Luxus seiner Tafel Vorschub leisten könnten.

Die Feste nahmen unter diesem Fürsten und seinen Nachfolgern einen galanten und ritterlichen Anstrich an, die Damen verschönerten den Hof, sie vertheilten die Preise der Tapferkeit, und der Fasan mit vergoldeten Füssen, der Pfau mit ausgebreitetem Schweife wurde von goldstrotzenden Pagen oder von lieblichen Jungfrauen, bei welchen die Unschuld die Sucht zu gefallen nicht ganz ausschloss, auf die Tafeln der Fürsten getragen.

Bemerken wir uns, dass dies das dritte Mal war, dass die Frauen, die bei den Griechen, den Römern und den Franken ausgeschlossen waren, berufen wurden, die Festmahle durch ihre Anwesenheit zu zieren. Die Ottomanen allein haben dem Rufe der Geselligkeit noch Widerstand geleistet, aber entsetzliche Stürme bedrohen dieses ungefüge Volk, und es werden keine dreissig Jahre vorübergehen, bevor die Donnerstimme der Kanonen die Emancipation der Odalisken verkündet hat.

Die einmal in Fluss gesetzte Bewegung pflanzte sich bis auf uns fort und wurde durch den Stoss der Geschlechtsfolgen stets beschleunigt.

Selbst die höchst gestellten Frauen beschäftigten sich im Innern ihrer Häuser mit der Zubereitung feiner Speisen, und betrachteten dies als einen Theil der Pflicht der Gastfreundschaft, die in Frankreich noch gegen das Ende des 17. Jahrhunderts herrschte.

Die Nahrungsmittel erhielten unter ihren niedlichen Händen manche seltsame Verkleidung. Der Aal erschien mit dem Giftstachel der Schlange, der Hase mit Katzenohren und was dergleichen Schnurren mehr waren. Sie brachten die Gewürze in Aufnahme, welche die Venetianer aus dem Orient bezogen, so wie die Riechwasser, welche Arabien lieferte und der Fisch wurde zuweilen in Rosenwasser gekocht. Der Tafelluxus bestand namentlich in der Menge der Speisen, und die Dinge gingen so weit, dass unsere Könige durch Luxusgesetze ihnen Zaum und Zügel anlegen zu müssen glaubten, die ganz dasselbe Schicksal hatten, wie die von griechischen und römischen Gesetzgebern erlassenen; man lachte, umging und vergass sie, und sie erhielten sich nur in den Büchern als geschichtliche Denkmale.

Man lebte also so gut man nur konnte, namentlich in den Abteien, Klöstern und Meiereien, weil die Reichthümer dieser Kirchengüter den Wechselfällen und Gefahren der Bürgerkriege, die damals in Frankreich wütheten, weniger ausgesetzt waren.

Da es nun einmal feststeht, dass die Französinnen sich stets mehr oder minder um das bekümmerten, was in ihren Küchen vorging, so darf man daraus schliessen, dass die unzweifelhafte Ueberlegenheit, welche die französische Küche stets in Europa hatte, grösstentheils ihr Werk ist, zumal da sie diese Ueberlegenheit einer ausserordentlichen Anzahl feiner, leichter und anmuthiger Zubereitungen verdankt, welche nur die Frauen erfinden konnten.

Ich sagte, dass man so gut lebte, als man nur konnte, aber man konnte nicht immer. Sogar die Abendessen unserer Könige waren oft dem Zufall unterworfen, und während der Bürgerkriege bekanntlich nicht immer gesichert. Heinrich IV. hätte eines Abends sehr mager gespeist, wenn er nicht den Bürger zu seiner Tafel zugezogen hätte, der den einzigen Truthahn in dem Städtchen besass, wo der König übernachten sollte.

Inzwischen schritt die Wissenschaft unmerklich fort. Die Kreuzritter brachten aus den Ebenen von Askalon die Chalotte; die Petersilie ward aus Italien eingeführt, und schon lange vor Ludwig IX. hatten die Schweinemetzger und Wurstmacher auf die Zubereitung des Schweines ihre Hoffnungen auf Vermögensgewinnung gesetzt, Hoffnungen, von deren Erfüllung wir in unsern Zeiten glänzende Beispiele gesehen haben.

Die Pastetenbäcker hatten nicht geringere Erfolge und die Producte ihrer Industrie spielten bei allen Festmahlen eine ehrenvolle Rolle. Vor Carl IX. schon bildeten sie eine bedeutende Zunft, und dieser Fürst gab ihnen Statuten und das Privileg der alleinigen Fabrikation des Brotes für die Messe.

Die Holländer brachten gegen die Mitte des 17. Jahrhunderts den Kaffee nach Europa*). Soliman Aga, dieser mächtige Türke, in den unsere Urältermütter verliebt waren, gab ihnen die erste Tasse Kaffee im Jahre 1660. Ein Amerikaner verkaufte öffentlich Kaffee auf der Messe von St. Germain im Jahre 1670, und das erste Kaffeehaus, das etwa wie zu unserer Zeit mit Spiegeln und mit Marmortischen geziert war, wurde in der Strasse St. André des Arts eröffnet.

Nun kam auch der Zucker in Aufnahme**) und Scarron, der sich beklagte, dass seine Schwester aus Geiz die Löcher seiner Zuckerdose habe kleiner machen lassen, beweist uns wenigstens, dass damals solche Geräthe im Gebrauch waren.

Der Gebrauch des Branntweins verbreitete sich ebenfalls im 17. Jahrhundert. Die Destillation, die zuerst von den Kreuzfahrern eingeführt worden war, war bis dahin ein Geheimniss geblieben, das nur einige Eingeweihte kannten. Erst im Anfange der Herrschaft Ludwig's XIV. wurden die Destillirkolben üblich, und erst unter Ludwig XV.

---

*) Die Holländer waren unter den europäischen Nationen die ersten, welche Kaffeebäume aus Arabien holten, und sie nach Batavia verpflanzten, von wo sie nach Europa kamen.

Herr von Reissout, Generallieutenant der Artillerie, liess einen Stock von Amsterdam kommen und schenkte ihn dem Pflanzengarten in Paris; das war der erste Strauch, den man in Paris zu sehen bekam. Dieser Baum, den Jussien beschrieben hat, hatte im Jahre 1613 einen Zoll Durchmesser und fünf Fuss Höhe — die Frucht ist sehr hübsch, und gleicht einer Kirsche.

**) Was auch Lucrez gesagt haben mag, die Alten kannten den Zucker nicht. Der Zucker ist ein Kunstproduct, und ohne Krystallisation würde das Zuckerrohr nur einen faden unbenutzbaren Saft liefern.

wurde das Getränk populär — aber erst seit wenigen Jahren ist man von Versuchen zu Versuchen dahin gelangt, den Weingeist in einer einzigen Operation zu erhalten.

Zu derselben Zeit wurde auch der Taback eingeführt, so dass also der Zucker, der Kaffee, der Branntwein und der Taback, diese für den Handel und den Fiskus so wichtigen Gegenstände, kaum zweihundert Jahre alt sind.

Zeiten Ludwig's XIV. und Ludwig's XV.

134. Unter diesen Verhältnissen begann die Zeit Ludwig's XIV., und während dieser glänzenden Herrschaft folgte die Wissenschaft der Festmahle dem forttreibenden Stosse, der alle anderen Wissenschaften weiter brachte.

Man erinnert sich noch jener Feste, zu welchen ganz Europa zusammenlief, jener Turniere, wo die Lanzen zum letztenmal glänzten, die das Bajonet jetzt so ausgiebig ersetzt hat, jener ritterlichen Harnische, die nun so schlecht gegen die Brutalität der Kanonen schützen.

Alle diese Feste wurden geendet oder vielmehr gekrönt durch prachtvolle Bankette, denn der Mensch ist so geschaffen, dass er nicht glücklich sein kann, wenn sein Geschmack nicht belohnt wird, und dieses herrische Bedürfniss hat selbst die Grammatik unterworfen, so dass wir, um die Vollkommenheit einer Sache auszudrücken, zu sagen pflegen, sie sei voll Geschmack.

Die Männer, welche die Zubereitungen zu diesen Festmahlen leiteten, wurden nothwendig und mit Recht bedeutende Männer im Staate, denn sie mussten verschiedene Eigenschaften in sich vereinigen, das Genie der Erfindung, die Wissenschaft der Anordnung, das Urtheil über die Zugehörigkeit, den Scharfsinn der Entdeckung, die Festigkeit, den Gehorsam zu erzwingen und die Pünktlichkeit, um nicht warten zu lassen.

Bei diesen grossen Gelegenheiten wurde namentlich die Pracht der Tafelaufsätze entfaltet, eine neue Kunst, welche

Malerei und Bildhauerei vereinigte, und dem Auge ein angenehmes Bild oder eine den Umständen und den Helden des Festes angemessene Gegend vorführte.

Dies war das grosse und selbst das gigantische Element in der Kochkunst. Aber bald verlangten weniger zahlreiche Gesellschaften und feinere Mahlzeiten grössere Aufmerksamkeit und weiter gehende Sorgfalt.

Bei den kleinen königlichen Mahlzeiten, im Saale der Günstlinge, bei den feinen Nachtessen der Courtisanen und der Finanzleute entwickelten die Kochkünstler ihr höchstes Wissen und suchten, von löblichem Wetteifer erfüllt, einander zu übertreffen.

Die Namen der berühmtesten Köche wurden gegen das Ende dieser Zeit mit denjenigen ihrer Herren genannt und diese Letzteren waren stolz darauf. Die Verdienste beider vereinigten sich, und die berühmtesten Namen fanden sich in den Kochbüchern bei Speisen, welche von ihren Trägern begünstigt, erfunden oder eingeführt wurden.

Heutzutage hat diese Vermischung aufgehört. Wir sind nicht weniger Feinschmecker als unsere Ahnen, vielleicht noch mehr, aber wir kümmern uns weit weniger um den Namen desjenigen, der in den unteren Räumen herrscht. Die Belobung durch Neigung des linken Ohres ist der einzige Tribut der Bewunderung, den wir dem Künstler zollen, der uns entzückt, nur die Garköche, d. h. die Köche des Publikums, sind die einzigen, welche einen namentlichen Ruf erhalten, der sie schnell zum Range der grossen Capitalisten emporhebt. Utile dulci.

Für Ludwig XIV. brachte man aus der Levante die Mistel, welche man „die gute Birne" nannte, und seinem Alter verdanken wir die Liköre.

Dieser Fürst fühlte sich zuweilen schwach, und litt an jener Lebensschwierigkeit, die häufig nach 60 Jahren eintritt. Man verband den Branntwein mit Zucker und Wohlgerüchen, um daraus ein Getränk für ihn zu bereiten, das man nach der Sitte der Zeit einen herzstärkenden Trank nannte. So entstand die Kunst der Likörfabrikanten.

Zu derselben Zeit blühte die Kochkunst am englischen Hofe. Die Königin Anna war eine grosse Feinschmeckerin, sie hielt es nicht unter ihrer Würde, sich mit ihrem Koch zu unterhalten, und die englischen Kochbücher enthalten viele Zubereitungen mit der Bezeichnung: nach der Weise der Königin Anna (*after queen Ann's fashion*).

Unter der Herrschaft der Frau von Maintenon war die Wissenschaft stehen geblieben, schritt aber unter der Regentschaft weiter fort.

Der Herzog von Orleans, ein geistreicher Fürst, würdig Freunde zu besitzen, hielt mit ihnen ebenso feine als wohlgeordnete Mahlzeiten. Sichere Nachrichten haben mich belehrt, dass man dort besonders ausserordentlich keine Spickbraten, ebenso appetitliche Matelotten, wie am Strande, und rühmlich mit Trüffeln gefüllte Truthähne auszeichnete.

Truthähne mit Trüffeln!!! Deren Ansehen und Preis stets steigt! Wohlthätige Gestirne, deren Erscheinung die Feinschmecker aller Classen glänzen, strahlen und mit den Füssen trippeln lässt!

Die Zeit Ludwig's XV. war der Kochkunst nicht minder hold. Achtzehn Friedensjahre heilten ohne Mühe alle Wunden, welche mehr als sechzig Kriegsjahre geschlagen hatten. Die von der Industrie erzeugten, durch den Handel verbreiteten und von den Kaufleuten erworbenen Reichthümer glichen die Vermögen aus, und der Geist der Geselligkeit verbreitete sich in allen Classen der Gesellschaft.

Seit dieser Zeit*) hat man ganz allgemein bei allen Mahl-

---

*) Den Untersuchungen zufolge, die ich in mehren Departementen angestellt, war ein Mittagessen von zehn Personen um 1740 etwa folgendermaassen zusammengesetzt:

1. Gang { Suppenfleisch
eine Entrée von Kalbfleisch in seiner Brühe gekocht
ein Hors-d'oeuvre.

zeiten mehr Ordnung, Reinlichkeit und Eleganz eingeführt und diese verschiedenen Verfeinerungen, die bis zu unseren Tagen zugenommen haben, drohen alle Grenzen zu überschreiten, und uns zur Lächerlichkeit zu führen.

Zur Zeit Ludwig's XV. verlangten auch die kleinen Häuschen und die Maitressen Anstrengungen von Seiten der Köche, die der Wissenschaft zum Heile ausschlugen.

Es ist leicht, eine grosse Gesellschaft zu bewirthen, die einen gesegneten Appetit hat. Man hat bald mit Fleisch, Wildpret, Geflügel und einigen grossen Fischen ein Mahl für 60 Personen zusammengesetzt.

Soll man aber Mäulchen genügen, die sich nur zum Lächeln öffnen, Frauen befriedigen, die in Duft aufgehen, Mägen in Bewegung setzen, die aus Papier bestehen, und Zierpuppen anlocken, deren Appetit nur ein Gelüste ist, das augenblicklich hinstirbt, so bedarf man mehr Erfindungsgabe, mehr Scharfsinn und Arbeit, als wenn es gilt, eine der schwierigsten Aufgaben der Geometrie des Raumes zu lösen.

Ludwig XVI.

135. Jetzt, wo wir an der Zeit Ludwig's XVI. und der Revolution angelangt sind, werden wir uns nicht kleinlich

---

2. Gang
$\begin{cases} \text{ein Truthahn} \\ \text{Gemüse} \\ \text{Salat} \\ \text{eine Crème (zuweilen nur).} \end{cases}$

Dessert
$\begin{cases} \text{Käse} \\ \text{Früchte} \\ \text{Eingemachtes.} \end{cases}$

Man wechselte nur dreimal Teller, nämlich nach der Suppe, beim zweiten Gange und beim Dessert.

Man gab nur selten Kaffee, dagegen gewöhnlich Ratafia, mit Kirschen oder Nelken angemacht, was erst seit kurzer Zeit bekannt geworden war.

bei den Einzelheiten der Veränderungen aufhalten, deren Zeuge wir waren; wir werden uns begnügen, nur die grossen Züge der Verbesserungen darzustellen, die seit 1774 in der Wissenschaft der Festmahle eingeführt wurden.

Diese Verbesserungen betrafen sowohl die natürliche Seite der Kunst als auch die Sitten und socialen Einrichtungen, welche damit in Beziehung stehen, und obgleich diese Dinge gegenseitig auf einander einwirken, so haben wir doch im Interesse grösserer Klarheit sie getrennt darstellen zu müssen geglaubt.

Verbesserungen hinsichtlich der Kunst.

136. Alle Gewerbe, welche sich mit dem Verkauf oder der Zubereitung der Nahrungsmittel beschäftigen, wie Köche, Garköche, Zucker- und Pastetenbäcker, Esswaarenhandlungen u. s. w., haben in stets steigendem Verhältniss zugenommen, und ein Beweis, dass diese Vermehrung nur den wirklichen Bedürfnissen entspricht, liegt darin, dass die Zahl ihrem Gedeihen nicht geschadet hat.

Chemie und Physik haben der Kochkunst ihre Hülfe geliehen, die ausgezeichnetsten Gelehrten haben es nicht unter ihrer Würde gehalten, sich mit unseren ersten Bedürfnissen zu beschäftigen, und von dem einfachen Suppentopfe des Arbeiters bis zu jenen durchsichtigen Extractivspeisen, die man nur in Gold und Krystall servirt, Verbesserungen einzuführen.

Neue Gewerbe sind entstanden, so die Kleinpastetenbäcker, die zwischen den eigentlichen Pastetenbäckern und den Zuckerbäckern in der Mitte stehen; ihnen gehören jene Zubereitungen, wo die Butter sich mit dem Zucker, den Eiern und dem Stärkemehl verbindet, die Bisquite, Macaronen, Gusskuchen, Meringuen und ähnliche Näschereien.

Die Kunst, Nahrungsmittel aufzubewahren, ist auch ein besonderes Gewerbe geworden, welches den Zweck hat, uns zu allen Jahreszeiten die sonst nur auf eine Jahreszeit beschränkten Gegenstände anzubieten.

Der Gartenbau hat ungeheure Fortschritte gemacht; die Gewächshäuser liefern uns die Früchte der Tropen; verschiedene Gemüse sind durch Cultur oder Einführung gewonnen worden, wie z. B. jene Art höckeriger Melonen (Cantaloup), die nur gute Früchte hervorbringen und so täglich ein altes Sprichwort zu Schanden machen*).

Die Weine aller Länder werden gepflegt, eingeführt und in regelmässiger Ordnung gegeben, so der Madeira, der den Laufgraben eröffnet, die französischen Weine, welche die Gänge unter sich theilen und die spanischen und Capweine, welche das Werk krönen.

Die französische Küche hat sich fremder Speisen bemächtigt, wie Curry und Beefsteak, fremder Gewürze, wie Caviar und Soy, fremder Getränke, wie Punsch und Cardinal.

Der Kaffee ist Volksgetränk geworden, und wird Morgens als Nahrung, nach dem Essen als erheiternder und tonischer Trank genossen; man hat eine grosse Menge von Gefässen, Geräthschaften und ähnlichen Nebendingen erfunden, die dem Mahle ein festliches Ansehen geben, so dass die Fremden, welche nach Paris kommen, eine Menge von Gegenständen auf den Tischen sehen, deren Namen sie nicht kennen, und deren Gebrauch sie nicht zu erfragen wagen.

Aus all diesen Thatsachen kann man den allgemeinen Schluss ziehen, dass im Augenblicke, wo ich diese Zeilen schreibe, alles, was den Festmahlen vorangeht, sie begleitet oder ihnen nachfolgt, mit einer Ordnung, einer Methode und einem Anstande behandelt wird, die ein den Gästen

---

*) Man muss fünfzig versuchen, bevor man eine gute findet.
Wie es scheint, kannten die Römer die Melone nicht, die wir heute cultiviren. Was sie melo und fispo nannten, waren Gurken, die sie mit sehr gewürzten Saucen anmachten. Apicius, de re coquinaria.

angenehmes Zeugniss für das Bestreben ablegen, ihnen zu gefallen.

Letzte Verbesserung.

137. Man hat aus dem Griechischen das Wort Gastronomie aufgeweckt; es klingt französischen Ohren angenehm, und obgleich man es kaum verstand, brauchte man es nur auszusprechen, um auf allen Gesichtern ein heiteres Lächeln hervorzuzaubern.

Man hat die Feinschmeckerei von der Gefrässigkeit und der Schlemmerei getrennt; man hat sie als eine Neigung betrachtet, die man eingestehen darf, als eine gesellige Eigenschaft, angenehm dem Gastgeber, verdienstlich dem Gaste, nützlich der Wissenschaft; und man hat die Feinschmecker allen anderen Liebhabern gleichgestellt, welche ebenfalls eine bekannte Vorliebe haben.

Ein allgemeiner Geist der Geselligkeit hat sich in allen Classen der Gesellschaft verbreitet; die Zusammenkünfte mehren sich, und jeder Wirth sucht seinen Gästen das Beste darzubieten, was er in höhern Kreisen bemerkt hat.

In Folge des Vergnügens, das man an der Geselligkeit findet, hat man die Zeit besser eingetheilt, und widmet den Geschäften den ganzen Tag bis zur sinkenden Nacht, während man den Abend den Vergnügungen und dem Mahle zutheilt *).

---

*) In Deutschland und der Schweiz ist dies leider(!) noch nicht geschehen, was in staats-ökonomischer Hinsicht sehr zu beklagen ist.

Ich bin fest überzeugt, dass der Verlust, den Deutschland jährlich durch seine unzweckmässige Stunde der Hauptmahlzeit um Mittag erleidet, auf Millionen von Thalern sich berechnen lässt.

Wie jedes andere Thier will der Mensch nach Tische Ruhe haben. Zwingt er sich zu geistiger oder körperlicher Arbeit, so geht diese schlecht von Statten.

Wer Abends seine Hauptmahlzeit hält, hat den ganzen Tag

Man hat das Gabelfrühstück eingeführt, das durch die Speisen, die es zusammensetzen, einen besondern Charakter hat, besonders fröhlicher Natur ist, und eine vernachlässigte Toilette erlaubt.

Man hat die Theegesellschaften erfunden, eine ganz ausserordentliche Art von Mahlzeiten, weil sie Personen angeboten werden, die vortrefflich gespeist haben, weder Hunger noch Durst zeigen, und also nur die Zerstreuung zum Zweck und die Näscherei zur Grundlage haben. Man hat die politischen Bankette erfunden, die seit dreissig Jahren jedesmal statt hatten, wenn es sich darum handelte, auf den Willen Vieler einen Einfluss zu üben, Mahlzeiten, die eine derbe Speise verlangen, auf die man nicht Acht gibt und wo man das Vergnügen nicht rechnet.

Endlich erschienen die Garköche (Restaurateurs), eine ganz neue Einrichtung, über die man noch nicht genug nachgedacht hat, deren Wirkung aber darin besteht, dass jeder Mensch, der drei oder vier Goldstücke hat, unmittelbar, ohne Fehl, und auf seinen blossen Wunsch hin sich alle Genüsse verschaffen kann, deren der Geschmack nur irgend fähig ist.

Achtundzwanzigste Betrachtung.

Von den Speisewirthen.

138. Ein Speisewirth ist ein Mann, dessen Geschäft darin besteht, dem Publikum ein stets bereites Mahl zu

---

zum Arbeiten vor sich. Wer um Mittag speist, hat den Nachmittag dem Magen geopfert.   C. V.

geben, und dessen Speisen je nach der Nachfrage der Verzehrenden in einzelnen Portionen abgegeben werden.

Die Anstalt nennt sich Speisewirthschaft (Restauration), der, welcher sie leitet, Speisewirth. Man nennt Karte die namentliche Aufzählung der Speisen mit der Angabe der Preise, und Addition die Rechnung über die gelieferten Speisen und ihren Preis.

Es gibt wohl wenige unter der grossen Menge von Gästen, welche die Speisewirthschaften besuchen, die darüber nachgedacht hätten, dass derjenige, welcher diese Anstalten erfand, ein genialer Kopf und gründlicher Beobachter sein musste.

Wir wollen der Faulheit zu Hülfe kommen, und dem Ideengang folgen, der zu diesen so gebräuchlichen und bequemen Anstalten führen musste.

Erste Gründung.

139. Im Jahre 1770, nach den glorreichen Tagen Ludwig's XIV., den Schwindeleien der Regentschaft und der langen Ruhe des Ministeriums des Cardinals Fleury, hatten die Fremden in Paris hinsichtlich einer guten Tafel nur sehr wenig Hülfsmittel.

Sie mussten sich mit der Küche der Kneipen begnügen, die meist schlecht war. Es gab wohl einige Gasthöfe mit Table d'hôte, aber meistens boten sie nur das durchaus Nothwendige, und dann fand die Tafel auch zu bestimmter Stunde statt.

Man hatte wohl Garköche, aber diese gaben nur ganze Stücke, und Derjenige, der einige Freunde bewirthen wollte, musste vorher bestellen, so dass die Fremden, welche nicht das Glück hatten, in einem reichen Hause eingeladen zu sein, die Stadt verliessen, ohne die Hülfsmittel und die Annehmlichkeiten der Pariser Küche kennen zu lernen.

Ein solcher Zustand, der täglichen Bedürfnissen zuwiderlief, konnte nicht länger dauern, und einige Denker träumten von einer Verbesserung.

Endlich fand sich ein Mann von Kopf, der urtheilte, dass eine thätige Ursache nicht ohne Wirkung bleiben könne; dass, da das nämliche Bedürfniss sich täglich zu denselben Zeiten wiederholte, die Verzehrer in Menge dahin kommen würden, wo sie wüssten, das ihr Bedürfniss angenehm gesättigt werde; dass, wenn man den Flügel von einem Huhne für den Erstgekommenen abgeschnitten habe, ein Zweiter gewiss kommen werde, der sich mit dem Schenkel begnüge; dass das Abschneiden eines ersten Stückes im Dunkel der Küche den übrigen Theil des Bratens nicht entehre; dass man auf eine leichte Vermehrung des Preises nicht achten werde, wenn man gut, schnell und reichlich bedient werde; dass man niemals in einem nothwendig beträchtlichen Kleinhandel zu Ende kommen werde, wenn die Gäste über den Preis und die Qualität der Schüsseln, die sie verlangten, handeln könnten, und dass endlich die Mannigfaltigkeit der Schüsseln, mit festen Preisen verbunden, allen Vermögensverhältnissen genügen könne.

Dieser Mann dachte noch an viele andere Dinge, die sich leicht errathen lassen. Er war der erste Speisewirth, und gründete so ein Gewerbe, das jedesmal zur Wohlhabenheit führt, wenn der, welcher es betreibt, redlich, ordnungsliebend und geschickt ist.

Vortheile der Speisewirthschaften.

140. Die Einführung der Speisewirthschaften, die von Frankreich aus sich über die ganze Welt verbreiteten, ist ausserordentlich vortheilhaft für alle Bürger und höchst wichtig für die Wissenschaft.

1. Jeder Mensch kann durch sie zu derjenigen Stunde speisen, die ihm behagt, je nach den Umständen, in welchen er sich hinsichtlich seiner Geschäfte oder seiner Vergnügungen befindet.

2. Er ist gewiss, die Summe, die er für sein Mahl bestimmt hat, nicht zu überschreiten, da er im Voraus den Preis jeder Schüssel kennt, die er sich bestellt.

3. Hat der Gast einmal mit seiner Börse abgerechnet, so kann er je nach Belieben ein solides, leichtes oder delicates Mahl einnehmen, es mit den besten französischen und fremden Weinen begiessen, mit Mocca und den Likören zweier Welten durchgeisten, ohne andere Grenzen als die Kraft seines Appetites und die Capacität seines Magens. Der Salon einer Speisewirthschaft ist das Eden der Feinschmecker.

4. Ferner ist die Speisewirthschaft ein sehr bequemes Ding für Reisende, Fremde, für solche, deren Familie auf dem Lande wohnt, und mit einem Worte für alle solche, welche keine Küche zu Hause haben oder derselben für den Augenblick entbehren müssen.

Vor der Zeit, von der wir sprechen (1770), erfreuten sich die Grossen und Mächtigen allein zweier grosser Vortheile: sie reisten schnell und speisten immer gut.

Die Einrichtung der neuen Postwägen, die dreissig Meilen in 24 Stunden machen, hat das erste Privileg aufgehoben*), die Einrichtung der Speisewirthschaften hat das zweite vernichtet, durch sie ist jedem der Zutritt zur besten Tafel geöffnet.

Jedermann, der fünfzehn oder zwanzig Franken in der Tasche hat, und sich an den Tisch einer Speisewirthschaft ersten Ranges setzt, speist ebenso gut und sogar besser, als an der Tafel eines Fürsten, denn das Mahl ist ebenso glanzvoll, und da er die Schüsseln bestellen kann, so wird er durch keine persönliche Rücksicht beschränkt.

Untersuchung eines Salons.

141. Der Salon einer Speisewirthschaft bietet dem beobachtenden Auge eines Philosophen, der ihn sorgfältig be-

---

*) Und gar die Eisenbahnen! C. V.

trachtet, ein durch die Mannigfaltigkeit der Situationen, die sich dort finden, interessantes Schauspiel.

Der Hintergrund wird durch die vielen einsamen Gäste gebildet, die laut befehlen, unruhig erwarten, eilig verschlingen, bezahlen und fortstürzen.

Man sieht reisende Familien, die mit einem frugalen Mahle zufrieden, es doch mit einigen Schüsseln zuspitzen, die ihnen unbekannt waren, und sich an einem ihnen neuen Schauspiele vergnügen.

In der Nähe ist ein Pariser Ehepaar. Man erkennt es an dem Hute und dem Shawl, die über ihren Häuptern aufgehangen sind; man sieht, dass sie schon seit langer Zeit sich nichts mehr zu sagen haben; sie wollen in irgend ein kleines Theater gehen, und man kann darauf wetten, dass eines von ihnen dort schlafen wird. Weiterhin sitzen zwei Liebende, das ergibt sich aus den Zuvorkommenheiten des Einen, aus den Ziereien der Anderen und aus der Feinschmeckerei Beider. Das Vergnügen strahlt in ihren Augen, und durch die Wahl der Speisen, die sie treffen, lässt die Gegenwart die Vergangenheit errathen und die Zukunft weissagen.

In der Mitte steht eine Tafel, um welche die Stammgäste sitzen, die einen Rabatt erhalten, und zu festem Preise speisen. Sie kennen alle Kellner bei Namen, und diese sagen ihnen heimlich die frischesten und neuesten Schüsseln; sie sitzen da, wie ein Waarenlager, wie ein Mittelpunkt, um welchen sich die Gruppen bilden, oder noch besser, wie die zahmen Lockenten, deren man sich in der Bretagne bedient, um die wilden Enten anzuziehen.

Man trifft dort auch Leute, deren Gesicht Jedermann kennt und deren Namen Niemand weiss. Sie sind wie zu Hause, suchen häufig mit ihren Nachbarn Gespräche anzuknüpfen, und gehören zu jenen namenlosen Existenzen, die man nur in Paris trifft, die weder Güter, noch Capitalien, noch eine Industrie haben und dennoch viel Geld ausgeben.

Endlich sieht man einige Fremde, namentlich Engländer; die letzteren stopfen sich mit doppelten Fleischportionen, verlangen die theuersten Dinge, trinken die stärksten Weine und gehen nicht immer ohne Hülfe von dannen.

Man kann täglich die Richtigkeit dieses Gemäldes beurtheilen, und wenn es die Neugierde reizt, so könnte es vielleicht die Moral beleidigen.

Nachtheile.

142. Ohne Zweifel lassen sich Viele durch die Gelegenheit und die Allmacht der zu habenden Gegenstände zu Ausgaben verleiten, die ihre Hülfsquellen überschreiten; vielleicht verdanken einige zarte Mägen den Speisewirthen einige Unverdaulichkeiten und die niedere Venus einige unzeitgemässe Opfer.

Was aber unserer Ansicht nach noch weit verderblicher für den gesellschaftlichen Zustand sein dürfte, ist der Umstand, dass das einsame Speisen den Egoismus verstärkt das Individuum daran gewöhnt, nur sich zu betrachten, sich von der Umgebung zu isoliren und aller Rücksichten zu entwöhnen, weshalb man auch in der gewöhnlichen Gesellschaft unter den Gästen leicht diejenigen durch ihr Betragen vor, während und nach dem Mahle unterscheiden kann, welche gewöhnlich in Speisewirthschaften essen *).

Wetteifer.

143. Wir behaupteten, dass die Einrichtung von Speisewirthschaften für die Wissenschaft äusserst wichtig geworden sei.

---

*) Wenn man unter Anderem einen Teller mit zerschnittenen Stücken herumgehen lässt, bedienen sie sich und stellen ihn vor sich hin, ohne ihn ihrem Nachbar weiter zu geben, um den sie sich nicht zu bekümmern pflegen.

In der That, sobald einmal die Erfahrung gelehrt hatte, dass ein ausgezeichnetes Ragout hinreichte, seinem Erfinder ein Vermögen zu verschaffen, so entzündete das Interesse, dieser mächtige Hebel, alle Phantasien und setzte alle Köche in Bewegung.

Die Analyse hat essbare Theile in Stoffen entdeckt, die man bis jetzt für unnütz hielt. Neue Esswaaren wurden entdeckt, ältere verbessert, die einen mit den anderen in hundertfältiger Weise combinirt. Fremde Erfindungen wurden eingeführt, die ganze Welt in Bewegung gesetzt, und es gibt Mahlzeiten, bei denen man sich vollständig über die Geographie der Nahrungsmittel belehren könnte.

Speisewirthschaften zu festem Preise.

144. Während so die Kunst einen aufsteigenden Weg verfolgte, sowohl hinsichtlich der Entdeckungen als der Preise, denn jede Neuigkeit muss bezahlt werden, gab ihr die nämliche Ursache, nämlich die Hoffnung des Gewinnstes, hinsichtlich der Ausgaben eine entgegengesetzte Richtung.

Einige Speisewirthe nahmen sich vor, einen guten Tisch mit Sparsamkeit zu verbinden, sich auf diese Weise den mässigen Einkommen zu nähern, welche die zahlreichsten sind, und so sich der Menge der Gäste zu versichern.

Sie suchten unter den wenig theuern Gegenständen diejenigen, welche eine gute Zubereitung angenehm machen kann.

Sie fanden in dem Schlachtviehe, dessen Fleisch in Paris stets vortrefflich ist, und in den im Ueberflusse vorhandenen Seefischen unerschöpfliche Fundgruben, und ausserdem Gemüse und Früchte, welche der neue Gartenbau stets zu geringen Preisen liefert. Sie berechneten genau was gerade nöthig sei, um einen Magen von gewöhnlicher Weite zu füllen und einen nicht hündischen Durst zu stillen, sie beobachteten, dass es viele Gegenstände gibt, die ihren Preis nur der Neuheit oder der Jahreszeit verdanken, und die etwas später, von diesem Hindernisse befreit, gegeben werden können. Und so sind sie nach und nach zu einer solchen Genauigkeit gelangt, dass sie mit einem Gewinnste von 25 bis 30 Proc. ihren Gästen für zwei Franken oder sogar noch weniger, ein genügendes Mittagessen geben können, womit jeder ordentliche Mensch zufrieden sein kann, zumal da es wenigstens tausend Franken per Monat kosten würde, wenn man in einem Privathause eine so wohlbestellte und mannigfaltige Tafel halten wollte.

Wenn man die Speisewirthe aus diesem Gesichtspunkte betrachtet, so haben sie namentlich jenem interessanten Theile der Bevölkerung einer grossen Stadt, der sich aus Fremden, Militairpersonen und Angestellten zusammensetzt, einen grossen Dienst geleistet, indem sie durch ihr Interesse zur Lösung eines Problems geführt wurden, das diesem Interesse gerade entgegen zu laufen schien, nämlich zu mässigen und selbst wohlfeilen Preisen ein gutes Essen zu geben.

Die Speisewirthe, die diesen Weg einschlugen, fanden nicht mindern Lohn als ihre Mitbewerber, sie waren nicht solchen Unglücksschlägen ausgesetzt wie diejenigen, die am anderen Ende der Stufenleiter stehen, ihr Verdienst war langsamer aber sicherer, und wenn sie auf einmal weniger verdienten, so verdienten sie doch alle Tage. Nun ist es aber ein mathematischer Satz, dass wenn eine gleiche Zahl von Einheiten auf einem Punkte sich vereinigen, sie stets eine gleiche Summe geben, mögen sie nun nach Dutzenden oder eine nach der anderen gesammelt worden sein.

Die Kenner haben den Namen einiger Künstler behalten, welche in Paris seit Einführung der Speisewirthschaften glänzten, dahin gehören: Beauvillers, Méot, Robert, Rose, Legacque, Gebrüder Véry, Henneveu und Baleine.

Einige dieser Anstalten verdanken ihren Ruf ganz besonderen Gerichten, so das saugende Kalb (le Veau qui tette) den Schaaffüssen; die Frères Provençaux dem Stockfisch mit Knoblauch*); Véry den Entrées mit Trüffeln; Robert den im Voraus bestellten Festmahlen; Baleine der Mühe, welche er sich gab, vortreffliche Fische zu haben und Henneveu den geheimnissvollen Kämmerchen seines vierten Stocks. Aber von all diesen Helden der Gastronomie hat keiner mehr Recht auf eine kurze Lebensbeschreibung als Beauvillers, dessen Tod die Zeitungen von 1820 ankündigten.

Beauvillers.

145. Beauvillers, der sich um 1782 etablirt hatte, war während mehr als 15 Jahren der berühmteste Speisewirth in Paris.

Er hatte zuerst einen eleganten Salon, wohlgekleidete Kellner, einen ausgezeichneten Keller und eine vortreffliche Küche, und als einige von denen, die wir genannt haben, ihm gleich zu kommen suchten, wetteiferte er ohne Nachtheil, weil er nur einige Schritte zu machen hatte, um den Fortschritten der Wissenschaft nachzukommen.

Man sah während der beiden Besetzungen von Paris in den Jahren 1814 und 1815 vor seinem Hôtel beständig Wagen aller Nationen; er kannte alle fremden Befehlshaber, und sprach zuletzt alle ihre Sprachen, so weit es für sein Gewerbe nöthig war.

Gegen sein Lebensende veröffentlichte Beauvillers ein Werk in zwei Bänden unter dem Titel „die Kochkunst".

Dieses Werk, die Frucht einer langen Erfahrung, trägt den Stempel einer erleuchteten Praxis, und geniesst noch jetzt die Achtung, die man ihm beim Erscheinen zollte. Bis dahin war die Kunst noch nicht mit so viel Genauigkeit und Methode behandelt worden. Das Buch hat mehre Auflagen erlebt und das Erscheinen vieler anderen, die ihm

---

*) In der Provence „la branlade" genannt. Von den hier genannten ist das saugende Kalb zum Range einer Garküche herabgesunken und nur die Restaurationen der Gebrüder Véry u. Frères Provençaux noch unter dieser Firma vorhanden. C. V.

zwar folgten, es aber nicht übertrafen, wesentlich erleichtert.

Beauvillers hatte ein wunderbares Gedächtniss; er erkannte nach zwanzig Jahren Leute, die nur ein oder zweimal bei ihm gespeist hatten, und in gewissen Fällen befolgte er eine ihm eigenthümliche Methode. Wenn er erfuhr, dass eine Gesellschaft reicher Leute bei ihm versammelt war, so nahte er sich mit geschäftiger Miene, grüsste äusserst höflich, und schien seinen Gästen eine ganz specielle Aufmerksamkeit zu widmen.

Er bezeichnete eine Schüssel, die man nicht nehmen solle, eine andere, für die man sich beeilen müsse, befahl eine dritte, an die kein Mensch gedacht hatte, und liess Wein aus einem Keller holen, zu dem er allein den Schlüssel hatte, kurz er nahm einen so liebenswürdigen und gewinnenden Ton an, dass alle diese Extragerichte wie Geschenke von ihm aussahen. Aber diese Gastgeberrolle dauerte nur einen Augenblick; er verschwand nach kurzer Zeit, und später zeigte die geschwollene Rechnung und die Bitterkeit der Viertelstunde des Rabelais, dass man bei einem Speisewirthe gegessen hatte.

Beauvillers hatte mehrmals ein Vermögen gewonnen, verloren und wieder gewonnen. Wir wissen nicht, in welchem dieser Zustände ihn der Tod überraschte, aber er hatte stets so grosse Abzugskanäle offen, dass wir seine Erbschaft nicht für sehr bedeutend halten können.

Der Feinschmecker in der Speisewirthschaft.

146. Durchläuft man die Karte einer Speisewirthschaft erster Classe, namentlich der Gebrüder Véry und der Frères Provençaux, so findet der Gast, der in den Speisesaal tritt, wenigstens:

12 Suppen.
24 Hors d'oeuvres.
15 bis 20 Speisen von Rindfleisch.

20 von Schaffleisch.
16 bis 20 von Kalbfleisch.
30 von Geflügel und Wildpret.
24 von Fisch.
15 Braten.
12 Pasteten.
50 Zwischenessen.
50 Desserte.

Ausserdem kann der künstliche Feinschmecker dies mit wenigstens 30 Arten von Wein nach seiner Wahl vom Burgunder bis zum Tokayer und Capwein benetzen, ebenso mit zwanzig oder dreissig Arten feiner Liköre, ohne den Kaffee und die gemischten Getränke zu zählen, wie Punsch, Glühwein, Cardinal und ähnliche Dinge.

Von den verschiedenen Elementen des Mittagsmahles eines Kenners kommen die hauptsächlichsten Bestandtheile aus Frankreich, wie das Schlachtvieh, das Geflügel, die Früchte; andere sind den Engländern nachgeahmt, wie Beefsteaks, Welsh-rabbit, Punsch; andere kommen aus Deutschland, wie das Sauerkraut, das Hamburger Rindfleisch, die Rehziemer aus dem Schwarzwalde; andere aus Spanien, wie die Olla-potrida, die Garbanzos, die Rosinen von Malaga, die gepfefferten Schinken von Xerica und die Dessertweine; andere aus Italien, wie die Maccaroni, der Parmesankäse, die Würste von Bologna, die Polenta, das Eis und Liköre; andere aus Russland, wie getrocknetes Fleisch, geräucherte Aale, Caviar; andere aus Holland, wie Stockfisch, Häringe, Käse, Curaçao und Anisette; andere aus Asien, wie der indische Reis, der Sago, der Curry, der Soy, der Wein von Schiras, der Kaffee; andere aus Afrika, wie der Capwein; andere aus Amerika, wie die Kartoffeln, die Pataten, die Ananas, die Chocolade, Vanille, der Zucker — was hinlänglich den Beweis des Satzes liefert, den wir schon aufstellten, nämlich, dass eine Mahlzeit, wie man sie in Paris haben kann, ein kosmopolitisches Ganzes ist, wo jeder Welttheil durch seine Erzeugnisse vertreten ist.

Neunundzwanzigste Betrachtung.

Die classische Feinschmeckerei.

Geschichte des Herrn von Borose.

147. Herr von Borose wurde um 1780 geboren. Sein Vater war Secretair des Königs. Er verlor seine Eltern in früher Jugend und war frühzeitig Besitzer von 40,000 Franken Renten. Damals war dies ein schönes Vermögen, heutzutage reicht es gerade hin, um nicht Hungers zu sterben.

Ein Oheim väterlicher Seite erzog ihn. Er lernte lateinisch, und verwunderte sich, dass man sich so viele Mühe gab, in einer fremden Sprache Dinge zu lernen, die man in der Muttersprache viel besser sagen konnte. Doch machte er Fortschritte, und als er bis zum Horaz gekommen war, bekehrte er sich, fand ein grosses Vergnügen daran, über so elegant ausgedrückte Gedanken nachzudenken, und gab sich wirklich Mühe, die Sprache genau kennen zu lernen, die ein so geistreicher Dichter gesprochen hatte.

Auch lernte er Musik und blieb nach mehren Versuchen beim Piano; doch warf er sich nicht in die unzähligen Schwierigkeiten dieses Instrumentes *) und indem er es auf seinen wirklichen Gebrauch beschränkte, ward er stark genug, um den Gesang begleiten zu können.

---

*) Das Piano wurde zur Erleichterung der Composition und zur Begleitung des Gesanges erfunden. Allein für sich hat es

Doch zog man ihn in dieser Beziehung den Musiklehrern vor, weil er sich nicht in den Vordergrund drängte, weder Arme noch Augen machte*), sondern gewissenhaft die Pflicht der Begleitung erfüllte, nämlich den Sänger zu unterstützen und zu heben.

Von seinem Alter begünstigt, überlebte er ohne Unfall die Schreckenszeit unserer Revolution, und als er Recrut werden musste, stellte er einen Ersatz-Mann, der sich kühn an seiner Statt tödten liess. Mit dem Todesscheine seines Sosias versehen, konnte er in aller Gemüthsruhe unsere Triumphe feiern und unsere Niederlagen beweinen.

Herr von Borose war von mittlerer Grösse aber wohlgebaut, er hatte ein sinnliches Gesicht, von dem wir am besten eine Vorstellung geben können, wenn wir sagen, dass, wenn man in dem nämlichen Zimmer mit ihm Gavaudan vom Theater des Variétés, Michot vom Theater français und den Vaudevillisten Desaugiers versammelt hätte, alle vier eine gewisse Familienähnlichkeit gezeigt hätten. Indessen war es einmal angenommen, dass er ein hübscher Mann sei, und er konnte zuweilen Gründe haben, es zu glauben.

Er kämpfte mit dem Entschlusse, irgend einen Stand zu wählen, versuchte mehre, fand an allen etwas auszusetzen, und entschloss sich zu einem beschäftigten Müssiggange, das heisst, er liess sich in einige gelehrte Gesellschaften aufnehmen. Auch gehörte er zum Wohlthätigkeitscomité seines Bezirkes, unterzeichnete für einige philantropische Zwecke, und da er sein Vermögen selbst und zwar

---

weder Wärme noch Ausdruck. Die Spanier bezeichnen mit dem Worte „bordonear" das Spielen eines Instrumentes, das man greift, wie Harfe oder Guitarre.

*) Musikalische Kunstausdrücke: Arme machen: heisst die Ellbogen und Arme heben, als wenn einen die Gefühle erstickten; Augen machen: heisst die Augen zum Himmel heben, als ob man in Ohnmacht fallen wollte.

vortrefflich verwaltete, so hatte er eben so gut wie andere seine Geschäfte, sein Cabinet und seine Correspondenz.

Im Alter von 28 Jahren hielt er es für angemessen, sich zu verheirathen. Er wollte seine Zukünftige nur bei Tische sehen, und nachdem er dreimal mit ihr gespeist hatte, war er hinlänglich überzeugt, dass sie hübsch, gut und geistreich sei. Sein eheliches Glück war von kurzer Dauer. Achtzehn Monate nach seiner Verheirathung starb seine Frau im Wochenbette, und hinterliess ihm ein ewiges Bedauern über diese schnelle Trennung, und einen Trost in der Gestalt eines Töchterchens, das er Herminie nannte und von dem wir später sprechen werden.

Herr von Borose fand sein Vergnügen in den verschiedenen Beschäftigungen, die er sich geschaffen hatte. Doch merkte er bald, dass selbst in ausgewählte Versammlungen Ansprüche und selbst Neid sich einmischen. Er schrieb diese kleinen Uebel auf Rechnung der Menschheit, die nirgends vollkommen ist, war zwar nach wie vor fleissig, gehorchte aber unmerklich dem Schicksalsspruche, der seinen Zügen aufgeprägt war, und beschäftigte sich allmälig fast ausschliesslich mit den Genüssen des Geschmackes.

Herr von Borose behauptete, die Gastronomie sei nichts anderes, als die anerkennende Reflexion angewandt auf die Wissenschaft der Verbesserung.

Er sagte wie Epikur*): „Ist denn der Mensch geschaffen, um die Gaben der Natur zu verschmähen? Kommt er nur auf die Erde, um ihre bitteren Früchte zu kosten? Wem sind denn die Blumen bestimmt, welche die Götter zu den Füssen der Sterblichen wachsen lassen? Man gefällt der Vorsehung, wenn man sich den verschiedenen Neigungen hingibt, die sie uns eingepflanzt hat. Unsere Pflichten entstammen ihren Gesetzen, unsere Wünsche ihren Eingebungen."

Er sagte mit dem Philosophen „dass die guten Dinge

---

*) Alibert — Physiologie der Leidenschaften. Bd. I. S. 241.

den guten Leuten bestimmt seien, indem man sonst absurder Weise glauben müsste, dass Gott sie nur für die Bösen geschaffen habe."

Herr von Borose arbeitete Morgens zuerst mit seinem Koche, und belehrte ihn über den wahren Gesichtspunkt, aus dem er sein Amt betrachten müsse.

Er sagte ihm, dass ein geschickter Koch durch die Praxis ein Gelehrter sein müsse, und durch die Theorie es werden könne, dass die Natur seines Geschäftes ihn zwischen den Chemiker und Physiker stelle. Er sagte ihm selbst, dass der Koch, der den thierischen Mechanismus zu erhalten habe, weit höher stehe als der Apotheker, der nur gelegentlich ihn wieder in Ordnung zu bringen habe.

Er fügte mit einem ebenso geistreichen als gelehrten Arzte hinzu*), der Koch müsse die Kunst, Lebensmittel durch das Feuer zu verändern, welche den Alten unbekannt war, auf's Tiefste ergründen. Diese Kunst verlangt heutzutage gelehrte Studien und Combinationen; man muss lange über die Producte des ganzen Erdballs nachgedacht haben, um die Gewürze geschickt anzuwenden, die Bitterkeit gewisser Schüsseln zu verdecken, andere schmackhafter zu machen und stets die besten Stoffe anzuwenden. Der europäische Koch zeichnet sich vor allen anderen durch die Kunst dieser wunderbaren Mischungen aus.

Solche Anreden wirkten, und der Geld**), durchdrungen von seiner Wichtigkeit, hielt sich immer auf der Höhe seines Amtes.

Etwas Zeit, Nachdenken und Erfahrung belehrten Herrn

---

*) Alibert — Physiologie der Leidenschaften. Bd. I. S. 196.

**) In einem wohl organisirten Hause heisst der Koch Chef. Er hat unter seinen Befehlen den Pastetenbäcker, den Bratenwender und die Küchenjungen, die etwa die Schiffsjungen der Küche sind und, wie diese, häufig Schläge bekommen — zuweilen machen sie auch ihren Weg. (Mehre bekannte französische Diplomaten der Neuzeit waren in ihrer Jugend Küchenjungen bei Talleyrand.)
C. V.

aus dem Hause der Frau Migneron*), wo es in Pension war. Die Dame begleitete meistens ihren Zögling; bei jedem Besuche zeigte das Töchterchen neue Reize, sie betete ihren Vater an, und wenn er sie mit einem Kusse auf die Stirn segnete, so gab es auf der ganzen Welt keine glücklichere Menschen.

Borose trug beständig Sorge, den Aufwand, den er für seinen Tisch machte, auch für die Moral nützlich zu machen.

Er vertraute sich nur denjenigen Lieferanten an, welche sich durch ihre Loyalität hinsichtlich der Güte der Waaren und der Mässigkeit der Preise auszeichneten; er rühmte und unterstützte sie im Nothfalle, denn er pflegte zu sagen, dass die Leute, welche zu sehr beeilt sind, ein Vermögen zu erwerben, meistens hinsichtlich der Wahl der Mittel wenig Bedenken trügen.

Sein Weinhändler wurde schnell reich, weil man ihm nachrühmte, dass er nicht mische, eine Eigenschaft, die schon bei den Athenern zur Zeit des Perikles selten war, und die auch im 19. Jahrhundert nicht häufig ist.

Man glaubt, dass er durch seinen Rath das Benehmen von Hurbain, einem Speisewirth im Palais Royal, leitete, bei dem man für 2 Franken ein Mittagsessen findet, das man anderwärts doppelt so theuer bezahlt, und der um so sicherer zu Vermögen kommen wird, als die Menge bei ihm im directen Verhältnisse zur Mässigkeit seiner Preise anwächst.

Die von der Tafel abgehobenen Schüsseln wurden nicht der Dienerschaft überlassen, welche reichlich dafür entschä-

---

*) Frau Migneron-Remy leitet im Faubourg du Roule, Valoisstrasse Nr. 4, eine Erziehungsanstalt, die unter der Protection der Herzogin von Orleans steht, — das Local ist prächtig, die Haltung vollkommen, der Ton vortrefflich, die Lehrer die besten von Paris, und was den Professor am meisten rührt, ist dass bei so vielen Vortheilen dennoch der Preis so gestellt ist, dass selbst bescheidene Vermögen ihn zahlen können.

digt wurde. Alles, was noch ein hübsches Ansehen hatte, erhielt vom Herrn seine besondere Bestimmung.

Durch seinen Sitz im Wohlthätigkeitscomité kannte er die Bedürfnisse und die Moralität eines grossen Theils seiner Umgebung und konnte somit seine Geschenke gut vertheilen. Noch sehr wunschbare Speisereste vertrieben von Zeit zu Zeit bei Bedürftigen die Noth, und erregten Freude, wie z. B. der Schwanz eines fetten Hechtes, der Bürzel eines Truthahnes, ein Stück Lendenbraten oder Pastete u. s. w.

Um aber diese Zusendungen noch nützlicher zu machen, pflegte er sie für den Montag Morgen anzukündigen, oder für den Tag nach einem Feste, und erleichterte so die Einstellung der Arbeiten während der Sonntage, indem er zugleich die Nachtheile des blauen Montags*) bekämpfte, und aus dem Genuss die Gegengabe für die Völlerei machte.

Wenn Herr von Borose in der dritten oder vierten Classe der Kaufleute ein junges einiges Ehepaar entdeckte, dessen kluges Benehmen Eigenschaften ankündigte, worauf das Aufblühen der Nation beruht, so beehrte er sie mit einem Besuche und lud sie zum Essen ein.

Die junge Frau fand dann bei Tische Damen, die sie über das Hauswesen belehren konnten, und der Mann andere Männer, die Handel und Fabriken besprachen.

---

*) Die meisten Pariser Arbeiter arbeiten am Sonntag Morgen, um die begonnene Arbeit zu beenden, sie abzuliefern und ihre Bezahlung einzucassiren; dann amüsiren sie sich den Rest des Tages über.

Montag Morgens versammeln sie sich zu kleinen Gesellschaften, schiessen ihr übriges Geld zusammen, und gehen nicht eher auseinander, bis alles aufgezehrt ist.

Dieser Zustand, der vor etwa zehn Jahren allgemeine Regel war, hat sich durch die Meister, die Sparcassen und Arbeitervereine etwas gebessert; aber das Uebel ist noch immer gross genug, und viel Zeit und Arbeit gehen zu Gunsten der Kneipen, Speise- und Kaffeewirthschaften und Biergärten der Vorstädte und der Umgebung verloren.

Diese Einladungen, deren Zweck bekannt war, wurden allmälig eine Auszeichnung, und jeder gab sich Mühe, sie zu verdienen.

Während alle diese Dinge vorgingen, wuchs und entwickelte sich die junge Herminie im Schatten der Valoisstrasse, und wir müssen unseren Lesern das Portrait der Tochter geben, um die Lebensgeschichte des Vaters zu vervollständigen.

Fräulein Herminie von Borose ist gross (fünf Fuss 1 Zoll), ihr Wuchs vereinigt die Leichtigkeit einer Nymphe mit der Grazie einer Göttin.

Einzige Frucht einer glücklichen Ehe ist ihre Gesundheit vortrefflich, ihre Körperkraft bemerkenswerth. Sie fürchtet weder die Hitze noch die Sonne, und die längsten Spaziergänge erschrecken sie nicht. Von Weitem könnte man glauben, sie sei braun, betrachtet man sie aber näher, so sieht man, dass ihr Haar dunkelkastanienbraun, ihre Wimpern schwarz und ihre Augen himmelblau sind.

Ihre meisten Züge sind griechisch, ihre Nase aber französisch, und dies niedliche Näschen macht eine so reizende Wirkung, dass ein Comité von Künstlern, welches während dreier Mittagsessen über den Gegenstand rathschlagte, endlich übereinkam, dass dieser ganz französische Typus eben so gut als jeder andere verdiene, durch den Pinsel, den Grabstichel und den Meissel unsterblich gemacht zu werden.

Der Fuss dieses Mädchens ist ausserordentlich klein und wohlgeformt. Der Professor hat sie deshalb so oft belobt und selbst gehätschelt, dass sie zum Neujahrstage 1825 ihm mit Erlaubniss ihres Vaters einen wunderschönen kleinen Schuh von schwarzem Atlas schenkte, den er nur den Auserwählten zeigt, und dessen er sich bedient, um zu beweisen, dass eine ausgezeichnete Gesellschaftlichkeit auf den Geist wie auf die Körperform einwirkt, denn er behauptet, dass ein kleiner Fuss, wie wir ihn jetzt vorziehen, ein Product der Pflege und der Zucht ist, der sich niemals unter

Bauern findet, und fast immer einer Person angehört, deren Voreltern lange Zeit im Wohlstande lebten.

Wenn Herminie den Wald von Haaren, der ihren Kopf bedeckt, mit ihrem Kamme aufgesteckt und einen einfachen Rock mit einem Gürtel von Bändern umschlungen hat, findet man sie so reizend, dass man es für unmöglich hält, dass Blumen, Perlen oder Diamanten ihre Schönheit noch erhöhen können.

Ihre Unterhaltung ist einfach und leicht, und man sollte kaum glauben, dass sie unsere besten Schriftsteller kennt, aber gelegentlich wird sie lebhaft, und die Feinheit ihrer Bemerkungen verräth ihr Geheimniss. Sobald sie dies bemerkt, erröthet sie und schlägt die Augen nieder, aber ihr Erröthen beweist ihre Bescheidenheit.

Fräulein von Borose spielt das Piano und die Harfe gleich gut, aber sie zieht letzteres Instrument aus einem enthusiastischen Gefühl für die himmlischen Harfen, womit die Engel bewaffnet sind, und für die Goldharfen, die Ossian besang, weit vor.

Ihre Stimme ist von himmlischer Sanftheit und Richtigkeit, nichtsdestoweniger ist sie etwas schüchtern, doch singt sie, ohne sich viel bitten zu lassen, wirft aber stets beim Beginnen auf ihre Zuhörer einen Blick, der sie bezaubert, so dass sie, wie viele andere, falsch singen könnte, ohne dass man den Muth hätte es zu bemerken.

Sie hat die Arbeiten mit der Nadel, diese Quelle unschuldiger Freuden und stets bereite Hülfsquelle gegen die Langeweile, nicht vernachlässigt, sie arbeitet wie eine Fee und die erste Stickerin des „Familienvaters" hat den Auftrag, ihr sogleich alles Neue zu lehren, was in diesem Fache erscheint.

Das Herz Herminiens hat noch nicht gesprochen. Die kindliche Liebe hat bis jetzt zu ihrem Glücke genügt, aber sie hat eine wahre Leidenschaft für den Tanz, in den sie vernarrt ist.

Wenn sie sich zu einem Contretanz stellt, scheint sie

um zwei Zoll zu wachsen und wegfliegen zu wollen; doch ist ihr Tanz gemässigt und ihr Schritt ohne Anmaassung; sie begnügt sich, mit Leichtigkeit sich zu drehen, indem sie ihre liebenswürdigen und reizenden Formen entwickelt; aber man erräth ihre Kräfte bei einigem Durchblicken, und kann ahnen, dass Madame Montessu eine Rivalin haben würde, wenn sie all ihre Mittel entfalten wollte.

Selbst wenn der Vogel hüpft, sieht man, dass er Flügel hat.

Herr von Borose lebte glücklich mit dieser reizenden Tochter, die er aus der Pension genommen hatte, im Genusse eines grossen wohlverwalteten Vermögens und einer wohlverdienten Achtung, und sah noch einen langen Lebenslauf vor sich. Aber jede Hoffnung täuscht und Niemand kann die Zukunft verbürgen.

Herr von Borose wurde um die Mitte März letzten Jahrs mit einigen Freunden auf das Land eingeladen.

Es war einer jener vorzeitig heissen Tage, die dem Frühling vorangehen, und man hörte am fernen Horizonte jenes dumpfe Grollen, von dem man zu sagen pflegt, dass der Winter seinen Hals bricht. Nichtsdestoweniger machte man einen Spaziergang. Bald nahm der Himmel ein drohendes Ansehen an, die Wolken ballten sich und ein fürchterliches Gewitter brach mit Donner, Regen und Hagel los.

Jeder rettete sich wo und wie er konnte. Herr von Borose suchte Zuflucht unter einem Pappelbaum, dessen untere schirmartig geneigte Aeste ihn vor dem Regen schützen sollten.

Verderbliche Zuflucht. Der Gipfel des Baumes zog das elektrische Fluidum aus den Wolken an, und der Regen, der an den Aesten herunterrieselte, diente ihm als Leiter. Ein fürchterlicher Donnerschlag krachte, und der unglückliche Spaziergänger stürzte todt zur Erde, ohne Zeit zu haben, einen Seufzer auszustossen.

Herr von Borose starb so, wie Cäsar es gewünscht hatte, seine Todesart erlaubte keine Bemerkungen, und er wurde mit allen Ceremonien des vollständigsten Kirchen-Gebrauches begraben. Eine Menge von Leuten folgten zu Fuss und zu Wagen dem Leichenzuge bis zum Kirchhofe des Père la Chaise. Sein Lob war in Aller Munde, und als eine befreundete Stimme auf dem Grabe eine rührende Anrede hielt, fand sie ein Echo im Herzen aller Anwesenden.

Herminie war von einem so grossen und unerwarteten Unglück niedergeschmettert; sie hatte zwar weder Convulsionen, noch Zuckungen, noch verbarg sie ihren Schmerz im Bette, aber sie beweinte ihren Vater mit so viel Hingebung, Bitterkeit und Beständigkeit, dass ihre Freunde hofften, das Uebermaass des Schmerzes werde auch seine Heilung sein. Wir sind nicht gestählt genug, um lange Zeit einen so lebhaften Schmerz zu ertragen.

Die Zeit hat also auch auf dieses junge Herz ihre Wirkung geübt. Herminie kann ihren Vater nennen, ohne in Thränen zu zerfliessen, aber sie spricht von ihm mit einer so zarten Frömmigkeit, einem so naiven Bedauern, einer so thätigen Liebe und mit so inniger Betonung, dass es unmöglich ist, sie zu hören, ohne ihre Rührung zu theilen.

Glücklich derjenige, dem Herminie einst das Recht geben wird, sie zu begleiten, und mit ihr einen Todtenkranz auf das Grab ihres Vaters zu legen.

Man sieht jeden Sonntag bei der Mittagsmesse in einer Seitencapelle der Kirche, ein grosses junges Mädchen, von einer älteren Dame begleitet. Ihr Wuchs ist reizend, aber ein dichter Schleier verbirgt das Gesicht. Doch müssen ihre Züge bekannt sein, denn man sieht rings um die Capelle eine Menge junger Frommen neuern Datums, die alle sehr wohlgekleidet und wovon Einige sehr hübsche Leute sind.

Zug einer reichen Erbin.

147. Als ich eines Tages von der Friedensstrasse nach dem Platze Vendôme ging, wurde ich durch den Zug der

reichsten Erbin von Paris aufgehalten, die noch ledig war und vom Wäldchen von Boulogne zurückkam.

Er war folgendermaassen zusammengesetzt:

1. die Schöne, der Gegenstand aller Wünsche, auf einem prächtigen Braunen, den sie geschickt lenkte. Blaues Reitkleid mit langer Schleppe, schwarzer Hut mit weissen Federn.
2. Ihr Vormund, der neben ihr mit dem bedächtigen Antlitz und der wichtigen Haltung ritt, die seinen Obliegenheiten zukommen.
3. Gruppe von zwölf bis fünfzehn Freiern, die sich alle auszuzeichnen suchten, der Eine durch seine Zuvorkommenheit, ein Anderer durch seine Reitkunst, ein Dritter durch seine Melancholie.
4. Ein prächtig angeschirrter Wagen, um ihn beim Regen oder bei Ermüdung zu benutzen, der Kutscher sehr dick, der Reitknecht nicht grösser als eine Faust.
5. Zahlreiche Diener zu Pferde in allen möglichen Livreen, bunt durcheinander.

Sie zogen vorüber und ich setzte meine Betrachtungen fort.

Dreissigste Betrachtung.

Strauss.

Gastronomische Mythologie.

148. Gasterea ist die zehnte Muse. Sie pflegt die Genüsse des Geschmackes.

Sie kann die Weltherrschaft beanspruchen, denn die Welt ist nichts ohne das Leben, und alles was lebt, nährt sich. Sie gefällt sich besonders auf den Gehängen, wo der

Wein blüht, wo die Orange duftet, in den Gebüschen, wo die Trüffel heimlich wächst, in den Ländern, wo Wildpret und Früchte sich mehren.

Wenn sie die Gnade hat, sich zu zeigen, so erscheint sie in der Gestalt eines jungen Mädchens; ihr Gürtel ist feuerfarben, ihre Haare schwarz, ihre Augen himmelblau, ihre Formen anmuthig; sie ist schön wie Venus, aber reizender als diese.

Nur selten zeigt sie sich den Sterblichen, die sich durch den Anblick ihrer Statuen über ihre Unsichtbarkeit trösten. Ein einziger Bildhauer hat ihre Reize betrachten dürfen, und dieser Liebling der Götter hatte so viel Erfolg, dass jeder, der sein Werk sieht, die Züge des weiblichen Wesens zu erkennen glaubt, das er am meisten geliebt hat.

Gasterea zieht unter allen Orten, wo sie Altäre hat, jene Stadt, die Königin der Welt vor, welche die Seine zwischen ihren Marmorpalästen einschliesst.

Ihr Tempel ist auf jenem berühmten Berge gebaut, dem Mars seinen Namen gab *), er ruht auf einem ungeheuern Sockel von weissem Marmor, zu dem man von allen Seiten auf hundert Stufen hinaufsteigt.

In diesem verehrten Felsblock sind düstere unterirdische Räume, in welchen die Kunst die Natur befragt und sie ihren Gesetzen beugt.

Dort arbeiten geschickte Hände mit der Luft, dem Wasser, dem Eisen und dem Feuer, zertheilen, vereinigen, zerreiben, verschmelzen, und bringen Wirkungen hervor, deren Ursachen das gemeine Volk nicht kennt.

Von dorther kommen zu gewissen Zeiten wunderbare Recepte, deren Erfinder unbekannt zu bleiben wünschen, weil ihr Glück und ihre Belohnung in dem Bewusstsein liegt, dass sie die Marksteine der Wissenschaft zurückgesetzt und den Menschen neue Genüsse bereitet haben.

---

*) Der Montmartre. Den Zeitungsnachrichten zufolge will Graf Haussmann jetzt wenigstens den architectonischen Theil der Brillat-Savarin'schen Phantasie verwirklichen. C. V.

Der Tempel, ein unerreichtes Denkmal einfacher und majestätischer Architektur, wird von hundert Säulen von orientalischem Jaspis getragen, und von einer Kuppel erhellt, welche das Himmelsgewölbe nachahmt.

Wir beschreiben nicht im Einzelnen die Wunder, welche dieses Gebäude einschliesst, die Bildhauerarbeiten, welche die Giebel zieren. Die Friese, welche im innern Raume umherlaufen, sind dem Andenken der Menschen gewidmet, die sich durch nützliche Erfindungen, wie z. B. die Anwendung des Feuers, die Erfindung des Pfluges, um ihre Mitmenschen verdient gemacht haben.

Weit von der Kuppel im innern Heiligthume steht die Statue der Göttin. Ihre linke Hand stützt sich auf einen Ofen, und in der rechten hält sie das Product, welches ihre Verehrer am meisten schätzen.

Der krystallene Baldachin, der sie überdacht, wird von acht Krystallsäulen getragen, und diese Säulen, die beständig von der elektrischen Flamme umspielt werden, verbreiten in dem Heiligthume eine Klarheit, die etwas Göttliches hat.

Der Cultus der Göttin ist einfach; täglich beim Sonnenaufgang nehmen ihre Priester den Blumenkranz weg, der die Statue ziert, und setzen ihr einen neuen auf, wobei sie im Chor einen jener zahlreichen Lobgesänge ertönen lassen, worin die Dichtkunst die Geschenke besungen hat, womit die Göttin das Menschengeschlecht überhäuft.

Es sind zwölf Priester und der älteste ihr Vorstand; man wählt sie unter den gelehrtesten Männern, und bei sonst gleichen Verdiensten erhält der Schönste den Vorzug; sie stehen in reiferem Alter, sie können alt aber niemals hinfällig werden, denn die Luft, welche sie in dem Tempel athmen, bewahrt sie vor der Schwäche des Alters.

Die Feste der Göttin sind so zahlreich als die Tage des Jahres, denn sie hört nie auf mit ihren Gunstbezeugungen. Aber ein Tag ist ihr ganz besonders geweiht, das ist der 21. September, auch das „Grosse gastronomische Halali" genannt.

Die Königsstadt ist an diesem Feiertage seit dem frühen Morgen von einer Räucherungswolke umhüllt; das mit Blumen bekränzte Volk durchzieht mit Lobgesängen auf die Göttin die Strassen; die Bürger grüssen sich mit den Namen der engsten Verwandtschaft; alle Herzen sind von zarten Gefühlen erfüllt; die Atmosphäre ist mit Sympathie beladen und lässt nur Liebe und Freundschaft athmen.

Ein Theil des Tages geht so vorüber, und zur gebräuchlichen Stunde drängt sich die Menge zum Tempel, wo das heilige Bankett gefeiert wird.

Im Heiligthume zu den Füssen der Göttin ist die den Priestern bestimmte Tafel gerichtet; eine andere Tafel von 1200 Gedecken ist unter der Kuppel für die Gäste beiderlei Geschlechtes bestimmt; alle Künste haben zum Schmuck dieser Festtafeln beigetragen, in den Palästen sah man niemals etwas so Zierliches.

Die Priester kommen mit langsamen Schritten und ernstem Angesichte, sie tragen eine weisse Tunika von Kaschmirwolle, am Rande mit rother Stickerei geziert, deren Falten durch einen Gürtel von gleicher Farbe zusammengehalten werden, ihr Antlitz strahlt von Gesundheit und Wohlwollen; sie nehmen nach gegenseitiger Begrüssung Platz.

Schon haben die in weisses Linnen gekleideten Diener die Schüsseln aufgetragen. Das sind keine gewöhnlichen Zubereitungen zur Stillung gemeiner Bedürfnisse. Auf diesem höhern Tische werden nur Speisen gereicht, die durch die Wahl der Stoffe und die tiefsinnige Arbeit seiner würdig sind und höhern Sphären entstammen.

Die ehrwürdigen Gäste stehen über ihrem Amte, ihre friedliche und gediegene Unterhaltung beschäftigt sich mit den Wundern der Schöpfung und mit der Macht der Kunst, sie essen langsam und kosten gründlich. Die Bewegungen ihrer Kinnbacken haben etwas Sanftes, man möchte behaupten, dass jeder Biss einen besonderen Ton gibt, und wenn sie die Zunge über ihre glänzenden Lippen gleiten lassen, trägt der Verfertiger der eben verzehrten Speise ewigen Ruhm davon.

Die Getränke, die von Zeit zu Zeit gereicht werden, sind dieser Tafel würdig. Sie werden von zwölf jungen Mädchen eingeschenkt, die nur für diesen Tag von einem Comité von Malern und Bildhauern ausgewählt werden; sie sind in griechischem Costüme, das so glücklich die Schönheit begünstigt, ohne die Schamhaftigkeit zu verletzen.

Die Priester der Göttin thuen nicht, als wollten sie ihre heuchlerischen Augen wegwenden, wenn hübsche Hände ihnen die Zaubertränke zweier Welten einschenken; aber während sie das schönste Werk der Schöpfung bewundern, ruht die Zurückhaltung der Weisheit auf ihrer Stirn; die Art, wie sie danken und trinken, drückt dieses Doppelgefühl aus.

Man sieht Könige, Fürsten und berühmte Fremdlinge, die ausdrücklich zu diesem Feste aus allen Welttheilen gekommen sind, sich um diese geheimnissvolle Tafel bewegen; sie gehen schweigend und beobachten aufmerksam, sie sind gekommen, um sich über die grosse Kunst, wohl zu essen, zu belehren, eine schwierige Kunst, die noch ganzen Völkern unbekannt ist.

Während dieses im Heiligthume vorgeht, belebt eine allgemeine heitere Fröhlichkeit die Gäste, welche um den Tisch unter der Kuppel versammelt sind.

Diese Fröhlichkeit rührt hauptsächlich davon her, dass kein Gast neben derjenigen Frau sitzt, der er schon Alles gesagt hat; so wollte es die Göttin.

Zu dieser ungeheuern Tafel sind durch Wahl berufen die Gelehrten beiderlei Geschlechts, welche die Kunst mit ihren Entdeckungen bereichert haben, die Hausherren, welche mit Anmuth die Pflichten der französischen Gastfreundschaft erfüllen, die gelehrten Weltbürger, welchen die Gesellschaft nützliche oder angenehme Einführungen verdankt, und die barmherzigen Brüder, welche die Armen mit den reichen Abfällen ihres Ueberflusses nähren.

Die Mitte ist frei und lässt einen grossen Raum, der durch eine Menge von Vorschneidern und Kellnern erfüllt ist, welche von den entferntesten Theilen her alles bringen und anbieten, was der Gast nur wünschen mag.

Hier findet sich vortheilhaft aufgestellt Alles, was die Natur in ihrer Verschwendung zur Ernährung des Menschen geschaffen hat. Diese Schätze sind nicht nur durch ihre Verbindung, sondern auch durch die Umwandlungen, welche die Kunst sie eingehen liess, verhundertfacht. Diese Zauberkraft hat zwei Welten vereinigt, die Reiche der Natur zusammengeschmolzen und die Entfernungen genähert. Der Geruch, der sich von diesen wunderbaren Schüsseln erhebt, durchduftet die Luft und erfüllt sie mit anregenden Gasen.

Unterdessen springen ebenso schöne als wohlgekleidete Jünglinge im äussern Kreise umher und bieten beständig Becher mit herrlichen Weinen gefüllt an, welche bald den Glanz des Rubins, bald die bescheidene Farbe des Topases haben.

Geschickte Musiker, die in den Seitengallerien der Kuppel aufgestellt sind, lassen von Zeit zu Zeit melodische Accorde einer ebenso künstlichen als einfachen Harmonie ertönen.

Dann heben sich alle Köpfe, die Aufmerksamkeit wird geweckt und während dieser kurzen Zwischenzeit werden alle Unterhaltungen unterbrochen. Bald aber beginnen sie wieder mit neuem Reize, es scheint als gebe dieses neue Geschenk der Götter der Einbildungskraft mehr Frische, dem Herzen mehr Hingebung.

Das Priestercollegium kommt an den Rand des Raumes, wenn das Tafelvergnügen die Zeit erfüllt hat, die ihm bestimmt ist; sie nehmen jetzt Theil am Bankette, mischen sich unter die Gäste, und schlürfen mit ihnen den Mokka, den der Gesetzgeber des Orients seinen Schülern erlaubt hat. Der Balsamtrank raucht in vergoldeten Tassen, und die schönen Dienerinnen des Heiligthumes gehen umher, und bieten den Zucker an, der seine Bitterkeit versüsst. Sie sind reizend, und doch hat die Luft, die man in Gasterea's

Tempel athmet, eine solche Wirkung, dass kein weibliches Herz sich der Eifersucht öffnet.

Nun stimmt der älteste Priester die Dankeshymne an, alle Stimmen begleiten ihn, die Instrumente fallen ein, dieser Herzensdank erhebt sich zum Himmel und der festliche Dienst ist geendet.

Erst jetzt beginnt das Volksbankett, denn es gibt keine wahren Feste, wenn das Volk nicht daran Theil nimmt.

In allen Strassen, auf allen Plätzen, vor allen Palästen sind Tafeln gedeckt, deren Ende nicht abzusehen ist. Man setzt sich, wo man sich findet, der Zufall nähert alle Classen, alle Lebensalter, alle Stadttheile, man drückt sich herzlich die Hände und sieht nur zufriedene Gesichter.

Obgleich die grosse Stadt dann nur ein ungeheurer Speisesaal ist, so verbürgt doch die Grossmuth der Einzelnen den Ueberfluss, während eine väterliche Regierung ängstlich auf Erhaltung der Ordnung wacht und die Grenzen der Mässigung nicht überschreiten lässt. Bald lässt sich eine lebhafte fröhliche Musik hören, sie ruft zum Tanze, diesem von der Jugend geliebten Zeitvertreibe.

Man hat ungeheure Säle und elastische Tanzböden hergerichtet, und Erfrischungen aller Art fehlen nicht.

Die Menge strömt dorthin, die Einen um zu handeln, die Andern um zuzuschauen und zu ermuntern. Man lacht über einige alte Männer, die, von einem vorübergehenden Feuer belebt, der Schönheit einen augenblicklichen Dienst weihen. Aber der feierliche Tag und der Dienst der Göttin entschuldigen Alles.

Das Vergnügen dauert lange, die Freude ist allgemein, die Bewegung überall, und man hört mit Trauer die letzte Stunde zur Ruhe auffordern. Doch widersteht Niemand diesem Rufe: Alles ist in anständiger Weise vorübergegangen, Jeder zieht sich zurück, zufrieden mit dem Tage, und legt sich zu Bette mit voller Hoffnung auf die Glücksgaben eines Jahres, das so schön angefangen wurde.

Physiologie des Geschmackes.

Zweiter Theil.

Uebergang.

Wenn man mich bis jetzt mit jener Aufmerksamkeit gelesen hat, welche ich stets erwecken und unterhalten wollte, so wird man bemerkt haben, dass ich ein doppeltes Ziel niemals aus den Augen verloren habe: das eine bestand darin, die theoretischen Grundlagen der Gastronomie festzustellen, damit sie unter den Wissenschaften denjenigen Rang einnehmen könne, welcher ihr ohne Widerrede gebührt; das zweite bestand in der genauen Definition des Begriffes der Feinschmeckerei und in der scharfen Trennung dieser gesellschaftlichen Eigenschaft von der Fresserei und der Unmässigkeit, womit man sie höchst unrichtiger Weise verwechselt hat.

Diese Verwechslung ist von unduldsamen Moralpredigern eingeführt worden, die, durch übermässigen Eifer betrogen, da Ausschreitungen finden wollten, wo nur wohlverstandener Genuss stattfand, denn man soll die Schätze der Schöpfung nicht mit Füssen treten. Dann wurde der Irrthum durch ungastliche Grammatiker fortgesetzt, die wie Blinde definirten und in verba magistri schworen.

Heutzutage hat alle Welt sich verständigt und der Irrthum muss aufhören. Heutzutage gesteht Jedermann gern einen leichten Anflug von Feinschmeckerei ein und rühmt sich dessen sogar, während man die Anschuldigung der Gefrässigkeit, der Völlerei und Unmässigkeit für eine grobe Beleidigung ansehen würde.

Es scheint mir, dass das bis jetzt Geschriebene hinsichtlich dieser zwei Hauptpunkte einer Beweisführung gleichkommt und bei Allen, welche sich überzeugen lassen wollen, vollständig genügen soll. Ich könnte also die Feder niederlegen und meine Aufgabe für erfüllt erachten, aber während ich mich in Gegenstände vertiefte, die zu allem Möglichen in Beziehung treten, erinnerte ich mich an viele Dinge, deren Aufzeichnung mir werthvoll erschien, an Anekdoten, die gewiss noch nicht bekannt sind, an gute Witze, die unter meinen Augen entstanden, an einige ausgezeichnete Recepte und ähnliches Beiwerk.

In dem theoretischen Theile zerstreut, hätten sie den Zusammenhang unterbrochen. Vielleicht wird man sie gern im Zusammenhang lesen, und während man sich daran ergötzt, einige thatsächliche Wahrheiten und nützliche Ausführungen dabei mit in den Kauf nehmen. Auch muss ich wohl, wie ich ankündigte, einige biographische Aufzeichnungen bringen, die weder zu Zänkereien noch zu Erläuterungen Anlass geben werden. Ich habe in diesem Theile, wo ich mich mit meinen Freunden wiederfinde, die Belohnung für meine Arbeit gesucht. Wenn des Lebens Fackel am Erlöschen ist, wird uns das Ich, zu welchem die Freunde nothwendig gehören, theuer und werthvoll.

Doch muss ich gestehen, dass ich einige Unruhe fühlte, als ich diese mir persönlichen Stellen von Neuem durchlas.

Dieses Missbehagen kam von meiner allerletzten Lecture und von den Randglossen, welche über Denkwürdigkeiten gemacht wurden, die in Jedermanns Händen sind.

Ich fürchtete, dass irgend ein Spötter, der schlecht verdauet und schlecht geschlafen hätte, vielleicht sagen würde:

„Das ist mir ein rechter Professor, der sich selbst keine Beleidigungen sagt! Ein Professor, der sich selbst immer Complimente macht! Ein Professor, der .... ein Professor, welcher ......" Diesen Leuten antworte ich im Voraus mit eingelegtem Rappiere, dass wer Niemandem Uebles nachsagt, auch das Recht hat, sich selbst mit Nachsicht zu behandeln, und dass ich nicht einsehe, warum ich, der ich dem Hasse stets fremd gewesen bin, von meinem eigenen Wohlwollen ausgeschlossen sein sollte.

Nach dieser in der That wohlgegründeten Antwort glaube ich ruhig sein und mich in meinen Philosophen-Mantel hüllen zu können. Diejenigen, welche fortfahren, erkläre ich für schlechte Schlafkameraden. Schlechte Schlafkameraden! eine neue Beleidigung, für die ich ein Erfindungspatent nehmen will, weil ich zuerst entdeckt habe, dass sie eine wahre Excommunication enthält.

Verschiedenes.

I.

Der Eierkuchen des Pfarrers.

Jedermann weiss, dass Madame Recamier während zwanzig Jahren ohne Widerrede den Thron der Schönheit in Paris einnahm. Auch weiss man, dass sie ausserordentlich wohlthätig war, und zu einer gewissen Zeit an allen Unternehmungen Antheil nahm, welche die Linderung des Elends zum Zweck hatten, das in der Hauptstadt oft fürchterlicher ist, als überall sonst*). Da sie hierüber mit dem Pfarrer

---

*) Die Hausarmen, deren Bedürfnisse man nicht kennt, sind am Meisten zu beklagen, denn man muss den Parisern zu ihrem Lobe nach-

von ..... zu sprechen hatte, besuchte sie ihn fünf Uhr Nachmittags und fand ihn zu ihrem Erstaunen schon bei Tische.

Die theure Bewohnerin der Mont-blancstrasse glaubte, dass in Paris alle Welt um sechs Uhr zu Mittag speise; sie wusste nicht, dass die Geistlichen früh anfangen, weil viele Abends noch ein wenig knuspern.

Madame Recamier wollte sich zurückziehen, aber der Pfarrer bat sie, zu bleiben, vielleicht weil das Geschäft, von dem sie zu reden hatten, ihn nicht am Essen hinderte, vielleicht auch weil eine hübsche Frau Niemandem die Freude stören kann, vielleicht endlich weil er bemerkte, dass ihm ein Gegenüber fehle, um aus seinem Salon ein wahres gastronomisches Paradies zu machen.

In der That war das Gedeck ausserordentlich reinlich, ein alter Wein funkelte in krystallner Flasche, das weisse Porzellan war von erster Auswahl, die meisten Schüsseln standen auf Wärmern und eine wohlgekleidete Magd von kanonischem Alter war zur Bedienung da.

Das Mahl stand auf der Grenze zwischen Frugalität und Feinheit; man trug eben eine Krebssuppe ab und sah auf dem Tische eine Lachsforelle, einen Eierkuchen und Salat.

„Mein Mittagsessen sagt Ihnen, was Sie vielleicht nicht wissen," bemerkte lächelnd der Pfarrer, „man fastet heute nach Kirchenrecht." Unsere Freundin verbeugte sich zustimmend, aber ihre geheimen Denkwürdigkeiten versichern, dass sie ein wenig erröthete, was indessen den Pfarrer am Essen nicht hinderte.

Er hatte die Forelle schon an ihrem oberen Theile angebrochen, die Sauce verkündete eine geschickte Hand und eine innere Befriedigung strahlte auf der Stirn des Pfarrers.

---

sagen, dass sie mitleidig sind und gern Almosen spenden. Ich zahlte im Jahre X einer alten Nonne, welche gelähmt in einem sechsten Stocke lag, eine kleine Wochenpension. Die brave Person erhielt so viel von der Wohlthätigkeit ihrer Nachbarn, dass sie behäbig leben und noch obenein eine Laienschwester ernähren konnte, die sich ihrer Pflege gewidmet hatte.

Eierkuchen.

Nach dieser ersten Schüssel machte sich der Pfarrer an den Eierkuchen, der rund, dickbauchig und wohlbereitet erschien.

Beim ersten Löffelzuge liess der Wanst eine dicke Brühe hervorfliessen, die dem Auge und dem Geruche schmeichelte. Die Schüssel lief übervoll, und unsere liebe Juliette gestand ein, dass das Wasser ihr im Munde zusammenlief.

Diese sympathische Bewegung entging dem Pfarrer nicht, der gewöhnt war, die Leidenschaften der Menschen zu beobachten, und indem er eine Frage zu beantworten schien, die Madame Recamier sich wohl gehütet hatte zu thun, sagte er: „Es ist ein Eierkuchen mit Thunfisch; meine Köchin*)

---

*) In katholischen Ländern sind ohne Zweifel die Pfaffenköchinnen die Inhaberinnen des feinsten Cultus der Delicatesse.

Es war an einem schönen Sommertage. Wir hatten ein Kohlenbergwerk in Wallis besucht und sollten in einer kleinen Kneipe, die am Wege lag, zu Mittag essen. Das Haus versprach so wenig, dass Einer von uns als besorgter Reisemarschall bei der Bestellung des Essens vor unserem Ausmarsche etwas zurückblieb, und dem Wirthe anbefahl, jedenfalls eine Schüssel „Ochsenaugen" (Eier auf der Pfanne) nicht zu vergessen.

Als wir nach ermüdendem Marschiren und Klettern durch Felsen und Gestrüpp wieder zurückkehrten, empfing uns ein trauliches, gut durchlüftetes, kühles Zimmer, worin das blendende Sonnenlicht durch Schalter gemildert war, ein reinlich gedeckter Tisch mit strahlend weissem Linnen und silbernen Gedecken.

Bald erschien das Essen. Eine Krebssuppe, die eine längst begrabene Liebe zum Leben hätte erwecken können; eine Forelle aus dem Turtmannbache, auf deren Rücken die Tropfen des Wasserfalles in gelben, blauen und rothen Flecken ankrystallisirt schienen, das Fleisch gelb wie eine Orange von Messina eine Hühnerfricassée, mit Trüffeln und Champignons in rührendem Vereine, und als Braten ein herrlicher Birkhahn, mit dem blau schillernden Halse und dem leierförmigen Schwanze, zierlich aufgezäumt, wie wenn er lebte, und auf dem Punkte der höchsten Schmackhaftigkeit.

„Die Köchin hier ist die berühmteste Pfaffenköchin im Lande," sagte unser Walliser Führer; — „sie war beim Bischof lange in Diensten und Se. Hochwürden möchten sie gerne wieder haben!"

Wir liessen die Pfaffenköchinnen leben, zuerst in Gletscherwein,

bereitet ihn ausgezeichnet, und wer ihn noch gekostet hat, belobt sie." „Das wundert mich nicht," antwortete Madame Recamier, „die Schüssel sieht sehr appetitlich aus, ich habe auf unseren weltlichen Tafeln noch keine ähnliche gesehen."

Dann kam der Salat. Ich empfehle ihn Allen, welche Zutrauen zu mir haben wollen. Der Salat erfrischt, ohne zu schwächen, stärkt, ohne zu reizen; ich pflege zu behaupten, dass er verjüngt.

Das Mittagsessen unterbrach die Unterhaltung nicht. Man sprach von dem Geschäfte, welches den Besuch herbeigeführt hatte, von dem Kriege, der damals wüthete, von den Hoffnungen der Kirche und den Weltbegebenheiten und von ähnlichen Dingen, die ein schlechtes Mittagsessen vorübergehen lassen und ein gutes verschönern.

Das Dessert kam zur rechten Zeit, ein Käse von Septmoncel, drei Calvilleäpfel und ein Topf Eingemachtes.

Dann schob die Magd ein kleines rundes Tischchen herbei, einen Guéridon, wie sie damals im Gebrauch waren, auf welchen sie eine Tasse heissen, klaren Kaffees setzte, dessen Geruch das Zimmer erfüllte.

Der Pfarrer sprach sein Gratias, nachdem er ihn geschlürft hatte, und sagte beim Aufstehen: „Ich trinke niemals Likör, es ist das ein Ueberfluss, den ich meinen Gästen anbiete, selbst aber nicht anrühre. Ich behalte

---

dann in Amigue, dann in Feuerwein, bitterem Malvoisie, noch viel zu wenig im Auslande bekannten Producten der herrlichen Weinberge des Alpenthals, und fuhren jubelnd auf offenem Wägelchen bei sternenheller Mondnacht nach Sitten zurück.

Als aber der Braten mit Hochgenuss und allgemeinem Beifall verzehrt war, hatte sich der Wirth, die Mütze in der Hand, demüthig unserer Reisegesellschaft genähert und mit schalkhafter Miene gesagt: „Soll ich nun noch die Ochsenaugen bringen?"

Unser Reisemarschall war beschämt, und suchte seine Verwirrung damit zu bemänteln, dass er mit donnernder Stimme den „Sire de Framboisy" anstimmte, eine damals beliebte, stundenlange Romanze, die selbst bei unserer Ankunft in Sitten noch nicht vollständig beendet war.   C. V.

Recept.

mir das für mein höheres Alter vor, wenn Gott mir so lange das Leben schenken will."

Die Zeit war während dessen verflossen und es schlug sechs Uhr. Madame Recamier stieg deshalb schnell in ihren Wagen, denn sie hatte einige Freunde zum Essen, unter welchen auch ich war. Sie kam ihrer Gewohnheit gemäss spät, aker sie kam doch, und war noch ganz aufgeregt von dem, was sie gesehen und gerochen hatte.

Während des ganzen Essens war nur von dem Speisezettel des Pfarrers und namentlich von seinem Eierkuchen die Rede.

Madame Recamier lobte ihn so sehr in Bezug auf seine Grösse, seine Rundung, sein Ansehen; — ihre Angaben waren so bestimmt, dass man allgemein zugab, er müsse vortrefflich gewesen sein. Es war eine wirkliche sinnliche Gleichung, die Jeder nach Kräften aufzulösen suchte.

Nachdem dieser Gegenstand der Unterhaltung erschöpft war, ging man zu andern über und dachte nicht weiter daran. Ich aber in meiner Rolle als Verbreiter nützlicher Kenntnisse glaubte eine ebenso gesunde als angenehme Speise aus dem Dunkel hervorziehen zu sollen. Ich beauftragte also meinen Koch, sich das Recept bis in die kleinsten Einzelheiten zu verschaffen, und gebe es um so lieber, als ich es bis jetzt noch in keinem Kochbuche fand.

Zubereitung des Thunfisch-Eierkuchens.

Man nehme für sechs Personen zwei wohlgewaschene Karpfenmilcher, die man durch fünf Minuten langes Eintauchen in kochendes Salzwasser weiss macht.

Man nehme frischen Thunfisch, gross wie ein Hühnerei, dem man eine kleine in Atome gehackte Chalotte zufügt. Man hacke die Milcher und den Thunfisch zusammen, um sie vollständig zu mischen, und thue das Ganze in eine Casserolle mit einem gehörigen Stücke guter frischer Butter, womit man es aufrüttelt, bis die Butter geschmolzen ist. Das ist die Hauptsache bei diesem Eierkuchen.

Dann nehme man ein zweites Stück Butter nach Belieben, verbinde es mit Petersilie und Zipolle und thue es in eine fischförmige Schüssel, worin der Eierkuchen gemacht werden soll, mit dem Safte einer Citrone. Das stelle man auf heisse Asche.

Dann rührt man zwölf Eier, so frisch als möglich, schüttet die Butter mit den Milchern und dem Thun hinein und rührt alles gut zusammen.

Dann macht man den Eierkuchen auf gewöhnliche Weise, sucht ihn aber lang, dick und weich zu machen; man muss ihn geschickt auf der Schüssel ausbreiten, auf der er servirt werden soll, und sogleich zum Essen auftragen.

Diese Schüssel schickt sich für feine Frühstücke, für Vereinigungen von Liebhabern, wo man weiss, was man thut und gesetzten Wesens ist. Wenn man sie mit gutem alten Wein benetzt, wirkt sie Wunder.

Theoretische Bemerkungen für die Zubereitung.

1. Man muss die Milcher und den Thunfisch mit der Butter schütteln, ohne sie zum Kochen zu bringen, damit sie ja nicht erhärten, sonst vermischen sie sich nicht gut mit den Eiern.

2. Die Schüssel muss tief sein, um die Brühe, welche zusammenläuft, mit dem Löffel serviren zu können.

3. Die Schüssel muss etwas erwärmt sein; wäre sie kalt, so würde sie dem Eierkuchen alle Wärme entziehen und die Buttersauce, auf welcher er beruht, gerinnen machen.

II.

Eier mit Bratensauce.

Ich begleitete einmal zwei Damen nach **Melun**.

Wir waren nicht sehr früh aufgebrochen und kamen nach Montgeron mit einem Appetit, der Alles zu vernichten drohte.

Leere Drohungen. Die Wirthschaft, in der wir abstiegen, sah zwar gut aus, hatte aber gar keine Vorräthe, denn drei Diligencen und zwei Postkutschen hatten hier gehalten und ägyptischen Heuschrecken ähnlich Alles verzehrt.

So sagte der Koch.

Indessen sah ich an dem Spiesse einen vortrefflichen Schafschlegel braten, auf den die Damen ihrer Gewohnheit gemäss sehr lüsterne Blicke warfen.

Ach! sie blickten umsonst! Der Schlegel gehörte drei Engländern, die ihn mitgebracht hatten und ihn ohne Unruhe erwarteten, während sie eine Flasche Champagner vertilgten.

„Könnten Sie uns nicht," sagte ich mit halb ärgerlicher, halb bittender Miene, „einige Eier in der Bratensauce verrühren? Damit und mit einer Tasse Milchkaffee würden wir uns begnügen." „O! sehr gern," antwortete der Koch, „nach Küchenrecht gehört die Sauce uns und Sie sollen gleich bedient werden." In der That öffnete er sogleich vorsichtig die Eier.

Als ich ihn so beschäftigt sah, ging ich ans Feuer, zog aus meiner Tasche mein Reisemesser und brachte dem verbotenen Schlegel eine Dutzend tiefer Wunden bei, wodurch der Saft bis zum letzten Tropfen ausfliessen musste.

Nach dieser ersten Operation beobachtete ich aufmerksam die Zubereitung der Eier, aus Furcht, dass uns nicht einige Sauce bei Seite gestellt würde. Als alles fertig war, trug ich selbst die Schüssel in das Zimmer, das man uns gegeben hatte.

Dort speisten wir und lachten wie die Narren, weil wir in der That die Essenz des Bratens verzehrten, während unsere englischen Freunde die trockenen Fasern kauen mussten.

III.

Nationaler Sieg.

Während meines Aufenthalts in New-York brachte ich zuweilen meine Abende in einer Art von Speisewirthschaft zu, die von einem Herrn Little gehalten wurde, bei welchem man Morgens Schildkrötensuppe und Abends alle in den Vereinigten Staaten gebräuchlichen Erfrischungen fand.

Ich führte zuweilen den Vicomte de la Massue und Hrn. Johann Rudolph Fehr hin, Letzterer früher Handelsmäkler in Marseille, die beide wie ich emigrirt waren. Ich bewirthete sie mit einem welsh rabbit*), den wir mit Bier oder Apfelwein benetzten, und wir unterhielten uns gemüthlich von unserem Unglück, unseren Vergnügungen und Hoffnungen. Dort lernte ich einen Herrn Wilkinson, Pflanzer in Jamaika, und einen andern Mann kennen, der offenbar Jenes Freund war, denn er war immer bei ihm. Dieser Letztere, dessen Namen ich niemals gehört habe, war einer der seltsamsten Menschen, die ich je gesehen; er hatte ein viereckiges Gesicht, lebhafte Augen und schien alles aufmerksam zu betrachten, aber er sprach niemals und seine Züge waren unbeweglich, wie die eines Blinden. Nur wenn er einen Witz

---

*) Die Engländer nennen etwas höhnisch welsh rabbit (wälsches Kaninchen) ein Stück gerösteten Käse auf einer Brotschnitte. Das ist gewiss nicht so nährend als ein Kaninchen, aber es reizt zum Trinken, passt vortrefflich zum Weine und lässt sich unter Freunden beim Dessert wohl verzehren.

oder etwas Lächerliches hörte, so erheiterte sich sein Gesicht, er schloss dann seine Augen, öffnete seinen Mund so weit, wie die Mündung eines Hornes, und stiess einen langen Ton aus, halb Lachen, halb Wiehern, was die Engländer horse laugh (Pferdelachen) nennen, worauf er plötzlich wieder in sein gewöhnliches Schweigen zurückfiel. Die ganze Erscheinung dauerte so lange, wie der Blitz, der die Wolken zerreisst. Herr Wilkinson, der etwa fünfzig Jahre alt sein mochte, betrug sich dagegen ganz wie ein vollkommener Gentleman.

Diese beiden Engländer schienen unsere Gesellschaft zu lieben und hatten schon mehrmals in gemüthlicher Weise das frugale Nachtessen getheilt, welches ich meinen Freunden vorsetzte, als Herr Wilkinson mich eines Abends bei Seite nahm und mir seine Absicht mittheilte, uns alle Drei zum Essen einzuladen.

Ich dankte, und da ich mich hinlänglich bevollmächtigt glaubte bei einer Gelegenheit, die mich ganz besonders betraf, so nahm ich für uns alle Drei an und die Einladung wurde für übermorgen um drei Uhr festgestellt.

Der Abend ging wie gewöhnlich vorüber; als ich aber fortgehen wollte, sagte mir der Kellner im Vertrauen, die Jamaikaner hätten ein gutes Mittagsessen bestellt und namentlich gute Getränke befohlen, weil sie das Essen wie eine Herausforderung betrachteten, wer besser trinken könne. Der Mann mit dem grossen Maule hätte sogar behauptet, er hoffe allein die Franzosen unter den Tisch zu trinken.

Diese Eröffnung hätte mich absagen lassen, wenn ich es mit Ehren gekonnt hätte, denn ich habe stets solche Saufereien geflohen, aber das war nicht mehr möglich. Die Engländer würden überall herum gesagt haben, wir wagten nicht, uns mit ihnen zu messen, ihre Herausforderung habe genügt, uns aus dem Felde zu schlagen, und obgleich von der Gefahr unterrichtet, folgten wir doch dem Grundsatze des Marschalls von Sachsen. Der Wein war eingeschenkt, wir mussten ihn trinken.

Ich schwebte allerdings in Sorgen, doch betrafen diese Sorgen in der That nicht meine Person; ich glaubte mit Zuversicht, da ich jünger, grösser und stärker als unser Gastgeber war, den beiden Engländern, die wahrscheinlich durch starke Getränke schon abgenützt waren, obsiegen zu können, zumal da ich mich von solchem Fehler gänzlich frei wusste.

Ohne Zweifel hätte man mich mitten unter vier Besiegten zum Sieger ausgerufen, aber dieser mir persönlich gewordene Sieg würde durch die Niederlage meiner beiden Landsleute, die man mit den Besiegten in dem ekelhaften Zustande weggebracht hätte, der eine solche Niederlage begleitet, sehr geschmälert worden sein. Ich wünschte meinen Freunden diese Beschämung ersparen zu können; mit einem Worte, ich wünschte den Triumph der Nation, nicht denjenigen des Individuums. Ich bat also Fehr und la Massue zu mir, und hielt ihnen eine strenge Anrede in aller Form, um ihnen meine Furcht mitzutheilen; ich empfahl ihnen, so viel als möglich in kleinen Zügen zu trinken, einige Gläser wegzustipitzen, während ich die Aufmerksamkeit unserer Gegner ablenkte, mässig zu essen und während der ganzen Sitzung einigen Appetit zu behalten, weil die mit den Getränken gemischten Speisen ihre Hitze mässigen und sie verhindern, allzu heftig auf das Gehirn einzuwirken. Zum Schlusse theilten wir einen Teller bittrer Mandeln, die man uns angerühmt hatte, um den Weindunst zu mässigen.

In dieser Weise physisch und moralisch gewappnet, gingen wir zu Little, wo wir die Jamaikaner trafen und das Mittagsessen bald aufgetragen wurde. Es bestand aus einem ungeheuern Stück Roastbeef, einem geschmorten Truthahn, gekochten Rüben, Salat von rohem Kohl und einem Obstkuchen.

Man trank in französischer Weise, d. h. der Wein wurde gleich zu Anfang des Diners gegeben. Es war sehr guter Claret, der damals wohlfeiler war als in Frankreich, weil schnell nach einander mehre Ladungen angekommen waren, von denen die letzten sich sehr schlecht verkauft hatten.

Herr Wilkinson machte vortrefflich den Wirth, bat uns zu essen und gab selbst ein gutes Beispiel. Sein Freund schien in seinen Teller vertieft, sagte kein Wort, blickte auf die Seite und lachte mit den Mundwinkeln.

Meine Schüler machten mir viele Freude. La Massue, obgleich mit einem starken Appetit begabt, ass doch wie ein verzärteltes Frauchen, und Fehr escamotirte von Zeit zu Zeit einige Gläser Wein, die er geschickt in einen Bierkrug zu giessen wusste, der am Ende der Tafel stand; ich meinerseits hielt mannhaft den beiden Engländern Stand, und bekam um so mehr Zutrauen, je weiter das Essen fortschritt.

Nach dem Claret kam der Porto und dann der Madera, bei welchem wir ziemlich lange blieben.

Man hatte das Dessert, das aus Butter, Käse, Cocos- und Hickorynüssen bestand, aufgetragen. Der Augenblick war gekommen, Gesundheiten zu trinken. Wir tranken auf die Macht der Könige, die Freiheit der Völker und die Schönheit der Damen. Wir tranken mit Herrn Wilkinson die Gesundheit seiner Tochter Maria, die seiner Versicherung zufolge das schönste Mädchen von Jamaika sein sollte.

Nach dem Wein kamen die Sprits, d. h. Rum, Cognac, Korn und Fruchtbranntwein, man sang Lieder dazu, und ich sah, dass es heiss hergehen würde. Ich fürchtete die Branntweine und umging sie, indem ich Punsch verlangte. Little selbst brachte uns eine Bowle, die ohne Zweifel schon vorher angemacht war und für vierzig Personen genügt hätte. Wir haben in Frankreich keine Gefässe von solcher Grösse.

Dieser Anblick ermuthigte mich. Ich ass fünf oder sechs geröstete Brotschnitten mit ausnehmend frischer Butter und fühlte meine Kräfte wachsen. Nun warf ich einen beobachtenden Blick auf meine Umgebung, denn ich fühlte einige Unruhe hinsichtlich des Endes. Meine zwei Freunde schienen mir ziemlich frisch, sie schälten sich Hickorynüsse und tranken dazu. Herrn Wilkinson's Gesicht war dunkelbraunroth, seine Augen trüb, seine Haltung nachlässig; sein Freund schwieg wie immer, aber sein Kopf rauchte wie ein

Dampfkessel, und sein ungeheurer Mund war zusammengezogen wie ein Hühnerbürzel. Ich sah wohl, dass die Katastrophe herankäme.

In der That wachte Herr Wilkinson plötzlich auf, erhob sich und begann mit lauter Stimme „Rule Britannia" zu singen. Aber er kam nicht weiter, seine Kräfte wurden ihm treulos, er fiel auf seinen Sitz zurück und glitt unter den Tisch. Als sein Freund ihn in diesem Zustande sah, stiess er ein helles Gelächter aus, bückte sich, um ihm zu helfen, und fiel neben ihm zu Boden.

Ich kann unmöglich die Befriedigung, welche diese plötzliche Lösung mir verursachte, und den Druck schildern, von dem sie mich befreite. Ich schellte augenblicklich. Little kam herauf, und nachdem ich ihm die officielle Phrase gesagt hatte: „Sehen Sie zu, dass diese Herren gehörig besorgt werden," tranken wir ein letztes Glas auf ihre Gesundheit. Bald kam auch der Zimmerkellner mit seinen Gehülfen, bemächtigte sich der Besiegten, die nach dem Herkommen mit den Füssen voraus*) nach Hause getragen wurden, wobei sich der Freund vollkommen steif und ruhig hielt, Herr Wilkinson aber immer noch „Rule Britannia" zu singen versuchte**).

---

*) The feet foremost — officielle Bezeichnung für diejenigen, die man gänzlich betrunken wegträgt.

**) Ich hatte einen älteren Studiengenossen, der unter dem Namen „der alte Louis" bekannt und ebensowohl durch die elegante Klinge, die er schlug, als durch die ungeheure Menge Bier berühmt war, die er zu vertilgen pflegte.

Der alte Louis wäre nie vor einem Degen noch vor einem Kruge zurückgewichen.

Wenn er Bier trank, sass er Anfangs nachlässig und gebückt auf seinem Stuhle. Je weiter er kam, desto steifer richtete er sich auf, desto eckiger wurden seine Bewegungen, desto regelmässiger die Züge seiner stets glimmenden Pfeife.

Bis zum letzten Augenblicke unterhielt er sich mit derselben classischen Ruhe, die ihm bei allen seinen Handlungen, im Duell wie auf der Kneipe eigen war, und mit derselben scharfen Einsicht

Triumph.

Am andern Morgen erzählten die Journale von New-York und nach ihnen alle Zeitungen der Vereinigten Staaten den Vorgang ziemlich genau, und da sie hinzufügten, die beiden Engländer seien an den Folgen dieses Abenteuers krank geworden, so ging ich sie zu besuchen. Ich fand den Freund ganz vergälstert von einem fürchterlichen Katzenjammer, und Herrn Wilkinson durch einen Anfall von Gicht, den unser Weinkampf hervorgerufen hatte, an den Lehnstuhl gefesselt. Er schien über meine Aufmerksamkeit erfreut und sagte mir unter Anderm: „Oh! dear sir, you are very good company indeed, but too strong a drinker for us." (Lieber Herr! Sie sind ein vortrefflicher Gesellschafter, aber im Trinken zu stark für uns!)

---

und Klarheit über die Angelegenheiten der Studentenschaft und des Vaterlandes, aber niemals über Wissenschaft.

Plötzlich stürzte er, mitten in einem Satze, wie vom Schlage getroffen zu Boden.

Da lag er dann, steif ausgestreckt, wie ein Brett, unempfindlich, schwer athmend, ohne Besinnung.

Wir trugen ihn dann zu Hause, wie einen Todten — zwei zu Häupten, zwei in der Mitte, zwei zu Füssen, und da in meiner guten Vaterstadt Giessen zur damaligen Zeit die Strassenbeleuchtung noch sehr mangelhaft und kaum erfunden war, meistens mit Lichtern.

Wenn die Schnurren (so wurden die Universitäts-Pedellen genannt) uns begegneten, so wichen sie ehrerbietig zur Seite und zogen die Hüte — denn der alte Louis war eine Respectsperson.

Der alte Schnurr Wagner pflegte dann wohl leise zu seinem jüngeren Collegen zu sagen: „Da gehen der Herr Louis nach Hause!" und mit lauter Stimme hinzuzufügen: „Gute Nacht, meine Herren!" C. V.

IV.

Die Abwaschungen.

Ich sagte, dass die Vomitorien der Römer unseren gebildeten Sitten zuwider seien. Fast muss ich befürchten, eine Unklugheit begangen zu haben und um Verzeihung bitten zu müssen.

Ich erkläre mich.

Vor etwa vierzig Jahren hatten einige Personen aus höheren Ständen, besonders Damen, die Gewohnheit, sich nach Tische den Mund auszuspülen.

Sie drehten zu diesem Zwecke unmittelbar nach dem Aufstehen vom Tische der Gesellschaft den Rücken zu, ein Lakai reichte ihnen ein Glas Wasser, sie nahmen einen Schluck, den sie schnell in die Untertasse ausspieen, der Bediente trug alles weg, und die Operation wurde so vollzogen, dass man sie kaum merkte.

Wir haben alles das geändert.

In den Häusern, wo man die schönsten Gebräuche zu behaupten sucht, vertheilen die Diener am Ende des Desserts den Gästen Schalen mit kaltem Wasser, in denen ein Becher mit heissem Wasser steht. Man taucht in Gegenwart der Anderen die Finger ins kalte Wasser, als wollte man sie waschen, nimmt einige Schluck heisses Wasser, spült sich geräuschvoll den Mund aus und speit es in die Schale.

Ich bin nicht der Einzige, der sich gegen diese Neuerung ausgesprochen hat, die eben so unnütz, als unanständig und ekelhaft ist.

Unnütz, denn bei all' Denjenigen, welche zu essen verstehen, ist der Mund am Ende des Mahles rein. Die Früchte oder die letzten Gläser, die man beim Dessert trinkt, haben ihn gesäubert; was die Hände betrifft, so soll man sie nicht beschmutzen; jeder Gast bekommt ja überdies eine Serviette, um sie abzuputzen.

Ausspülen des Mundes.

Unanständig, denn einem allgemein geltenden Grundsatze zufolge, soll sich jede Abwaschung in das Geheimniss der Toilette zurückziehen.

Ekelhaft ganz besonders, denn der schönste und frischeste Mund verliert seine Reize, wenn er die Function der ausleerenden Organe übernimmt. Wie aber, wenn dieser Mund weder hübsch noch frisch ist? Was soll man zu jenen ungeheuern Höhlen sagen, welche sich aufthun, um Klüfte zu zeigen, die grundlos scheinen würden, wenn man nicht einige Stöcke darin entdeckte, welche die Zeit angenagt hat? Proh, Pudor! (Pfui der Schande!)

In diese lächerliche Lage hat uns eine einfältige Affectation von Reinlichkeit gesetzt, die weder unserm Geschmacke noch unseren Sitten entspricht.

Wenn man einmal gewisse Grenzen überschritten hat, so weiss man nicht, wo man Halt machen wird, und ich weiss wahrhaftig nicht, welche Reinigung man uns noch auferlegen wird.

Seit der officiellen Einführung dieser neuen Schalen bin ich Tag und Nacht trostlos; ein zweiter Jeremias klage ich über die Verirrungen der Mode, und durch meine Reisen belehrt, trete ich in keinen Salon, ohne zu befürchten, den abscheulichen chamberpot dort finden zu müssen*).

---

*) Vor einigen Jahren gab es noch in England Speisesäle, wo man ein gewisses Bedürfniss befriedigen konnte, ohne sich hinaus bemühen zu müssen; eine seltsame Sitte, die aber weniger unerträglich in einem Lande war, wo die Damen den Tisch verlassen, sobald die Herren zu trinken anfangen.

„Wenn ich einmal an einen gewissen Ort gehe," pflegte mein Grossvater zu sagen, „geht mehr D.... von mir, als wenn ich mich ein ganzes Jahr lang wasche!"

Dies war auch der Grundsatz eines Giessener Professors, Geheimen Medicinalraths und Ritter des hessischen Ludwigsordens, dem einer seiner Freunde auf die Frage, wie er sich für einen bevorstehenden Maskenball verkleiden solle, um unerkannt zu bleiben, antwortete: „Wasche Dich!" C. V.

V.

Mystification des Professors und Niederlage eines Generals.

Vor einigen Jahren sprachen die Zeitungen von der Entdeckung eines neuen Riechstoffes, den man aus der Hemerocallis, einer Zwiebelpflanze, gewonnen haben wollte, die in der That einen sehr angenehmen, dem Jasmin ähnlichen Geruch besitzt. Ich bin sehr neugierig und etwas Maulaffe, und diese beiden Ursachen führten mich bis ins Faubourg St. Germain, wo ich den neuen Riechstoff, den „Liebling der Nasenlöcher", wie die Türken zu sagen pflegen, finden sollte.

Dort fand ich einen Empfang, der dem Kenner gebührt, und man zog aus dem Heiligthume einer wohlbestellten Apotheke ein wohleingewickeltes Schächtelchen, das zwei Unzen des werthvollen Riechstoffes zu enthalten schien, eine Höflichkeit, für die ich mit Hinterlassung von drei Franken erkenntlich war. Alles nach den Compensations-Regeln, deren Grundsätze und Wirkungskreis jeden Tag durch Herrn Azais erweitert werden.

Ein Fant hätte auf der Stelle aufgewickelt, geöffnet, gerochen und gekostet; — ein Professor handelt anders. Die Zurückhaltung schien mir in diesem Falle geboten. Ich ging in officiellem Schritte nach Hause, streckte mich auf mein Sopha und bereitete mich zu einem neuen Genusse vor.

Ich zog das Riechschächtelchen aus der Tasche und befreite es von den Windeln, in die es gehüllt war. Es waren drei verschiedene Druckstücke, die sich alle auf die Hemerocallis bezogen, auf ihre Naturgeschichte, Cultur und Blume, auf die ausgezeichneten Genüsse, die ihr Riechstoff bereite, möge man ihn nun in Pastillen concentriren oder Mixturen beimischen oder auf unseren Tafeln in Likören oder Eis beigemischt auftragen. Ich las sehr aufmerksam diese drei Druckstücke; erstens um mich selbst für die Compensation zu entschädigen, von der ich oben sprach, zweitens um mich hinlänglich auf die Kostung dieses neuen, dem Pflanzenreiche entnommenen Schatzes vorzubereiten.

Ich öffnete also mit geziemender Achtung die Schachtel, die ich mit Pastillen angefüllt glaubte, aber — o Ueberraschung! o Schmerz! ich fand zuerst nur drei weitere Exemplare derselben Druckbogen, die ich eben schon verschlungen hatte, und nur als Zugabe zwei Dutzend Täfelchen, zu deren Eroberung ich die Reise nach dem noblen Quartier gemacht hatte.

Ich kostete, und muss der Wahrheit die Ehre geben, indem ich zugestehe, dass ich die Pastillen ganz angenehm fand. Aber ich bedauerte nur um so mehr, dass sie gegen allen äussern Anschein in so geringer Zahl seien, und je ernsthafter ich darüber nachdachte, desto mehr glaubte ich mich angeführt.

Ich erhob mich also, in der Absicht, die Schachtel dem Verkäufer wiederzubringen, selbst wenn er die Bezahlung zurückbehalten sollte, aber bei dieser Bewegung sah ich in einem Spiegel meine grauen Haare, ich musste selbst über meine Lebhaftigkeit spotten, und setzte mich nieder, den Groll im Herzen. Man sieht, dass er lange angedauert hat. Es handelte sich um einen Apotheker und erst vor vier Tagen war ich Zeuge von dem unerschütterlichen Gleichmuthe eines Mitgliedes dieser edeln Zunft gewesen.

Meine Leser müssen auch diese Anekdote kennen. Ich bin heute, 25. Juni 1825, in Erzählungslaune, wolle Gott, dass kein öffentliches Unglück daraus entsteht.

Ich machte also eines Morgens einen Besuch bei meinem Freund und Landsmann, dem General Bouvier des Eclats.

Er durchmass sein Zimmer mit ärgerlicher Miene und zerknitterte in seinen Händen ein Papier, das wie ein Gedicht aussah.

„Nehmen Sie," sagte er mir, „und sagen Sie mir Ihre Meinung, Sie sind Kenner."

Ich nahm das Papier und sah zu meinem Erstaunen bei raschem Durchlaufen, dass es eine Apothekerrechnung sei; — ich war also nicht in meiner Eigenschaft als Dichter, sondern als Arzneikenner requirirt.

„Wahrhaftig, lieber Freund," sagte ich zum General, indem ich ihm sein Eigenthum zurückgab, „Sie kennen die Gewohnheiten der Zunft, die Sie in Bewegung gesetzt haben; die Grenzen sind vielleicht etwas überschritten, aber warum haben Sie eine gestickte Uniform, drei Orden und einen Hut mit Schnüren? das sind drei erschwerende Umstände und Sie werden schlecht wegkommen." „Seien Sie doch ruhig," antwortete er ärgerlich, „die Rechnung ist schändlich. Uebrigens sollen Sie meinen Schinder sehen, ich habe ihn rufen lassen. Er wird gleich kommen und Sie sollen mir helfen."

Er sprach noch, als die Thür sich öffnete und ein sorgfältig schwarz gekleideter Mann von ungefähr 55 Jahren eintrat. Er war von hohem Wuchs, ernsthaftem Auftreten, und seine ganze Physiognomie hätte ein gleichmässig strenges Ansehen gehabt, wenn das Verhältniss seines Mundes zu seinen Augen ihr nicht etwas Hämisches gegeben hätte.

Er näherte sich dem Kamin, schlug einen Sitz aus und ich war Zeuge des folgenden Gespräches, das ich wortgetreu aufgezeichnet habe.

Der General: „Mein Herr, die Rechnung, die Sie mir geschickt haben, ist eine wahre Pillendreherrechnung, und ......"

Der schwarze Mann: „Mein Herr, ich bin kein Pillendreher."

Der General: „Was sind Sie denn, Herr?"

Der schwarze Mann: „Mein Herr, ich bin Pharmaceut!"

Der General: „Nun wohl, Herr Pharmaceut, Ihr Bursche wird Ihnen gesagt haben ....."

Der schwarze Mann: „Mein Herr, ich habe keinen Burschen."

Der General: „Was war denn das für ein junger Mensch?"

Der schwarze Mann: „Mein Herr, es ist ein Zögling."

Der General: „Ich wollte Ihnen also sagen, Herr, dass Ihr Zeug ....."

Der schwarze Mann: „Mein Herr, ich verkaufe kein Zeug."

Der General: „Was verkaufen Sie denn, Herr?"

Der schwarze Mann: „Mein Herr, ich verkaufe Arzneien."

Damit endete das Gespräch. Der General schämte sich so viele Verstösse gegen den pharmaceutischen Sprachgebrauch gemacht zu haben, wurde verwirrt, vergass, was er zu sagen hatte, und zahlte, was man von ihm verlangte.

VI.

Der Aal.

In Paris in der Strasse der Chaussée d'Antin lebte ein Mann Namens Briguet, der erst Kutscher, dann Pferdehändler gewesen war und sich ein kleines Vermögen erworben hatte. Er war in Tallissieu geboren, und da er sich dorthin zurückziehen wollte, heirathete er eine vermögliche Frau, die früher bei derselben Fräulein Thevenin Köchin gewesen war, welche ganz Paris unter dem Spottnamen Pique-Ass gekannt hatte.

Er fand die Gelegenheit, ein kleines Gütchen in seinem Geburtsdorfe zu kaufen, benutzte sie, und kam gegen Ende 1791 mit seiner Frau, um dort zu wohnen.

Die Pfarrer jedes Erzpriesterbezirkes versammelten sich damals gewöhnlich jeden Monat einmal reiheum bei Einem von ihnen, um kirchliche Angelegenheiten zu berathen. Man feierte eine Hochmesse, discutirte und speiste dann zusammen.

Als nun die Reihe an den Pfarrer von Tallissieu kam, hatte ihm gerade Einer seiner Kirchhörigen einen prächtigen Aal zum Geschenke gemacht, der in den klaren Gewässern des Serans gefangen worden war und mehr als drei Fuss Länge hatte.

Der Pastor war hocherfreut über den Besitz eines Fisches von solcher Herkunft, fürchtete aber, dass seine Köchin nicht Kenntniss genug haben möchte, um eine Schüssel zuzubereiten, die zu so schönen Hoffnungen berechtigte. Er ging also zu Frau Briguet, und indem er ihre höhern Kenntnisse anerkannte, bat er sie, ihren Stempel einer Schüssel aufzudrücken, die eines Erzbischofs würdig wäre und sein Mittagsessen krönen sollte.

Das gelehrige Beichtkind gab unschwer seine Zustimmung, und wie sie sagte um so lieber, weil sie noch ein Kistchen mit verschiedenen seltenen Gewürzen besitze, die man bei ihrer frühern Herrin anwendete.

Der Aal wurde sorgfältig zubereitet und ausgezeichnet aufgetragen, er sah liebenswürdig aus und roch bezaubernd, und als man ihn kostete, fand man keine Ausdrücke des Lobes stark genug; — auch verschwanden Fisch und Brühe bis zum letzten Atom.

Aber es geschah, dass die ehrwürdigen Herren beim Dessert ausserordentlich aufgeregt waren, und dass, in Folge des unverkennbaren Einflusses des Physischen auf das Geistige, die Unterhaltung auf das Gebiet der Zoten gerieth. Die Einen erzählten saubere Dinge von den Abenteuern im Seminar, die Anderen neckten ihre Nachbarn über Gerüchte aus der Scandalchronik, kurz die Unterhaltung bezog sich einzig auf die liebenswürdigste der sieben Todsünden, und, was noch bemerkenswerther war, die geistigen Herren merkten selbst nichts von dem Scandal; so verschmitzt ist der Teufel.

Man trennte sich spät, und meine geheimen Denkwürdigkeiten sagen nichts über das Ende des Tages. Als aber die Gäste bei der nächsten Conferenz sich wieder sahen, schämten sie sich über das, was sie gesagt, baten um Verzeihung für die Vorwürfe, die sie einander gemacht, und schrieben endlich das Ganze dem Einflusse der Zubereitung des Aals zu, worauf sie zwar zugestanden, dass er ausgezeichnet gewesen sei, dennoch aber in ihrer Weisheit beschlossen, die Wissenschaft der Frau Briguet auf keine Probe mehr zu stellen.

Ich habe vergebens versucht, die Natur des Gewürzes zu ergründen, das so merkwürdige Wirkungen erzeugt hatte, um so mehr, da man es weder gefährlich noch ätzend gefunden hatte.

Die Künstlerin gestand eine Krebssauce mit vielem spanischen Pfeffer ein, ich bin aber überzeugt, dass sie nicht Alles sagte.

VII.

Die Spargel.

Man sagte eines Tages Sr. Hochwürden Courtois von Quincey, Bischof von Belley, dass eine Spargel von ausserordentlicher Grösse auf einem Beete seines Gartens hervorsprosse.

Augenblicklich begab sich die ganze Gesellschaft dorthin, um die Thatsache festzustellen, denn auch in den bischöflichen Palästen hat man zuweilen gern etwas zu thun.

Die Neuigkeit war weder falsch noch übertrieben, die Spargel hatte schon den Boden durchbrochen und zeigte sich auf der Oberfläche. Ihr Kopf war rund, glänzend, hellroth, und versprach einen Stamm, der die ganze Hand füllte.

Man bewunderte dies Erzeugniss der Gartenbaukunst, man kam überein, dass der Bischof allein das Recht habe, es von der Wurzel zu trennen, und bestellte bei dem nächsten Messerschmiede augenblicklich ein zu diesem Zwecke geeignetes Messer.

Die Spargel wuchs während der folgenden Tage an

Grösse und Schönheit, ihr Wachsthum war langsam aber allmälig, und bald konnte man den weissen Theil erkennen, an welchem das Essbare der Spargel aufhört.

Die Zeit der Ernte war gekommen; — man bereitete sich durch ein gutes Essen darauf vor und verschob die Operation auf die Zurückkehr vom Spaziergange.

Nun bewaffnete sich Se. Gnaden mit dem officiellen Messer, bückte sich ernsthaft, und ging daran, die stolze Pflanze von ihrer Wurzel zu trennen, während der ganze bischöfliche Hof mit Ungeduld den Augenblick erwartete, wo er die Fasern und den inneren Bau untersuchen könnte.

Aber welche Ueberraschung, welche Täuschung, welcher Schmerz! Hochwürden erhoben sich mit leeren Händen — die Spargel war von Holz!

Diese vielleicht etwas starke Neckerei rührte von dem Domherrn Rosset her, der, in St. Claude geboren, vortrefflich drehte und gut malte.

Er hatte sein Kunstwerk vollkommen gut zugerichtet, die falsche Pflanze heimlich eingegraben, und täglich ein wenig in die Höhe gehoben, um das natürliche Wachsthum nachzuahmen.

Se. Gnaden wussten anfangs nicht recht, wie sie den Schwank aufnehmen sollten, aber da sich einige Heiterkeit auf den Gesichtern der Anwesenden spiegelte, so lächelten Sie und diesem Lächeln folgte ein allgemeiner Ausbruch eines wahrhaft homerischen Lachens. Man trug das Beweisstück fort, ohne sich weiter mit dem Verbrecher zu beschäftigen, und diesen Abend wenigstens erhielt die Spargelstatue den Ehrenplatz im Salon*).

---

*) Ganz Hessen hat den Oberförster Fröhlich gekannt, dessen Ruhm denjenigen Münchhausen's fast verdunkelt hätte.

Seine Erzählungen waren in Aller Munde; einige sind classisch geworden, und verdienen, der Nachwelt durch eine würdigere Feder bewahrt zu werden.

So unter Anderem die Erzählung von dem Besuche beim Grossherzoge, wo dieser den alten Freund bürgerlich empfängt, in der

VIII.

Die Falle.

Der Ritter von Langeac hatte ein ganz hübsches Vermögen, das durch die gewöhnlichen Blutegel, die einem reichen, jungen und hübschen Manne anhängen, vollständig ausgesogen worden war.

Er hatte einige Trümmer gerettet, und mittelst einer kleinen Pension, die er von der Regierung bezog, lebte er in Lyon ganz angenehm in der besten Gesellschaft, denn die Erfahrung hatte ihm Ordnung gelehrt.

Obgleich noch immer galant, hatte er sich doch thatsächlich vom Dienste der Damen zurückgezogen. Doch machte er noch immer gern seine Parthie mit ihnen in Gesellschaftsspielen, die er sehr gut kannte. Aber er ver-

---

„blauen Stube" einquartirt, ihm durch seine Frau, die Grossherzogin, einen Kaffee, „aber diesmal ohne Rüben" kochen lässt, und dem Erbgrossherzog zuruft: „Siehst Du nicht, dass der Fröhlich kein Feuer auf der Pfeife hat? Geh' hin, langer Schlingel und hole ihm ein Köhlchen!"

Eine von Fröhlich's Erzählungen bezieht sich auf die Spargeln.

„Da ist mir heute eine sonderbare Geschichte im Garten begegnet," erzählte er eines Abends im Casino, wo sich die Honoratioren versammelten. „Ich stehe da an meinem Spargelbeete, und sehe zu, ob ich nicht einige stechen könnte, um den Major Moter zu ärgern, der immer die ersten haben will. Plötzlich sehe ich Etwas stossen und die Erde sich heben, wie ein Maulwurfshügel. Aha! denke ich, hängst du mir da heraus und bambelst nicht? Hast du den Weg da hinein gefunden, alter Schleicher? Es soll dir schlecht bekommen!"

„Ich also geschwind hin, hole mir einen Spaten, schleiche mich sachte an und warte. Da stösst es wieder. Ich wie der Blitz hinein, hebe auf, werfe heraus und will gleich mit dem Fusse auf den Maulwurf springen. Aber was war's? Eine armsdicke Spargel, die beim Wachsen stiess, wie ein Maulwurf! Gott verdamm' mich!
C. V.

theidigte sein Geld gegen sie mit jener Kaltblütigkeit, die Diejenigen charakterisirt, welche auf ihre Gunstbezeugungen verzichtet haben.

Die Feinschmeckerei hatte seine übrigen Leidenschaften ersetzt. Man kann sagen, dass er ein Gewerbe daraus machte, und da er übrigens ein angenehmer Gesellschafter war, so erhielt er so viel Einladungen, dass er kaum allen gerecht werden konnte.

Man lebt in Lyon sehr gut. Durch seine Lage erhält es leicht die Weine von Bordeaux, von Burgund und von Eremitage. Das Wildpret der benachbarten Berge ist vortrefflich, aus den Seen von Genf und von Bourget erhält man die besten Fische der Welt, und den Kenner entzückt der Anblick des Geflügels aus der Bresse, das dort seinen Stapelplatz hat.

Der Ritter von Langeac fand also an den besten Tafeln der Stadt seinen Platz, aber er gefiel sich besonders bei einem Herrn A..., einem reichen Bankier und ausgezeichneten Kenner. Der Ritter schrieb diesen Vorzug auf Rechnung ihrer alten Bekanntschaft als Studien-Kameraden, die Spötter dagegen, denn es gibt deren überall, schrieben sie dem Umstande zu, dass der Koch des Herrn A... der beste Schüler von Ramier war, der in jener dunklen Zeit als Speisewirth Ruf hatte.

Wie dem auch sei, gegen Ende des Winters 1780 erhielt der Ritter von Langeac ein Billet, worin Herr A.... ihn über zehn Tage zum Abendessen einlud. Man soupirte damals noch, und meine geheimen Denkwürdigkeiten versichern, dass er vor Freude bebte, wenn er bedachte, dass eine so lange vorher erhaltene Einladung eine feierliche Sitzung und ein Festmahl ersten Ranges anzeigte.

Er kam am bestimmten Tage und Stunde und fand zehn Gäste versammelt, alle Freunde der Freude und leckeren Mahlzeiten. Das Wort „Gastronom" war damals noch nicht aus dem Griechischen abgeleitet oder wenigstens noch nicht im Gebrauche wie heute.

Erster Gang.

Bald wurde ein tüchtiges Essen aufgetragen. Man sah unter Anderem einen ungeheuern Lendenbraten vom Ochsen, eine wohlgarnirte Fricassée von Hühnern, ein schönes Stück Kalbfleisch und einen prächtigen gefüllten Karpfen.

All das war ganz schön und gut, entsprach aber nicht in den Augen des Ritters den Hoffnungen, die er auf eine Einladung auf zehn Tage hinaus gesetzt hatte.

Noch eine andere Sonderbarkeit fiel ihm auf. Die Gäste, die sonst vortrefflichen Appetit hatten, assen entweder gar nicht oder thaten nur so; der Eine hatte Kopfweh, der Andere einen Schauder, der Dritte hatte spät zu Mittag gegessen, der Vierte die Einladung vergessen und schon etwas geknuspert. Der Ritter wunderte sich über den Zufall, der so ungesellige Anlagen auf den heutigen Abend vereinigt hatte, und da er alle diese Invaliden ersetzen zu müssen glaubte, griff er kühn an, schnitt tüchtig zu und stopfte so viel wie möglich ein.

Der zweite Gang beruhte auf nicht minder soliden Grundlagen. Ein gewaltiger Truthahn von Crémieu stand einem blaugesottenen Hechte gegenüber, und war wie gewöhnlich von sechs Zwischengerichten begleitet, unter denen Maccaroni mit Parmesankäse sich auszeichneten.

Bei dieser Erscheinung fühlte der Ritter seine zu Ende gehende Tapferkeit sich neu beleben, während die Anderen den letzten Seufzer auszustossen schienen. Gehoben durch die Aenderung der Weine, triumphirte er über ihre Ohnmacht, und trank auf ihre Gesundheit zahlreiche Gläser, womit er ein grosses Stück Hecht begoss, das dem Schenkel des Truthahns gefolgt war.

Er that den Zwischenspeisen der Reihe nach alle Ehre an, und vollendete glorreich seine Laufbahn, indem er sich nur ein Stück Käse und ein Glas Malaga für das Dessert reservirte, denn er ass niemals Zuckerwerk.

Wie man sieht, hatte er schon zwei Ueberraschungen während des Abends gehabt, die erste, ein zu solides Essen zu finden, die zweite, sich unter so schlecht disponirten Gästen zu sehen; — er sollte noch eine dritte weit grössere Ueberraschung erleben.

In der That trugen die Diener, statt das Dessert zu serviren, Alles ab, was auf dem Tische war, selbst Tischtücher und Silberzeug, deckten aufs Neue und setzten vier Entrées auf, deren Geruch sich zum Himmel hob.

Da waren Kalbsmilcher mit Krebssauce, Karpfenmilcher mit Trüffeln, ein gespickter und gefüllter Hecht und Steinhühnerbrüste mit Champignons.

Wie jener steinalte Zauberer, von dem Ariost berichtet, nur ohnmächtige Versuche machte, um die schöne Armida zu entehren, die er in seiner Gewalt hatte, so war der Ritter bei dem Anblick so vieler guten Dinge, denen er keine Ehre mehr anthun konnte, förmlich niedergeschmettert, und er begann zu vermuthen, dass man schlechte Absichten gehabt habe.

Die übrigen Gäste im Gegentheil schienen wie neu belebt, der Appetit kam zurück, das Kopfweh verschwand, ein ironisches Lächeln schien ihren Mund zu vergrössern, sie tranken jetzt ihrerseits auf die Gesundheit des Ritters, dessen Kräfte erschöpft waren.

Doch hielt er sich noch wacker und schien dem Sturme die Stirne bieten zu wollen, aber beim dritten Bissen empörte sich seine Natur und sein Magen drohte ihn zu verrathen, er musste also unthätig bleiben und, wie man in der Musik zu sagen pflegt, Pausen zählen.

Was fühlte er aber nicht, als er bei dem dritten Wechsel Dutzende von kleinen Schnepfen erscheinen sah, die auf herrlichen Brotschnitten in blühendweissem Fette ruhten, als ein Fasan kam, damals ein seltener Vogel, der von den Ufern der Seine geschickt worden war, als ein frischer Thunfisch und Alles, was die Küche und der Backofen der Zeit an feinen Zwischenspeisen erzeugen konnte, aufgetragen wurden!

Er rathschlagte und war auf dem Punkte zu bleiben, fortzufahren und als Tapferer auf dem Schlachtfelde zu sterben. Dies war der erste Schrei der wohl oder schlecht verstandenen Ehre. Aber bald kam der Egoismus ihm zu Hülfe und brachte ihm gemässigtere Gedanken bei.

Er bedachte, dass die Klugheit in einem solchen Falle keine Feigheit ist, dass der Tod aus Unverdaulichkeit etwas Lächerliches hat und dass die Zukunft ihm ganz gewiss einige Entschädigung für seine Täuschung bieten werde. Er entschloss sich, warf seine Serviette weg und sagte zu dem Bankier: „Herr! Man setzt seine Freunde nicht in solcher Weise aus. Das ist eine Treulosigkeit von Ihrer Seite, ich werde Sie im Leben nicht wiedersehen." Sprach's und verschwand.

Sein Abgang fiel nicht sehr auf, er verkündete nur den Erfolg einer Verschwörung, welche man gemacht hatte, ihm ein gutes Essen vorzusetzen, das er nicht verzehren könne. Jedermann war im Geheimniss.

Indessen grollte der Ritter länger, als man dachte. Es bedurfte einiger Zuvorkommenheiten, um ihn zu besänftigen. Endlich kam er mit den Baumpiepern wieder, und dachte bei den Trüffeln nicht mehr an den Streich, den man ihm gespielt hatte.

IX.

Der Steinbutt.

Die Zwietracht hatte eines Tages versucht, sich in den Schooss einer der innigsten Haushaltungen der Stadt zu schleichen. Es war an einem Samstage. — Es handelte sich um einen Steinbutt, der gekocht werden sollte. Es war auf einem Landgute und das Landgut hiess Villecrène.

Der Fisch, der vielleicht zu einem glänzendern Schicksal bestimmt war, sollte am Tage darauf einer Gesellschaft guter Freunde aufgetragen werden, worunter auch ich war.

Er war frisch, dick, glänzend, aber seine Grösse überschritt dermassen alle Gefässe, über die man disponiren konnte, dass man nicht wusste, wie ihn zubereiten.

„Gut," sagte der Mann, „wir schneiden ihn entzwei." „Könntest Du das Herz haben, ein solches Prachtstück zu verhunzen?" antwortete die Frau. — „Es muss wohl sein, meine Liebe! Wie sollen wir's denn anders machen? Bringt mir einmal das Hackmesser herbei; — es soll gleich geschehen sein." „Wir wollen noch ein Bischen warten, mein Lieber, dazu ist noch immer Zeit! Du weisst ja wohl, dass der Herr Vetter gleich kommt, er ist Professor und wird uns aus der Klemme helfen.".— „Ein Professor.... und aus der Klemme helfen, bah" und ein getreuer Bericht versichert, dass der, welcher so sprach, kein grosses Zutrauen in den Professor zu setzen schien, und doch war ich dieser Professor! Schwernoth!

Der Knoten wäre wahrscheinlich in der Weise Alexander's gelöst worden, als ich im Sturmschritt, die Nase im Winde und mit einem Riesenhunger anrückte, den man immer hat, wenn man zu Fuss gegangen ist, wenn es sieben Uhr Abends ist, und wenn der Geruch eines guten Essens der Nase schmeichelt und den Geschmack weckt.

Ich suchte vergebens bei meinem Eintritte die gewöhnlichen Höflichkeitsbegrüssungen anzubringen; man antwortete mir nicht, weil man nicht auf mich hörte. Die Frage, welche alle Aufmerksamkeit absorbirte, wurde mir erst im Duett vorgetragen, dann machten beide Stimmen gleichzeitig eine Pause, die Frau Base guckte mich an, als wollte sie sagen: „Ich hoffe Sie helfen uns," der Herr Vetter dagegen betrachtete mich mit spöttelnder Miene, als wäre er sicher, dass ich mich nicht aus der Klemme ziehen würde; er stützte sich dabei mit der Rechten auf das fürchterliche Hackmesser, das man auf seinen Befehl herbeigebracht hatte.

Dieser verschiedene Ausdruck machte einer lebhaften Neugierde Platz, als ich mit tiefer Orakelstimme feierlich die Worte aussprach: „der Steinbutt wird ganz auf den Tisch gesetzt."

Ich wusste schon, wie mich aus der Verlegenheit ziehen, denn ich hätte den Fisch nöthigenfalls beim Bäcker im Backofen schmoren lassen. Da aber dies Schwierigkeiten haben konnte, so erklärte ich mich noch nicht, und ging schweigend der Küche zu, indem ich die Procession eröffnete, die beiden Ehegatten als Chorhelfer, die Familie als gläubige Menge und zum Schlusse die aufgedonnerte Köchin.

Die beiden ersten Räumlichkeiten liessen nichts Zweckmässiges erblicken, aber in der Waschküche fand ich einen wohl gefassten wenn auch kleinen Waschkessel, er schien mir sogleich dienlich, und mich zu meinem Gefolge umwendend, rief ich mit jenem Glauben, der Berge versetzt: „Beruhigt Euch, der Steinbutt soll ganz gekocht werden, er soll im Dampf kochen und zwar sogleich."

Obgleich es schon volle Essenszeit war, liess ich doch sogleich Hand ans Werk legen. Während die Einen das Feuer unter dem Kessel ansteckten, schnitt ich aus einem grossen Flaschenkorbe für 50 Bouteillen ein Weidengeflecht aus, das die genaue Grösse des gewichtigen Fisches hatte, auf das Geflecht liess ich feine Küchenkräuter und Wurzeln ausbreiten, und legte den Fisch auf dieses Bette, nachdem man ihn gut gewaschen, abgetrocknet und gesalzt hatte. Eine zweite Schicht derselben Kräuter wurde über seinen Rücken ausgebreitet, das so beladene Geflecht wurde nun auf den Kessel gesetzt, der halb mit Wasser gefüllt war, dann bedeckte man das Ganze mit einer kleinen Bütte, um welche man trockenen Sand aufschüttete, der den Dampf verhindern sollte, zu entweichen. Der Kessel kochte bald und der Dampf erfüllte den ganzen Raum der Bütte, die man nach einer halben Stunde wegnahm. Das Geflecht wurde nun von dem Kessel abgehoben, der Steinbutt war wunderschön gekocht, herrlich weiss und lieblich anzuschauen. Nach beendigter Operation liefen wir, uns zu Tische zu setzen, mit durch die

Verspätung, durch die Arbeit und den Erfolg geschärftem Appetite, so dass wir eine ziemlich lange Zeit brauchten, um an jenem glücklichen Augenblicke anzukommen, den Homer immer anzeigt, wo die Menge und Verschiedenheit der Speisen den Hunger vertrieben hat.

Am andern Morgen wurde der Steinbutt beim Essen den ehrsamen Gästen vorgesetzt und man verwunderte sich über sein gutes Aussehen. Der Hausherr erzählte nun selbst, in welch unverhoffter Weise er gekocht worden sei, und ich wurde nun nicht nur wegen meiner gelungenen Erfindung, sondern auch wegen des Resultates höchlich belobt, denn man entschied einstimmig nach aufmerksamer Kostung, dass der so zubereitete Fisch weit besser sei, als wenn man ihn in einer Fischschüssel gekocht hätte.

Diese Entscheidung kann Niemandem auffallen, denn da der Fisch nicht in das kochende Wasser tauchte, hatte er nichts von seinen Bestandtheilen verloren, sondern im Gegentheil das ganze Aroma der Würzen eingesaugt.

Während mein Ohr sich an dem Lobe sättigte, das mir mit vollen Händen zugetheilt wurde, suchten meine Augen noch gültigere Beweise im Betrachten der Gäste, und ich bemerkte mit geheimer Befriedigung, dass der General Labassée so befriedigt war, dass er jedem Stücke entgegenlächelte, dass der Ortspfarrer den Hals reckte und die Augen wie entzückt nach der Zimmerdecke richtete, und dass der Eine von zwei ebenso geistreichen als feinschmeckenden Akademikern, die sich bei uns befanden, Herr Auger, ebenso glänzende Augen und strahlendes Gesicht zeigte, wie ein beklatschter Dichter, während der Andere, Herr Villemain, das Haupt neigte und das Kinn nach Westen drehte, wie Einer, der aufmerksam zuhört.

All dies mag man wohl im Gedächtniss behalten, denn es gibt wenig Landhäuser, wo man nicht Alles finden könnte, was nöthig ist, um einen Apparat zu construiren, ähnlich demjenigen, dessen ich mich bei dieser Gelegenheit bediente, und weil man jedesmal sich denselben verschaffen kann, wenn man ein Stück kochen soll, das unverhofft ankommt und die gewöhnlichen Maasse überschreitet.

Ich würde meinen Lesern die Kenntniss dieses grossen Abenteuers vorenthalten haben, wenn es mir nicht zu Resultaten von allgemeinem Nutzen zu führen schiene.

In der That wissen Diejenigen, welche die Natur und die Wirkungen des Dampfes kennen, dass seine Wärme derjenigen der Flüssigkeit gleichkommt, aus welcher er sich entwickelt, dass diese Wärme durch einen leichten Druck sogar um einige Grade erhöht werden kann, und dass der Dampf sich anhäuft, wenn er keinen Ausgang findet.

Daraus folgt, dass bei sonst gleichen Verhältnissen und wenn man nur die Räumlichkeit der Bütte vergrössert und sie z. B. durch ein leeres Fass ersetzt, man mittelst des Dampfes schnell und mit weniger Kosten einige Scheffel Kartoffeln oder Wurzeln aller Art kochen kann, die man auf das Geflecht aufhäuft und mit dem Fasse bedeckt, und zwar für Menschen eben so gut, wie für Vieh, und all dies könnte in sechsmal weniger Zeit und mit sechsmal weniger Holz geschehen, als es braucht, um einen Kessel vom Gehalte eines Hectoliters ins Sieden zu bringen.

Ich glaube, dass dieser einfache Apparat in jedem grössern Haushalte, sei es in der Stadt, sei es auf dem Lande, wichtig werden könnte, deshalb habe ich ihn so beschrieben, dass Jedermann ihn anwenden kann.

Endlich glaube ich auch, dass man die Dampfkraft noch nicht hinlänglich zum Hausgebrauche ausgenutzt hat, und ich hoffe, dass das Vereinsblatt der Ermuthigungsgesellschaft eines Tages den Landbauern beweisen wird, dass ich mich weiter damit beschäftigt habe.

P. S. Ich erzählte eines Tages, als wir in einem Comité von Professoren Rue de la Paix Nr. 14 beisammen sassen, die wahrhafte Geschichte vom Steinbutt im Dampf. Als ich geendet hatte, wendete sich mein Nachbar zur Linken zu mir und sagte mit einer Art Vorwurf: „War ich denn nicht dabei, habe ich nicht eben so gut wie die Andern meine Meinung abgegeben?" „Gewiss," antwortete ich, „Sie sassen neben dem Pfarrer, und ohne es Ihnen vorwerfen zu wollen, haben Sie auch ein gehöriges Stück genommen. Glauben Sie nicht, dass....."

Der Reclamirende war Herr Lorrain, ein ausgezeichneter Kenner, ebenso kluger als vorsichtiger Finanzmann, der sich in dem Hafen vor Anker gelegt hat, um desto sicherer die Wirkungen des Sturmes beurtheilen zu können und dessen Namen daher aus mehrfachen Gründen der Nennung werth ist.

X.

Verschiedene Stärkungsmittel, vom Professor erfunden.

Für die in der 30. Betrachtung angegebenen Fälle.

A.

Nehmt sechs dicke Zwiebeln, drei gelbe Rüben, eine Hand voll Petersilie, hackt alles zusammen und thut es in eine Casserolle, um es mit einem Stücke frischer Butter zu erhitzen und ganz gelind zu rösten.

Wenn die Mischung gut ist, so thut hinzu 6 Unzen Kandiszucker, 20 Gran gestossenen Ambra, eine geröstete Brotschnitte und 3 Flaschen Wasser. Lasst das Ganze drei Viertelstunden kochen, und gebt von Zeit zu Zeit etwas Wasser zu, um den Kochverlust zu ersetzen, so dass immer drei Flaschen Flüssigkeit vorhanden sind.

Während dies geschieht, schlachtet, rupft und leert man einen alten Hahn, den man, Fleisch und Knochen, in einem Mörser mit einem eisernen Stössel zerstösst; zugleich hackt man zwei Pfund ausgesuchtes Ochsenfleisch sehr fein.

Dann mengt man die beiden Fleischsorten und thut hinlänglich Salz und Pfeffer hinzu.

Man thut das Ganze in eine Pfanne auf lebhaftes Feuer, damit es sich schnell durchwärmt, und wirft von Zeit zu Zeit etwas frische Butter darauf, um die Mischung rösten zu können, ohne dass sie anhängt.

Wenn es etwas gebräunt ist, schüttet man die Brühe darüber, welche in der ersten Pfanne ist und zwar langsam und nach und nach. Wenn Alles darin ist, lässt man es lebhaft während drei Viertelstunden kochen, indem man immer von Zeit zu Zeit warmes Wasser nachgiesst, um die nämliche Menge von Flüssigkeit zu erhalten.

Die Operation ist nach dieser Zeit vollendet, und man hat einen Trank, der jedesmal sicher wirkt, wenn der Kranke durch eine der früher angegebenen Ursachen zwar erschöpft ist, aber noch einen guten Magen hat. Man gibt beim Gebrauche während des ersten Tages alle drei Stunden eine Tasse bis zur Schlafenszeit, an den folgenden Tagen nur eine Tasse Morgens und Abends, bis die drei Flaschen geleert sind. Der Kranke befolgt dabei eine leichte aber nährende Diät wie z. B. Hühnerschenkel, Fische, süsse Früchte und Eingemachtes. Man braucht fast niemals eine zweite Auflage zu bereiten. Am vierten Tage kann man seine gewöhnlichen Geschäfte wieder aufnehmen und sich bestreben, künftighin vernünftiger zu sein, wenn dies überhaupt möglich ist.

Wenn man den Ambra und den Kandiszucker weglässt, so kann man auf diese Weise eine ausserordentlich schmackhafte Suppe bereiten, die Kennern vorgesetzt werden kann.

Man kann auch den alten Hahn durch vier alte Rebhühner und das Rindfleisch durch ein Stück Schöpsenkeule ersetzen, die Zubereitung wird nicht minder wirksam und angenehm sein.

Die Methode, das Fleisch zu hacken und etwas zu rösten, bevor man die Brühe daran gibt, kann in allen Fällen angewendet werden, wo man Eile hat. Sie beruht darauf, dass das so behandelte Fleisch weit mehr Wärme in sich aufnimmt, als wenn es im Wasser läge. Man kann also jedesmal davon Gebrauch machen, wenn man schnell eine gute Fleischbrühe nöthig hat, ohne 5 bis 6 Stunden warten zu müssen, was besonders auf dem Lande stattfinden kann. Diejenigen, welche von dieser Methode Gebrauch machen, sollen indessen wohlverstanden den Professor loben.

B.

Alle Welt sollte wissen, dass der Ambra als Riechstoff zwar den Laien schädlich werden kann, die schwache Nerven haben, dass er aber innerlich gebraucht ausserordentlich stärkt und fröhlich macht. Unsere Voreltern brauchten ihn viel in der Küche und befanden sich nicht schlecht dabei.

Man sagt mir, dass der Marschall von Richelieu, glorreichen Andenkens, gewöhnlich Ambratäfelchen kauete, und was mich betrifft, wenn ich einen Tag habe, wo die Schwere des Alters sich spüren lässt, wo man mühselig denkt und von einer unbekannten Gewalt niedergedrückt wird, so thue ich in eine grosse Tasse Chocolade etwa bohnengross Ambra mit Zucker gestossen, und befinde mich vortrefflich darauf. Die Lebensthätigkeit wird durch dieses Stärkungsmittel erleichtert, die Denkfähigkeit angeregt, und ich spüre nicht jene Schlaflosigkeit, welche die unausweichliche Wirkung einer Tasse schwarzen Kaffee sein würde, die ich zu demselben Zwecke nehmen würde.

C.

Das Stärkungsmittel A. ist für robuste und entschlossene Leute so wie überhaupt für Diejenigen bestimmt, die sich durch Thätigkeit erschöpfen.

Ich habe gelegentlich ein anderes zusammengesetzt, das weit besser schmeckt, sanfter wirkt, und das ich für die schwachen Temperamente die unentschlossenen Charaktere, mit einem Wort für Diejenigen bestimmen, die sich leicht erschöpfen. Hier ist es.

Nehmt ein Kalbsknie von wenigstens zwei Pfund, spaltet es der Länge nach in vier Theile, Fleisch und Knochen, röstet es ein wenig mit vier in Scheiben geschnittenen Zwiebeln und einer Hand voll Brunnenkresse, und wenn es bald gar ist, so giesst drei Flaschen Wasser darauf und lasst es zwei Stunden lang kochen mit steter Ersetzung des Verlustes. Man hat dann eine sehr gute Kalbfleischbrühe, die man mässig salzt und pfeffert.

Dann zerstösst man drei alte Tauben und fünfundzwanzig lebende Krebse, jedes für sich, man mischt das Ganze um es etwas zu rösten wie in N⁰. A., und wenn die Hitze die Mischung durchdrungen hat und diese zu rösten beginnt, schüttet man die Fleischbrühe darüber und kocht lebhaft während einer Stunde. Man seiht diese starke Fleischbrühe durch und nimmt davon Morgens und Abends, am besten des Morgens zwei Stunden vor dem Frühstücke. Es ist eine delicate Suppe.

Ich wurde zu diesem Stärkungstrank durch ein paar Literaten inspirirt, die Zutrauen zu mir fassten, weil sie mich in behäbigem Stande sahen und deshalb, wie sie sagten, zu meiner Einsicht ihre Zuflucht nahmen.

Sie haben den Trank gebraucht und es nicht bereut. Der Dichter, der elegisch war, ist romantisch geworden. Die Dame, die nur einen blassen Roman mit unglücklicher Katastrophe hervorgebracht hatte, hat einen zweiten weit bessern geschrieben, der mit einer hübschen, guten Heirath endet. Die zeugende Kraft wurde, wie man sieht, im einen und andern Falle bedeutend erhöht und ich glaube mit gutem Gewissen mich dessen einigermaassen rühmen zu können.

XI.

Ein Huhn aus der Bresse.

An einem der ersten Tage des laufenden Januars 1825 hatten zwei junge Ehegatten, Herr und Frau von Versy, einem grossen Austernfrühstück mit Stiefeln und Sporen beigewohnt. Man weiss, was das sagen will.

Frühstücke solcher Art sind reizend, weil meist sehr leckere Speisen aufgetragen werden und gewöhnlich grosse Fröhlichkeit herrscht, aber sie haben den Nachtheil, dass sie den ganzen Tag verderben. Das geschah auch bei dieser Gelegenheit. Beide Gatten setzten sich zur Essenszeit zu Tische, aber nur zum Schein. Die gnädige Frau ass ein wenig Suppe, der gnädige Herr trank ein Glas Wein mit Wasser, einige Freunde kamen, man machte eine Partie Whist; der Abend ging vorüber und die beiden Gatten gingen in demselben Bette schlafen.

Herr von Versy wachte um 2 Uhr Morgens auf; er war übel zu Muthe, gähnte und drehte sich so sehr herum, dass seine Frau unruhig wurde, und ihn fragte, ob er krank sei. „Nein, meine Liebe, aber es kommt mir vor, als hätte ich Hunger, und ich dachte an jenes prächtige weisse Huhn von der Bresse, das man uns beim Essen vorsetzte und das wir beide nicht einmal angerührt haben." „Wenn ich's bekennen soll," sagte seine Frau, „so gestehe ich, dass ich auch Hunger habe, und da Dir das Huhn eingefallen ist, so wollen wir's holen lassen und essen." „Welche Thorheit, das ganze Haus schläft, man wird sich über uns lustig machen." „Wenn das ganze Haus schläft, so wird es auch aufwachen können, und man wird sich nicht über uns lustig machen, weil man nichts davon erfahren wird. Wer weiss, ob nicht eins von uns beiden bis Morgen Hungers stirbt und das will ich nicht riskiren. Ich will der Justine schellen."

Gesagt gethan. Man weckte die Kammerjungfer, die gut

zu Nacht gegessen hatte, und so fest schlief, wie man mit neunzehn Jahren schläft, wenn einen die Liebe nicht quält. (A pierna tendida. Spanisch.)

Sie kam ganz in Unordnung mit dicken Augen, gähnte und setzte sich, indem sie die Arme streckte.

Das Leichteste war gethan, aber nun handelte es sich darum, die Köchin zu wecken, und das war keine kleine Sache. Sie war vom ersten Range und entsetzlich hartnäckig, sie grommelte, knurrte, wieherte, brüllte, aber endlich stand sie auf, und ihr ungeheurer Umfang begann, sich in Bewegung zu setzen.

Unterdessen hatte Frau von Versy eine Nachtjacke angezogen, ihr Mann hatte sich so gut als möglich zugerichtet, Justine ein Tischtuch über das Bett gebreitet und das Nöthige zu diesem improvisirten Mahle herbeigebracht.

Nach diesen Vorbereitungen erschien das Huhn, das augenblicklich zerlegt und unbarmherzig verschlungen wurde.

Nach diesem ersten Gange theilten sich die Gatten eine dicke Birne von St. Germain und assen etwas Eingemachtes von Orangen.

Eine Flasche Graves war in den Zwischenacten bis auf den Grund geleert worden, und mehrmals hatten sich die beiden in verschiedener Weise versichert, dass sie niemals angenehmer gespeist hätten. Das Mahl endete indessen, denn Alles findet sein Ende auf dieser Welt. Justine nahm das Gedeck weg, stellte die Beweisstücke bei Seite, ging wieder schlafen und der eheliche Vorhang schloss sich über den Gatten.

Am andern Morgen hatte Frau von Versy nichts Eiligeres zu thun, als zu ihrer Freundin Frau von Franval zu gehen und ihr die ganze Geschichte zu erzählen; diese schwieg natürlich nicht, und so wurde die Welt mit der Sache bekannt.

Frau v. Franval pflegte hinzuzufügen, dass Frau v. Versy

bei Beendigung ihrer Erzählung zweimal gehustet habe und sehr roth geworden sei.

XII.

Der Fasan.

Der Fasan ist ein Räthsel, dessen Auflösung nur den Kennern bekannt ist. Sie allein können ihn in seiner ganzen Güte würdigen.

Jede Substanz hat ihren Höhepunkt der Essbarkeit. Einige haben ihn schon vor ihrer vollständigen Entwickelung wie die Capern, die Spargeln, die grauen Rebhühner und die Tauben, andere erhalten ihn im Augenblicke der grösstmöglichsten Vollkommenheit ihres Lebens, wie die Melonen, die meisten Früchte, das Schaf, der Ochs, das Reh, das rothe Rebhuhn, noch andere im Augenblicke, wo ihre Zersetzung beginnt, wie die Mispeln, die Schnepfe und ganz besonders der Fasan.

Wenn dieser letztere Vogel während der ersten drei Tage nach seinem Tode gegessen wird, so hat er gar nichts Ausgezeichnetes, er ist weder so zart wie ein Kapaun, noch so aromatisch wie eine Wachtel.

Aber im günstigen Augenblicke verzehrt, ist es ein zartes, erhabenes und sehr geschmackvolles Fleisch, das zugleich dem Hofgeflügel und dem Wilde gleicht. Dieser so wünschbare Punkt tritt im Augenblicke ein, wo der Fasan sich zu zersetzen beginnt, dann entwickelt sich sein Arom aus einem fettigen Oele, das zu seiner Ausbildung einiger Gährung bedurfte, etwa wie das Kaffeeöl, welches sich erst beim Rösten entwickelt. Dieser Augenblick wird den Sinnen der Laien durch einen leichten Geruch und durch die Farbenveränderung des Bauches des Vogels angezeigt, aber die Kenner errathen ihn instinctmässig durch dieselbe Inspiration, durch welche z. B. ein geschickter Bratkünstler beim ersten Blicke entscheidet, ob man einen Vogel vom Bratspiesse nehmen oder noch einigemale herumdrehen lassen soll.

Erst wenn der Fasan auf diesem Punkte angelangt ist, und zwar erst dann, rupft und spickt man ihn sorgfältig, indem man möglichst frischen und festen Speck wählt.

Es ist durchaus nicht gleichgültig, den Fasan früher zu rupfen. Wohlgeleitete Versuche haben nachgewiesen, dass frischgerupfte Fasanen bei Weitem nicht so aromatisch sind, als die, welche ihre Federn behielten, sei es nun, dass die Berührung mit der Luft den Stickstoff einigermaassen angreift, sei es, dass ein Theil der Säfte, welche die Federn ernähren, aufgesaugt wird und den Geschmack des Fleisches hebt.

Wenn der Vogel so zubereitet ist, so handelt es sich darum ihn zu füllen, was auf folgende Art geschieht:

Man nimmt zwei Schnepfen, entfernt die Knochen und weidet sie aus, worauf man sie in zwei Theile theilt, einerseits das Fleisch, andererseits Leber und Därme.

Man nimmt das Fleisch und macht eine Füllung davon, indem man es mit in Dampf gekochtem Ochsenmark, etwas geraspeltem Speck, Pfeffer, Salz, feinen Kräutern und soviel guten Trüffeln zusammenhackt, um die ganze innere Höhlung des Fasans zu füllen.

Man muss dieses Füllsel so befestigen, dass es nicht ausfliesst, was manchmal schwierig ist, wenn der Vogel weit vorgeschritten ist. Doch gelingt dies unter Anderm ziemlich leicht mittelst einer Brotkruste, die man mit einem leinenen Bande festbindet und welche die Oeffnung schliesst.

Man bereitet eine Brotkruste zu, die den auf den Rücken gelegten Fasan um zwei Zoll jederseits überragt, dann nimmt man die Lebern und Eingeweide der Schnepfen und mörselt sie mit zwei grossen Trüffeln, einer Sardelle, etwas geraspeltem Speck und einem hinreichenden Stücke frischer Butter.

Man breitet diesen Brei gleichmässig auf die Brotschnitte aus, und legt sie unter den wie oben bereiteten

Fasan, so dass sie gänzlich von der Sauce durchdrungen wird, die beim Braten abträufelt.

Wenn der Fasan gebraten ist, so servirt man ihn mit Anmuth auf der Brotschnitte liegend, man umgibt ihn mit bitteren Orangen und kann über die Folgen ruhig sein.

Diese Schüssel äussersten Hochgeschmackes muss vorzüglich mit Weinen aus Hochburgund begossen werden. Ich habe diese einzige Wahrheit aus einer langen Reihe von Beobachtungen abgeleitet, die mir mehr Arbeit gekostet haben, als eine Logarithmentafel.

Ein so zubereiteter Fasan wäre würdig, Engeln vorgesetzt zu werden, wenn sie noch, wie zu Loth's Zeiten, auf der Erde reisten.

Was soll ich sagen? Der Versuch ist gemacht worden. Ein so gefüllter Fasan wurde unter meinen Augen durch den würdigen Koch Picard auf Schloss La Grange bei meiner lieblichen Freundin Frau von Ville-Plaine zubereitet und vom Haushofmeister Louis im Prozessionsschritte auf die Tafel gebracht. Man untersuchte ihn ebenso aufmerksam wie einen Hut von Madame Herbault, man kostete ihn aufmerksam, und während dieser gelehrten Untersuchung glänzten die Augen der Damen wie Sterne, ihre Lippen wie Korallen und ihr Antlitz war in Extase. (Man sehe die gastronomischen Probirstücke.)

Ich habe noch mehr gethan; ich habe einen solchen Fasan einem Comité von Richtern des obersten Gerichtshofes vorgesetzt, die zuweilen die Toga des Senators abzulegen wissen, und denen ich ohne Mühe begreiflich machte, dass gutes Essen eine natürliche Entschädigung für die Langeweile des Cabinets ist. Nach schicklicher Untersuchung that der Aelteste mit ernster Stimme den Ausspruch: „Excellent." Alle Köpfe neigten sich zum Zeichen der Beistimmung und das Urtheil wurde einstimmig gefasst.

Während der Berathung beobachtete ich, dass die Nasen dieser ehrwürdigen Männer durch sehr merkliche Geruchsbewegungen bewegt wurden, dass ihre hohen Stirnen sich in friedlicher Heiterkeit entrunzelten, und dass ihr wahrhaftiger Mund etwas Jubelndes hatte, das einem halben Lächeln glich.

Diese Wirkungen beruhen übrigens in der Natur der Dinge. Wenn der Fasan, der schon an und für sich vortrefflich ist, in der angegebenen Weise zubereitet wird, so tränkt er sich von aussen mit dem schmackhaften Fette des Specks, der röstet, und von innen nimmt er die Riechgase auf, welche den Schnepfen und den Trüffeln entströmen. Die schon so reich bereitete Kruste enthält noch obenein die dreifach combinirten Säfte, die von dem bratenden Vogel abträufeln.

Kein Atom von all den guten hier vereinigten Dingen entgeht auf diese Weise der Würdigung, und deshalb ist auch diese Schüssel vortrefflich genug, um auf den erhabensten Tafeln zu erscheinen.

Parve, nec invidea, sine me liber ibis in aulam.
(Ohne mich wirst du zu Hof, o Büchlein, geh'n und ich gönn dir's.)

XIII.

Gastronomische Gewerbe der Emigrirten.

Ich habe in einem vorigen Capitel die ungemeinen Vortheile auseinandergesetzt, welche Frankreich im Jahre 1815 aus der Feinschmeckerei zog. Den Emigrirten war diese allgemeine Neigung nicht minder nützlich, und diejenigen, welche einige Talente für die Kochkunst hatten, fanden darin werthvolle Hülfsquellen.

Bei meiner Durchreise durch Boston lehrte ich dem Speisewirth Julien*) die Zubereitung von Rühreiern mit

---

*) Julien blühte um das Jahr 1794. Es war ein geschickter Bursche und Koch des Erzbischofs von Bordeaux gewesen. Wenn Gott ihm das Leben liess, muss er ein grosses Vermögen gesammelt haben.

Käse. Diese den Amerikanern ganz neue Schüssel kam so sehr in Aufnahme, dass er sich zu Dank verpflichtet glaubte, und mir nach New-York das Hintertheil von einem jener prächtigen kleinen Rehe schickte, die man im Winter aus Canada bekommt, und das von einem gewählten Comité, welches ich bei dieser Gelegenheit einlud, ausgezeichnet gefunden wurde.

Der Hauptmann Collet verdiente in dem Jahre 1794 in New-York sehr viel Geld, indem er für die Einwohner dieser Handelsstadt Eis und Confect bereitete.

Die Frauen namentlich wurden nicht müde, sich an dem ihnen neuen Genuss zu vergnügen, und nichts war unterhaltender, als die Mienen zu beobachten, wenn sie zum ersten Mal davon kosteten. Sie konnten gar nicht begreifen, wie man das Eis bei einer Hitze von 26° Reaumur so kalt erhalten könne.

Bei meiner Durchreise durch Köln fand ich einen Edelmann aus der Bretagne, der Speisewirth geworden war und sich sehr wohl dabei befand. Ich könnte diese Beispiele ins Unendliche vermehren, aber ich will lieber die seltsame Geschichte eines Franzosen erzählen, der sich in London durch seine Geschicklichkeit im Salatmachen ein Vermögen erwarb.

Er war aus dem Süden, und hiess, wenn ich nicht irre, d'Aubignac oder d'Albignac.

Obgleich sein Einkommen durch den schlechten Zustand seiner Finanzen sehr beschränkt war, speiste er doch eines Tages in einer der berühmtesten Tavernen Londons. Er huldigte, wie viele Andere, der Meinung, dass man mit einer einzigen Schüssel zu Mittag essen könne, vorausgesetzt, dass sie gut sei.

Während er ein saftiges Roastbeef bearbeitete, speisten fünf oder sechs junge Dandies aus den höchsten Familien an einem benachbarten Tische; einer von ihnen erhob sich, kam zu ihm heran und sagte mit vieler Höflichkeit: „Herr Franzose, man sagt, Ihre Nation verstehe den Salat ausgezeichnet anzumachen; wollen Sie uns begünstigen, und den unsrigen anmachen?"

D'Albignac sagte nach einigem Zögern zu, verlangte Alles, was er für nöthig hielt, um das erwartete Meisterstück fertig zu bringen, wendete alle Sorgfalt an und es gelang ihm ausgezeichnet.

Während er arbeitete, antwortete er freimüthig auf die Fragen, die man ihm über seine gegenwärtige Lage machte, sagte, er sei Flüchtling, und gestand nicht ohne einiges Erröthen, dass er von der englischen Regierung einige Unterstützung erhielte, was ohne Zweifel einen der jungen Leute bewog, ihm eine Note von fünf Pfund Sterling in die Hand zu drücken, die er nach geringer Weigerung annahm.

Er hatte seine Adresse gegeben, und einige Zeit nachher wurde er nur mässig durch einen Brief überrascht, in welchem man ihn mit den ehrbarsten Ausdrücken bat, in eines der schönsten Hotels von Grosvenor Square zu kommen und dort einen Salat zuzubereiten.

D'Albignac, der einen dauernden Vortheil voraus zu sehen begann, zauderte nicht einen Augenblick, und kam pünktlich mit einigen neuen Würzen versehen, die er zweckmässig hielt, um seinem Werke den höchsten Grad von Vollkommenheit zu geben.

Er hatte Zeit gehabt, an seine Aufgabe zu denken. Sein Werk gelang ihm abermals, und er erhielt diesmal eine solche Gratification, dass er sie nicht hätte zurückweisen können, ohne sich zu schaden.

Die jungen Leute, denen er zuerst gefällig gewesen war, hatten, wie man leicht einsehen kann, die Güte dieses Salates bis zur Uebertreibung gelobt. Die zweite Gesellschaft machte noch mehr Aufhebens, so dass sich der Ruf d'Albignacs schnell ausbreitete. Man nannte ihn den fashionablen Salatmacher, und in diesem nach Neuem begierigen Lande wollte die elegante Welt der Hauptstadt der vereinigten Königreiche bald für einen von dem französischen Edelmanne gemachten Salat sterben. (I die for it, ich sterbe dafür, ist die gebräuchliche Redensart.)

Was eine Nonne wünscht, brennt aus dem Dach hinaus;
Englischer Weiber Glut hält auch kein Teufel aus.

D'Albignac benutzte als geistreicher Mann die Modesucht, deren Gegenstand er war. Er hatte bald ein Fuhrwerk, um schneller an die verschiedenen Orte zu kommen, wohin er gerufen wurde, und einen Bedienten, der in einem Mahagoni-Kästchen alle Ingredienzien trug, der er zu bedürfen glaubte, wie z. B. verschiedene Essigsorten, Oele mit oder ohne Fruchtgeschmack, Soy, Caviar, Trüffeln, Anchovis, Calcup, Bratensauce und Eidotter, die man zur Mayonnaise nöthig hat.

Später liess er solche Kistchen fabriciren, die er vollkommen ausstattete und zu hunderten verkaufte.

Kurz, es gelang ihm durch genaue und kluge Verfolgung seiner Vortheile ein Vermögen von mehr als 80,000 Franken zu erwerben, mit dem er sich nach Frankreich zurückzog, als die Zeiten besser geworden waren.

In sein Vaterland zurückgekehrt, suchte er nicht auf dem Pariser Pflaster zu glänzen, sondern beschäftigte sich mit seiner Zukunft. Er legte 60,000 Franken in Staatspapieren an, die damals auf 50 Proc. standen, und kaufte für 20,000 Franken ein kleines Rittergut im Limousin, wo er wahrscheinlich noch glücklich und zufrieden lebt, weil er seine Wünsche zu begrenzen wusste.

Diese Einzelheiten wurden mir seiner Zeit durch einen meiner Freunde mitgetheilt, der D'Albignac in London gekannt und ihn später bei seiner Durchreise durch Paris wiedergesehen hatte.

XIV.

Andere Erinnerungen aus der Emigration.

Der Weber.

Herr Rostaing*) und ich befanden uns im Jahre 1794 in der Schweiz, wo wir dem Unglück mit Heiterkeit zu begegnen suchten, und dem Vaterlande, das uns verfolgte, unsere Liebe bewahrten.

Wir kamen nach Moudon, wo ich Verwandte hatte, und wurden von der Familie Trolliet mit so viel Wohlwollen empfangen, dass mir das Andenken daran stets theuer ist.

Diese Familie, eine der ältesten im Lande, ist heutzutage ausgestorben, denn der letzte Vogt hinterliess nur eine Tochter, die selbst keinen Knaben hatte.

Man zeigte mir in dieser Stadt einen jungen französischen Officier, der als Weber arbeitete. Er war auf folgende Weise dazu gekommen.

Dieser junge Mann aus sehr guter Familie reiste durch Moudon, um sich zur Armee von Condé zu begeben. Er sass bei Tische neben einem alten Manne, der eines jener zugleich ernsthaften und doch lebhaften Gesichter hatte, wie sie die Maler den Genossen Wilhelm Tell's zu geben pflegen.

Man unterhielt sich beim Dessert; der junge Mann verheimlichte nicht seine Lage und sein Nachbar bezeigte ihm vieles Interesse. Er beklagte ihn, dass er in so jugendlichem Alter Allem, was er geliebt, entsagen müsse, und machte ihm bemerklich, wie richtig Rousseau's Grundsatz sei, der wollte, dass jeder Mensch ein Handwerk kenne,

---

*) Der Baron Rostaing, mein Freund und Vetter, heute Militair-Intendant in Lyon, ein ausgezeichneter Administrator. Er hat ein so klares System des militairischen Rechnungswesens ausgearbeitet, dass es ohne Zweifel angenommen werden muss.

womit er sich im Nothfalle ernähren könne. Der alte Mann sagte, er sei Weber, ein kinderloser Wittwer und mit seinem Schicksale zufrieden.

Hiermit endete die Unterhaltung. Am andern Morgen reiste der Officier ab und war bald darauf in der Condé'schen Armee eingereiht. Aber Alles, was sich sowohl in als ausser dieser Armee zutrug, liess ihn leicht einsehen, dass dies nicht die Pforte sei, durch die er nach Frankreich zurückkehren könne. Bald trafen ihn auch einige jener Unannehmlichkeiten, denen Diejenigen, die keine anderen Titel als den Eifer für die königliche Sache besassen, zuweilen ausgesetzt waren, und noch später erlitt er eine Zurücksetzung oder etwas Aehnliches, die ihm ein schreiendes Unrecht schien.

Er erinnerte sich an das Gespräch mit dem Weber, dachte einige Zeit darüber nach, entschloss sich, verliess die Armee, ging nach Moudon, und bat den Weber, ihn als Lehrling anzunehmen.

„Ich will die Gelegenheit, eine gute Handlung zu begehen, nicht vorübergehen lassen," sagte ihm der Greis. „Sie essen mit mir; — ich weiss nur ein Ding und das werde ich Sie lehren; ich habe nur ein Bett, Sie werden es theilen; Sie werden so ein Jahr lang lernen und nachher für Ihre eigene Rechnung arbeiten, und in diesem Lande, wo die Arbeit geehrt und geschätzt wird, glücklich leben."

Der Officier machte sich am andern Tage ans Werk, und es gelang ihm so, dass sein Meister ihm nach sechs Monaten erklärte, er könne ihm nichts mehr lehren. Er betrachte sich als bezahlt für die Mühe, die er sich mit ihm gegeben, und künftighin werde seine ganze Arbeit ihm allein zu Gute kommen.

Als ich durch Moudon kam, hatte sich der junge Handwerker schon Geld genug verdient, um einen Webstuhl und ein Bett zu kaufen. Er arbeitete mit merkwürdigem Fleisse, und man interessirte sich so für ihn, dass die ersten Häuser der Stadt sich eingerichtet hatten, um ihn abwechselnd Sonntags zum Mittagessen einzuladen.

An diesem Tage zog er seine Uniform an und nahm seinen Rang in der Gesellschaft wieder ein, und da er sehr liebenswürdig und unterrichtet war, liebte und feierte ihn Jedermann. Montags aber wurde er wieder Weber, und schien auf diese Weise und bei diesem Wechsel nicht unzufrieden mit seinem Schicksal.

Der Hungrige.

Ich kann an dieses Bild der Vortheile eines Handwerkers ein ganz entgegengesetztes anreihen.

In Lausanne traf ich einen Flüchtling aus Lyon, einen grossen hübschen Mann, der, um nur nicht arbeiten zu müssen, nur zweimal wöchentlich ass. Er wäre mit dem schönsten Anstand von der Welt Hungers gestorben, wenn ein braver Kaufmann aus der Stadt ihm nicht einen Credit bei einem Speisewirth eröffnet hätte, um dort allwöchentlich Sonntags und Mittwochs zu Mittag zu essen. Der Flüchtling kam am bestimmten Tage, stopfte sich bis zur Kehle, und ging fort, nachdem er ein grosses Stück Brot in die Tasche gesteckt; so war es ausgemacht.

Er schonte so viel als möglich diese überschüssige Provision, trank Wasser, wenn ihn der Magen schmerzte, lag grösstentheils zu Bette in einer Träumerei, die ihr Angenehmes hatte, und schleppte sich so bis zum nächsten Essen hin.

So lebte er schon drei Monate, als ich ihn sah. Er war nicht gerade krank, aber in seiner ganzen Person zeigte sich eine solche Mattigkeit, sein Gesicht war so in die Länge gezogen, und zwischen seinen Ohren und seiner Nase lag ein so hippokratischer Zug, dass es weh that, ihn anzusehen.

Ich wunderte mich, dass er sich solchen Leiden hingab, statt etwas arbeiten zu wollen, und lud ihn zum Essen in meinen Gasthof ein, wo er entsetzlich einhieb. Aber ich lud ihn nicht zum zweiten Male ein, weil ich will, dass man sich gegen das Unglück steift, und wenn nöthig, jenen Ausspruch befolgt, der gegen das Menschengeschlecht erlassen ist: Du sollst arbeiten!

Der silberne Löwe.

Wie trefflich speisten wir damals in Lausanne im silbernen Löwen!

Für 15 Batzen (1 Gulden) hatten wir drei vollständige Gänge, wo unter Anderm das treffliche Wildpret der benachbarten Berge und die ausgezeichneten Fische aus dem Genfer-See erschienen. Wir begossen dies Alles mit einem leichten weissen Weine, klar wie Bergkrystall, der einen Wasserscheuen hätte trinken machen, und von dem wir so viel trinken konnten, als wir wollten.

Oben am Tische sass ein Domherr von Paris, — möge er noch leben!, — der da wie zu Hause war und vor welchen der Kellner stets die besten Schüsseln setzte.

Er that mir die Ehre an, mich auszuzeichnen, und mich als Adjutanten an seine Seite zu berufen; aber ich zog nicht lange aus dieser Stelle Vortheil. Die Ereignisse rissen mich fort, und ich ging in die Vereinigten Staaten, wo ich eine Freistatt, Arbeit und Ruhe fand.

Aufenthalt in Amerika.

Schlacht.

Ich endige dieses Capitel mit Erzählung einer Begebenheit aus meinem Leben, die beweist, dass nichts in dieser Welt sicher ist, und dass das Unglück uns in dem Augenblicke überraschen kann, wo wir am wenigsten daran denken.

Ich reiste nach Frankreich. Ich verliess die Vereinigten Staaten nach dreijährigem Aufenthalte, und hatte mich dort so wohl befunden, dass Alles was ich von dem Himmel, der mich erhört hat, in jenen Augenblicken der Rührung verlangte, die der Abreise vorhergehen, war, ich möchte in der alten Welt nicht unglücklicher sein, als ich es in der neuen gewesen.

Ich verdankte dieses Glück namentlich dem Umstande, dass ich sogleich nach meiner Ankunft unter den Amerikanern sprach wie sie*), mich kleidete wie sie, mich wohl hütete, witziger zu sein als sie, und Alles vortrefflich fand, was sie thaten. Ich bezahlte so die Gastfreundschaft, die ich bei ihnen fand, durch eine Nachgiebigkeit, die ich nöthig glaubte, und die ich Allen anrathe, welche sich in gleicher Lage befinden könnten.

Ich verliess also in aller Ruhe ein Land, wo ich mit Jedermann in Frieden gelebt hatte, und es gab in der ganzen Welt keinen Zweifüssler ohne Federn, der mehr als ich in diesem Augenblicke von Nächstenliebe erfüllt war, als ein Ereigniss eintrat, ganz unabhängig von meinem Willen, aber geeignet, mich in tragische Begebenheiten zu verwickeln.

Ich war auf dem Packetboot, das von New-York nach Philadelphia ging, und man muss wissen, dass, um diese Reise sicher und gut zu machen, man den Augenblick benutzen muss, wo die Ebbe beginnt.

Das Meer stand eben, d. h. es war im Begriffe abzunehmen, und der Augenblick der Abreise war gekommen, ohne dass Anstalten zum Lichten der Anker getroffen worden wären. Es waren viele Franzosen auf dem Schiffe, unter anderen ein Herr Gautier, der jetzt wohl noch in Paris sein muss, ein braver Junge, der sich ruinirt hat, indem er über seine Kräfte hinaus das Haus ausbauen wollte,

---

*) Ich speiste eines Tages neben einem Creolen, der seit zwei Jahren in New-York wohnte, und nicht Englisch genug konnte, um nur ein Stück Brot verlangen zu können. Als ich ihm meine Verwunderung darüber bezeugte, sagte er, mit den Achseln zuckend: Pah! Glauben Sie denn, ich wolle mir die Mühe geben, die Sprache eines so grämlichen Volkes zu lernen?

welches die südwestliche Ecke des Finanzministeriums bildet.

Die Ursache der Zögerung war bald bekannt. Man erwartete noch zwei mitreisende Amerikaner, die nicht kommen wollten, was uns der Gefahr aussetzte, von der Ebbe überrascht zu werden und doppelt so viel Zeit zur Ueberfahrt zu brauchen, denn das Meer wartet auf Niemanden.

Deshalb allgemeines Murren, besonders von Seiten der Franzosen, die weit leidenschaftlicher sind als die Bewohner der jenseitigen Küste des Oceans.

Ich mischte mich nicht nur nicht darein, sondern bemerkte es kaum, denn das Herz war mir schwer, und ich dachte an das Schicksal, das mich in Frankreich erwartete; ich bekümmerte mich also nicht weiter um das, was vorging.

Aber bald hörte ich einen klatschenden Schall, und sah, dass Gautier einem Amerikaner eine Ohrfeige gegeben hatte, die ein Nashorn hätte niederschmettern können.

Diese Gewaltthat brachte eine unbeschreibliche Verwirrung hervor; die Worte „Franzosen und Amerikaner" kreuzten sich, der Streit nahm eine nationale Färbung an, und es war die Rede davon, uns sämmtlich ins Wasser zu werfen, was einigermaassen Schwierigkeit gehabt hätte, denn wir waren 8 gegen 11.

Ich war vielleicht meinem Aeusseren zufolge derjenige, welcher am meisten Widerstand gegen das Ueberbordwerfen geleistet hätte, denn ich bin breitschultrig, gross und war damals nur 39 Jahre alt. Aus diesem Grunde schickte man mir auch ohne Zweifel den stattlichsten Krieger der feindlichen Truppe entgegen, der mir gegenüber eine Angriffsstellung einnahm.

Er war gross wie ein Kirchthurm, verhältnissmässig dick, aber als ich ihn mit einem Blicke ansah, der bis aufs Mark ging, bemerkte ich wohl, dass er lymphatischen Temperamentes sei, gedunsenes Gesicht, leblose Augen, einen kleinen Kopf und Weiberbeine hatte.

Mens non agitat molem (kein Geist bewegt diese Masse), sagte ich zu mir selbst. Wir wollen sehen was er hält, und dann sterben, wenn's sein muss. Dann hielt ich wörtlich folgende Anrede in der Weise der homerischen Helden.

„Do you believe*) to bully me? you damned rogue. By God! it will not be so ., and I'll overboard you like a dead cat.... If I find you too heavy, I'll cling to you with hands, legs, teeth, nails, every thing, and if I cannot do better, we will sink together to the bottom; my life is nothing to send such a dog to hell. Now, just now" ...

„Wollt Ihr mich erschrecken, verfluchter Schuft?, bei Gott das soll nicht sein .. Ich schmeisse Euch über Bord wie eine todte Katze ... Wenn Ihr zu schwer seid, so hänge ich mich mit Händen, Beinen, Zähnen, Nägeln, auf alle Weise an Euch, und wenn's nicht anders geht, sinken wir beide auf den Grund. Mein Leben gilt nichts, einen solchen Hund zur Hölle zu senden. Jetzt" **) ...

Bei diesen Worten, mit denen ohne Zweifel meine ganze Person in Uebereinstimmung stand, denn ich fühlte mich stark wie Herkules, wurde mein Mann um einen Zoll kleiner, seine Arme sanken herab, seine Wangen ein. Kurz er gab solche Zeichen von Schrecken, dass der, welcher ihn herbeigebracht hatte, es bemerkte, und sich zwischen uns stellte, woran er sehr wohl that, denn ich war im Zuge, und der Bewohner der neuen Welt hätte wohl fühlen sollen,

---

*) Man dutzt sich nicht im Englischen — ein Kärrner, der sein Pferd halb zu Tode prügelt, ruft ihm dabei zu: Go sir; go Sir, I say! (Gehen Sie, Herr! Gehen Sie, Herr, sage ich!)

**) In allen Ländern, wo die englischen Gesetze herrschen, gehen den Schlaghändeln erst lange Schimpfereien voraus; man hat dort den Grundsatz, dass „Worte keine Knochen brechen" (High words break no bones). Oft bleibt man auch beim Schimpfen stehen und zaudert zuzuschlagen, denn wer zuerst schlägt, bricht den öffentlichen Frieden und wird ohne Weiteres bestraft, welches auch die Ursache zum Streit gewesen sein mag.

dass Diejenigen, welche sich im Furan*) baden, hart gestählte Nerven besitzen.

Unterdessen suchte man auf dem übrigen Schiffe Frieden zu machen; die Ankunft der Erwarteten lenkte ab, man musste unter Segel gehen, und der Tumult hörte plötzlich auf, während ich noch in Boxerstellung war.

Die Geschichte endete sogar sehr gut, denn als ich nach der Herstellung des Friedens Gautier aufsuchte, um ihn wegen seiner Lebhaftigkeit zu zanken, traf ich ihn mit dem Geohrfeigten an demselben Tische hinter einem prächtigen Schinken und einem ellenhohen Bierkrug.

XV.
Das Bündel Spargeln.

An einem schönen Februartage ging ich durch das Palais Royal, und stellte mich einen Augenblick vor den Laden der Frau Chevet, der berühmtesten Esswaarenhändlerin in Paris, die mir immer die Ehre ihres Wohlwollens bezeigte. Ich sah ein Bündel Spargeln, deren kleinste dicker war, als mein Zeigefinger, und fragte nach dem Preise. „Vierzig Franken", antwortete Frau Chevet. — „Sie sind sehr schön, aber zu solchem Preise kann sie nur der König oder ein Fürst kaufen" — „Sie sind im Irrthum, solche Auswahl kommt niemals ins Schloss, man will dort Schönes, aber nichts Grossartiges! Mein Spargelbündel aber verkauft sich doch, und ich will Ihnen sagen, wie."

„Im Augenblicke, wo wir sprechen, gibt es in dieser Stadt wenigstens dreihundert reiche Bankiers, Capitalisten, Lieferanten und ähnliche Leute, die wegen Gicht, Furcht vor Schnupfen und aus anderen Gründen auf Befehl ihres Arztes zwar nicht ausgehen, aber doch essen dürfen. Sie

---

*) Ein helles Flüsschen, das oberhalb Roussillon entspringt, bei Belley vorbeifliesst, und oberhalb Peyrieux in die Rhone mündet. Die Forellen, die man darin fängt, haben ein Fleisch, roth wie Rosen und die Hechte weiss wie Elfenbein. Gut! Gut! Gut!

sitzen bei ihrem Feuer, und grübeln darüber nach, was ihnen wohl schmecken könnte, und wenn sie recht lange gegrübelt haben, ohne zu entdecken was sie möchten, schicken sie ihren Kammerdiener auf die Suche. Der kömmt zu mir, sieht die Spargeln, berichtet, und sie werden um jeden Preis gekauft. Oder ein hübsches Frauchen geht vorbei mit ihrem Liebhaber und sagt zu ihm: „Ah, mein Lieber, die schönen Spargeln, wir wollen sie kaufen, — Du weist, meine Köchin macht die Sauce so gut." In einem solchen Falle darf sich ein Liebhaber, wie es sich gehört, weder weigern noch feilschen. Oder es gilt eine Wette, eine Taufe, oder ein plötzliches Steigen der Rente, was weiss ich, kurz, die sehr theuern Dinge werden in Paris schneller verkauft als die anderen, weil der Lauf des Lebens hier so viel ausserordentliche Umstände herbeiführt, dass immer genügende Gründe zu ihrem Ankauf vorhanden sind."

Während sie so sprach, kamen zwei dicke Engländer vorbei, die sich beim Arme führten. Sie hielten einen Augenblick an und ihr Gesicht nahm einen Ausdruck der Bewunderung an. Der Eine liess das wunderbare Bündel einpacken, ohne nur nach dem Preise zu fragen, bezahlte es, nahm es unter den Arm und trug es fort, indem er leise das Lied pfiff: God save the king.

„Da sehen Sie, lieber Herr," sagte lachend Frau Chevet, „einen Zufall eben so gewöhnlich wie die anderen, und den ich noch nicht einmal erwähnt hatte*).

---

*) Ein Bündel Spargel hätte einmal während meines Aufenthaltes in Paris beinahe grosses Unglück verursacht.

Der Herzog von P., ein Liebling Ludwig Philipp's, hatte eine bekannte Schauspielerin zur Geliebten.

Er sah eines Tages bei Madame Chevet ein Bündel Spargeln, das erste und einzige, das nach Paris gekommen war. Er wollte es kaufen, um es mit der Geliebten zu speisen, fand es zu theuer, ging ins Café Foy, besann sich eines Besseren und kehrte zu Frau Chevet zurück.

„Es thut mir Leid," sagte Frau Chevet, „eben hat es Herr M.... (ein berühmter Bankier) gekauft und weggetragen."

XVI.

Von der Fondue.

Die Fondue stammt aus der Schweiz; es ist eigentlich weiter nichts als Rühreier mit Käse in gewissen Verhältnissen, welche Zeit und Erfahrung gelehrt haben. Ich gebe später das officielle Recept.

Es ist ein gesundes, schmackhaftes, appetitliches Essen, das sich schnell zubereiten lässt, und deshalb immer bei der Ankunft unerwarteter Gäste bereit sein kann. Ich erwähne es übrigens hier nur für mein eigenes Begnügen, und weil das Wort mich an eine Thatsache erinnert, die noch in dem Gedächtnisse der Greise des Districtes von Belley lebt.

Ein Herr von Madot wurde gegen Ende des 17. Jahrhunderts zum Bischof von Belley ernannt, und kam, um von seinem Stuhle Besitz zu ergreifen.

Diejenigen, welche seinen Empfang über sich genommen hatten und in seinem eigenen Palaste ihn ehren wollten, hatten ein der Gelegenheit würdiges Mahl bereiten lassen, und zur Feier der Ankunft Sr. Gnaden Alles in Bewegung gesetzt, was die damalige Küche leisten konnte.

Unter den Zwischenspeisen glänzte eine gewaltige Fondue und der Prälat bediente sich reichlich. Aber o Ueber-

---

Der Herzog von P . . . ärgerte sich, denn er hatte schon seit längerer Zeit den Bankier im Verdacht, sein Rival zu sein.

Er speiste im Club, und ging erst spät Abends zu der Geliebten. Unglücklicher Weise stand im Schlafzimmer das Nachttischchen offen, dem ein verrätherischer Geruch entströmte.

„Niederträchtige!" rief der Herzog voll Wuth, „Du hast mit Hrn. M—— zu Nacht gespeist." Er verliess die Schauspielerin, nachdem er alle Möbeln in ihrem Zimmer zerschlagen hatte und wollte sich mit Hrn. M. auf Tod und Leben duelliren. Die allerhöchste Intervention verhinderte die Ausführung dieser mörderischen Vorsätze.

Bekanntlich wirken die Spargeln auf den Geruch der flüssigen Ausscheidungen ganz entgegengesetzt, wie Terpentin, dessen Wirkung Heine besungen hat.

C. V.

raschung! Das Ansehen täuschte ihn, und er hielt das Gericht für eine Crème, weshalb er es mit dem Löffel ass, statt die Gabel zu nehmen, die seit Urzeiten für dieses Gericht bestimmt ist.

Alle Tischgäste waren erstaunt über diese Seltsamkeit, warfen sich einen Blick zu und lächelten unmerklich, indessen hielt der Respect alle Zungen zurück, denn Alles, was ein Bischof, der von Paris kommt, bei Tische und namentlich am ersten Tage seiner Ankunft thut, muss wohlgethan sein.

Aber die Sache kam in Umlauf, und schon am nächsten Morgen begegnete man sich nicht, ohne zu fragen: „Wissen Sie schon, wie unser neuer Bischof gestern Abend die Fondue gegessen hat?" — „Ja wohl weiss ich es, er hat sie mit einem Löffel gegessen, ich hab's von einem Augenzeugen." Die Stadt sagte es dem Lande, und nach drei Monaten wusste es der ganze Sprengel.

Das Merkwürdigste war dabei, dass diese Geschichte fast den Glauben unserer Väter erschüttert hätte. Es gab Neuerer, die für den Löffel Partei nahmen, aber sie wurden bald vergessen. Die Gabel triumphirte, und noch nach einem Jahrhundert belustigte sich einer meiner Grossonkel daran, und erzählte mir mit ungeheuerm Gelächter, wie einst der Herr von Madot die Fondue mit einem Löffel gegessen habe.

Recept der Fondue.

Aus den Papieren des Herrn Trolliet, Vogt von Moudon im Canton Bern.

Wiegt die Eier, die Ihr nach der Zahl Eurer Gäste anwenden wollt.

Dann nehmt ein Stück guten Freiburger Käse, welches das Drittheil wiegt, und ein Stück Butter, welches das Sechstheil wiegt.

Schlagt und rührt die Eier wohl in einer Pfanne, dann thut die Butter und dann den geraspelten Käse hinein.

Setzt die Pfanne auf ein lebhaftes Feuer, und rührt mit einer Spatel, bis die Mischung hinlänglich dick, weich und fadenziehend ist. Thut ein wenig oder gar kein Salz hinein, je nachdem der Käse mehr oder weniger alt ist, aber gehörig viel Pfeffer, der zu dieser antiken Speise nothwendig gehört. Tragt auf einer gewärmten Schüssel auf, bringt den besten Wein herbei, von dem man gehörig trinkt, und Ihr werdet Wunderdinge erleben *).

XVII.

Täuschung.

Alles war in dem Wirthshaus „Ecu de France" in Bourg in der Bresse ruhig, als, von vier Pferden gezogen, ein prächtiger Reisewagen von englischer Form daher rollte, auf dem sich namentlich zwei sehr hübsche Kammerkätzchen bemerklich machten, die auf dem Kutschbocke in einem grossen, blau gefütterten und geränderten Scharlachshawl eingewickelt waren.

Bei diesem Anblicke, der einen, kleine Tagereisen machenden Lord ankündigte, lief Chicot, so hiess der Wirth, mit der Mütze in der Hand herbei, seine Frau stellte sich an der Thüre auf, die Mägde brachen beinahe den Hals, indem sie über die Stiegen herabkletterten, und die Stallknechte, die auf ein gehöriges Trinkgeld rechneten, traten vor.

Man packte die Kammerjungfern ab, nicht, ohne sie etwas erröthen zu machen, denn die Schwierigkeiten des Herabsteigens waren gross, und die Kutsche entleerte sich: erstens von einem dicken, kurzen Milord mit rothem Gesicht und vorspringendem Bauche; zweitens von zwei langen, bleichen rothhaarigen Misses; drittens von einer Milady, die sich zwi-

---

*) An vielen Orten wird die Fondue noch ausser den beschriebenen Ingredienzien, mit etwas weissem Wein angerührt. Man darf sie nur auf heissen Tellern serviren.   C. V.

schen dem ersten und zweiten Grad der Auszehrung zu befinden schien.

Diese letztere nahm das Wort.

„Herr Wirth," „sagte sie, besorgen Sie gut meine Pferde. Geben sie uns ein Zimmer zum Ausruhen und meinen Kammerjungfern eine Erquickung. Aber das Ganze darf nicht mehr als sechs Franken kosten, richten Sie sich darnach."

Kaum war diese sparsame Rede verklungen, so setzte Chicot seine Mütze wieder auf, seine Frau kehrte ins Haus zurück und die Mägde gingen an ihre Arbeit.

Die Pferde wurden in den Stall gestellt und erhielten die Zeitung zu lesen; man zeigte den Damen ein Zimmer im ersten Stock, und bot den Kammerjungfern eine Flasche ganz frisches Wasser und Gläser an.

Aber die vorausbedungenen sechs Franken wurden dennoch nur mit Naserümpfen entgegengenommen, und als eine erbärmliche Entschädigung für die verursachte Unruhe und die getäuschten Hoffnungen angesehen.

XVIII.

Wunderbare Wirkungen eines classischen Mittagessens.

„Ach, wie unglücklich bin ich," sagte in traurigem Tone ein Feinschmecker vom königlichen Gerichtshof der Seine. „Ich habe meinen Koch auf meinem Landgute gelassen, wohin ich zurückkehren wollte; die Geschäfte halten mich in Paris zurück, und ich bin nun einer alten Magd überlassen, deren Kocherei mir den Magen verdirbt. Meine Frau ist mit Allem zufrieden, meine Kinder zu jung, um etwas davon zu verstehen; hartes Kochfleisch, verbrannte Braten — man bringt mich um mit Spiess und Kochtopf."

Er sprach so, während er traurigen Schrittes über den Platz Dauphine ging. Der Professor hörte zum Glück für das gemeine Wohl diese gerechten Klagen und erkannte in dem Bekümmerten einen Freund. „Sie sollen nicht sterben, mein Lieber," sagte er in liebreichem Tone zu dem gequälten Richter, „Sie sollen besonders nicht an einer Krankheit sterben, die ich heilen kann. Nehmen Sie für Morgen bei mir ein classisches Mittagsessen in kleiner Gesellschaft an. Nach Tisch eine Partie Piket, die wir so anordnen, dass alle Welt sich amüsirt, und dieser Abend wird wie viele andere in das Meer der Vergangenheit versinken."

Die Einladung wurde angenommen, die heilige Handlung ging nach allen vorgeschriebenen Gebräuchen, Gewohnheiten und Liturgien vor sich, und seit jenem Tage (23. Juni 1825) ist der Professor so glücklich, dem königlichen Gerichtshof eine seiner würdigsten Stützen erhalten zu haben.

XIX.
Wirkungen und Gefahren der gebrannten Wasser.

Der künstliche Durst, dessen wir in der achten Betrachtung gedachten, und welchen gebrannte Wasser nur für den Augenblick löschen, wird mit der Zeit so heftig und andauernd, dass die Leute die Nacht nicht vorübergehen lassen können, ohne zu trinken, und das Bett verlassen müssen, um ihren Durst zu löschen.

Dieser Durst wird dann eine wirkliche Krankheit, und wenn das Individuum einmal auf diesem Punkte angelangt ist, so kann man mit Gewissheit sagen, dass es keine zwei Jahre mehr zu leben hat.

Ich reiste in Holland mit einem reichen Kaufmann von Danzig, der seit fünfzig Jahren dort das grösste Detailgeschäft in Branntwein hatte.

„Man kann in Frankreich kaum glauben," sagte mir dieser Patriarch, „wie bedeutend das Geschäft ist, welches wir seit mehr als einem Jahrhundert von Vater zu Sohn betreiben. Ich habe aufmerksam die Arbeiter beobachtet, die zu mir kommen. Wenn sie sich ohne Rückhalt der Leidenschaft für Branntwein hingeben, die leider bei den Deutschen sehr allgemein ist, so gehen sie fast alle auf dieselbe Weise zu Grunde."

„Anfangs nehmen sie Morgens nur ein kleines Glas Branntwein und das genügt ihnen während mehrer Jahre. Uebrigens haben alle Arbeiter diese Gewohnheit und der, welcher keinen Schnaps tränke, würde von seinen Kameraden verspottet. Dann verdoppeln sie die Dosis, d. h. sie nehmen Morgens und Mittags ein Gläschen. Bei diesem Ansatze bleiben sie zwei oder drei Jahre; dann trinken sie regelmässig Morgens, Mittags und Abends. Nun kommen sie bald zu allen Stunden des Tages und wollen nun nur noch Gewürznelkenbranntwein. Sind sie einmal auf diesem Punkte angekommen, so haben sie höchstens noch sechs Monate zu leben. Sie vertrocknen. Das Fieber ergreift sie, sie kommen ins Spital und man sieht sie nicht mehr.

XX.

Die Ritter und die Abbé's.

Ich habe schon zweimal diese beiden Classen von Feinschmeckern erwähnt, welche die Zeit vernichtet hat.

Da sie seit mehr als dreissig Jahren verschwunden sind, so hat der grösste Theil der heutigen Generation sie nicht mehr gesehen.

Vielleicht tauchen sie gegen Ende unseres Jahrhunderts wieder auf, aber da eine solche Erscheinung das Zusammentreffen vieler zukünftiger Zufälle erfordern würde, so glaube ich, dass nur wenige unter der heutigen Generation von dieser Auferstehung Zeuge sein würden.

Ich muss den beiden Ständen also in meiner Eigenschaft als Sittenmaler einen letzten Pinselstrich widmen, und um dies bequemer thun zu können, entlehne ich die folgende Stelle einem Verfasser, der mir nichts verweigern darf*).

Der Titel Ritter hätte nach Regel und Gebrauch nur Personen gegeben werden dürfen, die einen Orden besassen, oder den jüngeren Söhnen grosser Häuser. Viele Ritter hatten es aber vortheilhaft gefunden sich selbst den Bruderkuss zu geben (self-created), und wenn sie nur eine gute Erziehung und adeliges Aussehen besassen, so kümmerte sich in jener sorglosen Zeit Niemand darum.

Die Ritter waren meistens hübsche Männer. Sie trugen den Degen senkrecht, den Kopf hoch, die Nase im Winde, das Bein steif; sie waren Spieler, Verführer, Zänker und gehörten wesentlich zum Gefolge einer Modedame.

Sie zeichneten sich durch einen glänzenden Muth und eine ausserordentliche Duellsucht aus. Man brauchte sie häufig nur anzusehen, um sie auf dem Halse zu haben.

So endete der Ritter von S...., einer der bekanntesten seiner Zeit.

Er hatte durchaus ohne Grund mit einem jungen Menschen, der eben erst von Charolles angekommen war, Streit gesucht, und man schlug sich hinter der Chaussée-d'Antin, wo damals grosse Moräste waren.

S.... sah gleich beim Auslegen, dass er mit keinem Neuling zu thun hatte, doch wollte er seinen Gegner auf die Probe stellen, aber bei seiner ersten Bewegung stiess der Charoller zu und zwar mit einem so fürchterlichen Stoss, dass der Ritter todt war, ehe er nur auf die Erde fiel. Sein Secundant und Freund untersuchte lange schweigend die schreckliche Wunde und den Weg, den der Degen genommen hatte, dann sagte er plötzlich beim Weggehen: „Welche prächtige Quarte! Der junge Mann hat eine gute Hand!" Das war die ganze Leichenrede des Verstorbenen.

Im Anfang der Revolutionskriege gingen die meisten Ritter zur Armee, andere wanderten aus, die übrigen ver-

---

*) Stelle aus Brillat-Savarin's Abhandlung über das Duell.

loren sich unter der Menge. Die wenigen Ueberlebenden lassen sich noch am Gesichtsausdruck erkennen. Aber sie sind mager und können nur mühsam gehen. **Sie haben die Gicht.**

Wenn eine adelige Familie viele Söhne hatte, so bestimmte man einen der Kirche. Er bekam anfänglich einfache Präbenden, welche zu den Kosten seiner Erziehung hinreichten, später ward er Domherr, Abt oder Bischof, je nachdem er mehr Fähigkeit zum geistlichen Berufe zeigte.

Das war der legitime Typus der Abbé's. Aber es gab auch viele falsche, und viele wohlhabende junge Leute, die nicht gerade den Gefahren des Ritterthums sich aussetzen wollten, traten in Paris als Abbé's auf.

Nichts war bequemer; — durch eine leichte Veränderung der Kleidung gab man sich das Aussehen eines Benefiziaten und stellte sich Jedermann gleich; man hatte Freunde, Geliebte und Gastgeber, denn jedes Haus hatte seinen Abbé.

Die Abbé's waren klein, dick, rund, wohlgekleidet, sanft, gefällig, neugierig, Feinschmecker, lebhaft und einschmeichelnd. Die, welche noch leben, sind fette Betbrüder geworden.

Es gab kein glücklicheres Wesen als einen reichen Prior oder einen Abbé mit Präbenden; sie hatten Ansehen, Geld, keine Oberen und nichts zu thun.

Wenn der Friede noch lange dauert, so darf man hoffen die Ritter wieder auftauchen zu sehen, aber ohne eine grosse Veränderung im Kirchenwesen sind die Abbé's unwiederruflich verloren. Es gibt keine Sinecuren mehr und man ist zu den Grundsätzen der ersten Kirche zurückgekehrt. Beneficium propter officium.

XXI.

Miscellaneen.

„Herr Gerichtsrath," sagte eines Tages von einem Tischende zum andern eine alte Marquise aus dem Faubourg St. Germain, „ziehen Sie Burgunder oder Bordeaux vor?" — „Gnädige Frau," antwortete mit Druidenstimme der Richter, „ich untersuche mit so vielem Vergnügen die Actenstücke dieses Processes, dass ich den Spruch immer auf acht Tage verschiebe."

Ein Herr aus der Chaussée-d'Antin liess auf seiner Tafel eine Wurst von Arles von heldenmüthiger Grösse auftragen. „Nehmen Sie ein Stückchen," sagte er zu seiner Nachbarin, „es sieht wie ein Möbel aus gutem Hause aus." „Die Wurst ist in der That sehr dick," antwortete die Dame, indem sie durch die Lorgnette einen Blick darauf warf, „leider Gottes sieht sie nach gar nichts aus."

Geistreiche Menschen lieben ganz besonders die Feinschmeckerei, andere sind einer Beschäftigung nicht fähig, die aus einer Masse von Urtheilen und Versuchen zusammengesetzt ist.

Die Gräfin Genlis rühmt sich in ihren Denkwürdigkeiten, dass sie einer deutschen Dame, die sie wohl aufgenommen hatte, die Zubereitung von sieben ausgezeichneten Schüsseln gelehrt habe.

Der Graf de la Place hat eine ausgezeichnete Art, die Erdbeeren zuzubereiten, entdeckt, und die darin besteht, sie mit dem Safte einer Apfelsine zu benetzen.

Ein anderer Gelehrter hat den Grafen noch überboten, indem er die gelbe Rinde der Orange zufügt, die er mit einem Stücke Zucker abreibt. Derselbe Gelehrte glaubt mittelst eines Lappens, der den Flammen entrissen wurde, welche die Bibliothek von Alexandrien zerstörten, beweisen zu können, dass die Erdbeeren, in dieser Weise zubereitet, bei den Göttermahlen auf dem Berge Ida gegessen wurden.

„Ich halte nicht viel auf den Menschen," sagte eines Tages der Graf von M.... von einem Canditaten, der eine Stelle erhalten hatte, „er kennt weder Blutwürste à la Richelieu noch Côtelettes à la Soubise."

Man bot einem Trinker beim Nachtisch Trauben an. „Ich danke," sagte er, den Teller zurückweisend, „ich pflege meinen Wein nicht in Pillen zu nehmen."

Man beglückwünschte einen Kenner, der Director der regulären Steuern in Périgueux geworden war. Er müsse sich in dem Lande des Wohllebens ausserordentlich gut befinden, im Lande der Trüffeln, der Steinhühner, der Puter u. s. w. „Ach," antwortete seufzend der traurige Feinschmecker, „kann man denn wirklich in einem Lande leben, wo keine Seefische hinkommen?"

XXII.

Ein Tag bei den Bernhardinern.

Es war ein Uhr Morgens und eine schöne Sommernacht. Wir bildeten einen Reitertrupp, nachdem wir vorher den Schönen, welche das Glück hatten, uns zu interessiren, eine gehörige Nachtmusik gebracht hatten. Es war gegen 1782.

Wir brachen von Belley auf und gingen nach St. Sulpice, einem Bernhardiner Kloster, das auf einem der höchsten Berge der Gegend, wenigstens 5000 Fuss über dem Meere liegt.

Ich war damals Musikdirector einer Liebhabergesellschaft, alles lustige junge Leute, mit allen Eigenschaften versehen, die Jugend und Gesundheit geben können.

„Lieber Herr," hatte mir eines Tages der Abt von St. Sulpice gesagt, indem er mich nach dem Essen in eine Fensternische zog, „es wäre sehr liebenswürdig von Ihnen, wenn Sie mit Ihren Freunden einmal am Bernhardstage bei uns Musik machen wollten. Der Heilige würde dadurch noch würdiger gefeiert, unsere Nachbarn würden sich ergötzen, und Sie hätten die Ehre, der erste Orpheus zu sein, der in diese Hochregionen gekommen wäre."

Ich liess mir diese Anfrage, die eine angenehme Partie versprach, nicht zweimal wiederholen, und sagte mit einem Nicken des Hauptes zu, das den Salon erschütterte.

Annuit, et totum nutu tremefecit Olympum.
(Neigte gewährend das Haupt und erschütterte ganz den Olympus.)

Alle Vorsichtsmassregeln waren getroffen, und wir brachen so früh auf, weil wir Wege zu machen hatten, die selbst die kühnen Wanderer erschrecken mögen, welche den Hügel von Montmartre zu ersteigen versuchen.

Das Kloster liegt in einem Thale, das nach Westen von dem Kamme des Gebirges, nach Osten von einem weniger hohen Hügel geschlossen wird.

Der westliche Gipfel war von einem Tannenwalde gekrönt, in welchem ein einziger Windstoss eines Tages 36,000 Stämme umwarf*). Den Grund des Thales bildete eine weite Wiese, auf der verschiedene Buchengruppen unregelmässig vertheilt waren und das Modell der so beliebten englischen Gärten im Grossen darstellten.

Wir kamen mit Tagesanbruch an und wurden vom Pater Kellermeister empfangen, in dessen ehrwürdigem Gesichte die Nase wie ein Obelisk stand.

„Seien Sie willkommen meine Herren," sagte der gute

---

*) Die Oberforstdirection zählte und verkaufte sie; der Handel und die Mönche hatten ihren Nutzen davon; bedeutende Capitalien wurden in Umlauf gebracht und Niemand beklagte sich über den Wirbelwind.

Pater, „es wird unsern Abt sehr freuen zu hören, dass Sie angekommen sind. Er ist noch im Bett, denn er war gestern sehr müde, aber kommen Sie nur mit mir — Sie sollen sehen, dass wir Sie erwarteten."

Er sprach's, ging voraus und wir folgten, indem wir mit Recht vermutheten, dass er uns ins Refectorium führe.

Dort wurden alle unsere Sinne durch die Erscheinnng eines verführerischen, wahrhaft classischen Frühstücks in Anspruch genommen.

Inmitten einer geräumigen Tafel erhob sich eine Pastete, gross wie eine Kirche; nordwärts hatte sie zum Nachbar ein kaltes Kalbsviertel, südwärts einen ungeheuern Schinken, ostwärts einen Berg von Butter in Form eines Denkmals und westwärts einen Wald von Artischocken im Pfeffer.

Man sah auch noch verschiedene Arten Früchte, Teller, Servietten, Messer und Silberzeug in Körben. Am Ende der Tafel standen Laienbrüder und Lakaien bereit, uns zu bedienen, wenn auch etwas verwundert über ihr frühes Aufstehen.

In einer Ecke des Refectoriums sah man einen Haufen von mehr als hundert Flaschen, beständig durch einen natürlichen Springquell gekühlt, der „Evoë Bacche!" zu murmeln schien, und wenn das Aroma des Mokkas unsere Nasen nicht kitzelte, so geschah es, weil man in jenen heldenmässigen Zeiten so früh Morgens keinen Kaffee nahm.

Der ehrenwerthe Pater Kellermeister weidete sich einige Zeit an unserm Erstaunen, dann richtete er folgende Anrede an uns, die wir in unserer Weisheit für vorbereitet hielten.

„Ich möchte Ihnen gern Gesellschaft leisten, meine Herren," sagte er, „aber ich habe meine Messe noch nicht gelesen und heute ist Hochamt. Ich sollte Sie eigentlich einladen zu essen, aber Ihr Alter, die Reise und die frische Bergluft machen das nicht nöthig. Nehmen Sie vergnügt an, was wir Ihnen von ganzem Herzen anbieten, ich verlasse Sie und singe Frühmesse."

Mit diesen Worten verschwand er.

Nun hiess es thätig sein, und wir griffen mit einer Energie an, die in der That die drei erschwerenden Umstände, welche der Pater Kellermeister angedeutet hatte, vermuthen liess. Aber was konnten schwache Adamssöhne gegen eine Mahlzeit, die für Bewohner des Sirius aufgetragen schien? Unsere Anstrengungen waren ohnmächtig und obgleich übersättigt, hatten wir doch nur schwache Spuren unserer Anwesenheit zurückgelassen.

Wohl versehen bis zum Essen, zerstreute man sich, ich kroch in ein gutes Bett, wo ich bis zur Messe schlief, ähnlich dem Helden von Rocroy und einigen anderen, die bis zum Augenblicke schliefen, wo die Schlacht begann.

Ich wurde durch einen starken Bruder geweckt, der mir beinahe den Arm ausgerissen hätte, und lief in die Kirche, wo Alles auf seinem Posten war.

Wir spielten eine Symphonie bei der Opferung, sangen eine Motette bei der Erhöhung und endigten mit einem Quartett von Blasinstrumenten, und trotz der schlechten Witze gegen die Liebhaberconcerte, verpflichtet mich die Achtung vor der Wahrheit, zu versichern, dass wir uns sehr gut herauszogen.

Ich bemerke bei dieser Gelegenheit, dass Diejenigen, welche niemals zufrieden sind, meistens Ignoranten sind, die nur deshalb so einschneidend urtheilen, weil sie hoffen, ihre Kühnheit könne ihnen Kenntnisse zuschreiben lassen, die sie zu erwerben den Muth nicht haben.

Wir nahmen die Lobsprüche, die man uns bei dieser Gelegenheit verschwenderisch austheilte, mit Gutmüthigkeit auf, und nachdem der Abt uns seinen Dank gesagt hatte, setzten wir uns zu Tische.

Das Mittagsessen wurde im Geschmacke des 15. Jahrhunderts aufgetragen, wenig Zwischengerichte, keine Ueberflüssigkeiten, aber eine ausgezeichnete Wahl der Fleischsorten, einfache substanzielle Ragouts; — eine gute Küche, vortrefflich gekocht, und namentlich Gemüse von einem Wohlgeschmacke, den man in den Ebenen nicht kennt, liessen das Wünschbare nicht vermissen.

Man wird übrigens auf den Ueberfluss, der hier herrschte, aus dem Umstande schliessen können, dass beim zweiten Gange vierzehn verschiedene Braten aufgetragen wurden.

Das Dessert war um so ausgezeichneter, als es theilweise aus Früchten bestand, die nicht auf dieser Höhe wachsen und die man aus dem Unterlande gebracht hatte, denn man hatte die Gärten von Machuraz, Morflent und andere von der Sonne geliebte Gegenden für uns geplündert.

Die Liköre fehlten nicht, aber der Kaffee verdient eine besondere Erwähnung.

Er war klar, wunderbar heiss und wohlriechend, und wurde namentlich nicht in jenen entarteten Gefässen gereicht, die man an den Ufern der Seine Tassen nennt, sondern in schönen, tiefen Schalen, worin die dicken Lippen der ehrwürdigen Väter untertauchten, die das belebende Getränk mit einem Geräusch einschlürften, das ein paar Wallfischen vor dem Sturme Ehre gemacht haben würde.

Nach dem Essen gingen wir zur Vesper, wobei wir zwischen den Psalmen Wechselgesänge ausführten, die ich zu diesem Zwecke componirt hatte. Es war leichte Musik, wie man sie damals machte, und ich sage weder Gutes noch Schlimmes davon, weil ich fürchte, entweder durch die Bescheidenheit zurückgehalten, oder durch die Vaterschaft beeinflusst zu werden.

Der officielle Tag war hiermit geendet.

Die Nachbarn begannen sich zurückzuziehen, die anderen arrangirten Spielpartien.

Ich zog vor spazieren zu gehen und ging mit einigen Freunden, die sich mir anschlossen, auf jenem zarten und dichten Rasen umher, der alle Teppiche der Welt übertrifft, wobei wir die reine Luft der Hochregion athmeten, welche die Seele erquickt und die Einbildungskraft zu romantischer Betrachtung stimmt*).

Wir kamen erst spät zurück; der Abt kam mir entgegen, um mir guten Abend und gute Nacht zu wünschen. „Ich will", sagte er, „mich zurückziehen und Sie den Abend endigen lassen. Zwar glaube ich gerade nicht, dass meine Gegenwart unsere Väter belästigen könne, aber Sie sollen wissen, dass Sie vollständige Freiheit haben: — es ist nicht alle Tage Bernhardstag. Morgen kehren wir zur gewohnten Ordnung zurück: Cras iterabimus aequor. (Morgen geht's wieder aufs Meer)."

Die Gesellschaft wurde in der That nach dem Weggange des Abtes lebendiger und geräuschvoller, und man machte eine Menge jener eigenthümlichen Klosterwitze, die nicht viel sagen wollen, und über die man lacht, ohne zu wissen warum.

Um neun Uhr wurde das Nachtessen aufgetragen, ein vortreffliches delicates Nachtessen, das von dem Mittagsessen um mehre Jahrhunderte abstand.

Man ass aufs Neue, man schwatzte, lachte und sang Schelmenlieder, und einer der Väter las uns einige Verse eigener Fabrik vor, die für einen Glatzkopf gar nicht schlecht waren.

Gegen Ende der Abendsitzung rief plötzlich eine Stimme: „Pater Kellermeister, wo ist denn Deine Schüssel?" „Ihr habt Recht," antwortete der ehrwürdige Pater, „ich bin nicht umsonst Kellermeister!"

Er ging einen Augenblick hinaus und kam bald von drei Dienern begleitet wieder, von denen der eine geröstete Brotschnitten mit ausgezeichneter Butter, und die zwei anderen einen Tisch brachten, auf welchem eine Schüssel mit

---

*) Ich habe stets unter ähnlichen Umständen die gleiche Wirkung verspürt, und glaube, dass die Leichtigkeit der Luft auf den Bergen gewisse Gehirnthätigkeiten wirken lässt, die in der Ebene von der schweren Luft niedergedrückt werden.

brennendem Branntwein und Zucker stand. Dies ersetzte den Punsch, der damals noch nicht bekannt war.

Man begrüsste die neuen Ankömmlinge mit einem Hurrah, die Butterschnitten wurden verzehrt, der Branntwein getrunken, und als die Thurmuhr des Klosters Mitternacht schlug, zog sich Jeder in sein Gemach zurück, um dort die Süssigkeiten eines Schlafes zu kosten, auf welchen die Tagesarbeit ihm vollen Anspruch gegeben hatte.

Nota bene der Pater Kellermeister, dessen in dieser wahrheitsgemässen Geschichte erwähnt wird, war schon alt geworden, als ein neuer Abt ernannt wurde, der von Paris kommen sollte und dessen Strenge man fürchtete.

„Ich bin hinsichtlich seiner beruhigt," sagte der ehrwürdige Pater, „und wenn er auch ärger als der Teufel wäre, so wird er doch niemals den Muth haben, einem Greise den Platz am Kamin und den Kellerschlüssel abnehmen zu wollen."

XXIII.

Glück auf der Reise.

Ich sass eines Tages auf meinem guten Rösslein la Joie und ritt durch die lachenden Gefilde des Jura.

Das war in den bösesten Tagen der Revolution, und ich ging nach Dôle zum Volksrepräsentanten Prot, um von ihm einen Geleitsschein zu erhalten, der mich verhindern sollte, zuerst ins Gefängniss und nachher wahrscheinlich aufs Schaffott zu wandern.

Gegen 11 Uhr Morgens kam ich in einem Wirthshause des Städtchens oder Dörfchens Mont-sous-Vaudrey an, liess mein Pferd besorgen, und ging dann in die Küche, wo ich ein Schauspiel sah, dass kein Reisender ohne Vergnügen gesehen hätte.

Vor einem glänzenden lebhaften Feuer drehte sich ein Spiess, prächtig besetzt mit Wachteln, Wachtelkönigen und jenen kleinen Regenpfeifern mit grünen Füssen, die immer so fett sind. Dieses ausgezeichnete Wildpret träufelte seinen Saft auf eine ungeheure Brotkruste, deren Anfertigung eine Jägerhand verrieth, und daneben stand ein schon gebratener junger Hahn mit runden Rippen, wie die Pariser sie gar nicht kennen, und deren Duft eine Kirche durchräuchern könnte.

„Gut," sagte ich zu mir selbst, neubelebt bei diesem Anblicke, „die Vorsehung verlässt mich nicht ganz; pflücken wir noch dies Blümchen am Wege, zum Sterben ist immer noch Zeit."

Während dieser Betrachtung spazierte der riesengrosse Gastwirth, die Hände auf dem Rücken, in der Küche umher und pfiff sich ein Liedchen. Ich wandte mich an ihn. „Mein Lieber," sagte ich, „Sie können mir doch was Gutes zum Mittagsessen geben?" — „Lauter gute Dinge," antwortete er, „gutes Rindfleisch, gute Kartoffelsuppe, eine gute Schafschulter und gute Bohnen."

Bei dieser unerwarteten Antwort lief ein Schauder der Enttäuschung durch meine Glieder. Ich esse bekanntlich gar kein Rindfleisch, weil es nur Faser ohne Saft ist. Kartoffeln und Bohnen machen fett. Ich hatte keine Zähne von Stahl, um den dürren Schöpsenbraten zu zerreissen. Ein solcher Speisezettel musste mich trostlos machen. Mein ganzes Unglück fiel auf mein Haupt zurück.

Der Gastwirth betrachtete mich wie ein Duckmäuser, und schien die Ursache meines Verdrusses zu errathen. „Wem ist denn all dies schöne Wildpret bestimmt?" sagte ich mit ärgerlichem Tone. —„ Ach, lieber Herr," antwortete er theilnehmend, „ich kann nicht darüber verfügen. Es gehört Herren vom Gerichte, die seit zehn Tagen hier sind, um einen Augenschein aufzunehmen, der eine sehr reiche Dame betrifft. Sie sind gestern fertig geworden und feiern heute dies glückliche Ereigniss mit einer Mahlzeit. Wir nennen dies hier den Aufstand." — „Herr Wirth," antwortete ich nach einigem Nachdenken, thun Sie mir den Gefallen, diesen Herren zu sagen, dass ein Mann von guter Gesellschaft sie um die Gunst bittet, mit ihnen speisen zu dürfen. Ich will meinen Kostentheil tragen und werde den Herren ausserordentlich dankbar sein." Ich sagte es, der Wirth ging fort und kam nicht wieder.

Aber bald darauf kam ein fettes, frisches, rothbackiges, dickes, lustiges Männchen herein, das in der Küche herumstrich, sich an den Töpfen etwas zu schaffen machte, den Deckel einer Pfanne aufhob und dann wieder verschwand.

„Gut, sagte ich zu mir selbst," das ist der Bruder Ziegler, der eine Recognoscirung angestellt hat" und ich begann zu hoffen, denn die Erfahrung hat mich schon belehrt, dass mein Aeusseres nicht gerade zurückstossend ist.

Nichtsdestoweniger schlug mir das Herz wie einem Candidaten gegen das Ende der Stimmenzählung, als der Wirth wiederkam, und mir anzeigte, die Herren fühlten sich durch meinen Antrag sehr geschmeichelt, und erwarteten nur mich, um sich zu Tische zu setzen.

Ich war im Sprunge oben, wurde äusserst liebenswürdig empfangen und hatte nach einigen Minuten schon Wurzel gefasst . . . . . .

Welch treffliches Essen! Ich zähle die Einzelheiten nicht auf, aber ein Hühnerfricassée von ausgezeichneter Herstellung, wie man es nur in der Provinz haben kann, und so ausgiebig betrüffelt, dass der alte Tithon dadurch neue Kräfte hätte sammeln können, bedarf einer besondern ehrenvollen Erwähnung.

Man kennt schon die Braten. Ihr Geschmack entsprach ihrem Aeusseren. Sie waren vollkommen gar, und die Schwierigkeit, welche ich gehabt hatte, mich ihnen zu nähern, erhöhte noch ihren Genuss.

Das Dessert bestand aus einer Vanillecrème, ausgesuchtem Käse und trefflichen Früchten. Wir tranken dazu einen leichten gr natrothen Wein, später Eremitage, noch später Strohwein, ebenso süss als feurig. Das Ganze wurde mit trefflichem Kaffee gekrönt, den der lustige Ziegler selbst machte, wobei er uns auch gewisse Liköre von Verdun zum Besten gab, die er aus einer Art Reliquienschrank hervorzog, von dem er allein den Schlüssel hatte.

Das Essen war nicht allein sehr gut, sondern auch sehr fröhlich.

Nachdem man mit Umsicht von den Angelegenheiten des Landes gesprochen hatte, neckten sich die Herren mit Witzen, die mir einen Theil ihrer Lebensgeschichte enthüllten. Sie sprachen sehr wenig von dem Geschäfte, das sie vereinigt hatte, dagegen erzählte man einige gute Geschichten, sang einige Lieder. Ich selbst sang einige neue Verse und machte sogar ein Impromptu, das der Gewohnheit gemäss grossen Beifall fand. Hier ist es:

> Find' ich auf Reisen zu meinem Segen
> Fröhliche Gesellen allerwegen,
> So jauchze ich vor Seligkeit!
> Könnte ich es fort so treiben,
> Würde ich bei ihnen bleiben
> Stets in Freud' und Fröhlichkeit
> Sieben Tage,
> Vierzehn Tage,
> Dreissig Tage,
> Ein ganzes Jahr,
> Und mein Schicksal würd' ich segnen!

Wenn ich diese Strophe hier anführe, so geschieht es nicht, weil ich sie für gut halte, — ich habe Gott sei Dank schon bessere gemacht und hätte auch diese verbessern können, aber ich zog es vor, ihr den Charakter des Gelegenheitsgedichtes zu lassen, um meinen Lesern das Zugeständniss abzulocken, dass Derjenige, welcher mit einem Revolutionscomité auf dem Halse so lustig sein konnte, ganz gewiss den Kopf und das Herz eines Franzosen haben musste.

Wir sassen wohl schon vier Stunden bei Tische, als man

sich mit der Frage beschäftigte, wie man den Abend hinbringen solle. Man wollte einen langen Spaziergang machen, um die Verdauung zu befördern, nach der Rückkehr eine Partie L'hombre spielen und so das Abendessen erwarten, das aus einer Schüssel Forellen und den sehr respectablen Resten des Mittagsessens bestehen sollte.

Ich musste leider allen Vorschlägen eine Weigerung entgegensetzen. Die Sonne, die sich zum Horizont neigte, benachrichtigte mich, dass ich abreisen müsse. Die Herren drangen so viel in mich als die Höflichkeit es erlaubt, liessen mich aber ziehen, als ich ihnen bemerkte, dass ich gar nicht zu meinem Vergnügen reise.

Man wird schon errathen haben, dass sie von einem Antheil an der Bezahlung nichts hören wollten, und ohne weitere Fragen an mich zu stellen, begleiteten sie mich an mein Pferd, wo wir uns nach den lebhaftesten Freundschaftsbezeugungen trennten.

Wenn Einer von denen, die damals mich so gut aufnahmen, noch lebt, und ihm dies Büchlein in die Hände fällt, so möge er wissen, dass noch dreissig Jahre später dieses Capitel mit dem lebhaftesten Dankgefühl geschrieben wurde.

Ein Glück kömmt niemals allein, und meine Reise hatte einen Erfolg, wie ich ihn kaum gehofft hatte.

Ich fand in der That den Repräsentanten Prot stark gegen mich eingenommen. Er betrachtete mich mit unheilschwangeren Blicken, und ich glaubte, er wolle mich sofort verhaften lassen; doch kam ich mit der Furcht davon, und es schien mir nach einigen Erläuterungen, als milderten sich seine Züge.

Ich gehöre nicht zu denen, welche die Furcht grausam macht, und ich glaube, dass der Mann nicht böswillig war, aber er besass wenig Fähigkeiten, und wusste nicht, was er mit der schrecklichen Gewalt anfangen sollte, die ihm anvertraut war. Er war ein mit der Keule des Herkules bewaffnetes Kind.

Herr Amondru, dessen Namen ich hier mit vielem Vergnügen erwähne, hatte viele Mühe, ihn zur Annahme eines Abendessens zu bewegen, bei dem ich mich ebenfalls einfinden sollte. Er kam zwar, begrüsste mich aber in einer Art, die mich bei Weitem nicht zufrieden stellte.

Etwas besser wurde ich von Frau Prot empfangen, der ich meinen Kratzfuss machte. Die Umstände, unter welchen ich mich vorstellte, erregten bei ihr wenigstens ein Interesse der Neugierde.

Nach dem ersten Worte fragte sie mich, ob ich die Musik liebe. Unverhofftes Glück! Sie schien den grössten Genuss daran zu finden, und da ich selbst ein guter Musiker bin, so waren unsere Herzen gleich auf den Einklang gestimmt.

Wir sprachen davon vor dem Essen und gingen gründlich auf die Sache ein. Sie sprach mir von den neuesten Werken über Composition, ich kannte sie alle; — sie sprach mir von den beliebten Opern, ich wusste sie auswendig; — sie nannte mir die bekanntesten Componisten, ich hatte die meisten persönlich gesehen. Sie konnte nicht aufhören, denn seit langer Zeit hatte sie Niemand angetroffen, mit dem sie über diesen Gegenstand hätte sprechen können, den sie als Liebhaberin zu behandeln schien, während ich später erfuhr, dass sie Gesanglehrerin gewesen sei.

Nach dem Essen liess sie ihre Notenhefte holen, sie sang, ich sang, wir sangen; ich hatte niemals mehr Eifer gezeigt, niemals mehr Vergnügen empfunden. Herr Prot hatte schon mehrmals nach Hause gehen wollen, sie kehrte sich aber nicht daran und wir schmetterten wie zwei Trompeten das Duett aus der „Falschen Magie":

„Erinnerst du dich jenes Festes?" —
als Herr Prot endlich den Befehl zum Rückzug ertheilte.

Man musste wohl enden, aber im Augenblicke, wo wir Abschied nahmen, sagte Frau Prot zu mir: „Bürger, man verräth sein Land nicht, wenn man wie Sie die schönen Künste übt. Ich weiss, dass Sie etwas von meinem

Manne verlangen; Sie sollen es haben, ich verspreche es Ihnen."

Ich küsste ihr bei diesen tröstenden Worten die Hand mit warmem Herzen, und in der That erhielt ich am andern Morgen mein freies Geleit, in aller Form unterschrieben und gesiegelt.

So wurde der Zweck meiner Reise erfüllt. Ich kam stolz nach Hause; die Harmonie, diese liebenswürdige Tochter des Himmels, hatte meine Himmelfahrt um eine gute Zahl Jahre zurückgestellt.

XXIV.

Poesie.

Nulla placere diu, nec vivere carmina possunt,
Quae scribuntur aquae potoribus. Ut male sanos
Adscripsit Liber Satyris Faunisque poëtas,
Vina fere dulces oluerunt mane Camoenae.
Laudibus arguitur vini vinosus Homerus;
Ennius ipse pater nunquam nisi potus ad arma
Prosiluit dicenda: „Forum puteal que Libonis
Mandabo siccis; adimam cantare severis."
Hoc simul edixit, non cessavere poëtae
Nocturno certare mero, putere diurno.
Horat. Epist. 1. 19.

— — — Es können keine Verse lange
Gefallen oder leben, die von Wassertrinkern
Geschrieben worden. In der That ist nicht
Zu läugnen, dass, seitdem der Gott der Reben
Das schwärmerische Dichtervolk den Satyrn
Und Faunen zugesellt, der Musen süsser Athem
Wohl gar frühmorgens schon nach Weine riecht.
Homerus pries den Rebensaft zu gern,
Um nicht der Weinsucht sehr verdächtig sich

> Gemacht zu haben. Selbst der Vater Ennius
> Sprang nie, als wohlbezecht hervor, die Thaten
> Der Helden Roms zu singen. — „Allen Nüchternen
> Weis' ich den Marktplatz nebst dem Puteal
> Des Libons an, und allen Finsterlingen soll,
> Kraft dies, die Dichterei zur Rechten nieder-
> Gelegt sein!" — Seit ich dies Edict im Scherz
> Ergehen liess, ermangelten die Herren
> Vom Handwerk nicht, von früh bis in die Nacht
> Zu trinken und nach schlechtem Wein zu duften.
> (Wieland.)

Hätte ich die Zeit gehabt, so würde ich eine Auswahl gastronomischer Gedichte von den Griechen und Römern bis zu unseren Tagen getroffen und nach historischen Perioden eingetheilt haben, um die genaue Verbindung zu zeigen, welche stets zwischen der Kunst gut zu dichten und gut zu essen bestanden hat.

Was ich nicht gethan habe*), wird ein Anderer thun; — wir werden dann sehen, wie die Tafel immer der Leier den Ton gegeben hat, und daraus einen weitern Beweis für den Einfluss des Körperlichen auf das Geistige entnehmen.

Bis zur Mitte des 15. Jahrhunderts pflegen die Dichtungen dieser Art ganz besonders Bacchus und seine Gaben zu feiern, denn Wein und zwar sehr vielen Wein trinken, war damals der höchste Grad geschmacklichen Genusses, zu dem man sich erheben konnte. Um indess die Eintönigkeit zu unterbrechen und die Laufbahn zu vergrössern, fügte man noch die Liebe hinzu, eine Gesellschaft, bei welcher die Liebe wahrscheinlich nicht gut fortkömmt.

Die Entdeckung der neuen Welt und die Eroberungen,

---

*) Wenn ich nicht irre, so ist dies das dritte Werk, das ich meinen Nachfolgern überlasse: 1. Monographie der Fettleibigkeit; 2. Theoretische und praktische Abhandlung über die Jagdfrühstücke; 3. Chronologische Sammlung gastronomischer Gedichte.

welche die Folge davon waren, haben eine neue Ordnung der Dinge herbeigeführt.

Der Zucker, der Kaffee, der Thee, die Chocolade, die Liköre, und die verschiedenen Mischungen, welche davon herstammen, haben aus dem guten Essen ein zusammengesetztes Ding gemacht, von welchem der Wein nur eine mehr oder minder nothwendige Nebensache bildet, denn der Thee kann beim Frühstück den Wein sehr wohl ersetzen*).

Den Dichtern unserer Tage ist also eine weitere Laufbahn geöffnet; sie können das Tafelvergnügen besingen, ohne sich nothwendig im Fasse ersäufen zu müssen, und manche niedliche Gedichte haben schon die neuen Schätze besungen, womit die Feinschmeckerei sich bereichert hat.

Wie Andere habe ich die Liederbücher geöffnet und mich an dem Dufte dieser leichten Opfer ergötzt, aber während ich die Hülfsquellen des Talentes bewunderte und die Harmonie der Verse kostete, fand ich noch eine ganz besondere Befriedigung darin, zu sehen, dass alle Dichter sich meinem beliebten Systeme unterordnen, denn die meisten dieser niedlichen Verse sind für den Tisch, bei Tisch und nach Tisch geschaffen worden.

Ich hoffe, dass geschickte Werkmeister den Theil meines Gebietes ausbeuten werden, den ich ihnen überlasse, und ich begnüge mich in diesem Augenblicke meinen Lesern eine kleine Auswahl nach Gutdünken gesammelter Stücke zu bieten, die ich mit sehr kurzen Anmerkungen begleite, damit man sich nicht über die Gründe meiner Wahl den Kopf zerbrechen möge.

Lied des Demokares beim Feste des Denias.

Dieses Lied stammt aus der Reise des jungen Anacharsis, dieser Grund genügt.

---

*) Die Engländer und Holländer essen zum Frühstück Brot, Butter, Fisch, Schinken, Eier, Fleisch und trinken nur Thee dazu.

Lasst uns trinken und Bachus singen.
Er gefällt sich bei unseren Tänzen, er gefällt sich
Bei unseren Liedern, er erstickt den Neid, den
Hass und den Kummer, er erschuf die verführerischen
Grazien, die bezaubernden Liebesgötter.
　　　Lasst uns lieben, trinken und Bachus singen.
Die Zukunft ist noch nicht, die Gegenwart wird
Bald nicht mehr sein, die kurze Lebenszeit ist die
Zeit des Genusses.
　　　Lasst uns lieben, trinken und Bachus singen.
Weise in unserer Narrheit, reich an Vergnügen
Können wir die Erde und ihre leeren Grössen mit
Füssen treten und bei der süssen Trunkenheit,
Welche so süsse Augenblicke unsern Adern einflössen,
　　　Lasst uns trinken, Bachus singen.
　　　　　　(Reise des jungen Anacharsis in Griechenland,
　　　　　　　　Band II. Capitel 25.)

　Das folgende Lied ist von Mottin, der in Frankreich die ersten Trinklieder gemacht haben soll. Es stammt aus der guten Zeit der Völlerei, ist aber nicht ohne Schwung.

Die Kneipe.

　Die Kneipe will mir stets behagen!
Wie frei ist dorten mein Betragen,
Was Gleiches ist mir nicht bekannt!
Wir stossen an! Beim vollen Humpen
Erscheint mir jeder Küchenlumpen
Die allerfeinste Leinewand.

　Verschmachte ich vor grosser Hitze —
Die enge Kneipe, wo ich sitze,
Löscht meinen Brand mir alsobald; —
Und wenn vor Frost die Erde zittert,
Geb' für den Klotz, der hier zersplittert,
Ich einen ganzen Eichenwald.

Mottin.

Es bleibet mir kein Wunsch auf Erden,
Die Disteln müssen Rosen werden,
Die Kutteln braten an dem Spiess!
Zum Kampf beim Glas! Wer will da warten?
Der Wein, die Kneipe und die Karten
Sind unser irdisch Paradies!

Held Bachus ist es, der uns meistert,
Der Wein, womit er uns begeistert,
Hat manchem Gott das Hirn verbrannt;
Wer ohne Wein ein Mann geworden,
Beträte gleich des Himmels Pforten
Als Engel, hätt' er Wein gekannt.

Mir lacht der Wein — sein lieblich Kosen
Streut auf des Lebens Weg mir Rosen,
Führt mich auf glatter Bahn dahin;
Er wirft mich um, ich werf ihn nieder —
Ich heb' ihn auf, er hebt mich wieder —
Er liebet mich, ich liebe ihn.

Hab' ich mit mehren guten Flaschen
Die durst'ge Kehle mir gewaschen,
So seg'l ich windschief über Eck —
Ich lasse mich dann nicht kuranzen —
Der Meister Wein lehrt mich das Tanzen —
Ich springe lustig in den Dreck.

So mögen bis zu meinem Tode
Der weisse Wein und auch der rothe
Gemüthlich ruhen bei mir aus.
Versteht sich, dass sie sich nicht schlagen —
Wenn sich die Bursche nicht vertragen,
So werf' ich sie sofort hinaus.

Das folgende Lied ist von Racan, einem unserer ältesten Dichter, es ist voll Anmuth und Lebensweisheit, hat vielen spätern zum Muster gedient und scheint jünger als sein Taufzeugniss.

An Magnard.

Warum sich so viel Mühe geben?
Lass trinken uns, so lang' wir leben,
Den Saft von unserm Rebenschoss!
Weit herrlicher als jene Labe,
Die Ganymed, der Götterknabe,
Unsterblichen in Becher goss!

Wie Tage rinnen unsere Jahre,
Von uns'rer Wiege bis zur Bahre
Vergnügt uns stets der Rebensaft.
Selbst uns'rer Zukunft lange Scheue
Und des Vergang'nen bitt're Reue
Verjaget seine Wunderkraft.

Wohl auf, mein Magnard, lass uns trinken!
Das trübe Alter mag uns winken,
Der Tod erst endet unser Glück!
Magst Du auch weinen, beten, klagen; —
Von Flüssen und vergang'nen Tagen
Bringst niemals Du den Lauf zurück.

Der Frühling kehrt nach Winters Strenge
Mit seinem blumigen Gepränge,
Das wilde Meer hat Ebb' und Fluth;
Seitdem das Alter uns beschlichen,
Bringt keine Zeit, die noch entwichen,
Zurück der Jugend kecken Muth.

Die Fürsten mit gesalbten Kronen,
Die Armen, die in Hütten wohnen,
Beugt unter sein Gesetz der Tod.
Ob sich der Graf, der Schäfer wehre,
Der grausen Parzen scharfe Scheere
Beendet seine Lebensnoth.

Was sich am sichersten gegründet,
Was sich am festesten verbündet,
Zerstören sie mit Lüsternheit,
Auch wir, o Magnard, werden trinken,
Sobald uns die drei Schwestern winken,
Im Strome der Vergessenheit.

Das folgende Lied ist vom Professor, der es auch in Musik gesetzt hat. Er wollte es aber nicht stechen lassen, obgleich es ihm viel Vergnügen gemacht hätte, sich auf allen Pianos wiederzufinden, aber durch einen unerhörten Glücksfall kann und wird man es nach der Melodie von Figaro's Vaudeville singen.

Die Wahl der Wissenschaften.

Lasst uns nicht nach Ruhme jagen —
Schlecht vertheilt er seine Gunst!
Noch uns mit Geschichte plagen,
Welche Menschen uns verhunzt!
Aber trinket mit Behagen
Uns'rer Väter alten Wein!
Abgelagert ist er, fein!

Früher schaute ich nach Sternen,
Hatt' im Himmel mich verirrt!
Die Chemie wollt ich dann lernen —
Hol's der Teufel! Sie verwirrt!
An der Kochkunst süssen Kernen
Lab ich jetzo meinen Gaum.
Gebt den feinen Zungen Raum!

Jung hab' Vieles ich gelesen —
Ach! mein Haar ward grau davon!
Tugendsam bin ich gewesen —
Langeweile war mein Lohn!
Faulheit hab ich jetzt erlesen!

Schlafend bin ich wundernett —
Ach wie herrlich schmeckt das Bett!

In der Heilkunst sehr erfahren
Ward ich, wandte manche Noth —
Doch sie spricht nur von Gefahren,
Ihr Gewinn ist nur der Tod.
Lieblich ist des Kochs Gebahren!
Heil Dir! Held im Küchendunst!
Hoch die süsse Stärkungskunst!

Werden müde uns're Herzen,
Seufzt der Busen schwer und bang,
Dann betritt mit heitern Scherzen
Liebe unsern Lebensgang,
Macht vergessen uns're Schmerzen.
Lieben ist ein hübsches Spiel!
Spielen wir! Doch nicht zu viel!

Ich habe die folgende Strophe entstehen sehen und deshalb habe ich sie hierher gesetzt. Die Trüffeln sind der Tagesgötze; vielleicht gereicht uns diese Anbetung gerade nicht zur Ehre.

Impromptu.

Lasst uns auf die Trüffel trinken,
Spendet ihr den Opferwein!
Wo uns holde Kämpfe winken,
Wird sie uns den Sieg verleih'n
Süssem Lieben,
Sanften Trieben,
Schickt zur Hülfe ohne Zweifel
Gott uns diesen schwarzen Teufel!
Als ein täglich Brot
Gebe sie uns Gott!

Von Herrn Boscary de Villeplaine, ausgezeichnetem Kenner und geliebtem Zögling des Professors.

Ich ende mit einem Gedichte, das zur 26. Betrachtung gehört.

Ich wollte es in Musik setzen, bin aber nicht zu meinem Genügen damit zu Stande gekommen. Einem Andern wird es vielleicht besser gelingen, besonders wenn er sich etwas exaltirt. Die Harmonie muss sehr kräftig sein und bei der zweiten Strophe andeuten, dass die Krankheit zunimmt.

Der Todeskampf.

Physiologische Romanze.

In meinen Sinnen schwindet, ach! das Leben,
Mein Leib ist kalt und trüb' mein brechend Aug'.
Louise weint. Sie, die sich mir gegeben,
Lauscht zitternd meines Athems letztem Hauch.
Der Freunde leichter Schwarm hat mich verlassen,
Wie ich hier liege in der letzten Noth.
Der Doctor geht; der Pfaff kommt durch die Gassen —
 Es naht der Tod!

Das Beten selber will mir nicht gelingen —
Ich möchte sprechen, doch die Stimme bricht —
Ich höre vor dem Ohre tönend Klingen,
Ich sehe vor dem Auge flimmernd Licht.
Ich sehe nichts mehr. In der bitt'ren Stunde
Ringt sich ein Seufzer durch die Athemnoth —
Er irrt verhallend auf dem kalten Munde —
 Es naht der Tod.

XXV.

Henrion de Pansey.

Ich glaubte, der erste gewesen zu sein, der heutzutage die Errichtung einer Akademie von Feinschmeckern angeregt habe. Ich fürchte aber, dass Andere mir zuvorgekommen sind, wie das zuweilen geschieht. Man kann dies aus folgender Thatsache schliessen, die mehr als fünfzehn Jahre alt ist.

Der Präsident Henrion de Pansey, dessen geistreiche Laune das Eis des Alters bricht, sagte eines Tages zu dreien der bedeutendsten Gelehrten unserer Zeit (Laplace, Chaptal und Berthollet): „Ich betrachte die Entdeckung einer neuen Schüssel, die unseren Appetit erhält und unsere Genüsse vermehrt, für ein weit wichtigeres Ereigniss, als die Auffindung eines neuen Sternes, deren man immerhin genug sieht."

„Ich werde stets," fuhr diese Magistratsperson fort, „die Wissenschaften weder für hinlänglich geehrt, noch für hinlänglich repräsentirt ansehen, ehe ich nicht einen Koch in der Akademie der Wissenschaften erblicke."

Dieser liebe Präsident dachte stets mit grosser Freude an den Gegenstand meiner Arbeit. Er wollte mir ein Motto dazu liefern, und behauptete, der Geist der Gesetze habe Herrn von Montesquieu nicht die Thore der Akademie geöffnet. Von ihm erfuhr ich auch, dass Professor Berriat-Saint-Prix einen Roman geschrieben habe. Er hat mich ferner auf das Capitel aufmerksam gemacht, wo ich von dem Küchengewerbe der Emigrirten spreche, deshalb habe ich ihm auch nachstehende Strophe gewidmet, die ihm Gerechtigkeit wiederfahren lässt, und ebensowohl seine Geschichte wie seine Lobrede enthält.

Vers

unter das Bildniss des Herrn Henrion de Pansey.

In seiner Arbeit Jedem ebenbürtig,
Wirkt er als treuer Mann in seinem hohen Stand.
In Wissenschaft und Kunst geehrt, geschätzt, bekannt,
In Allem was er that, geliebt und liebenswürdig.

Der Präsident Henrion wurde im Jahre 1814 Justizminister, und die Beamten dieses Ministeriums erinnern sich noch der Antwort, welche er ihnen gab, als sie ihm die erste Aufwartung machten.

„Meine Herren," sagte er mit jenem väterlichen Tone, der seinem hohen Muthe und Alter so wohl ansteht, „wahrscheinlich werde ich nicht lange genug im Amte bleiben, um Ihnen Gutes thun zu können. Seien Sie aber versichert, dass ich Ihnen auch nichts Böses thun werde."

XXVI.

Andeutungen.

Mein Werk ist beendigt. Um indessen meinen Lesern zu zeigen, dass ich den Athem noch nicht verloren habe, will ich mit einem Schlage drei Fliegen treffen.

Ich gebe meinen Lesern aus allen Ländern Adressen, von denen sie Nutzen ziehen können; den Künstlern, die ich vorziehe, spende ich ein Andenken, dessen sie werth sind, und dem Publicum gebe ich eine Probe von dem Holz, womit ich mich heize.

1. Frau Chevet, Esswaarenhändlerin, Palais Royal Nr. 220, neben dem Théâtre Français. Ich bin für sie eher ein treuer Client, als ein grosser Verzehrer. Unsere Beziehungen stammen aus der ersten Zeit, wo sie am gastronomischen Himmel auftauchte, und sie hatte die Güte, einmal meinen Tod zu beweinen. Glücklicherweise war es ein Missverständniss aus Aehnlichkeit.

Frau Chevet ist die unumgängliche Zwischenhändlerin zwischen den höhern Essstoffen und den grossen Vermögen. Sie verdankt der Reinheit ihres Handels ihren Wohlstand. Alles, was die Zeit angegriffen hat, verschwindet bei ihr wie durch Zauberei. Die Art ihres Handels bedingt natürlich einen bedeutenden Preisaufschlag; ist man aber einmal über diesen übereingekommen, so kann man sicher sein, ausgezeichnet bedient zu werden.

Diese Eigenschaften werden erblich sein, denn ihre Töchter, die kaum der Kindheit entwachsen sind, **folgen** schon unbeugsam denselben Grundsätzen.

Frau Chevet hat ihre Agenten in allen Ländern, aus welchen die launigsten Feinschmecker etwas wünschen können, und je mehr Concurrenten sie hat, desto **höher** hebt sie sich in der öffentlichen Meinung.

2. Achard, Pastetenbäcker, Rue de Grammont Nro. 9. aus Lyon. Seit etwa 10 Jahren etablirt, gründete er seinen Ruf auf Stärkebisquit und Vanille-Waffeln, die ihm lange Zeit Niemand nachmachen konnte.

Alles was sich in seinem Laden findet, hat etwas Feines und Nettes, was man anderwärts vergebens sucht; es sieht nicht aus wie von Menschenhand; man sollte **glauben**, es seien natürliche Erzeugnisse irgend eines Zauberlandes. Auch wird er täglich ausgekauft, und man kann von ihm sagen, dass er kein Morgen kennt.

In den schönen Zeiten der Tag- und Nachtgleiche hält jeden Augenblick eine glänzende Equipage, meistens mit einem hübschen Titus und einer schönen Federträgerin besetzt, in der Rue de Grammont. Der Titus stürzt sich in Achard's Laden und erscheint bald wieder mit einer grossen Zuckerdüte. Im Wagen wird er begrüsst wie folgt: „O, lieber Freund, wie das gut aussieht," oder „O dear! how it looks good! my mouth!" . . Das Pferd zieht an, und die ganze Erscheinung verschwindet im Hölzchen von Boulogne.

Die Feinschmecker sind so gutmüthig und eifrig, dass sie lange Zeit hindurch die Rauhigkeit einer hässlichen Ladenjungfer ertragen haben. Diese Unannehmlichkeit ist verschwunden. Das Comtoir ist anders besetzt, und das hübsche Händchen des Fräulein Anna Achard gibt Waaren, die sich schon von selbst anempfehlen, noch höhern Werth.

3. Limet, Richelieustrasse Nro. 79, mein Nachbar, Bäcker mehrer fürstlichen Hoheiten, bedient auch mich.

Käufer eines unbedeutenden Geschäftes, hat er es schnell zu einem hohen Rufe und Wohlstande gebracht. Sein Brot nach der Taxe ist sehr schön. Das Luxusbrot kann nicht weisser, schmackhafter und leichter sein.

Die Fremden sowohl, wie die Bewohner der Provinz finden bei Herrn Limet immer das Brot, woran sie gewöhnt sind, und die Kunden kommen selbst in eigener Person, und müssen häufig sogar warten, bevor sie bedient werden können.

Dieser Erfolg kann Niemand verwundern, der weiss, dass Herr Limet nicht in den Geleisen der Routine bleibt, dass er eifrig arbeitet, um neue Hülfsquellen zu erfinden, und dass er von Gelehrten ersten Ranges geleitet wird.

XXVII.

Die Entbehrungen.

Historische Elegie.

Urahnen des Menschengeschlechtes, deren Lüsternheit historisch geworden ist, die Ihr Euch für einen Apfel ins Verderben stürztet, was würdet Ihr nicht für einen Truthahn mit Trüffeln gethan haben! Aber im irdischen Paradiese gab es weder Köche noch Zuckerbäcker.

Ich beklage Euch!

Mächtige Könige, die Ihr das prächtige Troja zerstörtet, die späteste Zeit wird von Eurer Tapferkeit singen, aber Euer Tisch war hundeschlecht; beschränkt auf den Rindsschlegel und den Schweineziemer, kanntet Ihr weder den Reiz einer Matelotte, noch den Genuss einer Hühnerfricassée.

Ich beklage Euch!

Aspasia, Chloe und Ihr Alle, deren Schönheit der Meissel der Griechen zur Verzweiflung der heutigen Schönen verherrlichte, Euer reizendes Mündchen schlürfte niemals die Süssigkeit einer Meringue mit Vanille oder Rosen. Lebkuchen war Euer Höchstes.

Ich beklage Euch!

Elegie.

Süsse Vestalinnen, mit so viel Ehren überhäuft und mit so schauderhaften Martern bedroht, wenn Ihr wenigstens jene liebenswürdigen Zuckersäfte hättet kosten können, welche die Seele erquicken, jene eingemachten Früchte, welche den Jahreszeiten widerstehen, jene duftigen Crêmen die Wunder unserer Tage.

Ich beklage Euch!

Römische Bankiers, die Ihr die ganze Welt aussogt; Eure so berühmten Speisesäle sahen niemals weder jene saftigen Geléen, den Hochgenuss der Müssigen, noch jene verschiedenen Eissorten, deren Kälte den Tropen trotzt.

Ich beklage Euch!

Unbesiegbare, von den Minnesängern gefeierte Paladine, wenn Ihr Riesen gespalten, Damen befreit und Heere vernichtet hattet, so bot Euch niemals eine schwarzäugige Gefangene ein Glas schäumenden Champagners, Malvoisirs aus Madeira, oder Likörs, jene Erfindung des grossen Zeitalters. Ihr waret auf Bier oder sauern Kräuterwein beschränkt.

Ich beklage Euch!

Aebte mit Mütze und Stab, Verleiher der Gunstbezeugungen des Himmels, und Ihr, schreckliche Tempelritter, die Ihr Eure Arme zur Vernichtung der Sarazenen waffnetet; Ihr kanntet weder die Süssigkeit der Chocolade, die kräftigt, noch den Duft der arabischen Bohne, die denken macht.

Ich beklage Euch!

Prächtige Burgfrauen, die Ihr während der Abwesenheit der Kreuzritter Eure Burgpfaffen und Pagen zum höchsten Range erhobt, Ihr konntet mit Ihnen weder ein reizendes Bisquit, noch eine süsse Macarone theilen.

Ich beklage Euch!

Und Ihr endlich, Feinschmecker von 1825, die Ihr im Schosse des Ueberflusses schon Sättigung findet und neuen Zubereitungen nachsinnet, Ihr werdet die Entdeckungen nicht kosten, welche die Wissenschaften für das Jahr 1900 vorbereiten, nicht die mineralischen Essstoffe, die Säfte, die mit einem Druck von hundert Atmosphären bereitet werden. Ihr werdet die Neuigkeiten nicht sehen, welche noch ungeborene Reisende aus jener Hälfte der Erde bringen werden, die noch nicht entdeckt oder erforscht ist.

Ich beklage Euch!

Adresse.

An die

Feinschmecker beider Welten.

Excellenzen!

Die Arbeit, welche ich Ihnen widme, hat den Zweck, vor Aller Augen die Grundlage derjenigen Wissenschaft zu entwickeln, deren Stütze und Zierde Sie sind.

Ich biete meinen ersten Weihrauch der Gastronomie, jener jungen Unsterblichen, die, kaum mit dem Sternenkranze geschmückt, sich über ihre Schwestern erhebt, ähnlich der Nymphe Calypso, welche um einen ganzen Kopf den reizenden Nymphenkreis überragte, der sie umgab.

Der Tempel der Gastronomie, dieser Schmuck der Welthauptstadt, wird bald seine weiten Säulengänge zum Himmel erheben. Eure Stimmen werden dort ertönen, Eure Geschenke ihn bereichern, und wenn die von den Orakeln versprochene Akademie auf den unveränderlichen Grundlagen des Vergnügens und der Nothwendigkeit errichtet sein wird, werdet Ihr, aufgeklärte Feinschmecker und liebenswürdige Tafelgenossen, ihre Mitglieder oder Correspondenten sein.

Hebt unterdessen Euer strahlendes Antlitz gen Himmel, schreitet fort in Eurer Grösse und Majestät, die essbare Welt liegt vor Euch ausgebreitet.

Ende.

Arbeitet Excellenzen! Lehrt zum Heile der Wissenschaft, verdauet in Eurem eigenen Interesse, und wenn Ihr im Laufe Eurer Arbeiten eine wichtige Entdeckung machen solltet, so theilt sie gefälligst mit

Eurem

unterthänigsten Diener,
dem Verfasser der gastronomischen
Betrachtungen.

Anhang.

Brillat-Savarin ist zu wiederholten Malen auf die Forderung zurückgekommen, dass Gelehrte und Chemiker sich mit den wissenschaftlichen Grundlagen der Küche beschäftigen möchten. Er hat ferner darauf aufmerksam gemacht, welche ausserordentliche staatswirthschaftliche Erfolge erzielt werden könnten, wenn man sich ernstlich damit beschäftigte, die Nahrungsstoffe, die auf der ganzen Erde zerstreut sind, in richtiger Weise zu verwerthen.

Ich nehme keinen Anstand, hier fünf Aufsätze Liebig's und einen von Lehmann mitzutheilen, welche diesen Forderungen in jeder Weise entsprechen. Der erste von Liebig bezieht sich auf den Fleischsaft, der jetzt in den Pampas Südamerikas fabrikmässig gewonnen wird, der andere auf eine künstliche Milch für Säuglinge, der dritte auf eine Suppe für Kranke, Darstellung eines kalten Fleisch-Extractes; der vierte auf verbessertes Schwarzbrot und der fünfte auf eine auf wissenschaftlicher Grundlage aufgebaute Bereitungsmethode des Kaffees. Lehmann's Aufsatz hat die Bereitung des Brotes aus ausgewachsenem Getreide zum Gegenstand. Unser Buch gewinnt dadurch fünf neue Zierden: es wird den Säugling schützen gegen die Versiegung der Mutterbrust und auf diese Weise seinen Einfluss äussern auf die Vermehrung der Bevölkerung, der Arbeitskräfte — also Wohlstand und Civilisation fördern; — es wird durch Heranziehung der südamerikanischen Ochsen in concentrirter Gestalt der Ernährung des Volkes eine rationellere Grundlage geben und den Arbeiter zum Ausharren im Kampfe um das Dasein befähigen; — es wird durch den Auszug der schlafscheuchenden Mokkabohne den Gehirnen der Gelehrten neue Reize zuführen, erhabene Gedanken erzeugen und bisher unerhörte Probleme zur Lösung bringen, den Kranken und körperlich Erschöpften ein wundersam wirkendes Nahrungs- und Stärkungsmittel zuführen, und endlich den Arbeitern in Stadt und Land ein verbessertes Schwarzbrot geben. Wer könnte sich rühmen, der Menschheit ähnliche Dienste geleistet zu haben?

C. Vogt.

1. Das Fleischextract.

Seit meinen Untersuchungen über das Fleisch im Jahre 1847 habe ich mich fortwährend bemüht, in Ländern, wo das Rindfleisch einen niedrigeren Preis hat als bei uns, die Fabrikation von Fleischextract nach der von mir beschriebenen Methode zu veranlassen.

Seit der Einführung dieses Fleischextracts (welches nicht mit dem sogenannten Consommé oder den Bouillontafeln verwechselt werden darf) in die bayerische Pharmacopöe hat sich in der That dessen grosse Wirksamkeit in Fällen von gestörter Ernährung und Verdauung sowie bei körperlicher Schwäche bewährt, und es genügt vielleicht, um einen Begriff von dem ausgedehnten Gebrauche des Fleischextracts als Arzneimittel zu geben, wenn ich hier anführe, dass in der Hofapotheke zu München jährlich nahe an 5000 Pfund Rindfleisch für diesen Zweck verwendet werden. Bemerkenswerth dürfte es sein, dass ein grosser Theil des Fleischextracts in den bayerischen Apotheken im Handverkauf, d. h. ohne ärztliche Vorschrift, verbraucht wird, ein unzweideutiges Zeichen, dass es zu einem Hausmittel geworden ist, zu welchem die Personen, welche die wohlthätigen Wirkungen des Fleischextracts in der Form von Arznei erfahren haben, bei ähnlichen Gesundheitsstörungen von selbst zurückkehren; es sind dies oft ganz arme Leute, welche am wenigsten geneigt sind, Geld für Arzneien auszugeben, und die der hohe Preis desselben (1 fl. 12 kr. für die Unze) nicht zurückschreckt.

In den Hospitälern und Krankenhäusern, in welchen bekanntlich nur allzu oft die darin bereitete gute Fleischbrühe von den Krankenwärtern und Assistenten in Beschlag genommen wird, wird der ordinirende Arzt durch das Fleischextract in den Stand gesetzt, seinen Patienten eine **ganz fettfreie Fleischbrühe** von jeder ihm beliebigen Stärke zu geben.

Parmentier und Proust haben vor vielen Jahren schon das Fleischextract zur Anwendung in der französischen Armee angelegentlichst empfohlen. „Im Gefolge eines Truppencorps," sagt Parmentier, „bietet das Fleischextract dem schwer verwundeten Soldaten ein Stärkungsmittel welches mit etwas Wein seine durch grossen Blutverlust geschwächten Kräfte augenblicklich hebt und ihn in den Stand setzt, den Transport ins nächste Feldspital zu ertragen."

„Es giebt keine glücklichere Anwendung, die sich erdenken liesse," sagt Proust. „Welche kräftigende Arznei, welche mächtiger wirkende Panacée als eine Dosis des echten Fleischextracts aufgelöst in einem Glase edlen Weins! Die ausgesuchten Leckerbissen der Gastronomie sind alle für die verwöhnten Kinder des Reichthums! Sollten wir denn nichts in unseren Feldlazarethen haben für den Unglücklichen, den sein Geschick verurtheilt, für uns die Schrecken eines langen Todeskampfes im Schnee und im Koth der Sümpfe zu erdulden?"

In einem gewissen Sinne besitzt das Brot die Ernährungsfähigkeit des Fleisches, aber das letztere enthält in seinen in Wasser löslichen Bestandtheilen eine Anzahl von Stoffen, von welchen gewisse Wirkungen im Organismus hervorgebracht werden, die der animalischen Diät eigenthümlich sind. Diese Stoffe, welche in der vegetabilischen Nahrung gänzlich fehlen, sind nun gerade die Bestandtheile des

Fleischextractes, und man versteht, dass der Zusatz derselben zur vegetabilischen Nahrung dieser den Wirkungswerth der animalischen verleiht. Brot mit Wasser und Salz gekocht ist in seiner Wirkung etwas Anderes, als eine Suppe, die aus Fleischbrühe, Brot und Salz bereitet ist.

Ein Pfund Fleischextract enthält die löslichen Bestandtheile von 30 Pfund reinem fettfreien Muskelfleisch (mit der Knochenzugabe von 40 Pfund Fleisch aus dem Fleischladen) und genügt, um für 128 Mann Soldaten im Felde, mit Brotschnitten, Kartoffeln und etwas Salz gekocht, eine Fleischsuppe herzustellen, wie sie von gleicher Stärke in den besten Hôtels nicht erhalten wird. Kaffee und Thee, obwohl an sich werthvoll, sind doch zuletzt nur als unvollkommene Ersatzmittel des Fleischextractes anzusehen. In Festungen und in der Marine, wo die Mannschaft auf gesalzenes und geräuchertes Fleisch angewiesen ist, ist das Fleischextract das einzige Mittel, um die wichtigen Bestandtheile, welche dem Fleisch beim Einsalzen entzogen werden, zu ersetzen, und diesem das vollständige Ernährungsvermögen des frischen Fleisches wieder zu geben; ebenso würde die Anwendung des Fleischextractes für Reisende und ganz besonders für Haushaltungen auf dem Lande sowohl wie in Städten, im Besondern in Deutschland, wo man die Suppen nicht entbehren mag, von höchster Bedeutung sein; man würde in Deutschland das Fleisch sehr viel häufiger und zweckmässiger gebraten essen und die Suppe aus Fleischextract bereiten, wenn sich allem diesem nicht der hohe Preis desselben als eine bei uns kaum zu überwindende Schwierigkeit entgegenstellte.

Die Einführung des Fleischextracts zur Hälfte oder zu einem Drittel des gegenwärtigen Preises in Europa aus Ländern, wo das Fleisch kaum einen Werth hat, würde für die europäischen Bevölkerungen als ein wahrer Segen anzusehen sein[*]). Ich hatte in Podolien, Buenos-Ayres und

---

[*]) Herr James King, einer der intelligentesten Colonisten Australiens, welcher sich die ausgezeichnetsten Verdienste um die

Australien die Aufmerksamkeit sehr eindringlich auf die Fabrikation von Fleischextract gelenkt und war stets bereit, Personen, die sich geneigt dazu zeigten, mit der Methode der Darstellung bekannt zu machen und mit meinem Rathe zu unterstützen; meine Bemühungen sind funfzehn Jahre ohne Erfolg geblieben, bis endlich vor zwei Jahren sich eine sichere Aussicht darbot, meine Wünsche zu verwirklichen. Im Frühling 1862 empfing ich den Besuch des Herrn Giebert aus Hamburg, eines Ingenieurs, welcher, mit Strassen- und anderen Bauten beschäftigt, viele Jahre in Südamerika und unter andern auch in Uruguay zugebracht hatte, wo Hunderttausende von Ochsen und Schafen lediglich der Häute und des Fettes wegen geschlachtet werden; er erzählte mir, wie peinlich für ihn im Rückblick auf Europa immer die Empfindung beim Wahrnehmen der Vergeudung des Fleisches dieser Thiere gewesen wäre, von dem nur der allerkleinste Theil zum Einsalzen verwendet und das Uebrige meistens in die Flüsse geworfen wird, und dass stets der lebhafteste Wunsch in ihm thätig gewesen wäre, dieses Fleisch auf eine nützliche Weise zu verwerthen. Da seien ihm meine chemischen Briefe zu Gesicht gekommen, worin das Fleischextract beschrieben sei*); er sei darum

---

Cultur des Weinstocks in diesem Welttheil erworben hat, schreibt mir Folgendes: „(Irrawang near Raymond Terrace, New South Wales, 26. Oct. 1850.) Die hiesige Gegend ist ein sehr ausgedehntes und vorzügliches Weideland. Hornvieh und Schafe sind zahlreich und wohlfeil. Tausende derselben werden jeden Monat geschlachtet und das Fleisch zur Gewinnung des Fettes ausgekocht; der nahrhafte Theil des Fleisches wird als nutzlos hinweggeworfen; das allerbeste Ochsenfleisch kostet nicht über einen halben Penny (1½ kr.) das Pfund."

*) Es bedarf wohl keiner besonderen Hervorhebung, dass die Personen, welche sich geneigt finden, Fleischextract für den Handel zu bereiten, ihren Zweck völlig verfehlen werden, wenn sie die Fehler ihrer Vorgänger nicht mit aller Sorgfalt und Gewissenhaftigkeit zu vermeiden suchen. Ein halbstündiges Kochen des feingehackten Fleisches mit der 8- bis 10fachen Wassermenge reicht hin, um alle wirksamen Bestandtheile desselben aufzulösen. Die Brühe muss vor dem Abdampfen von allem Fett (welches ranzig werden

nach München gereist und entschlossen, wenn er die Fabrikation desselben erlernen könne, nach Südamerika zurückzukehren, um dort eine Anstalt zu dessen Gewinnung zu gründen. Die Wahrscheinlichkeit, den Stein wieder einmal vergeblich wälzen zu müssen, hielt mich nicht ab, mich mit Herrn Giebert angelegentlich zu beschäftigen und ihn mit Allem bekannt zu machen, worauf es bei der Fleischextractbereitung ankomme; er war in Beziehung auf die praktische Erlernung des Verfahrens an den besten Ort gekommen, da sich wohl kaum anderwärts eine bessere Gelegenheit dazu, als wie in der hiesigen Hofapotheke darbot, wo wöchentlich Fleischextract bereitet wird; ich empfahl Herrn Giebert dem Vorstande derselben, meinem Freunde Herrn Professor Dr. Pettenkofer, welcher bereitwilligst Herrn Giebert den Zutritt zu dem Laboratorium der Hofapotheke gestattete und ihn mit allem Detail des Verfahrens auf das Eingehendste bekannt machte. Es war Herrn Giebert Ernst mit seinem Vorhaben; er kehrte im Sommer 1863 nach Uruguay zurück, aber es dauerte beinahe ein Jahr, ehe er, mit den in Berlin angefertigten Apparaten, bei den vielen Schwierigkeiten, die sich dort der Aufstellung derselben, überhaupt der Einrichtung und Einführung einer neuen Sache entgegenstellten, so weit war, um die Fabrikation beginnen zu können. Ich habe kaum jemals eine grössere Freude empfunden als die, welche mir ein Brief von ihm vor einem Monat gewährte, worin er mir die Anzeige machte, dass das erste Product seiner Fabrikation von Fleischextract nach Europa von ihm abgesendet worden sei.

Herr Giebert hatte mir den Wunsch ausgedrückt, sein

---

würde) auf das Sorgfältigste befreit und das Abdampfen im Wasserbade bewerkstelligt werden. Das Fleischextract ist niemals hart und brüchig, sondern weich und zieht die Feuchtigkeit der Luft stark an. Das Auskochen des Fleisches kann in reinen kupfernen Kesseln geschehen, zum Abdampfen sollten hingegen Gefässe von Porcellan gewählt werden. Wenn der Preis des Pfundes sich nicht höher als etwa einen Thaler preussisch stellt, so würde das Fleischextract sicher einen gewinnreichen Handelsartikel abgeben.

Fleischextract mit meinem Namen bezeichnen zu dürfen, da es ja nach meiner Methode bereitet sei; ich gestand ihm dies zu, bemerkte aber dabei, dass wenn sein Product die kleinste Spur Fett (wodurch es eine ranzige Beschaffenheit annimmt) oder vorwaltende Leimsubstanz, wie die üblichen Suppentafeln oder das Consommé (wodurch es zum Schimmeln geneigt wird und die dem echten Extracte zukommende Unveränderlichkeit in hohen Temperaturen und in feuchter Luft verliert)*) enthielte, dass ich dann der Erste sein würde, die Untauglichkeit desselben öffentlich zu signalisiren. Dagegen versprachen wir ihm, Herr Professor Dr. Pettenkofer und ich, wenn er seine ganze Ausbeute an Fleischextract (er rechnet monatlich auf 5000 bis 6000 Pfd.) nach München schicken wolle, ohne irgend eine Vergütung jede seiner Sendungen einer Analyse zu unterwerfen und im Fall sie den Anforderungen der Wissenschaft entspreche, die Echtheit zu bezeugen, unter der Bedingung, dass er das Pfund Fleischextract zu einem Drittel des gegenwärtigen Preises in Europa und nicht höher in den Handel bringen werde. Zur Unterstützung einer Geldspeculation würden wir unsere Namen nicht herleihen. Dieser Vorschlag sollte sich natürlich nur auf die erste Zeit der Einführung des Fleischextracts in Europa beziehen, da man annehmen kann, dass wenn das Publicum einmal mit den Kennzeichen des echten Fleischextracts bekannt ist, dass es, um sein eigenes Urtheil zu bilden, der Versicherung des Chemikers nicht mehr bedarf.

Die erste Probe von etwa 80 Pfund Extract von Ochsenfleisch und von 30 Pfund von Schaffleisch ist vor einigen Tagen in München angekommen, und wir haben die

---

*) Ueber die Unveränderlichkeit des Fleischextracts in den ungünstigsten Verhältnissen in feuchten kühlen Kellerräumen und in feuchter warmer Luft liegen eine Menge Thatsachen vor; wenn das Product rein ist, so ist es durchaus nicht zum Schimmeln geneigt, und ich habe Proben vor mir aus der Hofapotheke und von Herrn Hauptmann Friedel (von der Sanitätscompagnie), welche 8 und 15 Jahre alt mit einem losen Kork und Papier verschlossen aufbewahrt wurden, an denen sich kein Zeichen einer nachtheiligen Veränderung wahrnehmen lässt.

grosse Befriedigung, sagen zu können, dass sie in ihrer Qualität, wie von dem Fleische halbwilder Ochsen und Schafe zu erwarten war, vortrefflich ausgefallen ist. Wir hoffen, dass die andere Bedingung, an die wir unsere Empfehlung knüpfen wollen, nämlich der Preis (ein Drittel des gegenwärtigen Preises in Europa) ebenfalls unseren Erwartungen entsprechen wird.

2. Die künstliche Milch.

[Die Zusammenstellung dieser „Suppe für Kinder" beruht auf dem in der fünften Betrachtung erwähnten Grundsatze, dass jede Nahrung aus zwei Hauptgruppen von Stoffen bestehen muss, Blutbildnern (wie der Käsestoff in der Milch) und Fett oder Fettbildnern (wie Butter und Milchzucker); dass ferner die unorganischen Salze ebenfalls in solcher Menge geboten werden müssen, wie es die Ernährung erfordert, und dass endlich die Stoffe namentlich dem zarten Magen der Säuglinge in ebenso löslicher Form und in demselben Verhältniss gereicht werden sollen, wie sie sich in der Milch finden. C. V.]

Die Zusammensetzung der Milch ist nicht constant; ihr Gehalt an Caseïn, Milchzucker und Butter wechselt mit den Nahrungsmitteln, mit welchen das Individuum ernährt wurde. Nach den Analysen von Haidlen enthielt die Milch einer gesunden Frau in 100 Theilen 3,1 Caseïn, 4,3 Milchzucker und 3,1 Butter; die Frauenmilch ist im Allgemeinen ärmer an Caseïn als Kuhmilch.

Nimmt man an, dass 10 Thle. Butter in dem thierischen Körper dieselbe wärmeerzeugende Wirkung hervorbringen als 24 Thle. Stärkemehl, und ebenso 18 Thle. Milchzucker die von 16 Thln. Stärkemehl, so lässt sich mit Hülfe dieser Zahlen der Ernährungswerth der Milch mit dem des Mehls der Getreidearten vergleichen, wenn wir Butter und Milchzucker in ihren Aequivalenten von Stärkemehl ausdrücken.

In dieser Weise finden wir, dass enthalten sind:

	blutbildende Stoffe	wärmeerzeugende Stoffe
in Frauenmilch	1	3,8
„ Kuhmilch, frisch	1	3
„ „ abgerahmt	1	2,5
„ Weizenmehl	1	5

Die Frauenmilch ist ärmer an Salzen als die Kuhmilch, sie reagirt aber stärker alkalisch und enthält mehr freies Alkali, welches in den verschiedenen Milchsorten Kali ist.

Es ist klar, dass wir leicht eine Mischung von Milch und Mehl (einen Milchbrei) berechnen können, welche genau die Verhältnisse von blut- und wärmeerzeugenden Nährstoffen wie die Frauenmilch enthält (nämlich 1 : 3,8), aber sie würde in anderen Beziehungen die Frauenmilch nicht ersetzen können, da das Weizenmehl sauer reagirt und sehr viel weniger Alkali enthält als die Frauenmilch und (wir müssen dies voraussetzen) wie zur normalen Blutbildung erforderlich ist. Auch wenn das Stärkemehl zur Nahrung des Kindes nicht ungeeignet ist, so wird doch, durch dessen Ueberführung in Zucker in der Magenverdauung, dem Organismus eine unnöthige Arbeit auferlegt, die demselben erspart wird, wenn man vorher das Stärkemehl in die löslichen Formen des Zuckers und Dextrins überführt. Dies kann mit Leichtigkeit geschehen, wenn man dem Weizenmehl eine gewisse Quantität Malzmehl zusetzt. Wenn man Milch mit Weizenmehl zu einem dicken Brei kocht und setzt diesem eine gewisse Menge Malzmehl zu, so wird die Mischung nach einigen Minuten flüssig und nimmt einen süssen Geschmack an.

Auf dieser Ueberführung des Stärkemehls in Zucker und einer Ergänzung des Alkalis in der Milch beruht die Darstellung der neuen Suppe, die ich jetzt beschreiben will.

Die käufliche abgerahmte Kuhmilch enthält selten mehr wie 11 Proc. feste verbrennliche Stoffe (4 Caseïn, 4,5 Zucker, 2,5 Butter); 10 Thle. Kuhmilch, 1 Thl. Weizenmehl und

1 Thl. Malzmehl liefern eine Mischung, welche sehr nahe den Ernährungswerth der Frauenmilch besitzt.

	blutbildende Bestandtheile	wärmeerzeugende Bestandtheile
10 Thle. Kuhmilch enthalten	0,4	1,00
1 Thl. Weizenmehl enthält	0,14	0,74
1 Thl. Malzmehl	0,07 . . .	0,58
	0,61	2,32
	= 1	= 3,8

Das Malzmehl enthält 11 Proc. blutbildenden Stoff, von welchem aber nur 7 Thle. in die Suppe übergehen.

Da das Weizenmehl und Malzmehl sehr viel weniger Alkali enthalten als die Frauenmilch, so muss dieses bei der Bereitung der Suppe zugesetzt werden; ich habe gefunden, dass der Zusatz von $7\frac{1}{4}$ Gran doppeltkohlensaurem Kali oder von 3 Grammen oder 45 Gran einer Lösung von kohlensaurem Kali, welche 11 Proc. kohlensaures Kali enthält, genügt, um die saure Reaction beider Mehlsorten zu neutralisiren.

Bei der Zubereitung der Suppe verfährt man auf folgende Weise:

Man bringt 1 Gew.-Thl. Weizenmehl ($\frac{1}{2}$ Unze) in das zum Kochen der Suppe dienende kleine Gefäss, und setzt unter beständigem Umrühren in kleinen Portionen die Milch nach und nach zu, indem man das Zusammenballen des Mehls zu Knollen sorgfältig verhütet; man erhitzt diese Mischung unter fleissigem Umrühren zum Sieden und erhält sie im Sieden 3 bis 4 Minuten lang und entfernt das Kochgeschirr vom Feuer.

Man wiegt jetzt 1 Gew.-Thl. ($\frac{1}{2}$ Unze) Malzmehl ab, mischt dieses sorgfältig mit 45 Gran (3 Gramm) von der erwähnten Kalilösung und mit 2 Gewichtstheilen Wasser und setzt diese Mischung dem Milchbrei unter beständigem Umrühren zu; man bedeckt alsdann das Gefäss, um die Abkühlung zu vermeiden, und lässt es eine halbe Stunde ruhig stehen.

Es ist zweckmässig, nach dem Zusatz des Malzmehls das Gefäss in heisses, beinahe kochendes Wasser zu stellen, so dass die Mischung länger warm bleibt; sie wird dadurch dünner und süsser. Nach dieser Zeit bringt man das Ganze zum zweitenmal auf das Feuer, lässt es einmal aufkochen und giesst jetzt die Suppe durch ein feines Draht- oder Haarsieb, in welchem die Kleie des Malzmehls zurückbleibt.

Für diejenigen, welche mit dem Maischprozess bekannt sind, bedarf es keiner Erinnerung, dass die Temperatur nach dem Zusatz des Malzes 66° Celsius (93° F. = 53° R.) nicht übersteigen soll. Die obige Vorschrift ist so berechnet, dass man, die Zeit eingerechnet, die man zum Abwägen und Mischen des Wassers mit dem Malzmehl braucht, nach dessen Zusatz zum heissen Milchbrei eine Mischung mit einer Temperatur von 66° C. hat.

Das folgende Verfahren ist einfacher und, wie Köchinnen behaupten, bequemer als das eben beschriebene:

Man wiegt 1 Loth Weizenmehl, 1 Loth Malzmehl und 7½ Gran doppeltkohlensaures Kali ab, mischt sie erst für sich, sodann unter Zusatz von 2 Loth Wasser und zuletzt von 10 Loth Milch und erhitzt unter beständigem Umrühren bei sehr gelindem Feuer, bis die Mischung anfängt, dicklich zu werden; bei diesem Zeitpunkt entfernt man das Kochgefäss vom Feuer und rührt 5 Minuten lang um, erhitzt aufs Neue und setzt wieder ab, wenn eine neue Verdickung eintritt, und bringt zuletzt das Ganze zum Kochen. Nach der Absonderung der Kleie von der Milch durch ein feines Sieb ist die Suppe zum Gebrauche fertig.

Weizenmehl. Man wählt dazu gewöhnliches frisches Mehl, nicht das feinste oder Vorschussmehl, welches reicher an Stärkemehl ist als das ganze Mehl. Anstatt des Mehls ist es zweckmässig Weizensamen zu nehmen, den man auf einer Kaffeemühle mahlt; der Weizensamen ist ziemlich zähe und ist dann schwierig in ein feines Pulver zu bringen; wenn man denselben vorher auf einem heissen Eisenblech scharf trocknet, so mahlt er sich leichter; die dem Weizensamen beigemischten Unkrautsamen müssen davon gesondert werden.

Malz. Von jedem Bierbrauer kann man sich leicht Gerstenmalz verschaffen. In Deutschland oder vielmehr in München wird das Malz so stark gedörrt, dass das Stärkemehl vieler Körner halb geröstet erscheint. Dieses Malz zur Suppe verwendet, giebt ihr einen Brotgeschmack, der nicht unangenehm ist; gewöhnlich enthält das Malz viele Unkrautsamen beigemischt, welche man mit der Hand auslesen muss. Eine gewöhnliche Kaffeemühle dient zur Darstellung des Malzmehls, es muss ebenfalls durch ein nicht allzufeines Haarsieb von den Spelzen getrennt werden; Malz aus Gerste ist dem aus Hafer, Weizen oder Roggen dargestellten vorzuziehen.

Kohlensaures Kali. Zur Darstellung der Lösung dient das gewöhnliche *Kali depuratum* der Apotheker; man löst in einem Pfunde (16 Unzen) Wasser 2 Unzen *Kali carbonicum depuratum* auf. Nimmt man Brunnenwasser, so schlägt sich gewöhnlich etwas kohlensaurer Kalk nieder; nach einer Stunde wird die Flüssigkeit vollkommen hell und klar. Das kohlensaure Kali darf nicht schmierig oder feucht sein.

Bemerkung. Um das etwas lästige Abwiegen des Mehls zu vermeiden, diene die Bemerkung, dass ein gehäufter Esslöffel voll Weizenmehl ziemlich genau $1/2$ Unze (1 Loth) wiegt, ein gehäufter Esslöffel voll Malzmehl, zur Hälfte mit einem Kartenblatt abgestrichen, wiegt ebenfalls $1/2$ Unze.

Für das Abmessen der Kalilösung dient ein gewöhnlicher Fingerhut, welcher damit gefüllt nahe 3 Gramm (45 Gran, 2,8 Kubikcentimeter) von der Kalilösung fasst.

Für die Milch und das Wasser lässt man sich bei einem Apotheker in ein gewöhnliches Becherglas 2 Unzen, sodann 5 Unzen Wasser abwiegen und bemerkt den Stand beider Mengen Flüssigkeit, indem man aussen einen Streifen Papier anklebt.

Wenn die Suppe richtig bereitet ist, so ist sie süss wie

Milch und ein weiterer Zuckerzusatz ist unnöthig; sie besitzt die doppelte Concentration der Frauenmilch. Wenn sie bis zum Sieden erhitzt worden ist, so behält sie ihre gute Beschaffenheit 24 Stunden lang; geschieht dies nicht, so wird sie sauer und gerinnt wie die Milch; wird der Zusatz von Kali versäumt, so lässt sie in der Regel sich nicht zum Kochen erhitzen, ohne zu gerinnen.

Die Bereitung der eben beschriebenen Suppe ist zunächst dadurch veranlasst worden, dass eines meiner Enkel von seiner Mutter nicht ernährt werden konnte, und ein zweites neben der Milch seiner Mutter noch einer concentrirteren Speise bedurfte; sie hat sich in meiner und noch in anderen hiesigen Familien, wo sie eingeführt wurde, als ein vortreffliches Nahrungsmittel bewährt, und ich selbst geniesse häufig die Suppe, aus 2 Thln. Malzmehl (ohne Weizenmehl) und 10 Thln. Milch bereitet, halb mit Thee gemischt, zum Frühstück; sie vertritt beim Kaffee die Stelle eines sehr guten Rahms (Sahne oder Obers).

Die Suppe hat einen schwachen Mehl- oder Malzgeschmack, an den sich die Kinder bald so gewöhnen, dass sie diese Speise jeder anderen vorziehen. Ein hiesiger Arzt, Herr Dr. Vogel, welcher eine ausgedehnte Kinderpraxis hat, versuchte diese Suppe in den Familien ärmerer Leute einzuführen; in der Regel hatte er bei diesen keinen Erfolg, weil der dicke Milchbrei beim Zusatz des Malzmehls seine Consistenz verlor und dünnflüssig wurde. Die Leute bildeten sich ein, dass die Nahrhaftigkeit derselben mit der Dicke des Breies in Verbindung stehe und durch das Malz vermindert werde. *J. Liebig.*

3. Suppe für Kranke.

Man nimmt zu einer Portion dieser Fleischbrühe ein halb Pfund Fleisch von einem frisch geschlachteten Thiere (Rind- oder Hühnerfleisch), hackt es fein, mischt es mit ein und ein achtel ($1\frac{1}{8}$) Pfund destillirtem Wasser, dem man vier Tropfen reine Salzsäure und $\frac{1}{2}$ bis 1 Quentchen Kochsalz zugesetzt hat, gut durcheinander. Nach einer Stunde wird das Ganze auf ein kegelförmiges Haarsieb, wie man in allen Küchen hat, geworfen, und die Flüssigkeit ohne Anwendung von Druck oder Pressung abgeseiht. Den zuerst ablaufenden trüben Theil giesst man zurück, bis die Flüssigkeit ganz klar abfliesst. Auf den Fleischrückstand im Siebe schüttet man in kleinen Portionen ein halb Pfund destillirtes Wasser nach. Man erhält in dieser Weise etwa ein Pfund Flüssigkeit (kalten Fleischextract) von rother Farbe und angenehmem Fleischbrühgeschmack. Man lässt sie den Kranken kalt tassenweise nach Belieben nehmen. Sie darf nicht erhitzt werden, denn sie trübt sich in der Wärme und setzt ein dickes Gerinnsel von Fleischalbumin und Blutroth ab.

Die Erkrankung eines jungen achtzehnjährigen Mädchens in meinem Hause am Typhus gab Veranlassung zu dieser Zubereitung; sie wurde durch die Bemerkung meines Hausarztes (Dr. Pfeufer) hervorgerufen, dass in einem gewissen Stadium dieser Krankheit die grösste Schwierigkeit, die sich dem Arzte darbiete, in der mangelhaften Verdauung liege, eine Folge des Zustandes der Eingeweide, und noch ausserdem an dem Mangel an einem zur Blutbildung und Verdauung geeigneten Nahrungsmittel. In der gewöhnlichen, durch Kochen bereiteten Fleischbrühe fehlen in der That alle diejenigen Bestandtheile des Fleisches, die zur Bildung des Blutalbumins nothwendig sind, und das Eigelb, welches hinzugesetzt wird, ist sehr arm an diesen Stoffen, denn es enthält im Ganzen $82\frac{1}{2}$ Proc. Wasser und Fett und nur $17\frac{1}{2}$ Proc. an einer dem Eieralbumin gleichen oder sehr ähnlichen Substanz, und ob diese dem Fleischalbumin in seiner Ernährungsfähigkeit gleich steht, ist nach den Versuchen Magendie's zum Mindesten zweifelhaft. Ausser dem Fleischalbumin enthält die neue Fleischbrühe eine gewisse Menge Blutroth und darin eine weit grössere Menge des zur Bildung der Blutkörperchen nothwendigen Eisens, und zuletzt die verdauende Salzsäure.`

Ein grosses Hinderniss für die Anwendung dieser Fleischbrühe im Sommer ist ihre Veränderlichkeit in warmem Wetter; sie geräth förmlich in Gährung, wie Zuckerwasser mit Hefe, ohne üblen Geruch anzunehmen; welcher Stoff hierzu Veranlassung giebt, ist sehr werth untersucht zu werden. Die Auslaugung des Fleisches muss deshalb mit ganz kaltem Wasser an einem kühlen Orte vorgenommen werden. Eiswasser und äussere Abkühlung mit Eis heben diese Schwierigkeit völlig. Vor Allem ist streng darauf zu achten, dass das Fleisch frisch und nicht mehrere Tage alt genommen wird.

In dem hiesigen städtischen Hospitale ist die Fleischbrühe in Anwendung und bereits in die Privatpraxis mehrerer der ausgezeichnetsten hiesigen Aerzte (Münchens), wie die Herren Dr. v. Gietl und Dr. Pfeufer, übergegangen.

Ich würde vielleicht Anstand genommen haben, einer so einfachen Sache eine grössere Publicität zu geben als sie verdient, wenn mich nicht ein neuer und für meine Familie besonders wichtiger Fall von der grossen Ernährungsfähigkeit dieser Suppe völlig überzeugt hätte, und es floss daraus der natürliche Wunsch, dass auch in weiteren Kreisen ihr Nutzen geprüft und anderen Leidenden ihre wohlthätigen Wirkungen zu gut kommen möchten. Eine junge verheirathete Frau, welche in Folge einer Eierstockentzündung keine feste Speisen geniessen konnte, wurde zwei Monate lang ausschliesslich und zwar bis zur vollkommenen Wiederherstellung ihrer Gesundheit damit erhalten; sie nahm in dieser Zeit an Fleisch und Kräften augenfällig zu. In der

Regel nehmen die Patienten die Suppe ohne alles Widerstreben nur so lange sie krank sind; sobald sie andere Speisen geniessen können, widersteht sie ihnen, was in der Farbe und vielleicht in dem schwachen Fleischgeruch liegen mag. Für Viele möchte es deshalb vielleicht von Nutzen sein, die Fleischbrühe durch stark gebrannten Zucker braun zu färben und ein Glas rothen vom besten französischen Bordeaux-Wein zuzusetzen.

4. Verbesserung des Roggenbrotes.

Es ist bekannt, dass der Kleber der Getreidearten im feuchten Zustande eine Veränderung erleidet; im frischen Zustande weich, elastisch und unlöslich im Wasser, verliert er diese Eigenschaften bei längerer Berührung mit Wasser. Einige Tage unter Wasser aufbewahrt nimmt sein Volum allmälig ab, bis dass er sich zuletzt zu einer trüben schleimigen Flüssigkeit löst, die mit Stärkmehl keinen Teig mehr bildet. Die Teigbildung des Mehls wird aber wesentlich bedingt durch die Fähigkeit des Klebers, Wasser zu binden und in den Zustand zu versetzen, in welchem es z. B. im thierischen Gewebe, im Fleisch und im coagulirten Eiweiss enthalten ist, in welchen das aufgesaugte Wasser trockene Körper nicht nässt. Eine ähnliche Veränderung wie im nassen Zustande erleidet der Getreidekleber beim Aufbewahren des Mehls, indem dieses, als eine im hohen Grade wasseranziehende Substanz, Wasser aus der Luft aufnimmt; nach und nach vermindert sich die teigbildende Eigenschaft des Mehls und die Beschaffenheit des daraus gebackenen Brotes. Nur durch künstliche Austrocknung und Abschluss der Luft lässt sich dieser Verschlechterung vorbeugen. Bei Roggenmehl tritt diese Veränderung eben so rasch, vielleicht noch rascher ein, wie beim Weizenmehl.

Vor etwa 24 Jahren (siehe Kuhlmann, Annal. der Physik u. Chemie von Poggendorff Bd. XXI, S. 447) kam bei den belgischen Bäckern ein Mittel in Gebrauch, durch dessen Anwendung von Mehl, welches für sich ein schweres, nasses Brot geliefert haben würde, ein Brot von der Beschaffenheit wie von dem frischesten und besten Mehl gewonnen wurde. Dieses Mittel bestand in einem Zusatz von Kupfervitriol oder von Alaun zum Mehl.

Die Wirkung beider in der Brotbereitung beruht darauf, dass sie mit dem in Wasser löslich gewordenen veränderten Kleber in der Wärme eine chemische Verbindung bilden, wodurch er alle seine verlorne Eigenschaften wiedergewinnt, er wird wieder unlöslich und wasserbindend.

Die Beziehungen des Getreideklebers zum Käsestoff, mit dem er so viele Eigenschaften gemein hat, veranlassten mich zu einigen Versuchen, welche zum Zweck hatten, die beiden obengenannten, für die Gesundheit und den Ernährungswerth des Brotes so schädlichen Substanzen durch ein an sich unschädliches Mittel von gleicher Wirkung zu ersetzen. Dieses Mittel ist reines, kaltgesättigtes Kalkwasser. Wenn der zur Teigbildung bestimmte Theil des Mehls mit Kalkwasser angemacht, sodann der Sauerteig zugesetzt und der Teig sich selbst überlassen wird, so tritt die Gährung ein, ganz wie ohne das Kalkwasser. Wird zur gehörigen Zeit der Rest des Mehls dem gegohrenen Teige zugesetzt, die Laibe geformt und wie gewöhnlich gebacken, so erhält man ein schönes, säurefreies, festes, elastisches, kleinblasiges, nicht wasserrandiges Brot von vortrefflichem Geschmack, welches von allen, die es eine Zeitlang geniessen, jedem andern vorgezogen wird.

Das Verhältniss des Mehls zum Kalkwasser ist 19 : 5, d. h. zu 100 Pfund Mehl nimmt man 26 bis 27 Pfund oder 13 bis $13^{1}/_{2}$ Liter Kalkwasser. Diese Menge Kalkwasser reicht zur Teigbildung nicht hin, und es muss natürlich im Verhältniss gewöhnliches Wasser nach der Hand zugesetzt werden.

Da der saure Geschmack des Brotes sich verliert, so muss der Salzzusatz beträchtlich vermehrt werden, um ihm die für den Gaumen gehörige Beschaffenheit zu geben.

Was den Kalkgehalt des Brotes betrifft, so weiss man dass 1 Pfund Kalk hinreicht, um mehr als 600 Pfund Kalkwasser zu bereiten; er beträgt in dem nach der angegebenen Vorschrift bereiteten Brote nahe so viel, als wie in einem dem Mehle gleichen Gewichte der Samen der Leguminosen enthalten ist.

Es kann als eine durch Erfahrung und Versuche ausgemittelte physiologische Wahrheit angesehen werden, dass dem Mehl der Getreidearten die volle Ernährungsfähigkeit abgeht, und es scheint nach allem, was wir darüber wissen, der Grund in dem Mangel des zur Knochenbildung unentbehrlichen Kalks zu liegen. Phosphorsäure enthalten die Samen der Getreidearten in hinreichender Menge, aber sie enthalten weit weniger Kalk als die Hülsenfrüchte. Dieser Umstand erklärt vielleicht manche Krankheitserscheinungen, die man bei Kindern auf dem Lande oder in Gefängnissen wahrnimmt, wenn die Nahrung vorzüglich in Brot besteht, und in dieser besonderen Beziehung möchte diese Anwendung des Kalkwassers von Seiten der Aerzte einige Aufmerksamkeit verdienen.

Die Ausgiebigkeit des Mehls an Brot wird wahrscheinlich in Folge einer stärkeren Wasserbindung vermehrt. Auf 19 Pfund Mehl ohne Kalkwasser wurden in meiner Haushaltung selten über 24½ Pfund Brot erhalten; mit 5 Pfund Kalkwasser verbacken liefert dieselbe Menge Mehl 26 Pfund 12 Loth bis 26 Pfund 20 Loth gut ausgebackenes Brot. Da nun nach Heeren's Bestimmungen die gleiche Menge Mehl nur 25 Pfund 3,2 Loth Brot liefert, so scheint mir die Gewichtsvermehrung durch die Anwendung des Kalkwassers unzweifelhaft zu sein.

5. Ueber Kaffeebereitung.

Ich hatte als Knabe französischen Unterricht bei einer Französin, die an einen Conditor in der Hofküche des Grossherzogs in Darmstadt verheirathet war, und mit einem ihrer Söhne, mit dem ich befreundet war (er ist später ein höchst tapferer und ausgezeichneter Officier geworden), kam ich häufig in die Hofküche, die für mich nicht bloss eine Quelle von materiellen Genüssen war. Das Brödeln, Braten und Sieden erregte mein höchstes Interesse, ich konnte ohne Unterbrechung der Vollendung eines Bratens am Spiesse zusehen, von dem rohen Fleische an, bis das Stück ein braunes, duftendes Kleid durch das Feuer bekommen hatte; das Bestreuen des Kalbsbratens mit Salz, das Einwickeln der Kapaune in Speckstreifen — nichts entging meiner kindischen Aufmerksamkeit. So ist mir denn von da an eine Neigung zum Kochen geblieben, und in meinen Mussestunden beschäftige ich mich häufig noch mit den Mysterien der Küche, mit der Zubereitung der Speisen, welche die Menschen geniessen, und was alles dabei vorgeht; es sind dies meistens Dinge, von denen die Chemie so gut wie nichts weiss. Junge talentvolle Chemiker geben sich mit dergleichen Arbeiten nicht ab, da diese nicht geeignet sind, als Documente ihrer Geschicklichkeit oder ihres Scharfsinns zu dienen, oder Anspruch auf Anerkennung im Gebiete ihrer Wissenschaft zu machen, und so müssen sich schon die Alten damit beschäftigen.

Ueber die beste Methode der Bereitung des Getränkes Kaffee gehen die Meinungen der Liebhaber und der Köchinnen sehr weit auseinander und die Schwierigkeiten müssen dem nicht gering erscheinen, welcher weiss, dass die Erfindungsgabe der Spängler und anderer Künstler das bereits vorhandene halbe Hundert von Kochgeschirren oder Kaffeemaschinen, wie man sie nennt, jährlich mit neuen Verbesserungen bereichert.

Da meine Vorschrift zur Bereitung des Kaffees alle diese mannigfaltigen Kochgeschirre überflüssig zu machen droht, so muss ich freilich fürchten, mir die zahlreiche Klasse der Fabrikanten derselben zu Gegnern zu machen, ich appellire aber an die Unparteiischen, die meinen Kaffee trinken, und hoffe sie auf meine Seite zu bringen.

Ueber den Einfluss des Kaffee's und Thee's auf die moderne Geistesrichtung und Civilisation ist soviel schon geschrieben worden, dass es überflüssig ist, hier näher darauf einzugehen; sicher ist, dass Anna Boleyn, nachdem sie beim Frühstück ein halbes Pfund Speck und ein Maass Bier zu sich genommen hatte (wie sie in einem ihrer Briefe erwähnt), mit anderen Empfindungen vom Tische aufstand, als wenn sie eine Tasse Thee oder Kaffee, Butterbrot und ein Ei gefrühstückt hätte. Ich übergehe auch die national-ökonomische Bedeutung des Kaffee's und will hier nur noch ein paar Worte über den Einfluss sagen, den der Kaffee auf die moderne Kriegführung gehabt hat. In dem ersten schleswig-holsteinischen und dem letzten italienischen Kriege hat die Einführung des Kaffee's sehr wesentlich dazu beigetragen, den Gesundheitszustand der Soldaten zu verbessern, und ich bin vom Herrn Hauptmann Pfeufer (bei der Sanitäts-Compagnie in Nürnberg) versichert worden, dass in der bayerischen Armee seit dem Gebrauche des Kaffee's zum Frühstück und auf Märschen, selbst auf den anstrengendsten Märschen bei sehr ungünstigem Wetter, die Anzahl der maroden Soldaten sich gegen früher auf das Augenscheinlichste vermindert hat, so dass häufig keine Kranken mehr vorkommen — und Julius Fröbel erzählt (Seven years in Central-Amerika p. 226), dass der Kaffee für die Mannschaft der grossen Handels-Caravanenzüge in Central-Amerika ein unentbehrliches Bedürfniss ist. „Branntwein wird lediglich als Medicin genommen, aber Kaffee ist im Gegensatze ein unentbehrlicher Artikel und wird täglich zweimal getrunken. Die erfrischenden und stärkenden Wirkungen dieses Trankes bei grosser Anstrengung, in der Hitze scwohl wie in der Kälte, im Regen oder trocknen Wetter sind ausserordentlich."

Ueber die Qualität der verschiedenen Kaffeesorten sagt W. S. Palgrave (Narrative of a years journey through Central Arabia 1862 bis 1863, Macmillan u. Comp. London 1865) T. I, p. 424 folgendes: „Der beste Kaffee kommt aus Yemen, gewöhnlich Mokka genannt; sehr wenig von diesem geht nach Europa, denn Zweidrittel davon werden in Arabien, Syrien und Egypten und der Rest beinahe ausschliesslich in der Türkei und Armenien verbraucht. Die letzteren Länder erhalten übrigens weder den besten noch den reinsten Yemen-Kaffee. Noch ehe die Waare die Hafenstädte Alexandrien, Jaffa, Beyruth etc. erreicht, wird sie gesiebt und wiedergesiebt; die Ballen werden geöffnet und durch erfahrene Hände Korn vor Korn ausgepickt und anstatt der harten runden halbdurchscheinenden grünlich braunen Bohnen, welche allein würdig sind zum Getränk, Kaffee genannt, gewählt zu werden, sind es die undurchsichtigen, abgeplatteten, weisslichen, zerbrochenen Bohnen, die an Bord der Schiffe gelangen. Diese Behandlung ist so constant, dass die Qualität ähnlich wie die Graden-Kreise auf einer Landkarte mit der Entfernung von Yemen abnimmt und ich selbst (sagt Palgrave) habe unzähligemal der Operation als Augenzeuge beigewohnt, die mit dem grössten Ernste vorgenommen wird.

Die Kaffeesorte, welche als zweite im Range angesehen wird, ist die abessinische; die Bohne ist grösser und besitzt ein anderes Aroma.

Nach dieser kommt der indische Kaffee und der von den Pflanzungen zu 'Omān.

Nach dem Urtheil der Orientalen nimmt die amerikanische Bohne den untersten Rang ein. Der batavische, der mir nicht bekannt ist, wird übrigens von Europäern gelobt.

In Arabien, namentlich in Nejed, wird der Kaffee vor dem Genusse mit Gewürznelken, Saffran und ähnlichen Gewürzen versetzt und man hält diesen Zusatz für durchaus nothwendig, um dem sehr schwach gerösteten Kaffee das ihm mangelnde flüchtige Arom zu geben."

In Deutschland werden die Javasorten am meisten geschätzt; Feinschmecker behaupten, dass durch den Zusatz von Domingo, Cheribon oder Brasil zum Java-Kaffee der Wohlgeschmack des letzteren erhöht werde.

Die Engländer sind bekanntlich Meister in der Bereitung des Thee's, aber die Kaffeebereitung behaupten die Deutschen besser zu verstehen. Richtig ist, dass im Verhältniss sehr viel mehr Kaffee in Deutschland getrunken wird als Thee. Die deutschen Gelehrten im Besonderen ziehen den Kaffee dem Thee vor, was vielleicht mit ihren Gewohnheiten und den Wirkungen beider Getränke in Verbindung steht. Der Thee wirkt bekanntlich direct auf den Magen ein, dessen Bewegungen zuweilen in dem Grade dadurch vermehrt werden, dass er, nüchtern genossen, einen Brechreiz hervorbringt. Der Kaffee hingegen vermehrt die peristaltischen Bewegungen abwärts, und so betrachtet denn der deutsche Gelehrte bei seiner mehr sitzenden Lebensweise des Morgens eine Tasse schwarzen Kaffee, unterstützt durch eine Cigarre, als ein schätzbares Mittel zur Beförderung gewisser organischer Vorgänge. Auch die russischen Damen sind, wie man behaupten hört, aus gleichen Gründen Verehrerinnen des Kaffee's und des Tabacks geworden.

Nach dem Vorhergehenden bietet die Bereitung eines Kaffee's, welcher die eben erwähnten vortrefflichen Wirkungen im vollsten Grade besitzt, Interesse genug dar. Ich bin zu meinen Versuchen hierüber ursprünglich durch die Absicht veranlasst worden, einen Kaffee-Extract darzustellen, welcher für Reisende und Armeen auf dem Marsche dienlich sein könnte, und ich habe bei dieser Gelegenheit zuerst den Einfluss der Luft oder des Sauerstoffs der Luft auf den Kaffee wahrgenommen, durch welchen seine guten Eigenschaften sehr wesentlich verschlechtert werden; ich habe gefunden, dass ein wässeriger heisser Auszug der gerösteten Kaffeebohnen, welcher frisch für den Genuss sich

vollkommen eignet, beim raschen oder langsamen Verdampfen
in hoher oder niedriger Temperatur durch die Berührung
mit der Luft seinen angenehmen Geschmack nach und nach
völlig verliert; es bleibt eine schwarze extractartige Masse, die
sich nicht mehr vollständig im kalten Wasser löst und die sich
wegen ihres üblen Geschmackes nicht mehr geniessen lässt.

Für alle Methoden der Kaffeebereitung ist es zunächst
erforderlich, die Kaffeebohnen mit der Hand zu sortiren;
man findet darunter häufig fremde Dinge, Splitter, Holz,
Vogelfedern, in der Regel eine Anzahl ganz schwarzer verschimmelter Bohnen, die man sorgfältig aussondern muss;
der Geschmackssinn ist so fein, dass ihm auch die kleinste
fremde Beimengung nicht entgeht.

Kaffeebohnen von dunkler oder dunkelgrüner Farbe sind
meistens gefärbt, es ist bei diesen nothwendig die Farbe
mit etwas Wasser abzuwaschen und die Bohnen mit einem
warmen Leintuche abzutrocknen; bei den hellen Sorten ist
dieses Waschen unnöthig. Die nächste Operation, die man
vorzunehmen hat, ist das Rösten. Von der Röstung hängt
die gute Beschaffenheit des Kaffee's ab; die Bohnen sollten
eigentlich nur bis zu dem Punkte geröstet werden, wo sie
ihre hornähnliche Beschaffenheit verloren haben, so dass
man sie auf einer gut geschärften Kaffeemühle mahlen oder,
wie im Orient geschieht, in einem hölzernen Mörser zu einem
feinen Pulver zerstossen und zerreiben kann.

Der Kaffee enthält bekanntlich einen krystallinischen
Körper, das Kaffein, welcher auch Theein genannt wird,
da er ebenfalls einen Bestandtheil des Thee's ausmacht;
dieser Stoff ist flüchtig, und alle Sorgfalt muss darauf gerichtet werden, denselben im Kaffee zu erhalten. Dies geschieht, wenn man die Bohnen langsam röstet bis sie eine
hellbraune Farbe angenommen haben. In den dunkelbraun
gerösteten Bohnen ist kein Kaffein mehr; sind die Bohnen
schwarz, so sind die Hauptbestandtheile der Bohnen völlig
zerstört, und das Getränk, welches man daraus bereitet,
verdient den Namen Kaffee nicht mehr.

Kaffeebereitung.

Die gerösteten Kaffeebohnen verlieren mit jedem Tage der Aufbewahrung an ihrem aromatischen Geruche in Folge der Einwirkung der Luft, welche die durch das Rösten porös gewordenen Bohnen leicht durchdringt. Diese schädliche Veränderung kann zweckmässig verhütet werden, wenn man am Ende der Röstung, ehe die Bohnen aus dem noch sehr heissen Röstgefässe geschüttet werden, dieselben mit Zucker bestreut; auf 1 Pfd. Kaffeebohnen genügt $1/2$ Unze (1 Loth) Zucker. Der Zucker schmilzt sogleich und durch starkes Umschütteln und Umrühren verbreitet er sich auf alle Bohnen und überzieht sie mit einer dünnen aber für die Luft undurchdringlichen Schicht Caramel; sie sehen alsdann glänzend aus wie mit einem Firniss überzogen, und sie verlieren hierdurch beinahe ganz ihren Geruch, der natürlich wieder beim Mahlen aufs Stärkste zum Vorschein kommt. In Wien und in den böhmischen Bädern, wo man die Kaffeebereitung aus dem Grunde versteht, wird der Bedarf an Bohnen täglich geröstet, und zwar in einer offenen eisernen Pfanne (Eierkuchenpfanne), wobei man besser als in geschlossenen Gefässen den Grad der Röstung überwachen kann.

Nach dieser Operation schüttet man die Bohnen aus dem Gefäss, in welchem sie geröstet worden sind, auf ein Eisenblech, verbreitet sie zu einer dünnen Schicht, so dass sie rasch erkalten. Lässt man die heissen Bohnen zusammengehäuft liegen, so erhitzen sie sich durch die Einwirkung der Luft, fangen an zu schwitzen, und wenn die Masse gross ist, so steigt das Erhitzen bis zum vollständigen Entzünden. Die gerösteten Bohnen müssen an einem trocknen Orte aufbewahrt werden, da der Zucker, mit dem sie überzogen sind, leicht Feuchtigkeit anzieht.

Beim Rösten bis zur hellkastanienbraunen Farbe verlieren die rohen Bohnen 15 bis 16 Proc., und der aus diesen gerösteten Bohnen durch siedendes Wasser darstellbare Extract beträgt 20 bis 21 Proc. von dem Gewichte der rohen Bohnen. Der Gewichtsverlust ist sehr viel grösser, wenn die Röstung weiter, bis zur dunkelbraunen oder schwarzen Farbe der Bohnen, fortgesetzt wird.

Während die Bohnen beim Rösten an Gewicht verlieren, nimmt ihr Volumen durch Aufschwellen zu. 100 Volum roher Bohnen geben nach dem Rösten 150 bis 160 Vol., oder 2 Maass grüner Bohnen geben 3 Maass gerösteter.

Die üblichen Methoden der Kaffeebereitung sind 1. Filtration, 2. Infusion und 3. Kochen.

Die Filtration giebt oft, aber nicht immer, einen guten Kaffee. Wenn das Aufgiessen des siedenden Wassers auf das Kaffeepulver langsam geschieht, oder das Wasser nicht rasch durchläuft, so kommen die Tropfen mit zu viel Luft in Berührung, deren Sauerstoff die aromatischen Theile verändert, oft ganz zerstört, auch ist die Extraction unvollkommen. Anstatt 20 bis 21 Proc. löst das Wasser nur 7 bis 10 Proc. Extract auf und man verliert mithin 11 bis 13 Proc.

Die Infusion geschieht, indem man das Wasser zum Sieden bringt, den gemahlenen Kaffee hineinschüttet, sodann das Kochgefäss vom Feuer entfernt und etwa 10 Minuten ruhig stehen lässt. Der Kaffee ist zum Gebrauche fertig, wenn das auf der Oberfläche des Wassers schwimmende Pulver beim Umrühren leicht zu Boden sinkt. Diese Methode giebt einen sehr aromatischen Kaffee, aber von geringem Extractgehalte.

Das Kochen, wie es im Oriente gebräuchlich ist, giebt einen vortrefflichen Kaffee; man setzt dort das Kaffeepulver mit kaltem Wasser auf das Feuer und lässt die Flüssigkeit nur bis zum Aufwallen kommen; das feine Kaffeepulver wird dort mitgetrunken. Bei längerem Sieden, wie dies häufig bei uns geschieht, werden die aromatischen Theile verflüchtigt, der Kaffee ist alsdann reich an Extract, aber arm an Aroma.

Als die beste Methode der Kaffeebereitung habe ich folgende gefunden, sie ist eine Verbindung der zweiten und dritten Methode.

Bei der Bereitung des Kaffee's behält man sein gewohntes Verhältniss von Wasser und geröstetem Kaffee bei; ein kleines Blechgefäss, welches ½ Unze (1 Loth) roher Bohnen fasst, mit gerösteten Bohnen angefüllt, giebt ein Maass ab für zwei sogenannte kleine Tassen Kaffee von mässiger Stärke.

Die gerösteten Bohnen werden erst vor der Bereitung des Getränkes gemahlen; gröblich feines Pulver ist dem staubartig feinen vorzuziehen. Gemahlenen Kaffee im Vorrath zu halten ist entschieden nachtheilig.

Man bringt das Wasser mit drei Viertel des Kaffeepulvers, welches man zur Bereitung verwenden will, zum Sieden und lässt diese Mischung volle zehn Minuten kochen. Nach dieser Zeit wird das zurückbehaltene Viertel Kaffeepulver eingetragen und das Kochgeschirr sogleich vom Feuer entfernt; es wird bedeckt und 5 bis 6 Minuten ruhig stehen gelassen; beim Umrühren setzt sich alsdann das auf der Oberfläche schwimmende Pulver leicht zu Boden und der Kaffee ist jetzt, vom Pulver abgegossen, zum Genusse fertig.

Angenommen, man wolle acht kleine Tassen Kaffee machen, so misst man mit dem erwähnten Blechgefäss 4 Maass Kaffeebohnen ab, 3 Maas davon werden zuerst und dann das vierte Maass gemahlen und beide Portionen getrennt gehalten. Man misst alsdann 8 volle Tassen Wasser ab, setzt die drei Maass Kaffeepulver zu und verfährt bis zu Ende wie so eben beschrieben worden ist. Man kann, um alles Pulver abzusondern, den fertigen Kaffee vor dem Serviren durch ein reines Tuch fliessen lassen; in der Regel ist dies nicht nöthig und für den reinen Geschmack oft nachtheilig

Das fertige Getränk soll eine braune (nicht schwarze) Farbe haben; es ist immer trübe, wie etwa mit Wasser verdünnte Chocolade. Die trübe Beschaffenheit des nach dieser Methode bereiteten Kaffee's kommt nicht vom aufgeschlämmten Kaffeepulver, sondern von einem eigenthümlichen butterartigen Fette her, wovon die Bohnen etwa 12 Proc. enthalten, und welches durch starkes Rösten zum Theil zerstört wird.

Ein geringer Zusatz von Hausenblase oder der Haut eines Seefisches fällt das Kaffeepulver sehr rasch und klärt den Kaffee.

Kaffeebereitung.

Bei der gewöhnlichen Bereitung des Kaffee's bleibt häufig mehr als die Hälfte der löslichen Theile der Bohnen im Kaffeesatz zurück.

Um die nämliche gute Meinung von dem nach meiner Methode bereiteten Kaffee zu gewinnen, die ich selbst davon habe, darf man den Geschmack des gewöhnlichen Getränkes nicht zum Muster nehmen, sondern mehr die **guten Wirkungen beachten**, welche mein Kaffee auf den Organismus hat. Auch halten Viele, welche mit der dunklen oder schwarzen Farbe den Begriff von Stärke oder Concentration verbinden, den nach meiner Methode bereiteten Kaffee für dünn und schwach; bei diesen ist es mir häufig gelungen, durch Färbung desselben mit gebranntem Zucker oder einem Kaffeesurrogate, wodurch er eine schwarze Farbe bekam, eine bessere Meinung für meinen Kaffee zu gewinnen.

Der wahre Kaffeegeschmack ist den meisten Menschen so unbekannt, dass viele Personen, die meinen Kaffee zum ersten Male trinken, seinen Geschmack beanstanden, weil er nach den Bohnen schmecke. Ein Kaffee aber, der nicht nach den Bohnen schmeckt, ist kein Kaffee mehr, sondern ein künstliches Getränk, dem man irgend ein anderes ähnliches substituiren kann; daher kommt es denn, dass die Getränke aus den Kaffee-Surrogaten: geröstete Cichorienwurzel, gelbe Rüben, Runkelrüben, wenn man eine Spur gebrannten Kaffee hinzufügt, von dem echten Kaffee von den Meisten nicht unterschieden werden können und dass die Kaffeesurrogate eine so grosse Verbreitung haben. Eine dunkelbraune Brühe, welche empyreumatisch schmeckt, ist für die meisten Menschen Kaffee. Theesurrogate giebt es nicht, weil jeder Theetrinker weiss, wie Thee schmeckt*).

---

*) Die türkische Gesandtschaft in Berlin erhielt einst von ihrer Regierung den Befehl, die Secretaire und Attaché's fleissig die deutschen Länder bereisen zu lassen, industrielle Gegenden zu besuchen, Studien zu machen und genaue Tagebücher zu führen. Der erste Ausflug ging nach Magdeburg und das Resultat der Beobachtungen

Man schreibt dem Kaffee in der Regel erhitzende Eigenschaften zu und er wird als Getränk aus diesem Grunde von vielen Personen gemieden, allein diese erhitzenden Eigenschaften gehören den flüchtigen Producten an, welche durch die Zerstörung der Bestandtheile des Kaffee's beim Rösten erzeugt werden. Der nach meiner Methode bereitete Kaffee ist durchaus nicht erhitzend, und ich habe gefunden, dass er nach dem Mittagsessen genossen werden kann, ohne die Verdauung zu stören, was, wenigstens bei mir, die regelmässige Folge des Genusses von stark gebranntem Kaffee ist.

Für gewisse Fälle, namentlich für Reisen und Märsche, wo man sich mit den zum Mahlen und Rösten der Bohnen nöthigen Geräthen nicht belästigen will, lassen sich dem Kaffee in Pulverform seine aromatischen Bestandtheile conserviren durch folgende Zubereitung. Die gerösteten Bohnen werden zu Pulver gemahlen und sogleich mit einem dicken Zuckersyrup befeuchtet, den man erhält, wenn man 3 Thle. Zucker mit 2 Thln. Wasser übergiesst und ein paar Minuten stehen lässt. Auf 1 Pfd. Kaffeepulver genügen 2 Unzen Zucker; wenn das Kaffeepulver sorgfältig mit dem Syrup befeuchtet ist, so setzt man noch 2 Unzen feingepulverten Zucker zu, den man mit dem Pulver innig mischt, und breitet es an der Luft zum Trocknen aus. Durch den Zucker werden die flüchtigen Theile eingehüllt, so dass sie beim Trocknen nicht entweichen; wenn man Kaffee bereiten will, so übergiesst man eine beliebige Menge dieses Pulvers mit kaltem Wasser und bringt es damit langsam bis zum Sieden. Aus so zubereitetem Kaffeepulver, welches einen Monat lang an offener Luft lag, kann man bei einmaligem Aufkochen einen eben so guten Kaffee erhalten wie aus frisch gerösteten Bohnen.

---

der jungen Muselmänner über Magdeburg lautete im Tagebuche wie folgt: Magdeburg, starke Festung und ausgezeichnet durch eine Industrie, welche einen dunklen Schmutz fabricirt, vermittelst dessen in kürzester Frist der beste Mokka-Kaffee zu einem ungeniessbaren Getränk umgewandelt wird (Cichorien-Kaffee genannt).

Möge man nicht erschrecken vor der Anzahl der Operationen! Es wird viel schlechter Kaffee getrunken, der bei gleichem Kostenaufwande vortrefflich sein könnte, wenn man sich mehr Mühe bei der Bereitung gäbe! Die Köchinnen sollten von den Hausfrauen in diesem Punkte mehr überwacht werden, wenn die Hausfrau den Kaffee nicht selbst bereiten will.

Lehmann's Verbesserung des Mehls aus ausgewachsenem Getreide.

Ein wichtiges Problem ist durch Herrn Dr. Julius Lehmann, Chemiker an der landwirthschaftlichen Versuchsstation zu Weidlitz bei Bautzen, gelöst worden: das Verbacken von Mehl aus ausgewachsenem Roggen zu Brot.

Es war Herr Dr. Lehmann von dem königl. sächsischen Ministerium des Innern mit weitern chemischen Untersuchungen in Beziehung auf die wichtigsten Lebensmittel beauftragt und ihm hierbei die obige Frage als besondere Aufgabe gestellt worden. Die eingeleiteten Untersuchungen ergaben, dass die durch das Keimen der Getreidekörner entstehenden Veränderungen in der Hauptsache in einem theilweisen Löslichwerden des Klebers und dem dadurch herbeigeführten Verschwinden der Elasticität und Dehnbarkeit (der teigbildenden Eigenschaft) desselben, sodann aber in einer Umwandlung des theilweise löslich gewordenen Stärkemehls vermittelst der mit dem Kleber in geringer Quantität gebildeten Diastase in Dextrin und Zucker sich kundgebe. Weitere Untersuchungen führten dahin, dass das Kochsalz die Eigenschaft besitze, den in Lösung befindlichen Kleber wieder unlöslich zu machen und ihm seine teigbildende Eigenschaft wieder zu ertheilen.

Gestützt hierauf, wurden, nachdem der anhaltende Regen zur Zeit der Roggenernte zum Auswachsen grosser Mengen von Korn geführt hatte, zuerst Versuche in der Bäckerei des Herrn Ochernal auf Techritz angestellt, und als solche zu günstigen Resultaten geführt hatten, mit Genehmigung des königl. Kriegsministeriums in der Militärbäckerei zu Dresden unter Aufsicht des Herrn Kriegscommissairs Blume durch Herrn Dr. Lehmann fortgesetzt.

Es wurde zu denselben Roggen gewählt, dessen Körner fast ohne Ausnahme gekeimt waren; es wurde solcher absichtlich mit allen Keimen vermahlen; es ergab 1 Scheffel, der 160 Pfund wog,

   gutes Mehl 102 Pfd.
   Nachgang . 17 „
   Schwarzmehl $15\frac{1}{2}$ „
   Kleie . . . $16\frac{1}{2}$ „
  Hiernach Verlust 9 „

Von dem guten Mehle wurden 40 Pfd. mit 31 Pfd. Wasser und dem nöthigen Quantum Sauerteig, ganz in gewöhnlicher Weise behandelt und von dieser Masse die Versuchsbrote abgewogen. Es ergab sich das Resultat, dass das ohne einen Zusatz gebackene Brot kuchenförmig breit lief, die Rinde sich ablöste, ein bläulicher Schliff sich bildete, das Gebäck ungeniessbar war.

Bei einem Zusatz von $1\frac{1}{3}$ Loth Salz auf 3 Pfd. Mehl wurde das Brot wesentlich besser, es behielt seine Form, die Rinde löste sich aber ab, und es zeigte sich immer noch ein kleiner Schliff an der untern Seite: das Brot war geniessbar.

Ein Zusatz von 2 Loth Salz auf 3 Pfd. Mehl zeigte die vollständige Wirkung: das Brot war in jeder Beziehung zufriedenstellend, locker, trocken, wohlschmeckend, ohne allen Schliff.

Die Operation ist einfach; vor dem Einwirken wird das in Wasser gelöste Salz zugesetzt; sonst in Allem verfahren, wie gewöhnlich.

Die gleichzeitig angestellten Versuche mit Mehl aus ausgewachsenem Weizen ergaben bis jetzt kein befriedigendes Resultat: sie sollen fortgesetzt werden.

Wenn hiernach das gewachsene Korn mit gleichem Vortheil, wie das ungewachsene, durch den Zusatz von Kochsalz verbacken werden kann, so hat das Kochsalz noch weitere sehr beachtenswerthe Eigenschaften bei dem Brotbacken, indem, abgesehen davon, dass zur vollständigen Verdauung der im Brot enthaltenen Proteinstoffe Salz nöthig ist, dieses auch die Schimmelbildung verhindert. Es ist durch die Versuche von Herrn Dr. Lehmann erwiesen, dass selbst nach Monaten sich noch kein Schimmel bei dem mit Salz gebackenem Brote einstellt, während solcher, wo der Zusatz von Kochsalz unterbleibt, oft schon nach wenigen Tagen sich einstellt.

Endlich aber bäckt sich das Mehl ungleich weisser bei einem Zusatz von Salz; es haben dieses nicht allein die vom Herrn Dr. Lehmann bereits vor zwei Jahren angestellten Versuche bewiesen, sondern es ist auch erst vor kurzem durch Mège-Mouriès hierauf öffentlich hingewiesen worden.

Ganz abgesehen von der besondern Wichtigkeit des Kochsalzzusatzes für das Verbacken von Mehl aus ausgewachsenem Roggen, würde es überhaupt wünschenswerth sein, wenn sich auch unser Publicum der in Süddeutschland bekanntlich allgemein eingeführten Sitte, gesalzenes Brot zu geniessen, dafür aber die nicht zu längerer Aufbewahrung bestimmte Butter nicht zu salzen, anschliessen wollte. Denn ausser den allgemein günstigen diätetischen Wirkungen solcher Sitte würde man dann in Jahren, wo das Getreide stark auswächst, nicht die besondere Schwierigkeit der Gewöhnung der Consumenten an den Genuss gesalzenen Brotes zu überwinden haben. Die secundäre Wirkung der Abschaffung der mit dem Verkaufe gesalzener Butter verbundenen Missbräuche würde ebenfalls keine ungünstige sein.

Allen, welche sich für die wichtige Aufgabe zweckmässiger Volksernährung interessiren, sind diese Sätze lebhaft ans Herz zu legen.

Zunächst aber handelt es sich darum, der Verbackung des Mehls aus ausgewachsenem Roggen mit Hülfe von Salzzusatz rasch und allgemein Eingang zu verschaffen.